国家自然科学基金面上项目（51874276）
国家自然科学基金青年科学基金项目（52004273）
江苏省自然科学基金青年基金项目（BK20200639）
中央高校基本科研业务费专项资金项目（2020ZDPY0209、2017CXNL01）
中国博士后科学基金面上项目（2019M661992）

采场三机姿态智能感知理论与实践

方新秋　梁敏富　吴　刚　著

科 学 出 版 社

北　京

内 容 简 介

本书主要内容包括综采工作面三机协同运行工艺、光纤光栅智能感知、液压支架运行姿态智能感知、采煤机运行姿态智能感知、刮板输送机直线度智能感知等智能化开采中的热点与难点问题。

本书可作为高等院校矿业工程专业的教学用书，也可供从事矿业工程方面科研及管理工作的人员阅读参考。

图书在版编目(CIP)数据

采场三机姿态智能感知理论与实践 / 方新秋，梁敏富，吴刚著. —北京：科学出版社，2021.2

ISBN 978-7-03-066471-6

Ⅰ. ①采… Ⅱ. ①方… ②梁… ③吴… Ⅲ. ①智能传感器-应用-煤矿开采-研究 Ⅳ. ①TD82-39

中国版本图书馆CIP数据核字(2020)第203067号

责任编辑：李 雪 赵朋媛 / 责任校对：王萌萌
责任印制：吴兆东 / 封面设计：无极书装

科学出版社 出版
北京东黄城根北街16号
邮政编码：100717
http://www.sciencep.com
北京厚诚则铭印刷科技有限公司 印刷
科学出版社发行 各地新华书店经销
*
2021年2月第 一 版 开本：720×1000 1/16
2023年3月第二次印刷 印张：17 3/4
字数：358 000

定价：120.00元

(如有印装质量问题，我社负责调换)

序

煤炭是我国的主要能源资源，在未来相当长的时期内，煤炭作为主体能源的地位不会改变。近年来，依靠科技进步，我国煤炭安全开采形势持续好转，但安全风险依然严峻。目前，智能化开采已成为煤炭工业发展的需求和必然方向，但我们应该清醒地看到，智能化开采尚处于初级阶段，在感知、决策、控制等技术和管理上还存在诸多难题，仍需要提高其技术水平。煤矿智能化的核心是综采工作面的智能化，其关键就是采场三机(液压支架、采煤机、刮板输送机)姿态的智能感知，全面掌握综采工作面三机装备状态信息，提升采场环境的自动化和信息化水平，为实现智能化、少人(无人)化安全开采提供可能。

该书作者之一方新秋博士多年来一直从事采矿教学与科研工作，长期致力于智能化、无人化安全开采技术研究与实践，在国内外率先建立了智能工作面系统工程模型，构建了智能工作面开采技术体系，经过多年的集成创新与应用探索，将传统煤炭开采科学技术与现代信息技术深度融合，在开采环境智能感知、采场空间灾害监测预警等方面进行了深入研究。

该书凝聚了方新秋博士及其科研团队的集体智慧和学术成果，在作者多年科研工作心得和现场实践经验的基础上，系统介绍光纤光栅智能感知基本理论与关键技术、液压支架运行姿态智能感知理论与关键技术、采煤机运行姿态智能感知理论与关键技术、刮板输送机直线度智能感知方法等智能化开采中的关键问题。

该书内容叙述详尽，利用新型智能传感技术获取三机姿态信息，可以提高采场三机姿态感知的实时性及准确性，为实现煤炭精准开采的智能感知提供基础理论和关键技术，对促进综采工作面智能化发展具有很好的借鉴和参考意义。

中国工程院院士

2021 年 1 月

前　言

煤炭是我国主要的能源资源，虽然近几年我国面临着能源结构性改革及多元化发展，但在未来相当长的时期内，煤炭作为主体能源的地位不会改变。随着我国清洁、高效、安全、可持续的现代能源体系的加快构建，煤矿智能开采已成为煤炭工业发展的需求和必然方向。目前，我国煤矿智能化建设的新高潮正在全国兴起，相关研究人员相继提出了煤矿智能开采的基础理论与关键技术，但煤矿智能开采的发展尚处于初级阶段，尤其是智能开采感知层在技术、工艺和管理方面还有许多未解决的问题，尚不能完全适应煤矿智能开采的要求。

三机(液压支架、采煤机、刮板输送机)是综采工作面的主要装备，其中液压支架是保障工作面人员及设备安全和高效生产的关键装备之一，为综采工作面的回采活动提供了稳定工作空间；采煤机是工作面割煤的设备，采煤机滚筒的底板截割轨迹决定了刮板输送机的姿态，顶板截割轨迹确定了液压支架的支护与活动空间，行走轨迹间接反映了刮板输送机的直线推移程度；刮板输送机是采煤机的行走轨道和运煤装备。综采工作面智能化的关键就是采场三机姿态的智能感知，全面掌握综采工作面三机装备状态，实现稳定可靠的监测，也是煤炭生产向自动化、智能化乃至无人化转变的关键。

光纤传感技术的迅速发展，为解决煤矿智能化开采感知层提供了新的手段和思路。光纤光栅是光纤传感技术中应用最广泛、最活跃的部分，是以光纤为媒介、光波为载体，感知和传输外部信号的传感技术，具有体积小、耐高温、抗腐蚀、本质安全、传输损耗低、传输距离远、测量精度高、灵敏度高、抗电磁干扰能力强等优势，能在复杂恶劣环境下可靠运行，便于复用且可组成准分布式传感网络。

本书介绍光纤光栅智能感知理论、方法和传感器，并利用光纤光栅智能传感技术获取三机姿态信息，有助于及时掌握工作面生产状态，提高安全监测水平和生产效率，提高采场三机姿态感知的实时性、准确性及智能化，能进一步丰富和完善智能化开采感知层基础理论和关键技术，对促进综采工作面智能化发展具有很好的借鉴和参考意义，为我国煤矿企业推进智能化建设提供了重要支撑。

在本书写作过程中，得到了许多老师和专家的关心与支持，他们提出了宝贵的意见和建议，尉瑞、谢小平、刘晓宁、吕嘉琨、宁耀圣、马盟、谷超、冯裕堂、卢海洋、蔡承锋、权志桥、王建炜、马国玺等参与了全书的资料收集、文字校对及图表绘制工作，在此谨向他们致谢。

本书得到了华晋焦煤有限责任公司、华电集团隆德煤矿等有关领导和技术人员的大力支持，他们提供了大量资料和素材，在此表示诚挚的感谢！

另外，作者参考了众多专家和学者的文献资料，还引用了一些前人的研究成果与实测数据，未完全列出参考文献，在此向所有文献资料的作者表示感谢和敬意！

由于作者经验和水平有限，加上智能化开采技术在不断地丰富和发展，书中难免有疏漏和不足之处，敬请读者不吝指正。本着相互学习、相互促进的初衷，欢迎读者使用如下邮箱进行沟通与交流：xinqiufang@163.com。

方新秋

2021 年 1 月

变量注释表

$A_j(z)$	第 j 阶模式沿光纤 $+z$ 方向传输的振幅
$B_j(z)$	第 j 阶模式沿光纤 $-z$ 方向传输的振幅
β_j	第 j 阶模式的传播常量
$e_{tj}(x,y)$	光纤纤芯模或包层模的横向电场分量的分布
ω	光波的角频率
K_{kj}^t	第 k 阶模式和第 j 阶模式之间的横向耦合系数
K_{kj}^z	第 k 阶模式和第 j 阶模式之间的纵向耦合系数
ε_m	材料介电常数
$\Delta\varepsilon_m(x,y,z)$	材料介电常数微扰量
n	光纤在受微扰前的折射率
$\Delta n(x,y,z)$	光纤折射率的微扰量
$\Delta n_{\mathrm{core}}(z)$	直流有效折射率
v	折射率调制的条纹可见度(为常数)
Λ	光纤光栅的周期
$\varphi(z)$	光纤光栅啁啾参量
$R(z)$	单模光纤中的入射光波
$S(z)$	单模光纤中的反射光波
δ	模式间的失谐量
β	单模光纤的传播常数
ρ	均匀光纤光栅的振幅反射系数
R	均匀光纤光栅的光强反射率
n_{eff}	有效折射率

λ_B	光纤布拉格光栅反射后的中心波长
m	光栅分段数
$\Delta\lambda_B$	光纤光栅反射中心波长的漂移量
$\Delta\Lambda$	光纤本身在应力作用下的弹性变形
Δn_{eff}	光纤的弹光效应引起的折射率变化
p_{11}、p_{12}	弹光系数
μ	光纤泊松比
p_e	有效弹光系数
ζ	热光系数
α	线性热膨胀系数
K_ε	光纤光栅的应变灵敏度系数
K_T	光纤光栅的温度灵敏度系数
K_{T1}	压力敏感光栅的温度灵敏度
K_{T2}	温度补偿光栅的温度灵敏度
ψ_{ij}	光纤光栅准分布感知信号分辨因子
$\Delta\lambda_{j,i}$	相邻的两个光纤光栅的反射中心波长差
$\Delta\lambda_{j-,i+}$	相邻的两个光纤光栅反射中心波长的相对漂移量
h_m	基体结构厚度
h_j	胶结层厚度
r_g	光纤半径
h_a	胶结层对基体结构的影响深度
E_m	基体结构的弹性模量
$\sigma_m(x)$	基体结构的轴向应力
$\tau_m(x)$	基体结构的剪切应力
$\varepsilon_m(x)$	基体结构的轴向应变

$u_m(x)$	基体结构的轴向位移
E_j	胶结层的弹性模量
G_j	胶结层的剪切模量
$\sigma_j(x)$	胶结层的轴向应力
$\tau_j(x)$	胶结层的剪切应力
$\varepsilon_j(x)$	胶结层的轴向应变
$u_j(x)$	胶结层的轴向位移
$\Delta u_j(x)$	胶结层的轴向位移变化
E_g	光纤层的弹性模量
G_g	光纤层的剪切模量
$\sigma_g(x)$	光纤层的轴向应力
$\tau_g(x)$	光纤层的剪切应力
$\varepsilon_g(x)$	光纤层的轴向应变
$u_g(x)$	光纤层的轴向位移
$\Delta u_g(x)$	光纤层的轴向位移变化
$\tau_{mj}(x)$	基体结构与胶结层之间的剪切应力
$\tau_{jg}(x)$	胶结层与光纤层之间的剪切应力
$\tau_{pg}(x)$	保护层与光纤层之间的剪切应力
$\tau_{mj}(x)$	等效之后基体结构与胶结层之间的剪切应力
$\tau_m(x)$	基体结构的剪切应力
k	感知滞后因子
$\eta(x)$	应变感知传递因子
E_g	光纤弹性模量
μ_p	保护层泊松比
μ_j	胶结层泊松比

G_m	基体结构剪切模量
$\Delta\varepsilon$	光纤沿长度方向的轴向应变
ΔT	光纤所处温度变化量

目 录

第1章 绪　论

1.1 综采工作面三机姿态智能感知简介

煤炭是我国的主要能源资源，被人们亲切地称为“工业的粮食”[1]。我国作为世界上最大的煤炭生产国和消费国，2018 年全国煤炭产量达到 36.8 亿 t[2]，2008～2018 年的全国煤炭产量统计如图 1-1 所示。《BP 世界能源统计年鉴》(2019 年)数据显示，2018 年煤炭在世界一次能源消费中所占比例为 27.2%，在我国一次能源消费中所占比例为 58%[3]。近年来，随着世界能源格局变化、能源资源多元化发展及结构性改革，煤炭在一次能源消费中的占比逐步降低，但在未来相当长的时期内，煤炭依旧是我国的主体能源[4]。21 世纪以来，我国安全高效高端综采技术与装备研发突飞猛进，推动了煤炭行业机械化、自动化程度大幅提升，安全保障程度也大幅提高[5]，但与产煤发达国家相比，我国煤炭生产的安全风险仍然严峻。因此，确保我国煤炭安全高效绿色生产是实现国民经济健康、高效、可持续发展的重要基础和保障。

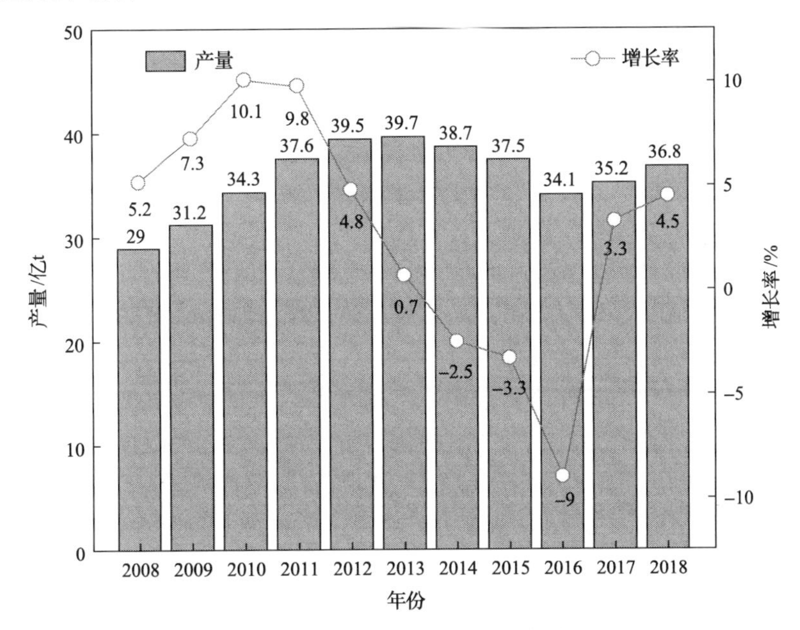

图 1-1　2008～2018 年全国煤炭产量统计

面对煤炭生产成本、科学产能、利润空间、人员安全、矿井灾害与安全生产之间的矛盾，国家“十三五”规划纲要明确提出要推动生产方式向柔性、智能和精细化转变；《能源技术革命创新行动计划(2016—2030年)》中指出[6]，要全面建成安全绿色、高效智能矿山技术体系，到2030年实现煤矿智能化开采，重点煤炭矿区基本实现工作面无人化；国家能源局指出，必须提升煤矿机械化、自动化、信息化和智能化“四化”水平和装备研发能力，提高煤矿安全保障能力[7]；《关于加快煤矿智能化发展的指导意见》中指出，要形成全面自主感知、智能分析决策、动态预测预警、精准协同控制的煤矿智能系统[8]。因此，实现煤炭安全、高效、智能、绿色开采是我国煤炭工业高质量发展的方向，也是推进煤炭工业转型的根本出路[9,10]。

智能化开采是指在不需要人工直接干预的情况下，通过采掘环境的智能感知、采掘装备的智能调控、采掘作业的自主巡航，由采掘装备独立完成的回采作业过程[11]。智能化开采是在自动化系统中加入自主决策功能，使其能够实时感知围岩条件及外部环境的变化并自动调整开采参数。智能开采区别于一般自动化开采的显著特点是设备具有自主学习和自主决策功能，具备自感知、自控制、自修正的能力，进而实现自适应开采[12]。智能化开采的核心三要素包括智能感知、智能决策和智能控制，其中智能感知是指获取开采过程中的必要信息，为智能决策和智能控制提供数据依据；智能决策是指通过收集和分析实时运行数据，自主决策控制方案；智能控制是指在控制装备运行过程中，不断学习、修改、优化和完善控制参数，以实时响应环境变化。

煤矿智能化的核心是综采工作面的智能化，综采工作面智能化的关键问题就是井下生产环境状态的智能化感知。液压支架、采煤机、刮板输送机(采场三机)是综采工作面的主要生产装备，其中液压支架是保障工作面人员设备安全和生产高效有序进行的关键装备之一，与刮板输送机、采煤机配套作业，并利用高压乳化液实现支护与推移拉架等循环动作，为综采工作面的回采活动提供稳定工作空间[13]；采煤机是工作面割煤的设备，采煤机滚筒的底板截割轨迹决定了刮板输送机的姿态，顶板截割轨迹确定了液压支架的支护位置与活动空间，行走轨迹间接反映了刮板输送机的直线推移程度，这些工作面生产状态要素均可通过采煤机运行时的航向角、俯仰角、横滚角等运行姿态获得；刮板输送机是采煤机的行走轨道和运煤装备，对刮板输送机直线度的精准感知与控制是实现智能化开采的关键环节。因此，全面、及时掌握综采工作面三机装备的运行状态，实现稳定可靠的监测，是煤炭生产由简单机械化向自动化、智能化乃至无人化转变的关键和急迫需要。

智能感知是煤矿智能化开采的关键技术之一，而智能感知的核心技术是监测(传感)技术。常规的机械式、电磁式及地球物理方法等监测方式在煤矿中应用较广泛，发挥了重要的作用，但是此类传感器的防水性、稳定性及抗腐蚀性较差，易受地下复杂环境的影响，严重影响了监测信息的有效性、稳定性与精确性。另外，其信号传输距离近，不易组成大规模传感网络。光纤传感技术的出现和迅速发展，为解决智能采矿基础信息的安全、高效、智能感知提供了新的手段和思路。光纤传感技术作为现代通信产物，以光纤为媒介、光波为载体，实现对外界如应变、压力、温度、振动、倾角等信号变化的智能感知和测量[14-18]。光纤传感技术具有本质安全、抗电磁干扰能力强、传输损耗低、传输距离远、测量精度和灵敏度高等优点，并且在一根光纤上可以串联多个传感器组成准分布式实时在线传感网络[19-22]。鉴于智能开采的发展需求和光纤传感技术的优势，将其应用于采场三机姿态信息感知领域，将有助于提高煤矿开采智能感知水平和监测效率、补充和完善采场三机姿态感知技术手段，提高采场三机姿态感知的实时性、准确性及智能化，对于采场三机姿态智能感知具有很好的借鉴和参考意义，为我国煤矿企业推进智能化建设提供重要支撑。

1.2 三机姿态智能感知国内外研究现状

1.2.1 煤矿智能化开采

自20世纪90年代开始发展智能化开采技术和装备以来，美国、德国和澳大利亚等国家相继提出了研究技术方案，主要是以工业自动化技术为基础实现煤机装备的程序控制、远程可视化监控、装备状态监测等功能。2001年，澳大利亚联邦科学与工业研究组织(Commonwealth Scientific and Industrial Research Organization，CSIRO)承担了澳大利亚煤炭协会研究计划设立的综采自动化项目，开展综采工作面自动化和智能化技术的研究，设计开发了基于陀螺仪导向定位的自动化采煤方法，英文名称为LASC，是以承担此项技术的研究团队长壁自动化指导委员会(Long Wall Automation Steering Committee，LASC)命名的。2005年，该项目通过军用高精度光纤陀螺仪和定位导航算法实现了采煤机位置的精确定位、工作面调直系统和工作面水平控制[23-25]，并应用LASC首次在澳大利亚的贝塔南(Beltana)矿试验成功。目前，该系统在澳大利亚50%以上长壁工作面中应用，并推广到金属矿山开采中。2006年，欧洲委员会批准了“采掘机械的机械化和自动化”专项基金项目，包括德国、英国、波兰等在内的研究机构相继开展了煤岩界面、防撞技术、采煤机位置监测等相关研究，并取得了丰硕成果。同年，美国久益(JOY)公司推出了虚拟采矿技术方案，以实现地面远程精准操控为研究目标。2008年，CSIRO对LASC进行了技术优化，完善了工作面自动化系统原型，增加了采煤机自动控制、煤流负荷匹配、巷道集中监控等功能，实现了工作面的全自动化割煤[26]。2009年，英国曼彻斯特大学、德国亚琛工业大学、保加利亚普罗夫迪夫大学的相关研究机构开发了“煤机领路者”系统，并在德国北莱茵-威斯特法伦州(North-Rhein Westphalia)的一个煤矿得到了成功应用[27]。2012年，美国JOY公司开发了新型采煤机自动化长壁系统，集成了工作面取直系统，可实现采煤机的全自动智能化控制[28]。2015年，德国艾柯夫(Eickhoff)公司研发的现代采煤机配备了振动传感器、行程传感器、倾角传感器、位置传感器、红外传感器和雷达传感器等[29-31]，并联合玛珂(Marco)、贝克(Becker)等公司建设了一套远程控制智能化薄煤层综采系统，已经接近于无人工作面，如图 1-2 所示。

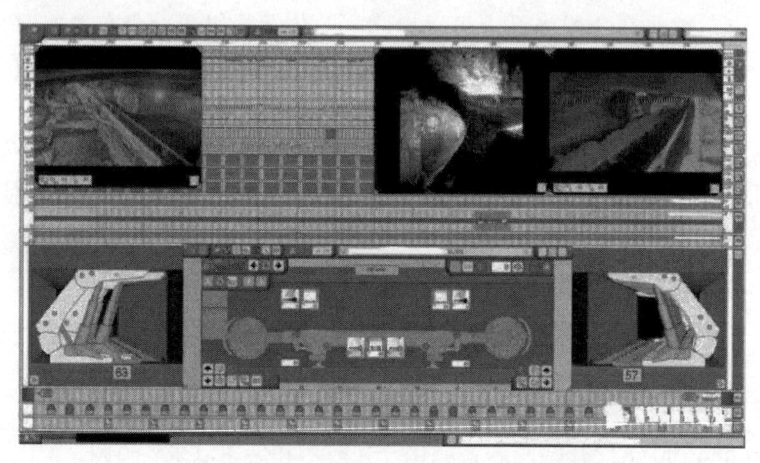

图 1-2　智能化薄煤层综采系统的现场应用

我国对综采工作面自动化和智能技术的研究起步较晚，从最初的人工操作发展到 20 世纪 80 年代末的半自动控制，再到 21 世纪初的全自动控制，目前正朝着智能化方向发展[32]。自动化是智能化的基础阶段，无人化是智能化的高阶阶段和发展目标。2006 年开始，中国矿业大学的方新秋率先开展了无人工作面相关方面的研究[33-37]，根据无人工作面的关键技术，提出了利用惯性技术来开发定位导航系统，在分析航位推算系统误差补偿模型、地图匹配算法和采煤机自主定位系统误差模型的基础上，认为光纤陀螺适合采煤机定位导航系统。之后，方新秋提出了高度自动化与传统综采工艺相结合的无人工作面的概念，建立了工作面灾害预测预报系统和无人工作面采煤工艺智能化控制系统模型，构建了无人工作面开采技术体系。2012 年，王巨光[38]分析了采煤机、液压支架、刮板输送机的设备选型过程，设计并实现了采煤机位置检测、记忆截割自动调高、运行状态实时监控及液压支架电液控制系统的自动控制，实现了薛村矿薄煤层 94702 综采工作面数字化无人开采。2013 年，王刚等[39]提出了沙曲矿 2 号薄煤层上保护层无人工作面开采的设计方案，给出了采煤机、液压支架、刮板输送机的配套选型，介绍了 22201 无人工作面自动化控制系统的网络结构及采煤工艺，实现了薄煤层工作面的自动化开采。2014 年，王国法[40]介绍了综采成套装备自动化、智能化、无人化的最新技术发展成果，探讨了综采成套装备自动化、智能化、无人化的发展方向和技术途径。2015 年，牛剑峰[41]提出了无人工作面视频系统的技术需求，构建了无人工作面视频系统技术方案，提出了一种以云台摄像机为基础的工作面设备随动视频监视系统，设计了智能本质安全型(简称本安型)摄像机，其具有视频目标定位、追踪与接续、自动除尘等功能。2016年，黄曾华[42]提出了“无人操作、有人巡视”的无人化开采生产模式，分析了可视远程干预无人化开采的关键技术，包括液压支架控制技术、采煤机控制技术、工作面视频监控技术、远程集中控制技术和人员安全感知技术，构建了“可视化远程干预型”智能开采系统。

在最终实现无人化开采之前，智能化采矿成为行业内的研究热点和发展趋势，智能化采矿技术是传感器、通信、自动化、信息等一系列技术的高度集成，采煤机的自主导航、三机联动的自动控制，以及地面对设备、系统、环境的实时监测与控制等关键技术能充分响应生产环境变化，实现真正意义上的智能化开采和有限条件下的无人开采目标。我国智能化开采目前还处于初级阶段，且在技术创新发展的关键阶段，并在“十二五”期间取得了快速发展，在国家863计划(国家高技术研究发展计划)、973计划(国家重点基础研究发展计划)和国家自然科学基金等项目的支持下，我国智能化综采取得了一系列的创新成果：实现了液压支架电液控＋记忆割煤＋可视化远程干预控制、液压支架自适应控制、工作面远程视频监控以及系统协调联动、采煤机动态精准定位、采煤机自动调高、煤矿探测机器人研制、基于煤层分布的采煤机截割路径规划等[43-51]。

近年来，王国法等[52-59]提出了采煤机智能调高控制、液压支架群组与围岩智能耦合自适应控制、工作面直线度智能控制、基于多信息融合的系统协同控制、超前支护及辅助作业的智能化控制等煤炭智能化开采关键技术，对工作面支护与液压支架技术理论体系、液压支架群组支护原理与承载特性、安全高效开采成套技术与装备进行了深入广泛的研究，基于此提出了智慧矿山的概念与含义，明确了智慧煤矿的发展目标与实现路径，为今后统筹开展煤矿生产智能化研究奠定了基础。宋振骐[60]以我国煤炭开采理论及开采技术为基础，从控制煤矿事故和环境灾害的角度提出了安全高效智能化开采技术构想。袁亮[10,61]以智能感知、智能控制、物联网、大数据云计算和人工智能等技术为支撑，提出了煤炭精准开采的科学构想和关键科学问题。精准开采是准确高效的煤炭少人(无人)智能开采与灾害防控一体化的未来采矿新模式，为未来实现互联网+科学开采的少人(无人)采矿提供了技术路径。葛世荣等[62-65]提出了无人驾驶采煤机关键技术及突破方向，开发了基于工作面地理信息系统的采煤机定位定姿技术，阐述了智能化采煤装备的“3个感知，3个自适”技术架构，构建了煤矿无人化综采工作面的关键技术架构，探讨了“互联网+采煤机”智能化关键技术及未来突破方向，并提出光纤传感器将为智能化采煤装备的关键技术突破提供借鉴。康红普等[66]提出了巷道支护-改性-卸压“三位一体”协同控制技术，形成了千米深井超长工作面智能开采成套技术体系，为深部煤炭资源安全、高效、高回收率开采提供了理论与技术保障。于斌等[67]以特厚煤层顶煤体和上覆岩层的相互作用为基础，提出了特厚煤层智能化综放开采理论和关键技术架构。

可见，虽然我国的智能化开采起步较晚，但在近几年发展迅速，众多专家和煤炭企业把握技术发展新趋势并提出了一系列的理论、技术，以及研发了成套装备，为我国智能化综采技术提升提供了重要支撑。与此同时，在生产地质条件较好的采煤工作面也积极进行了智能化开采实践探索，截至 2020 年 1 月，全国已建成 200 多个智能化采煤工作面[68]，先后在神东、宁煤、中煤、陕煤、同煤、阳煤、平煤、晋煤、峰峰、新集等矿区进行了探索及应用。相关矿区的应用表明，智能化开采领域的部分关键技术尚未取得实质性的突破，尤其在感知层上存在薄弱技术环节，亟需协同创新予以突破，同时其技术装备与国外相比仍有较大差距。

1.2.2 采煤机姿态监测方法

关于采煤机状态信息采集与姿态监测方法研究方面，美国 JOY 公司的 JNA 顺槽系统实现了各种综采设备的自动化控制与实时数据的采集上传[69]；德国 Eickhoff 公司的控制系统实现了采煤机状态信息的采集、处理和储存，以文字、数据、曲线、图形等多种方式显示采煤机运行状态，并通过监测网络远程传输至顺槽和地面；在国内，煤矿井下综采工作面普遍使用电牵引采煤机自身携带的可编程逻辑控制器(program-mable logic controller，PLC)来监视采煤机运行时的电流、电压、速度、温度和故障显示等内部参数，操作人员在现场进行操作，上位机监控画面不够直观，为采煤机的故障分析和统筹管理带来不便[70]。

关于采煤机定位研究方面，传统方法主要有齿轮计数法、红外对射法及超声波反射法，但是这些方法都存在着累计误差、无法连续监测等缺点[71]，目前已在实验室环境下取得了不错的进展[72,73]，并逐步引入实际生产中。惯性导航系统(inertial navigation system，INS)是一种自主式导航系统，具有数据更新率高、数据全面及短时定位精度高等优点[74]。Sammarco[75]通过分析房柱式煤炭开采特点，利用惯性导航系统对采煤机进行定位，并进行了软硬件的开发测试。Reid 等[76]对惯性导航系统下的综采装备位置跟踪及虚拟现实技术进行了研究。Schnakenberg[77]提出了基于惯性导航系统对井下工作面采矿机群定位的方法，并进行了相关实验。捷联惯性导航系统(strapdown inertial navigation system，SINS)比惯性导航系统更为优化，成本更低，但与惯性导航系统有着同样的缺陷，在采煤机定位应用方面的最大缺点是井下巷道距离过短会导致一些误差，需要通过计算来逐步消除误差。CSIRO 联合 JOY 和 Eickhoff 等公司着手将捷联惯性导航系统应用于采煤机的三维定位定向中[78]。

但主要存在的问题是，如果使用单一的采煤机定位方法，总会或多或少地产生一定的误差，因此，将多种定位方法组合使用，通过传感器之间的相互组合减少误差，提高精度是下一步亟待解决的问题。安美珍[79]提出了采用编码器和倾角传感器组合的定位技术。徐志鹏[80]通过建立采煤机工作面的三维空间坐标系，利用三机传感信息的融合对采煤机的机身位置和姿态进行定位，同时提出了“三机定位”和“动静融合”策略来实现采煤机的机身定位。无线传感器网络(wireless sensor network，WSN)具有无线、智能化、网络化等特点，十分适宜应用于地下矿井。因此，众多学者尝试将 SINS 与轴编码器[81,82]、WSN[83,84]、红外摄像[85]、GIS[86]等组合起来对采煤机进行准确定位，取得了很多研究进展，但这些方法基本仍然停留在理论状态，没有真正地进行实验。

关于采煤机姿态监测方法方面，现在一些综采工作面通过采煤机的机身倾角来检测地形的变化和起伏范围，在记忆截割中利用实时获取的采煤机横向倾角和纵向倾角数据来对记忆截割高度数据进行补偿[87]。但是，采煤机机身倾角是前后两个支撑滑靴(导向滑靴)之间起伏情况的表现，两个支撑滑靴之间的距离往往为中部槽长度的 4～6 倍，有可能会忽略滑靴之间的煤层变化，表现出对地形变化的“不敏感性”，因此这种方式是不可靠的[88]。

一般情况下，沿着工作面方向的顶底板高度变化缓慢，只有出现断层时才会发生突变。无论哪种情况出现，在工作面同一采样点上，相邻的截割工作循环之间，底板的变化一般不太明显。然而，顶底板渐进变化的积累，相邻截割工作循环采煤机位置定位的误差，以及采煤机姿态渐进变化的积累等因素对采煤机姿态监测与记忆截割均产生了影响[89,90]。由此，刘春生等[91]建立了煤岩顶底板的数字化模型，前提条件是在相邻两个采样点，采煤机前后两个支撑滑靴支撑点处在同一斜线上，即下一采样点的滑靴支撑点处在前一采样点采煤机支撑滑靴的倾斜线上。苏小立等[92]建立了采煤机双刀示范记忆截割的数学模型，葛兆亮[93]提出了基于三维精细化地质模型的采煤机通过断层和褶皱等复杂地形构造自适应截割方法。冯帅[94]建立了采煤机的刚体运动学模型并提出了底板曲线的获取方法，通过实时动态校正策略实现了工作面底板曲线的修正。

1.2.3 液压支架姿态监测方法

液压支架作为煤矿井下综采工作面的关键支护设备，其运行状态，包括支撑压力和姿态等直接影响整个工作面能否以安全高效的方式进行开采和工作，因此及时掌握液压支架的姿态至关重要[95]。在实际的工作面中，液压支架的数量在百台以上，尽管每台支架独立运行，但所有看似分离的个体在某种运行规律的控制下共同完成顶板支护任务[96]，因此在监测过程中需要从整体的角度对液压支架进行监测。

液压支架的监测主要集中在压力监测[97,98]和姿态监测等方面。目前，针对液压支架姿态监测的方法主要是对单台液压支架姿态关键参数的监测[99,100]。国外对液压支架姿态监测的研究主要集中在电液控制技术方面，对工作面液压支架工况监测方面的相关研究不足。文献[101]中以支撑掩护式液压支架为研究对象，设计了一套液压支架主要部件位姿参数的快速解算程序。文献[102]中基于惯性导航技术研究了一种综采工作面液压支架三维定位方法，实现了基于液压支架姿态监测的刮板输送机推直。文献[103]中通过对长壁工作面上支护设备设计过程的总结与分析，结合顶底板结构，对液压支架的运动学与动力学进行了分析。文献[104]中以前连杆和顶梁的倾角为自变量建立了掩护式液压支架各构件的位姿参数表达式，得出了立柱伸缩长度与前连杆倾角和顶梁倾角之间的解算关系，并设计了液压支架结构参数及立柱伸缩长度，计算得到各构件位姿参数的解算程序。

国内液压支架姿态监测研究工作也取得了一些成果。路佳等[105]利用组态软件建立了液压支架远程监测系统，实现了井下液压支架压力的实时采集与监控。林福严等[106]结合支撑掩护式液压支架，根据运动几何学分析，给出了位姿坐标解析表达式，满足实时在线解算要求。文治国等[107]绘制了极限位姿时液压支架关键构件的运移关系曲线，可作为液压支架姿态监测的依据，同时验证了姿态算法的正确性。王亚飞等[108]提出了一种基于灰色理论的液压支架记忆姿态监测方法，在横向和纵向两个维度上对液压支架传感器数据进行采集及分析，提高了液压支架监测数据的利用率及综采工作面液压支架监测的可靠性。张坤等[109]采用多种传感器综合测量和评价液压支架姿态，并使用 MATLAB 进行了仿真，通过双系统、双传感器的对比测量，有效解决了误差累积的问题，能够提高液压支架姿态的测量准确度。朱殿瑞等[110]以掩护式液压支架为研究对象，建立了液压支架姿态监测模型，结合三维建模软件实现了液压支架几何建模与运动仿真。

1.2.4 刮板输送机姿态监测方法

国内外众多机构及科研工作者通过多年的研究，提出了一系列刮板输送机直线度感知技术，主要有如下几种。

1) 人工调直

人工调直主要指通过人为观测刮板输送机的直线度，再通过液压支架控制系统调节推移千斤顶来实现刮板输送机直线度的调节。

2) 基于钢丝绳传感器的刮板输送机直线度感知技术

基于钢丝绳传感器的刮板输送机直线度感知技术的原理是，在刮板输送机槽体上等间距安装钢丝绳传感器，实时感知各中部槽的位移数据，并上传至控制台进行分析，通过比对推移千斤顶位移的理论值与实际值，再通过人工调节液压支架控制阀来调整推移千斤顶的位移量[111]。

3) 基于超声波传感器的刮板输送机直线度感知技术

基于超声波传感器的刮板输送机直线度感知技术的原理是，刮板输送机与多个推移千斤顶连接，所有推移千斤顶另一端均装有超声波传感器，通过超声波传感器获取每个推移千斤顶的位移数据，并将数据传输至中间环节支架控制器，所有支架控制器实时将数据通过网络变换器传入控制台，控制台将所得数据与理论值进行比对，得出比对结论，并通过网络变换器向支架控制器发出调节命令，支架控制器通过调整电磁阀对推移千斤顶伸缩长度进行调节，以实现刮板输送机直线度调整[112]。

4) 基于液压支架电液控制系统的刮板输送机直线度感知技术

2012 年，牛剑锋等[113]通过在液压支架顶梁上安装测距仪和倾角传感器，用测距仪测量液压支架与煤壁之间的距离，用倾角传感器感知液压支架顶梁的姿态。液压支架在移架过程中，通过测距仪感知液压支架与煤壁之间的距离，并进行液压支架移架行程的控制，使工作面液压支架移架后与煤壁保持相同的距离，从而实现工作面液压支架直线度的控制。通过工作面液压支架的推溜动作，可以实现刮板输送机直线度控制，从而实现整个工作面的直线度控制。之后，他针对上述方法的不足，提出在液压支架上安装具有多组阵列式结构的激光收发器，实现了相邻支架或隔架移架定位，从而将已经完成移架动作的液压支架作为移架标杆进行控制，实现了工作面液压支架的直线度控制[114]。

余佳鑫等[115]提出在液压支架及推移千斤顶上安装行程传感器，分别获得液压支架之间的相对行程和推移千斤顶的相对行程，通过调节液压支架之间的相对位置，再调节推移千斤顶的位置，实现刮板输送机及液压支架的直线度控制。张守祥等[116]认为，误差的存在可能会造成液压支架推移不到位或过位，于是提出在刮板输送机相邻溜槽处布设光纤应变传感器来测量相邻溜槽之间的相对位移，并将位移信号转换为正负电信号，通过工作面的电液控制系统来调整推移不到位或推移过位的液压支架。

李伟等[117]针对行程传感器易受强电磁干扰的缺点，提出在相邻两个液压支架间布设弹性杆，在弹性杆与液压支架之间安装倾角传感器的方法来测量液压支架之间固定点处的相对角度。在任意相邻两个中部槽之间布设弹性连接器，弹性连接器设有具有温度补偿作用的应变传感器，来获得相邻两中部槽之间的应变数据。该方法以电液控制系统所接收的电压信号作为判断依据，依实际工况分别对液压支架和刮板输送机实施相应动作，实现液压支架和刮板输送机的调直控制。

5) 基于惯导技术的刮板输送机直线度感知技术

2003 年，CSIRO 提出基于捷联惯性导航技术检测综采工作面采煤机的三维运行路径，通过该路径反演刮板输送机形状。基于惯性导航系统测得的采煤机运行轨迹信息，为以刮板输送机调直为基准的工作面校直提供了参考[118]。

张纯等[119]针对机械陀螺仪易受电磁干扰影响的实际情况，提出在采煤机上安装一套水平光纤陀螺仪，在采煤机割煤过程中自动测定出与各个液压支架对应点的输送机的相对偏移量，并将有关信息借助采煤机的通信装置传输给电液控制系统主机，电液控制系统主机根据接收到的信息，在下一个循环自动控制液压支架的前移步距，从而达到自动校直的目的。

张智喆[120-122]等根据工作面中采煤机与刮板输送机之间的几何空间位置关系，建立了以采煤机运行轨迹反演刮板输送机形状的数学模型，并搭建了刮板输送机布置形态监测实验平台进行实验验证。在此基础上，王世博等[123]结合综采工作面采煤工艺，利用刮板输送机检测轨迹，提出了刮板输送机调直方法，实现了在综采工作面不停机情况下的刮板输送机连续调直。通过数值仿真和实验验证，我们发现提出的刮板输送机调直方法可有效地减小刮板输送机的初始较大直线度误差，并使刮板输送机的直线度误差稳定在一定范围内。

1.2.5　光纤光栅传感技术简介及其在采矿中的应用

1. 光纤光栅传感技术简介

光纤光栅传感技术随着光纤通信技术的普及而得到飞快发展，包含两种基本功能，即对外界的“感知”和信号的“传输”。“感知”指当外界参量发生规律性变化时，光纤中对应输出光波的频率、强度、波长等特征参量也会变化，可以通过监测这些特征参量的变化情况，“感知”外界参量的变化情况。“传输”指将光纤受外界参量信号调制出的光波传输给光探测器进行检测，并从光波中提取外界参量，然后按照实际需要进行相应数据处理，“感知”和“传输”的独特优势为其发展及应用带来了广阔的前景。

光纤光栅是性能优良的敏感元件，其反射光谱波长信息可以直接用来测量温度和应变，除此之外，为了测量更多的物理参量，通过设计敏感结构进行非光学物理量的转换，可以实现非光学物理量(压力、压强、振动、加速度、位移、角度等)的光学测量。由于光纤光栅采用波长编码方法，可以利用波分、时分、空分等复用技术，将光纤布拉格光栅(fiber Bragg grating，FBG)通过串联或并联方式组成传感网络，可以实现对物理量的准分布式测量。基于光纤光栅传感技术制作的光纤光栅传感器与传统的传感器相比具有如下优点。

(1)质量轻、体积小。普通光纤外径为250μm，最细的传感光纤直径仅为35～40μm，可在结构表面安装或者埋入结构体内部，对被测结构的影响较小，测量的结果是结构参数更加真实的反映。另外，埋入安装时可检测传统传感器很难或者根本无法监测的信号。

(2)灵敏度高。光纤传感器采用光测量的技术手段，波长一般为微米量级。采用波长调制技术，分辨率可达到波长尺度的纳米量级。

(3) 耐腐蚀。由于光纤表面的涂覆层由高分子材料做成，对环境或者结构中的酸碱等化学成分的耐腐蚀能力强，适用于长期健康监测。

(4) 抗电磁干扰。当光波信息在光纤中传输时，它不会与电磁场产生作用，因此信息在传输过程中抗电磁干扰能力很强。

(5) 传输频带较宽。通常系统的调制带宽为载波频率的百分之几，光波的频率比位于射频段或者微波段的频率高几个数量级，因而其带宽有很大的提高，便于实现时分或者频分多路复用，可进行大容量信息的实时测量，使大型结构健康监测成为可能。

(6) 分布或者准分布式测量。能够用一根光纤测量结构上空间多点参数，可通过不同波长的 FBG 级联的方式来构成光纤传感网络，具备传统的机械类、电子类、微电子类等分立型器件无法实现的功能。

(7) 多种参量同步测量。光纤光栅传感器对温度和应变具有天然的敏感性，可测量与温度和应变相关的物理量，也可通过不同传感结构与光纤光栅相结合实现更多参量的测量。

(8) 使用期限内维护费用低。光纤光栅传感器性能优良、不易损坏，可长时间使用。

2. 光纤光栅传感技术在采矿中的应用

起初，国内将光纤光栅传感技术应用在地下工程进行相关研究，黄尚廉等[124-128]对工程结构健康监测领域的几种光纤传感技术进行了深入的理论和实验研究。欧进萍等[129,130]对光纤光栅传感及其在结构健康监测中的应用进行了深入的探讨，并在混凝土梁中进行了实验研究。随着光纤光栅传感器的发展和光信号解调技术的成熟，应用光纤传感技术进行煤矿安全监测已成为这一研究领域的热点，目前已经在岩石试件应变测试、采矿模型实验及工程实践等方面进行了研究。

1) 在岩石试件应变测试的应用

Heasley 等[131]通过实验室胶结煤块实验分析了分布式光纤在煤岩体内的传感特性，证明了分布式光纤在岩体活动监测中的可能性。

Schmidt-Hattenberger 等[132]将光纤光栅粘贴于岩石试件表面进行应变测试。在岩石的单轴抗压实验中，采用万能试验机及激光应变测试仪等进行对比分析，测试了单轴加载过程中岩石的轴向、径向应变，实验结果证明光纤光栅具有很高的精度，接近于岩石的真实应变，同时测试精度会受黏结剂的影响。

Yang 等[133]进行了单轴压缩花岗岩应变综合测试实验研究，对岩石试样进行 5 组循环加载、卸载实验，在试样表面粘贴光纤光栅连续监测岩石轴向应变状态，并利用电阻应变片进行对比。实验结果表明，光纤光栅与电阻应变片测试数据具有形同的变化规律，但光纤光栅精度明显高于电阻应变片。

魏世明等[134-136]通过在岩石试件表面粘贴光纤光栅与电阻应变片对比测试了岩石单轴加载过程中轴向、环向的应变变化，结果表明，在试件破裂前的小变形阶段，光纤光栅与应变片的变形规律一致，灵敏度和精度优于应变片，光纤光栅环向测试优于万能试验机。基于此，魏世明等提出了岩石单轴压缩实验中的光纤光栅表面粘贴法，建立了表面粘贴法应变传递模型并推导了应变传递系数。单轴压缩实验证明了光纤光栅测试岩石应变的优越性，提高了岩石变形检测水平。

范成凯等[137]将光纤光栅应用到页岩单轴压缩实验及其表面应变的监测。实验结果表明，光纤光栅能够较好地监测页岩表面应变变化，且环向应变传递效率高于轴向，测试结果优于十字应变花，但轴向应变变化极易受表面裂缝发育影响而导致传递效率降低，同时传递效率受光栅力学特性、粘贴层性质及厚度等因素影响。

Sun 等[138,139]提出了一种新型多通道 FBG 传感器阵列应用于单轴压缩圆柱试件动态应变响应测量方法，利用 6 个环向 FBG 传感器、4 个横向 FBG 传感器全面监测砂岩筒体在单轴压缩过程中的应变，并检测出试件内部潜在的裂纹位置，验证了使用光纤光栅传感器监测小应变的适用性和可行性，奠定了现场监测进一步应用和理论研究的实验基础。

2)在采矿模型实验中的应用

柴敬等[140-142]研究了采用光纤传感技术检测岩体破坏发生、发展过程中的相关理论与技术，分析了埋入光纤与基体材料的相互耦合作用，提出了岩体变形光纤测试机理，研发了基于弯曲损耗的蛇形光纤传感理论及传感器结构，并利用光纤测试方法和平面应力模型模拟了煤矿上覆岩层的垮落形态，研究了开挖过程中上覆岩层运移状态与光纤光栅传感器测试结果的对应关系，验证了光纤测试的可行性。

魏世明[143]分析了埋入状态下光纤的受力特征，推导出了埋入光纤与岩体之间的应变传递方程，同时建立了表面粘贴光纤光栅的力学传递模型，并推导了在考虑表面凹槽时的传递方程。另外，他研究了采场周围水平应力分布的光纤光栅埋入式检测方法，在相似模型中埋入光纤光栅，通过检测采动过程中波长的变化反映上覆岩层变化规律。

Dong 等[144]建立了巷道开挖模型，基于光纤光栅传感技术，对 FBG 锚杆的信号特性进行了分析，并结合尖点突变理论建立了围岩失稳判据，进而判断顶板的稳定性。

Liu 等[145]提出了一种基于 FBG 技术的多参数监测分析系统，设计了光纤光栅渗压传感器，利用波分复用技术建立了光纤光栅传感网络，并搭建了煤矿突水实验模型，为预测煤矿突水灾害提供了一种新的方法。

冯现大等[146]基于 FBG 技术，研制了新型光纤光栅位移、应力、渗压和温度传感器，并将其预埋在矿井突水模型内部关键位置，成功地实现了对突水过程多场信息的实时监测。

王正方等[147]以FBG为核心设计了高精度FBG位移传感器，将该传感器应用于模型实验中，满足了微小位移的高精度测量需求。

王静等[148]基于模型相似材料研制了一种新型光纤光栅应变传感器，通过复用技术构建了 FBG 应变传感网络系统，并将其应用在巷道涌水模型实验中，采用14个FBG应变传感器，对巷道推进过程及模型加载和巷道扩挖过程中的围岩应变进行了实时监测，为预测煤矿涌水事故提供了一种新的有效手段。

蒋善超等[149]采用光纤光栅作为核心敏感元件，研制了具有温度自补偿功能的用于测量岩体内部绝对位移的微型光纤光栅位移传感器，模型实验证明该传感器能够满足实验需求，实用性较强。

魏世明等[150]利用光纤光栅和橡胶基质的立方体制作了三维应力传感结构，根据广义胡克定律推导了光纤应变与岩体应力之间的力学关系，并在相似模拟实验中对采动影响下的三维应力变化过程进行了实时监测。

3）在采矿工程实践中的应用

王太元等[151]采用埋入式FBG传感器构建了在线监测系统，对井筒和井壁结构进行信息化监测，获得了多方位、多层位的井筒应变实时数据，与传统的振弦式传感器相比，二者监测数据具有一致性。

刘显威[152]设计了一种光纤光栅监测系统，并给出了现场安装工艺，将其应用到鲍店煤矿松散层沉降变形监测中，在光纤光栅传感应变传递理论的基础上，得到了松散层与光纤光栅传感器之间的应变传递关系。现场应用结果表明，光纤光栅监测系统能够有效监测松散层的变形规律。

王涛[153]研制了光纤光栅位移传感器和光纤光栅土压力传感器，开发了一种基于传感器网络的在线监测系统，对淮北矿业朱仙庄煤矿南二风井巷道掘进区域的离层位移、围岩压力的变化情况进行远程在线监测，并设计了一种去噪非线性回归分析模型对巷道稳定性进行分析和预测。

谭玖[154]提出了一种基于光纤光栅的煤矿采空区温度场监测技术，研制了矿用FBG温度传感器的探头及封装结构，提出并完成了采空区测温光缆的布置工艺和工程实施方案，在神华宁煤羊场湾煤矿的应用证明光纤光栅采空区温度场监测技术的准确性和灵敏度较高。

汤树成等[155]根据光纤光栅传感技术的基本原理和独特优势，介绍了煤矿安全监测系统中的各类传感器，探讨和分析了利用光纤光栅传感器对煤矿顶板压力、顶板离层、采空区温度、竖井安全度等进行监测的可行性。

梁敏富等[156]基于光纤光栅传感原理及弹性膜片结构，设计了一种新型的温度补偿压力传感器，建立了膜片结构变形力学模型，推导出了光纤光栅中心波长漂移量与压力之间的数学关系，数值分析了传感器灵敏度的影响参数。标定测试表明传感器具有良好的线性度和稳定性，现场实测验证了光纤光栅传感技术在煤矿安全监测中的可行性。

Zhao 等[157]研制了一种基于悬臂梁结构的双光纤光栅差动式顶板离层传感器，消除了温度-应变的交叉影响，在煤矿现场进行了巷道顶板离层实时在线监测，该方法可应用于煤矿井下安全顶板离层监测，来预测离层稳定性。

Tang 等[158]提出了一种基于 FBG 的仪器化锚杆，建立了一套实时、准确的锚杆监测系统。在锚杆轴向对称位置刻槽，利用环氧树脂将准分布式光纤光栅传感器封装在内，实验室标定锚杆具有较高的载荷灵敏度。掘进巷道现场监测结果表明，巷道顶板上的锚杆轴向力高于其他锚杆，在锚杆中部附近能监测到各锚杆的最大轴向力。

邢晓鹏[159]设计并研制了光纤光栅钻孔应力计，开发了光纤光栅采动应力监测系统，建立了钻孔围岩力学模型，对围岩-钻孔应力计的相互作用进行了力学分析，光纤光栅钻孔应力计现场实测和数值模拟的围岩支承压力分布趋势相近，规律相似。

胡秀坤[160]构建了完整的基于光纤光栅传感器的巷道矿压在线监测系统，该系统采用 C/S 架构模式和基于 Microsoft.net 平台的 C#编程语言，开发了矿压数据信息软件平台，在煤矿现场进行了可靠性验证实践，为煤矿安全高效生产提供了科学的技术保障。

马盟等[161,162]研究了液压支架姿态监测的运动学原理，构建了两柱掩护式液压支架的运动学模型，建立了液压支架姿态监测的指标体系，基于此设计了双悬臂梁结构的光纤光栅二维倾角传感器，并在煤矿工作面进行了基于光纤传感技术的液压支架姿态监测工业性试验。

方新秋及其研究团队以智能化开采为方向，将光纤光栅传感技术与煤矿安全生产进行交叉结合和集成创新，在矿用光纤光栅传感器、可视化分析软件及系统集成等方面均做了大量的理论和技术研究工作[163-173]，并在煤矿的采场和巷道开采环境(巷道顶板离层、锚杆锚索载荷、巷道围岩应力、采空区温度、膏体充填应力)、设备姿态感知(液压支架倾角、压力和采煤机姿态等)方面进行了探讨和工程应用，逐步构建了较为完善的开采环境光纤光栅智能感知系统。

第 2 章　综采工作面三机协同运行工艺

2.1　采煤机结构及运行过程

2.1.1　采煤机结构

采煤机是综采工作面的主要机械设备，担负破煤及装煤任务。普遍应用的采煤机有两种：滚筒式采煤机和刨煤机，其中刨煤机对煤层地质条件的要求较严，而滚筒式采煤机对各种煤层具有很强的适应性，所以应用较广泛。滚筒式采煤机又分为单滚筒采煤机和双滚筒采煤机，目前国内外普遍使用的是可调高的双滚筒采煤机，如图 2-1 所示。

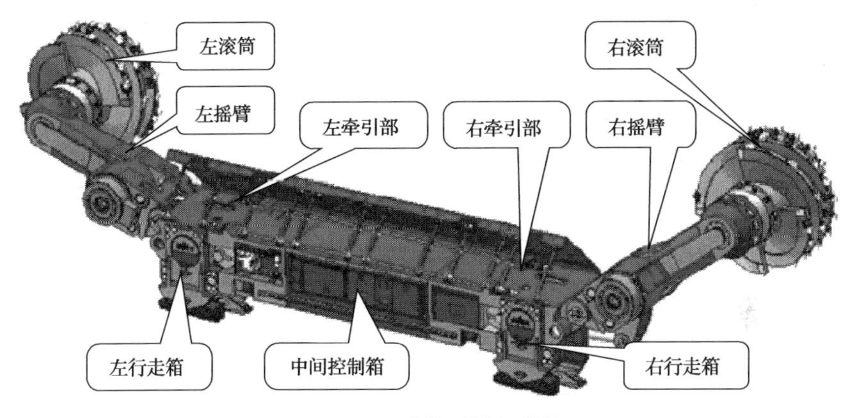

图 2-1　双滚筒采煤机结构

双滚筒采煤机由四大系统和十大部件组成，四大系统分别是电气控制系统、机械传动系统、液压传动系统、冷却喷雾系统；十大部件包含中间控制箱、左右行走箱、左右牵引部、左右摇臂、左右滚筒等。其中，中间控制箱是采煤机的控制部分和动力源，牵引部为行走箱提供动力源，行走箱与刮板输送机两端的牵引链和滑轨互相啮合，牵引部输出的动力经传动系统减速后传至行走箱，从而使采煤机沿工作面方向移动。摇臂的主要功能是调高并为滚筒传递动力，滚筒上装有的截齿和旋转叶片分别用于破煤和装煤，而滚筒截割后无法装走的较大煤块则由破碎机破碎成小煤块后掉入刮板输送机并运走。

2.1.2　采煤机运行过程

采煤机的进刀与割煤方式是综采工艺的重要组成部分，对综采工作面的生产效益有较大影响。目前，综采工作面采煤机的进刀与割煤方式主要有三种：综采工作面端部斜切进刀，割三角煤，往返一次割两刀；综采工作面端部斜切进刀，不割三角煤，往返一次割一刀；综采工作面中部斜切进刀，不割三角煤，往返一次割一刀。

1. 综采工作面端部斜切进刀，割三角煤，往返一次割两刀

如图 2-2 所示，采煤机向机尾方向割煤，从 *AB* 段开始沿刮板输送机弯曲段 *BC* 斜切进刀；左滚筒扫底，右滚筒抬到中间位置(以机头方向为左，以机尾方向为右)；当采煤机左右滚筒完全切入煤壁到达 *C* 点时，停机换向，等待机头端部液压支架移架，推移 *AB* 段和 *BC* 段刮板输送机，同时采煤机左滚筒升起，割顶煤，右滚筒保持在中间，再由 *C* 点向机头方向割 *CB* 段三角煤和 *BA* 段；当采煤机割透煤壁运行至 *A* 点时，采煤机换向，同时降下左滚筒割底煤，右滚筒升至割顶煤位置向右割煤；当采煤机再次割到 *C* 点时，继续沿 *CE* 段向右运行，开始正常割煤，同时推移 *AD* 段的刮板输送机和液压支架，当采煤机割透煤壁运行至 *E* 点时，采煤机再次换向，左滚筒抬到中间位置，右滚筒扫底，由 *ED* 段向机头方向斜切进刀。由此得出，采煤机的运行路线为：$A \to B \to C \to B \to A \to B \to C \to D \to E$。

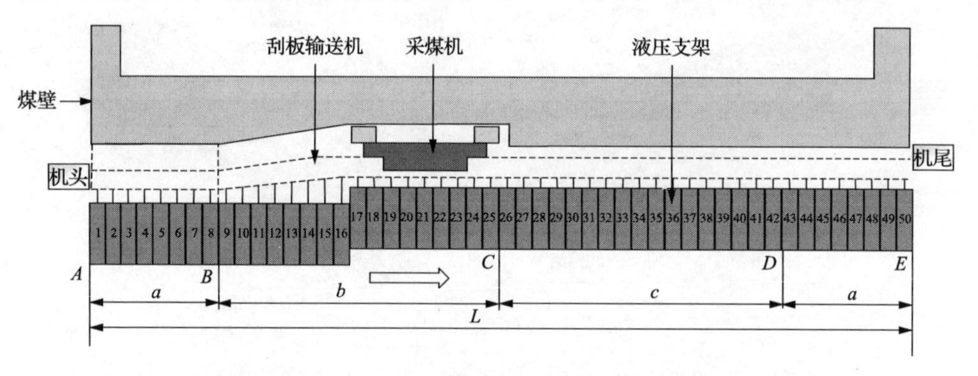

图 2-2　综采工作面端部斜切进刀方式示意图

2. 综采工作面端部斜切进刀，不割三角煤，往返一次割一刀

如图 2-2 所示，从 *AB* 段开始沿刮板输送机弯曲段 *BC* 斜切进刀，采煤机左右滚筒完全切入煤壁并达到规定深度后继续从 *C* 点向右割煤，同时机头端部液压支架移架，推移 *AB* 段和 *BC* 段刮板输送机；采煤机割透 *CE* 段煤壁后，采煤机换向，同时左滚筒升起，右滚筒降下，采煤机向机头方向向左割煤，空刀运行至 *C* 点，开始割 *CB* 段三角煤和 *BA* 段；当采煤机割透煤壁运行至 *A* 点时，采煤机换向，左滚筒降下，右滚筒升起，开始向机尾方向再次向右循环割下一刀煤。由此得出，采煤机的运行路线为：$A \to B \to C \to E \to C \to B \to A$。

3. 综采工作面中部斜切进刀，不割三角煤，往返一次割一刀

如图 2-3 所示，采煤机从 *C* 点开始斜切进刀，向机尾方向割煤；采煤机左右滚筒完全切入煤壁并达到规定截割深度后，采煤机继续以正常割煤速度割 *DE* 和 *EF* 段，同时推移 *AD* 段的刮板输送机和液压支架；采煤机割透煤壁，运行至 *F* 点后，采煤机换向，左滚筒升起，右滚筒降下，由 *FE* 段向机头方向向左割煤，空刀运行至 *D* 点，开始割 *DC* 段三角煤和 *CB*、*BA* 段煤壁。当采煤机割透煤壁，运行至 *A* 点后，采煤机再次换向，左滚筒降下，右滚筒升起，由 *AB* 段向右，空刀运行至 *C* 点，开始下一循环综采工作面中部斜切进刀。由此得出，采煤机的运行路线为：*C*→*D*→*E*→*F*→*E*→*D*→*C*→*B*→*A*→*B*→*C*。

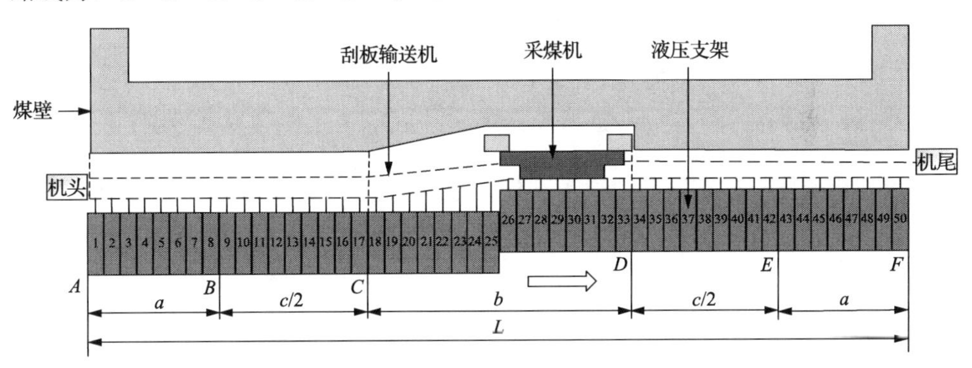

图 2-3　综采工作面中部斜切进刀方式示意图

2.2　液压支架结构及运行过程

2.2.1　液压支架结构

液压支架是综采工作面高产高效采煤的关键设备，不仅具有顶板支护和隔离采空区的作用，还可以推动刮板输送机和液压支架本身前移。根据液压支架对顶板支护方式和结构特点的不同，液压支架可分为三种基本架型：支撑式、掩护式和支撑掩护式。两柱掩护式液压支架(图 2-4)由于结构简单、操作方便及循环时间短的特点，能明显提高劳动效率和降低工作面吨煤开采成本，在煤矿中应用非常广泛。

两柱掩护式液压支架结构主要分为 4 部分：承载结构件、执行元件、控制元件和辅助装置。其中，承载结构件的作用是承受和传递顶板垮落岩石的载荷，主要包括顶梁、底座、掩护梁及前后连杆；执行元件的作用是使液压支架实现各种动作，主要包括立柱和千斤顶；控制元件的作用是实现对液压支架各种动作的操作，主要包括单向阀、安全阀等各类操纵阀；辅助装置的作用是通过推移千

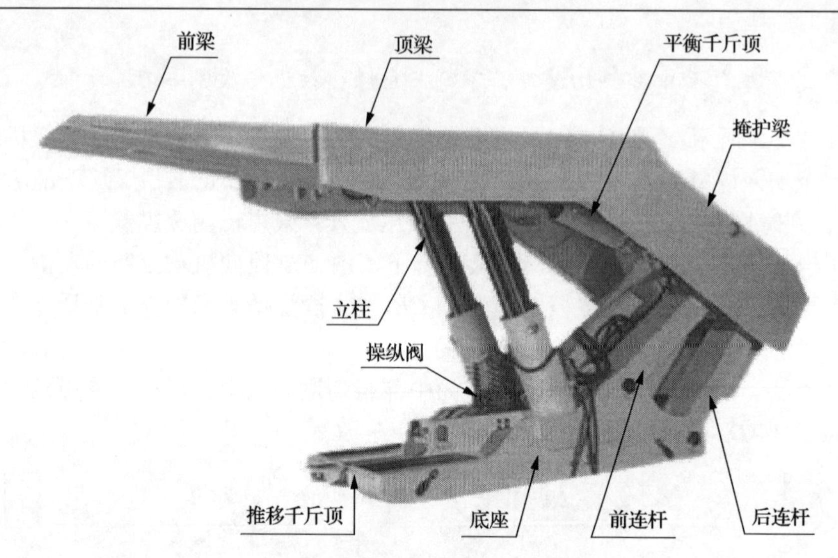

图 2-4 两柱掩护式液压支架结构

斤顶等配合液压支架实现其他所需动作。液压支架与采煤机、刮板输送机配套使用可以有效地支撑和控制综采工作面的顶板，并且能保证工人及设备必需的安全工作空间，从而能够完成支护、切顶、升架、降架、移架和推移刮板输送机等一整套工序。

2.2.2 液压支架运行过程

液压支架在工作中不仅需要可靠地支撑工作面顶板，同时还要随着综采工作面的回采对刮板输送机进行推移，它必须具备推、降、拉、移 4 个基本动作。液压支架对工作面的顶板支护分为及时支护、超前支护和滞后支护 3 种方式；移架分为单架依次顺序式、分组间隔交错式和多架成组整体顺序式 3 种方式。

1. 液压支架的支护方式

(1)及时支护。及时支护是指在采煤机割煤后，先对液压支架进行移架，再对刮板输送机进行推移的支护方式。因此，液压支架前端与刮板输送机之间要预留一段截深距离。在综采工作面煤层顶板比较稳定的情况下可以采用及时支护的方式。

(2)超前支护。超前支护是指在采煤机割煤前，由于综采工作面煤壁片帮严重而先行移动液压支架的支护方式。采用这种支护方式的液压支架具有较长的前梁，一般应超过刮板输送机的宽度与液压支架移动步距之和。当煤壁发生片帮时，液压支架利用前梁与刮板输送机之间的预留距离向前移动，从而使悬空的顶板得到相应的支护。

(3)滞后支护。滞后支护是指在采煤机割煤后，先对刮板输送机进行推移，再对液压支架进行支护的方式。液压支架在滞后采煤机割煤一段时间后移架，导致顶板空间面积大、时间长，因此，只有在综采工作面顶板条件较好的情况下才可以采用滞后支护的方式。

2. 液压支架的移架方式

液压支架的移架方式取决于液压支架结构、控制方式、配套设备特点、煤层顶板的稳定条件，以及采煤机对液压支架移架速度的要求等。

(1) 单架依次顺序式。液压支架沿采煤机运行割煤方向依次按顺序前移，且移动步距等于采煤机的截深，并在移动后将其位置重新排成直线。这种移架方式操作简单、移架速度缓慢，容易保证支架的移架质量，适合不稳定的顶板条件，在我国应用较多。

(2) 分组间隔交错式。将液压支架分为每组 3～5 架，液压支架沿采煤机牵引割煤方向在组内依次按顺序前移，在组间平行作业。这种移架操作方式移架速度快，不容易保证移架质量，对顶板稳定性要求高。

(3) 多架成组整体顺序式。将液压支架分为每组 2～3 架，液压支架沿采煤机牵引割煤方向成组整体按顺序移架，组间液压支架顺序前移，组内自动化作业。多架成组整体顺序式移架方式移架速度快，不容易保证移架质量，对顶板稳定性要求高。

2.3　刮板输送机结构及运行过程

2.3.1　刮板输送机结构

刮板输送机工作在综采工作面内，主要与采煤机、液压支架配合使用。刮板输送机主要由机头部(包括机头架、驱动装置、链轮组件等)、中间部(包括溜槽、刮板、刮板链等)、机尾部和附属装置(挡煤板、铲煤板等)及供移动刮板输送机的推移装置等组成，其主要结构组成如图 2-5 所示。将刮板固定在链条上组成刮板链并作为牵引机构，溜槽作为煤炭的承受件，机头传动部启动后，带动与驱动装置连接的链轮旋转，再由链轮轮齿拨动闭环刮板链运动，使刮板链循环运行带动煤炭等沿着溜槽移动，实现煤炭运输。同时，刮板输送机作为采煤机的运行轨道，是采煤工艺中不可缺少的主要设备。

2.3.2　刮板输送机运行过程

刮板输送机工作时，电动机通过液力耦合器和减速器将动力传输给机头链轮，链轮带动刮板链连续运转，通过刮板将采煤机割煤时落到溜槽中的煤炭推运到机头处卸载装运。在工作面采煤过程中，通过与液压支架相连的推移千斤顶向煤壁推移输送机以跟随工作面移动。

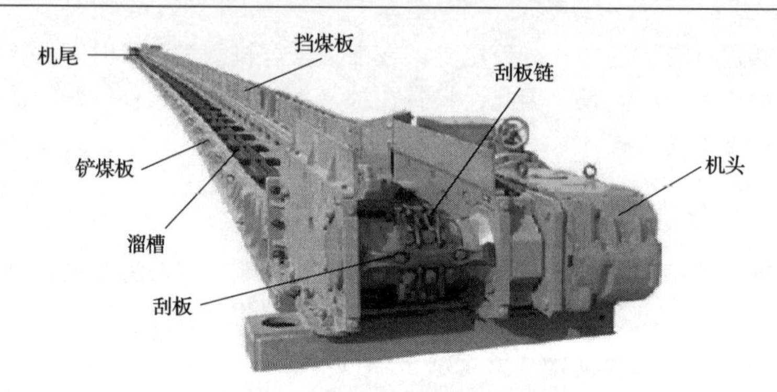

图 2-5　刮板输送机主要结构组成

刮板输送机通常又称为"溜子"，其主要有以下作用：一是作为煤炭、矸石或物料的运输工具；二是作为采煤机的运行轨道；三是配合液压支架完成移架和推溜工序，即采煤—推溜—移架—拉架这 4 个动作的不断循环。

2.4　综采工作面三机协同运行过程

2.4.1　综采工作面三机协同运行方式

采煤机、刮板输送机、液压支架构成的三机是综采工作面的关键采矿设备，其相互协作配合实现采煤机采煤、刮板输送机运煤和液压支架支护等功能。通常情况下，在一个综采工作面内安装一台采煤机、一台刮板输送机及若干架液压支架，如图 2-6 所示。采煤机、刮板输送机、液压支架沿采煤工作面进行布置，液压支架平行排列在采空区与煤壁之间，在采煤机截割煤壁过程中，液压支架实现对采空区的及时支护。

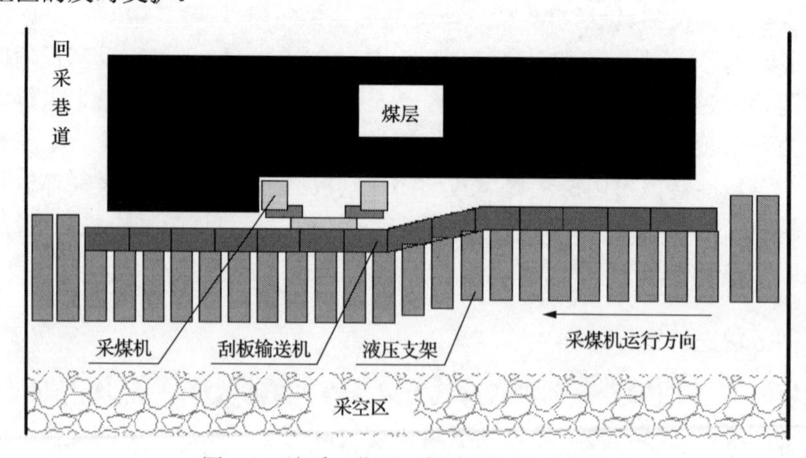

图 2-6　综采工作面三机协同运行示意图

在综采工作面，只有采煤机和液压支架主动动作。以采煤机从工作面左端向工作面右端开始割煤为例，如图 2-7 所示，综采工作面端部斜切进刀，割三角煤，往返一次割两刀。当采煤机割透煤壁时，支架工开始跟机拉架，推溜工推出弯曲段，采煤机向机尾方向前进，左滚筒扫底，右滚筒抬到中间位置，准备割三角煤。

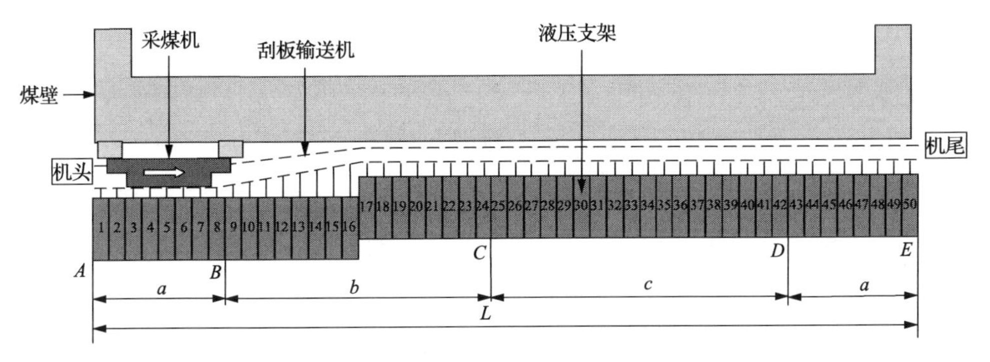

图 2-7　端部斜切进刀，双向割煤第一刀开始端

如图 2-8 所示，采煤机逐步向机尾方向运行，进入斜切进刀段，切入三角煤。

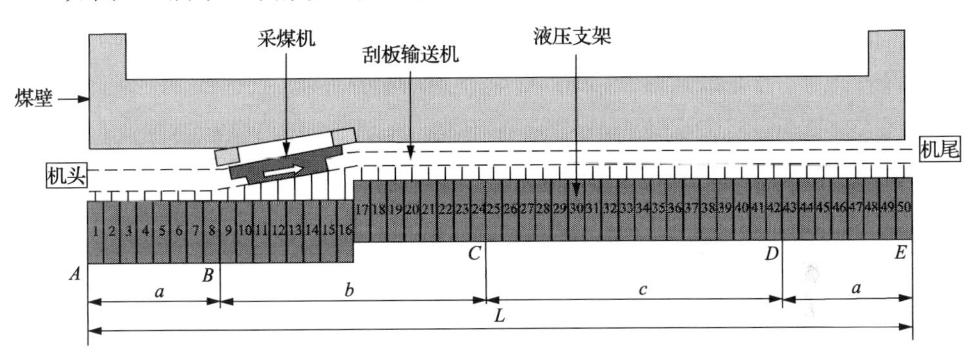

图 2-8　采煤机向机尾方向运行，开始切入三角煤

如图 2-9 所示，采煤机左右滚筒完全切入煤壁达到截深厚度后，采煤机机身全部进入直线段，采煤机停止前进，停机换向，准备反向割三角煤。

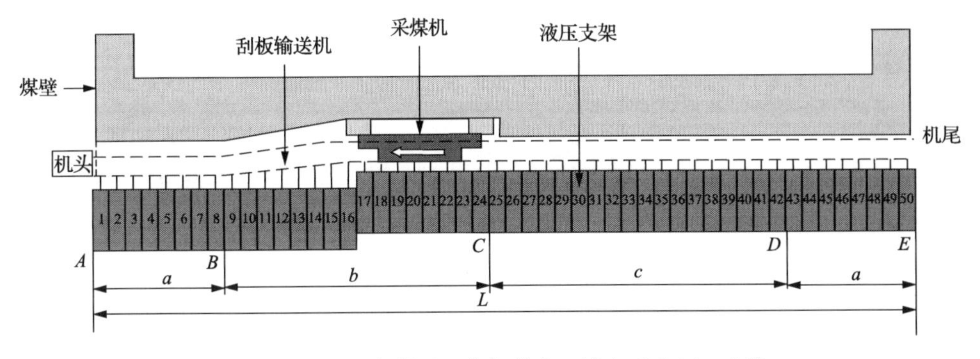

图 2-9　切入三角煤后，停机换向，准备反向割三角煤

如图 2-10 所示，机头操作工与采煤机司机沟通好后，向支架工发出推溜信号，支架工开始推机头，刮板输送机快速推溜，待刮板输送机推向煤壁后，采煤机左滚筒缓慢升起，割顶煤，右滚筒保持在中间，开始向机头方向割三角煤。

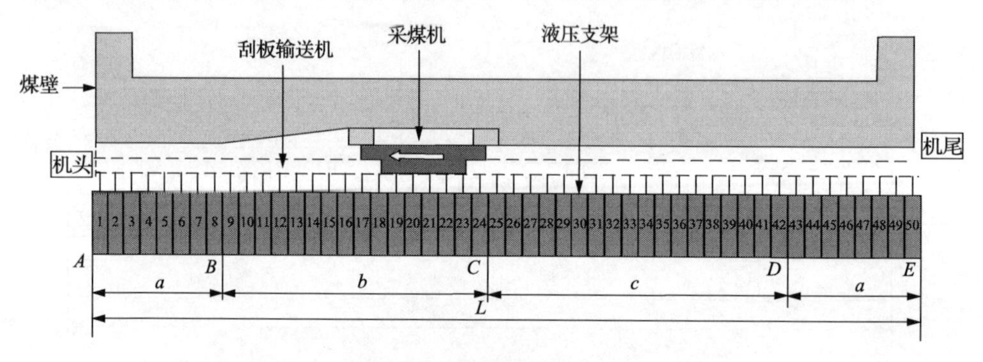

图 2-10　刮板输送机推向煤壁后，开始割三角煤

如图 2-11 所示，采煤机向机头方向割透三角煤后，再次换向，降下左滚筒继续割底煤，右滚筒升至割顶煤位置向前割煤，开始向机尾方向前进。

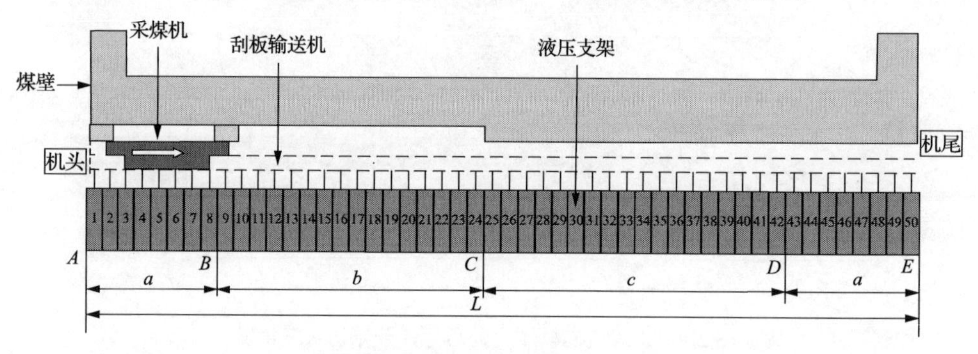

图 2-11　割透三角煤后，采煤机换向，开始正常割煤

如图 2-12 所示，当采煤机向机尾方向正常割煤一段时间后，滞后采煤机 15m

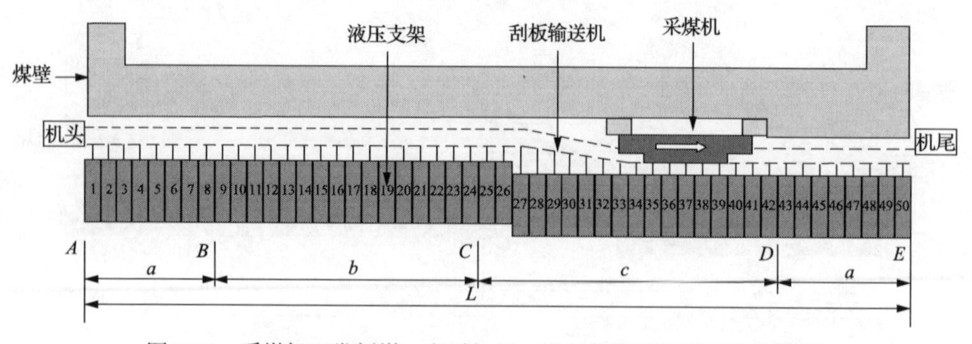

图 2-12　采煤机正常割煤一段时间后，滞后的刮板输送机逐渐推溜

时，支架工跟机拉架，及时打出护帮板，同时收回右滚筒方向的护帮板，刮板输送机逐渐推溜。

如图 2-13 所示，采煤机到达机尾方向割透煤壁后，完成了端部斜切进刀，双向割煤的第一刀，此时，开始换向，准备进入第二刀割煤。

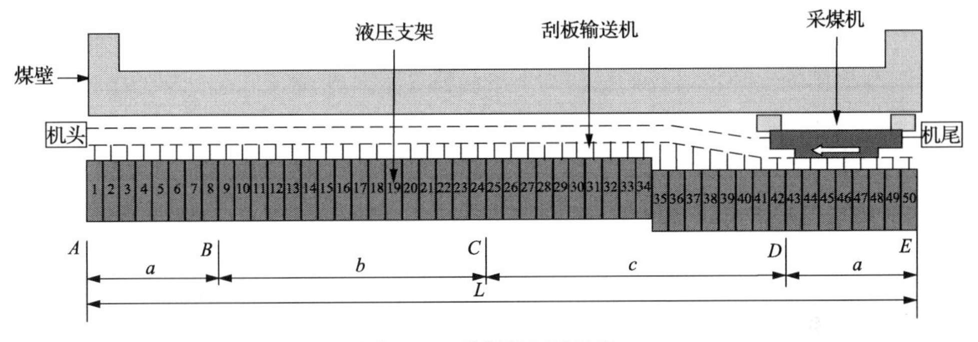

图 2-13　采煤机割煤接续

2.4.2　采煤机定位下液压支架跟机

在液压支架、采煤机及刮板输送机中，采煤机的位置、行驶方向及速度是液压支架进行移架动作的基准，同时是液压支架跟机自动化的参数之一。基于采煤机的运行方向和位置，液控系统获得采煤机机身中心位置处液压支架的编号，对其相邻的多台液压支架发出对应的控制指令，使该组液压支架按照预定的程序完成降柱、移架、升柱、推溜、伸降前梁、伸收护帮板等动作。所有液压支架动作被编成程序写入支架控制器中，一台液压支架完成所有动作后，相邻支架继续执行相应动作，使液压支架的工作按照程序自动运行。液压支架控制系统是基于采煤机位置来触发液压支架动作的，在实际综采工作面自动化截割过程中，当在前后相邻时刻获得的采煤机位置差值超过一定范围后，需要操作工对采煤机位置进行人工检测并进行数据调整更新。因此，采煤机运行方向和实时位置作为液压支架跟机自动化的关键参数，是液压支架工作规则的制定依据。采煤机向左或右牵引运行到任何位置，均以其中心位置对应的液压支架为参照，相邻液压支架均按照预先设定的程序进行动作。

令采煤机牵引方向为 q，则定义如下：

$$q=\begin{cases}1, & \text{采煤机向右牵引}\\ -1, & \text{采煤机向左牵引}\end{cases} \tag{2-1}$$

采煤机机身中心处位置为 P，则采煤机前滚筒位置 P_f 和后滚筒位置 P_b 分别为

$$
\begin{cases}
P_f = P + q \cdot \operatorname{int}\left|\left(\dfrac{L_O + r_d}{2} + L_b\cos(\gamma_f)\right)\Big/ D_a\right| \\
P_b = P - q \cdot \operatorname{int}\left|\left(\dfrac{L_O + r_d}{2} + L_b\cos(\gamma_b)\right)\Big/ D_a\right|
\end{cases}
\tag{2-2}
$$

式中，L_O 为两摇臂中心间距；r_d 为采煤机滚筒直径；L_b 为摇臂的长度；γ_f 为前摇臂与水平面的夹角；γ_b 为后摇臂与水平面的夹角；D_a 为两液压支架的中心间距。

如图 2-14 所示，采煤机从左向右截割煤壁，液压支架在距离采煤机尾部 D_o 处对刮板输送机进行推溜动作，通过检测采煤机位置来控制 D_o 保持在液压支架操作规程中所要求的 12～15m。由于液压支架向前推溜刮板输送机进行及时支护，刮板输送机会弯曲一定角度，α_d 为 2°～4°（取 α_d =4°），液压支架推溜行程 D_b 为 0.8～1m（在此取 D_b=1m），两液压支架的中心间距 D_a 为 1.5m，则推溜段的液压支架的数目 N 为

$$
N = \frac{D_b}{D_a \times \tan\alpha_d} \approx 9.5 \tag{2-3}
$$

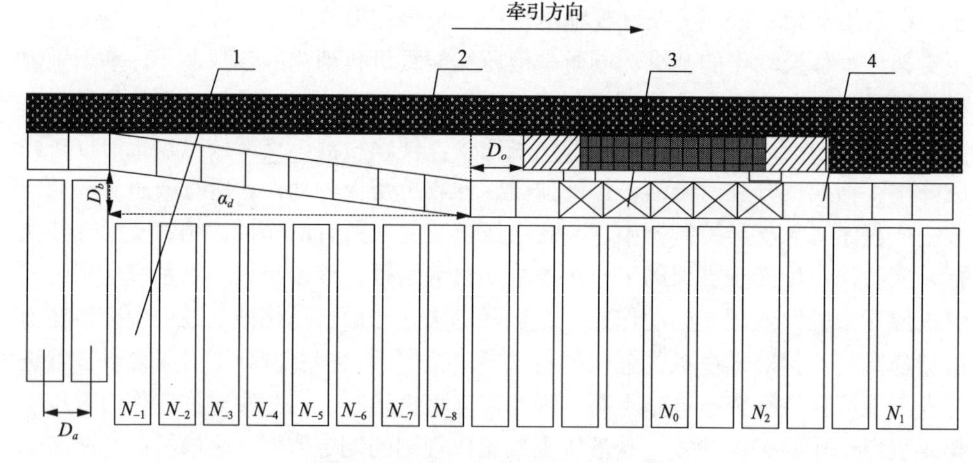

图 2-14　液压支架跟机自动化模型

1-液压支架；2-煤壁；3-采煤机；4-刮板输送机

因此，一般执行推溜动作的液压支架为 8～10 台，下文选取 8 台。由于刮板输送机弯曲角度保持不变，在液压支架的推移千斤顶推刮板输送机中部槽时，需要支架进行定量推溜。

定义采煤机机身中心位置所对应的液压支架编号为 N_0，左右相邻的液压支架以此为基准进行相关的推溜及移架等动作；采煤机前滚筒所对应的液压支架编号为 N_1，执行护帮板收回动作防止前滚筒截割护帮板；前滚筒后一组液压支架编号

为 N_2，执行移架复合动作；采煤机后滚筒的一组液压支架编号为 N_{-1}～N_{-8}，执行定量推溜刮板输送机运动，并及时支护新暴露的顶板。因此以采煤机截割滚筒前顶后底为例，即前滚筒沿煤壁的顶板进行截割，后滚筒沿底板进行截割，编号为 N_i 的液压支架所执行的动作 Q_i 可以表示为

$$Q_i \leftrightarrow N_i, \quad i = -8, -7, \cdots, -1, 0, 1, 2 \tag{2-4}$$

式中，$Q_0 \leftrightarrow N_0$，表示第 N_0 号液压支架作为推溜移架基准；$Q_1 \leftrightarrow N_1$，表示第 N_1 号液压支架执行护帮板收回动作；$Q_2 \leftrightarrow N_2$，表示第 N_2 号液压支架执行移架复合动作；$Q_{-1} \leftrightarrow N_{-1}$，表示第 N_{-1} 号液压支架开始执行推溜 1/8 行程的动作；$Q_{-2} \leftrightarrow N_{-2}$，表示第 N_{-2} 号液压支架执行推溜 2/8 行程的动作；$Q_{-3} \leftrightarrow N_{-3}$，表示第 N_{-3} 号液压支架执行推溜 3/8 行程的动作；$Q_{-4} \leftrightarrow N_{-4}$，表示第 N_{-4} 号液压支架执行推溜 4/8 行程的动作；$Q_{-5} \leftrightarrow N_{-5}$，表示第 N_{-5} 号液压支架执行推溜 5/8 行程的动作；$Q_{-6} \leftrightarrow N_{-6}$，表示第 N_{-6} 号液压支架执行推溜 6/8 行程的动作；$Q_{-7} \leftrightarrow N_{-7}$，表示第 N_{-7} 号液压支架执行推溜 7/8 行程的动作；$Q_{-8} \leftrightarrow N_{-8}$，表示第 N_{-8} 号液压支架执行推溜 8/8 行程的动作。

由于液压支架不仅需要对采煤机采空区的顶板进行及时支护，同时需要实现自移及对刮板输送机的推溜，对于不同的综采工作面采煤工艺，采煤机牵引方向、位置，以及液压支架间的动作规则是不一样的。

2.4.3　采煤机定位下自适应截割

采煤机滚筒自动调高指采煤机在截割煤壁运动过程中，通过控制液压缸来调节采煤机截割滚筒的高度，使其能够沿着煤岩界面分界处运行。但是由于工作面地质条件与煤层赋存不同，顶板与底板间的煤层厚度有较大差异，要求采煤机工作时滚筒高度能随煤层的厚度进行自动调整以避免割到顶板和底板。基于工作面煤层与岩层的分层情况，采煤机滚筒需要进行自适应调高，使其避免截割岩石，以减少刀具磨损，获得最大的回采率。

目前，以记忆截割为主的采煤机滚筒自动调高技术应用广泛，其基本原理为：在“示教”过程中，采煤机司机沿煤壁截割一个行程，记录下采煤机在每个位置的滚筒高度，并将其采煤机位置与对应的截割滚筒高度输入计算机；在采煤机“跟踪”过程中，根据记录的参数来调整对应采煤机位置下的截割滚筒高度；一旦煤层赋存条件发生较大变化，采煤机司机便根据煤层实际厚度手动调节截割滚筒高度，并更新“示教”过程中记录的数据，作为下一刀滚筒调高的参数。但是采煤机牵引速度是变化的，采用等时间间隔采样会造成示教点与记忆点不对应。因此，需要沿工作面牵引方向等距离设置若干个固定采样点，采用等空间间隔采样技术保证平行于综采工作面方向上采样点的间距相同。

当前，大多数新型采煤机已经实现记忆截割功能，在煤层赋存条件较好的区

域能够实现采煤机滚筒自适应调高。基于记忆截割技术的采煤机自适应调高技术要求截割滚筒轨迹小于一定的误差范围，一旦出现长时间截割顶板及底板等异常工况，需要对截割滚筒高度进行调整。如图 2-15 所示，采煤机记忆截割过程为：在“示教”过程中，采煤机司机根据煤层厚度记录下采样点滚筒高度 $\left\{H_i^1,H_i^2,\cdots,H_i^{n_m}\right\}$，在接下来的 4～5 个截割循环过程中，采煤机按照“示教”时的记忆参数，自动调整截割滚筒的高度；在进行 4～5 个截割循环后，需要重新进行“示教”过程，形成新的记忆割点，即 $\left\{H_{i+1}^1,H_{i+1}^2,\cdots,H_{i+1}^{n_m}\right\}$，依次循环。

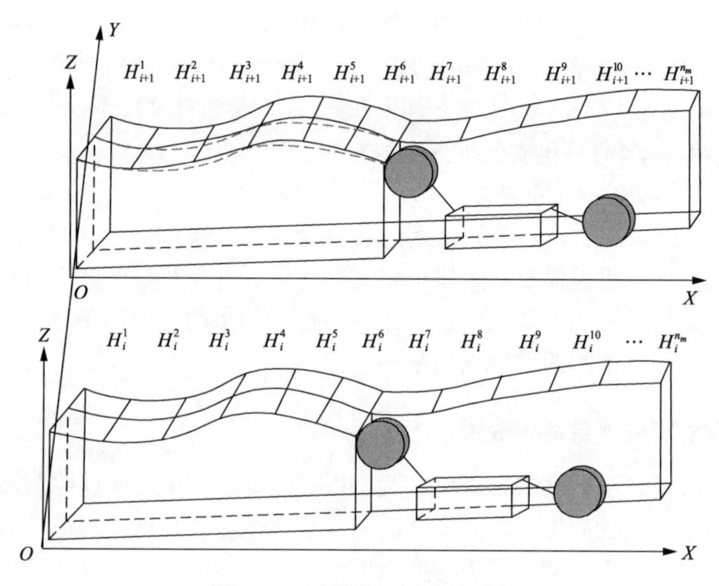

图 2-15 采煤机记忆截割原理

2.5 综采工作面采煤工艺智能化系统

综采工作面自动化程度不断提高，工作面生产过程基本实现了自动化、高效和安全，这些为工作面采煤工艺智能化奠定了基础。内置式多功能微处理机、智能控制采煤机和综采工作面自动综合监测系统的发展，提高了采煤机动态控制与故障处理能力。根据地质条件的变化，改变采煤机的运行状态参数(截割速度、滚筒位置、破碎机位置等)，使工作面采煤工艺智能化实现成为可能。例如，当顶板不好时，液压支架受力状态发生变化，将会自动调整移架方式、移架速度、采煤机割煤速度和截深等；当刮板输送机过载时，采煤机将会改变割煤速度、截深来调整生产能力，放煤口根据放煤方式、放煤布局及放煤时间等自动控制放煤总量。工作面采煤工艺的自动化调整系统使工作面整体系统工作在最佳状态，保证工作面协调、安全、可靠地生产。

另外，即使获得了工作面前方顶底板的形状，也应该按照采煤工艺来确定前后滚筒的截割方式，而不是简单地以煤岩界面或者地质异常状态作为跟踪目标，必须考虑移架推溜等操作所要求的工作面垂直方向的平整性，并考虑刮板输送机和液压支架的弯曲能力，保证沿工作面方向的平整性。因此，截割轨迹目标的确定，需要综合考虑回采率、地质条件、煤质要求和工作面设备的能力等诸多因素，即需要根据这些因素来优化目标截割轨迹，这对于有皱褶、陷落柱和小断层等复杂地质构造的情况尤其重要，所以对采煤工艺路径进行优化是必要的。当顶、底板状态、煤层厚度及刮板输送机承载状态变化时，综采工作面采煤工艺智能化系统工作原理如图 2-16 所示。

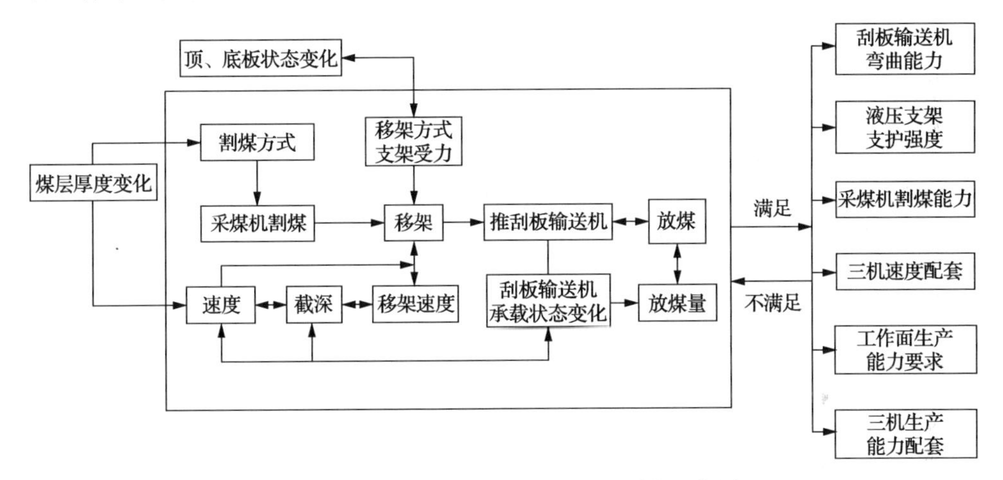

图 2-16　综采工作面采煤工艺智能化系统工作原理

第3章　光纤光栅智能感知基本理论

3.1　光纤基本结构

光纤(光导纤维)是工作在光波波导的一种介质波导，因其具有数据容量大、耐久性好、传输快、价格低廉等优点，已经广泛应用于通信领域。光纤基本结构为圆柱形，由内向外依次为光纤纤芯、包层、保护层(也称涂覆层)、增强纤维和光纤保护套，如图3-1所示，其中未加增强纤维和光纤保护套的光纤称为裸光纤。光纤纤芯和包层是光纤的主体，对光波的传输起决定性作用，其中光纤纤芯由纯石英(成分为SiO_2)组成，含有少量的掺杂剂，如硼或锗，目的是提高折射率。光纤纤芯的直径为5～50μm，而最常用的单模光纤纤芯直径为9μm，多模光纤纤芯直径为50μm；包层也由纯石英(SiO_2)组成，直径为125μm，包层的折射率稍小于光纤纤芯，为光波在光纤中的全内反射提供条件。保护层(涂覆层)一般由硅橡胶、环氧树脂等高分子材料制成，直径为250μm，用于保护光纤免受环境污染，增强光纤的机械强度、柔韧程度和耐老化特性[174]。增强纤维和光纤保护套的主要用途是隔离杂光、提高光纤抗拉性和耐久性，并起到保护作用。

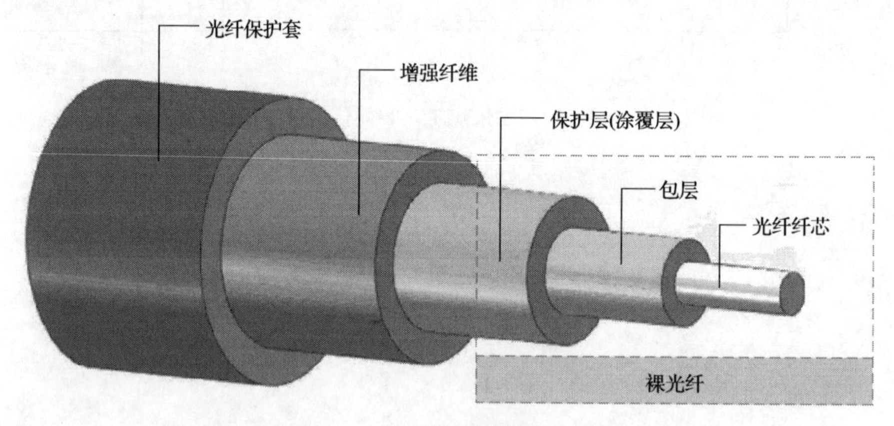

图3-1　光纤基本结构示意图

光波在光纤中的传输基于光的全反射现象。当光波在光纤纤芯内传输时，由于光纤纤芯折射率大于包层折射率，则当满足数值孔径要求的光束传输到光纤纤芯和包层的光纤界面时，在光束入射角大于临界角的情况下，入射光束将不发生折射，全部沿着光纤纤芯反射向前传播。因此，光纤能把以光波形式出现的电磁波能量利用全内反射的原理将其约束限制在光纤纤芯内，并引导光波沿着光纤轴线的方向向前传播。光纤种类较多，由于光纤纤芯边界的限制，光波在其中的电磁场解是不连续的，这种不连续的场解称为传输模式，而光纤按传输模式分为单模光纤(光纤纤芯中只传输一种模式的光波)和多模光纤(光纤纤芯中传输多种模式的光波)，在本书中使用的光纤为单模光纤。

3.2　光纤光栅传输理论

3.2.1　光纤光栅耦合模理论

耦合模理论是由 Yariv[175]进行光波导分析时提出来的，后经 Mizrahi 等[176]和 Erdogan[177]的改进，将其成功地应用于 FBG 的理论分析。耦合模理论分析法是分析光纤光栅最常用、最基本的方法，可以分析不同类型的光纤光栅中光的传输特性和传播规律，特别是均匀周期型的光纤光栅，可以通过该方法得到其反射率表达式。

光纤是一种光波导介质，并且无传导电流、无自由电荷，具有各向同性，在光纤中传输的光波遵从麦克斯韦方程。在未受微扰的理想光纤波导介质中，光场的横向模场分量 E_t 相互正交，用本征模式之和表示[178]：

$$E_t(x,y,z,t)=\sum_j\left[A_j(z)\exp(\mathrm{i}\beta_j z)+B_j(z)\exp(-\mathrm{i}\beta_j z)\right]e_{tj}(x,y)\exp(-\mathrm{j}\omega t) \tag{3-1}$$

式中，$A_j(z)$ 和 $B_j(z)$ 分别为第 j 阶模式沿光纤 $+z$ 和 $-z$ 方向传输的振幅；β_j 为第 j 阶模式的传播常量；$e_{tj}(x,y)$ 为光纤纤芯模或包层模的横向电场分量的分布；ω 为光波的角频率。

当光纤波导在不同模式下发生折射率微扰时，模式之间产生耦合，$A_j(z)$ 和 $B_j(z)$ 沿 z 方向的演变方程将满足耦合模，其表达式如下：

$$\begin{cases}\dfrac{\mathrm{d}A_j(z)}{\mathrm{d}z}=\mathrm{i}\sum\limits_k A_k(K_{kj}^t+K_{kj}^z)\exp\left[\mathrm{i}(\beta_k-\beta_j)z\right]+\mathrm{i}\sum\limits_k B_k(K_{kj}^t-K_{kj}^z)\exp\left[-\mathrm{i}(\beta_k+\beta_j)z\right]\\ \dfrac{\mathrm{d}B_j(z)}{\mathrm{d}z}=-\mathrm{i}\sum\limits_k A_k(K_{kj}^t-K_{kj}^z)\exp\left[\mathrm{i}(\beta_k+\beta_j)z\right]-\mathrm{i}\sum\limits_k B_k(K_{kj}^t+K_{kj}^z)\exp\left[-\mathrm{i}(\beta_k-\beta_j)z\right]\end{cases} \tag{3-2}$$

式中，A_k 表示第 k 阶模式沿光纤 $+z$ 轴方向传输的振幅；第 K_{kj}^t为第 k 阶模式和第 j 阶模式之间的横向耦合系数；B_k 表示第 k 阶模式沿光纤 $-z$ 轴方向传输的振幅；K_{kj}^z为第 k 阶模式和第 j 阶模式之间的纵向耦合系数。

K_{kj}^t和 K_{kj}^z的表达式分别为

$$K_{kj}^{t}(z)=\frac{\omega}{4}\iint_{\infty}\left\{\Delta\varepsilon_m(x,y,z)\,e_{kt}(x,y)\,e_{jt}^{*}(x,y)\right\}\mathrm{d}x\mathrm{d}y \tag{3-3}$$

$$K_{kj}^{z}(z)=\frac{\omega}{4}\iint_{\infty}\left\{\frac{\varepsilon_m\Delta\varepsilon_m(x,y,z)}{\varepsilon_m+\Delta\varepsilon_m(x,y,z)}e_{kz}(x,y)\,e_{jz}^{*}(x,y)\right\}\mathrm{d}x\mathrm{d}y \tag{3-4}$$

式中，ε_m 为材料介电常数；$\Delta\varepsilon_m(x,y,z)$ 为材料介电常数的微小扰动量。

在微弱的扰动条件下，介电常数微扰量可表示为

$$\Delta\varepsilon_m(x,y,z)\approx 2n\Delta n(x,y,z) \tag{3-5}$$

式中，n 为光纤在受微扰前的折射率；$\Delta n(x,y,z)$ 为光纤折射率的微小扰动量。

在单模光纤中，光纤光栅沿光纤轴向的折射率呈周期性的余弦函数规律分布，耦合将主要发生在光纤中沿 $+z$ 和 $-z$ 方向传输的纤芯模之间，FBG 中的模式耦合如图 3-2 所示。

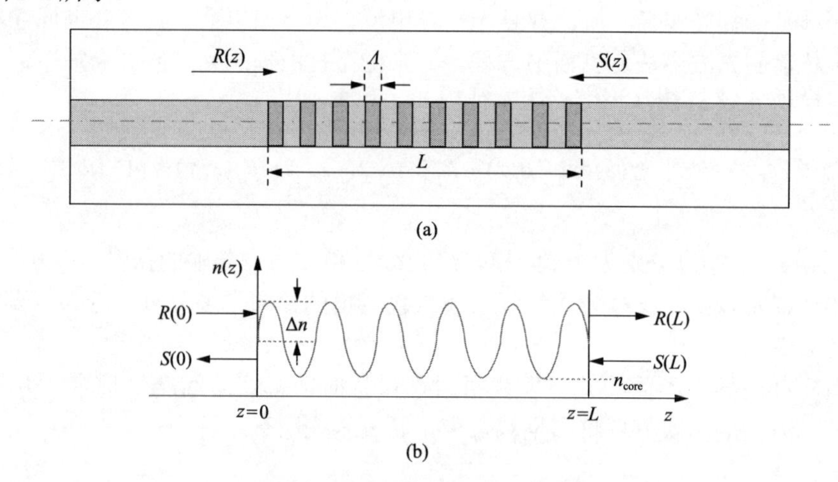

图 3-2　FBG 中的模式耦合示意图

对紫外光束照射写入制作的 FBG，其纤芯平均折射率变化是均匀的，其折射率沿轴向 z 的分布可以表示为

$$\Delta n_{\mathrm{eff}}(z)=\overline{\Delta n}_{\mathrm{core}}(z)\left\{1+\nu\cdot\cos\left(\frac{2\pi}{\Lambda}z+\varphi(z)\right)\right\} \tag{3-6}$$

式中，$\overline{\Delta n}_{\mathrm{core}}(z)$ 表示直流有效折射率，为一个光纤光栅周期内折射率的平均变化量；ν 为折射率调制的条纹可见度，为常数；Λ 为光纤光栅的周期；$\varphi(z)$ 为光纤光栅啁啾参量，对于均匀周期的光纤布拉格光栅，其数值为 0。

根据式(3-1)描述的光场分布形式，定义自耦合系数和互耦合系数分别如下：

$$\sigma_{kj}(z)=\frac{\omega n_{\text{eff}}\overline{\Delta n}_{\text{core}}(z)}{2}\iint_{\text{core}}e_{kz}(x,y)e_{jz}^{*}(x,y)\mathrm{d}x\mathrm{d}y \tag{3-7}$$

$$\kappa_{kj}(z)=\frac{\nu}{2}\sigma_{kj}(z) \tag{3-8}$$

则式(3-3)中的横向耦合系数可以写为

$$K_{kj}^{t}(z)=\sigma_{kj}(z)+2\kappa_{kj}(z)\cdot\cos\left(\frac{2\pi}{\varLambda}z+\varphi(z)\right) \tag{3-9}$$

在光纤光栅中，主要的相互作用为布拉格波长附近的光波振幅 $A_j(z)$ 被耦合到模式相同但传输方向相反的振幅 $B_j(z)$ 中，在单模光纤中入射光波为 $R(z)$，反射光波为 $S(z)$，则式(3-2)可改写为

$$\begin{cases}\dfrac{\mathrm{d}R(z)}{\mathrm{d}z}=\mathrm{i}\hat{\sigma}R(z)+\mathrm{i}\kappa S(z)\\[2ex]\dfrac{\mathrm{d}S(z)}{\mathrm{d}z}=-\mathrm{i}\hat{\sigma}S(z)-\mathrm{i}\kappa R(z)\end{cases} \tag{3-10}$$

其中

$$\begin{cases}R(z)=A(z)\exp\left(\mathrm{i}\delta z-\dfrac{\varphi}{2}\right)\\[2ex]S(z)=B(z)\exp\left(-\mathrm{i}\delta z+\dfrac{\varphi}{2}\right)\end{cases} \tag{3-11}$$

综合以上式(3-6)～式(3-11)，定义交流和直流的总耦合系数分别如下：

$$\begin{cases}\hat{\sigma}=\delta+\sigma-\dfrac{\mathrm{d}\varphi}{2\mathrm{d}z}\\[2ex]\kappa=\dfrac{\pi}{\lambda_B}\nu\overline{\Delta n}_{\text{core}}(z)\end{cases} \tag{3-12}$$

式中，δ 为模式间的失谐量，$\delta=\beta-\frac{\pi}{\hat{\sigma}}$，与 z 无关，其中 β 为单模光纤的传播常数，$\beta=\frac{2\pi n_{\text{eff}}}{\lambda_B}$；$\hat{\sigma}$ 为交流总耦合系数；σ 为交流耦合系数；κ 为直流总耦合系数。

在相位匹配的条件下，即 $\delta=0$ 时，可得光纤光栅的布拉格方程为

$$\lambda_B = 2n_{\text{eff}}\Lambda \tag{3-13}$$

对于均匀周期的 FBG，折射率沿光纤轴 z 方向均匀分布，则 $\overline{\Delta n}_{\text{core}}$ 为常数，且 $\mathrm{d}\varphi/\mathrm{d}z=0$，因此上述推导的公式中 $\hat{\sigma}$ 、κ、 σ 和 Λ 均为常量。

设 FBG 的栅区分布范围为 $z\in[0, L]$，并认为在光栅起始段(z=0 时)，前、后向模没有发生耦合，在光栅末端(z=L 时)，不再产生后向传输模，因此边界条件为 $R(0)$=1，$S(L)$=0，结合式(3-10)求得耦合模方程为

$$R(z)=\frac{-\mathrm{i}\kappa\sinh\left[\sqrt{\kappa^2-\hat{\sigma}^2}\,(z-L/2)\right]}{\sqrt{\kappa^2-\hat{\sigma}^2}\cosh(\sqrt{\kappa^2-\hat{\sigma}^2}L)-\mathrm{i}\hat{\sigma}\sinh(\sqrt{\kappa^2-\hat{\sigma}^2}L)} \tag{3-14}$$

$$S(z)=\frac{\sqrt{\kappa^2-\hat{\sigma}^2}\cosh\left[\sqrt{\kappa^2-\hat{\sigma}^2}\,(z-L/2)\right]-\mathrm{i}\hat{\sigma}\sinh\left[\sqrt{\kappa^2-\hat{\sigma}^2}\,(z-L/2)\right]}{\sqrt{\kappa^2-\hat{\sigma}^2}\cosh(\sqrt{\kappa^2-\hat{\sigma}^2}L)-\mathrm{i}\hat{\sigma}\sinh(\sqrt{\kappa^2-\hat{\sigma}^2}L)} \tag{3-15}$$

定义均匀光纤光栅的振幅反射系数 ρ 和反射率 R 分别为

$$\rho=\frac{S(0)}{R(0)}=\frac{-\kappa\sinh(\sqrt{\kappa^2-\hat{\sigma}^2}L)}{\hat{\sigma}\sinh(\sqrt{\kappa^2-\hat{\sigma}^2}L)+\mathrm{i}\sqrt{\kappa^2-\hat{\sigma}^2}\cosh(\sqrt{\kappa^2-\hat{\sigma}^2}L)} \tag{3-16}$$

$$R=|\rho|^2=\frac{\sinh^2(\sqrt{\kappa^2-\hat{\sigma}^2}L)}{\cosh(\sqrt{\kappa^2-\hat{\sigma}^2}L)-\dfrac{\hat{\sigma}^2}{\kappa^2}} \tag{3-17}$$

根据式(3-16)和式(3-17)，当 $\hat{\sigma}=0$ 时，FBG 的最大反射率和峰值波长分别为

$$\begin{cases} R_{\max}=\tanh^2(\kappa L) \\ \lambda_{\max}=\left(1+\dfrac{\overline{\Delta n}_{\text{core}}}{n_{\text{eff}}}\right)\lambda_B\approx\lambda_B \end{cases} \tag{3-18}$$

FBG 的带宽为峰值反射中心波长两边的第一个零反射波长之间的宽度，可由式(3-19)计算：

$$\Delta\lambda_0=\frac{\lambda_{\max}}{n_{\text{eff}}}\sqrt{(\overline{\Delta n}_{\text{core}})^2+\left(\frac{\lambda_B}{L}\right)^2} \tag{3-19}$$

选取光纤光栅的参数为：反射后的中心峰值波长 λ_B=1550.04nm，有效折射率 n_{eff}=1.468，折射率变化量 $\overline{\Delta n}_{\text{core}}=10^{-4}$，光纤光栅长度 L=10mm，利用式(3-17)计算得到均匀 FBG 的反射光谱图，如图 3-3 所示。

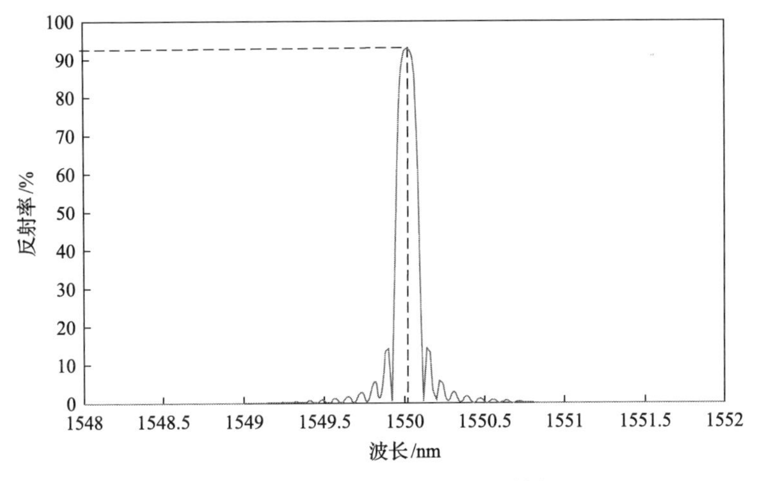

图 3-3　均匀 FBG 的反射光谱图

3.2.2　光纤光栅传输矩阵理论

在光纤光栅的实际测量中，往往会处于非均匀的应变场，而且，为了实现某种功能，也会采用周期不均匀的光纤光栅[179,180]。对于此类光纤光栅，原本均匀一致的周期和相位将不复存在，导致耦合模方程不再是常系数一阶微分方程，求解更加复杂，很难直接求出解析解。针对这一问题，Yamada 等[181]提出了传输矩阵法，其基本思想是将一个均匀或非均匀周期的 FBG 看成由一系列小的均匀周期的 FBG 串联而成。这样，只要将每一小段的均匀周期光纤光栅的传输矩阵相乘，即可得到整个 FBG 的传输矩阵，所以非常适用于非均匀周期的光纤光栅或均匀的 FBG 受非均匀应力应变作用等的情况。通过将传输矩阵法与数值仿真方法相结合，突出了其精确、简便和适用性强的特点，可快速地分析非均匀 FBG 的光谱特性，现已成为进行理论分析的主要方法之一。

光纤传输矩阵理论[182]是将长度为 L 的非均匀周期光纤光栅或多周期的均匀光纤光栅近似地看作由 m 段均匀的周期光纤光栅串联而成，每一段光纤光栅传输特性用一个 2×2 的传输矩阵表示，如图 3-4 所示。由耦合模理论可以得到每小段

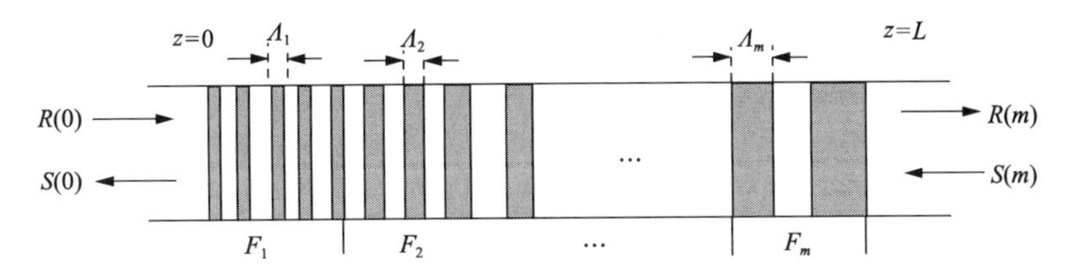

图 3-4　光纤光栅传输矩阵理论模型

光纤光栅的耦合模方程解析解，然后将各个传输矩阵依次相乘就得到了光纤光栅的传输光谱，传输矩阵理论为分析非均匀光纤光栅及均匀周期光纤光栅受非均匀应力应变作用下的光谱传输特性提供了理论依据。

设 FBG 的栅区分布范围为 $z \in [0, L]$，假设每段光栅的 Λ、$\Delta n_{\mathrm{eff}}(z)$、$\kappa$ 和 $\hat{\sigma}$ 都相同，即每一段都看作是均匀的，并认为在光栅起始段（$z=0$ 时），前、后向模没有发生耦合，在光栅末端（$z=L$ 时），不再产生后向传输模，因此边界条件为 $R(0)=1$，$S(L)=0$。定义光波在每段中的传输前向模式振幅为 R_k，后向模式振幅为 S_k，在光波经过第 k 段光栅之后，第 k 个光栅段的传输特性 F_k 可表示为

$$\begin{bmatrix} R_k \\ S_k \end{bmatrix} = F_k \begin{bmatrix} R_{k-1} \\ S_{k-1} \end{bmatrix} \tag{3-20}$$

$$F_k = \begin{bmatrix} \cosh(\gamma_B \Delta z) - \mathrm{i}\dfrac{\hat{\sigma}}{\gamma_B}\sinh(\gamma_B \Delta z) & -\mathrm{i}\dfrac{\kappa}{\gamma_B}\sinh(\gamma_B \Delta z) \\ \mathrm{i}\dfrac{\kappa}{\gamma_B}\sinh(\gamma_B \Delta z) & \cosh(\gamma_B \Delta z) + \mathrm{i}\dfrac{\hat{\sigma}}{\gamma_B}\sinh(\gamma_B \Delta z) \end{bmatrix} \tag{3-21}$$

式中，$\gamma_B = \sqrt{\kappa^2 - \hat{\sigma}^2}$；$\Delta z = L/m$，为每段均匀光栅的长度，$m$ 为光栅分段数。则整段非均匀周期光纤光栅的光波传输特性矩阵可表示为

$$\begin{bmatrix} R_m \\ S_m \end{bmatrix} = F_m F_{m-1} \cdots F_k \cdots F_1 \begin{bmatrix} R_0 \\ S_0 \end{bmatrix} = \begin{bmatrix} F_{11} & F_{12} \\ F_{21} & F_{22} \end{bmatrix} \begin{bmatrix} R_0 \\ S_0 \end{bmatrix} \tag{3-22}$$

则整个光纤光栅的反射率为

$$R = |\rho|^2 = \left| \frac{F_{21}}{F_{11}} \right|^2 \times 100\% \tag{3-23}$$

已有研究结果表明，非均匀场对 FBG 的调制效应与光栅周期施加非均匀应变的作用等效，等效应变 $\varepsilon_{\mathrm{eff}}$ 表示为

$$\varepsilon_{\mathrm{eff}} = (1 - P_e)\varepsilon(z) \tag{3-24}$$

光纤轴向应变 $\varepsilon(z)$ 对周期和折射率的调制可等效为光栅周期的变化[183]：

$$\Lambda(z) = \Lambda_0 \left[1 + (1 - P_e)\varepsilon(z)\right] \tag{3-25}$$

则光纤光栅的折射率分布函数描述为

$$\Delta n_{\text{eff}}(z)=\overline{\Delta n}_{\text{core}}\left\{1+\nu\cos\left[\frac{2\pi}{\Lambda_0\left[1+(1-P_e)\varepsilon(z)\right]}z\right]\right\} \tag{3-26}$$

对非 FBG 进行赋参：λ_B=1550nm、n_{eff}=1.456、L=10mm、$\overline{\Delta n}_{\text{core}}=10^{-4}$、$\nu=1$，施加式(3-27)所述的轴向应变(参数 b 的取值有–0.06、–0.1、0.01、0.03、0.06、0.1，单位为 m^{-1})，得到非均匀应变的 FBG 反射光谱图如图 3-5 所示。

$$\varepsilon(z)=b\left(z+\frac{L}{2}\right) \tag{3-27}$$

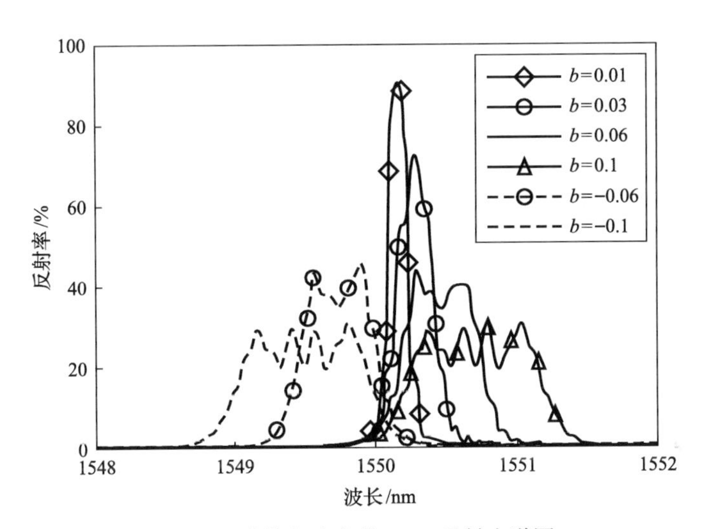

图 3-5　非均匀应变的 FBG 反射光谱图

3.3　光纤光栅智能感知原理

3.3.1　光纤光栅制作和写入技术

光纤光栅是应用最广泛的一种均匀周期性光纤光栅。自光纤光栅发现以来，其制作和写入技术得到快速发展，当前主要有[184]：相位掩模板技术、全息成栅技术、振幅掩模技术、在线写入技术和逐点写入技术等，而相位掩模板技术是目前制作 FBG 最常用的方法，其制作和写入原理如图 3-6 所示。通过压制紫外光束的衍射光，有效利用±1 阶衍射光束通过相位掩模板形成的空间干涉条纹照射掺锗的光纤，经过一定时间的照射后，纤芯内的折射率便会发生永久性的改变，完成永久性的周期性折射率调制。

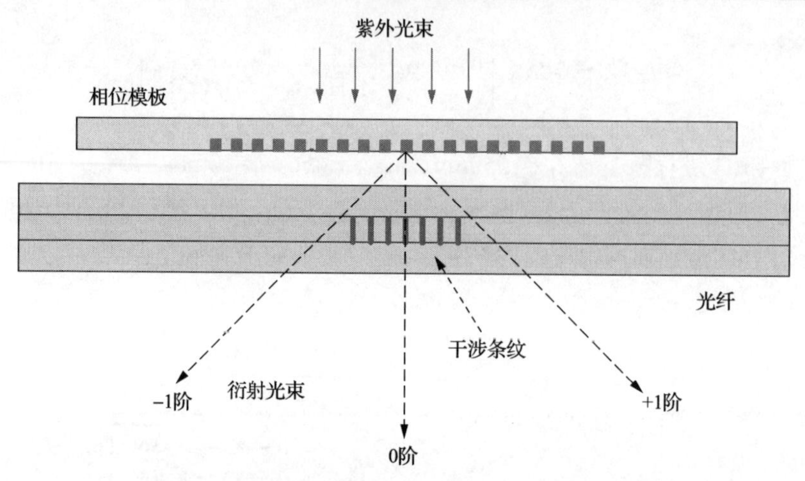

图 3-6　相位掩模板技术制作和写入 FBG 原理图

3.3.2　光纤光栅结构及智能感知原理

光纤光栅是一种新型的光纤器件，其物理材料特性本质和光纤相同，没有发生改变，变化的是光纤纤芯的内部结构。它的纤芯层折射率沿光纤轴向发生周期性改变。实际上光纤光栅可以看作特殊结构的一小段光纤，光纤光栅结构及传感原理如图 3-7 所示。

光纤纤芯周期性折射率扰动仅对很窄的一小段光谱产生作用，因此，当宽带光源在光纤光栅中传输时，入射光波将在某个相应的波段被反射回来，其余的大部分透射光波不受影响，沿着原来方向继续向前传导，在透射光波的光谱图上会有一部分以反射波长为中心的窄带频谱缺失，这样光纤光栅就起到了光波选择的作用，这种光栅称作 FBG，反射条件称为布拉格条件[185]，得到 FBG 反射波长的基本关系式为

$$\lambda_B = 2n_{\text{eff}}\Lambda \tag{3-28}$$

式中，λ_B 为 FBG 反射中心波长，通常为 1510～1590nm；n_{eff} 为光纤纤芯的有效折射率，通常取 1.33～1.55；Λ 为光纤光栅周期。

由式(3-28)可以看出，FBG 反射中心波长由光纤光栅的周期和光纤纤芯有效折射率决定，因此任何使这两个参量发生变化的物理过程都可以引起光纤光栅反射中心波长的漂移。

光纤光栅传感原理是宽带光源将具有带宽的光通过隔离器和耦合器入射到光纤光栅中，当外界环境的激励(应力、应变、温度等)发生改变时，光纤光栅周期也会发生变化，并且光纤本身的弹光效应和热光效应使光纤纤芯有效折射率也随之发生改变。光纤光栅周期和光纤纤芯有效折射率的改变，造成光纤光栅反射中

心波长发生改变。利用光纤光栅解调系统把测量的 FBG 中心波长变化量进行调制与解调，即可求得外界物理量的变化，这样就实现了光纤光栅传感。

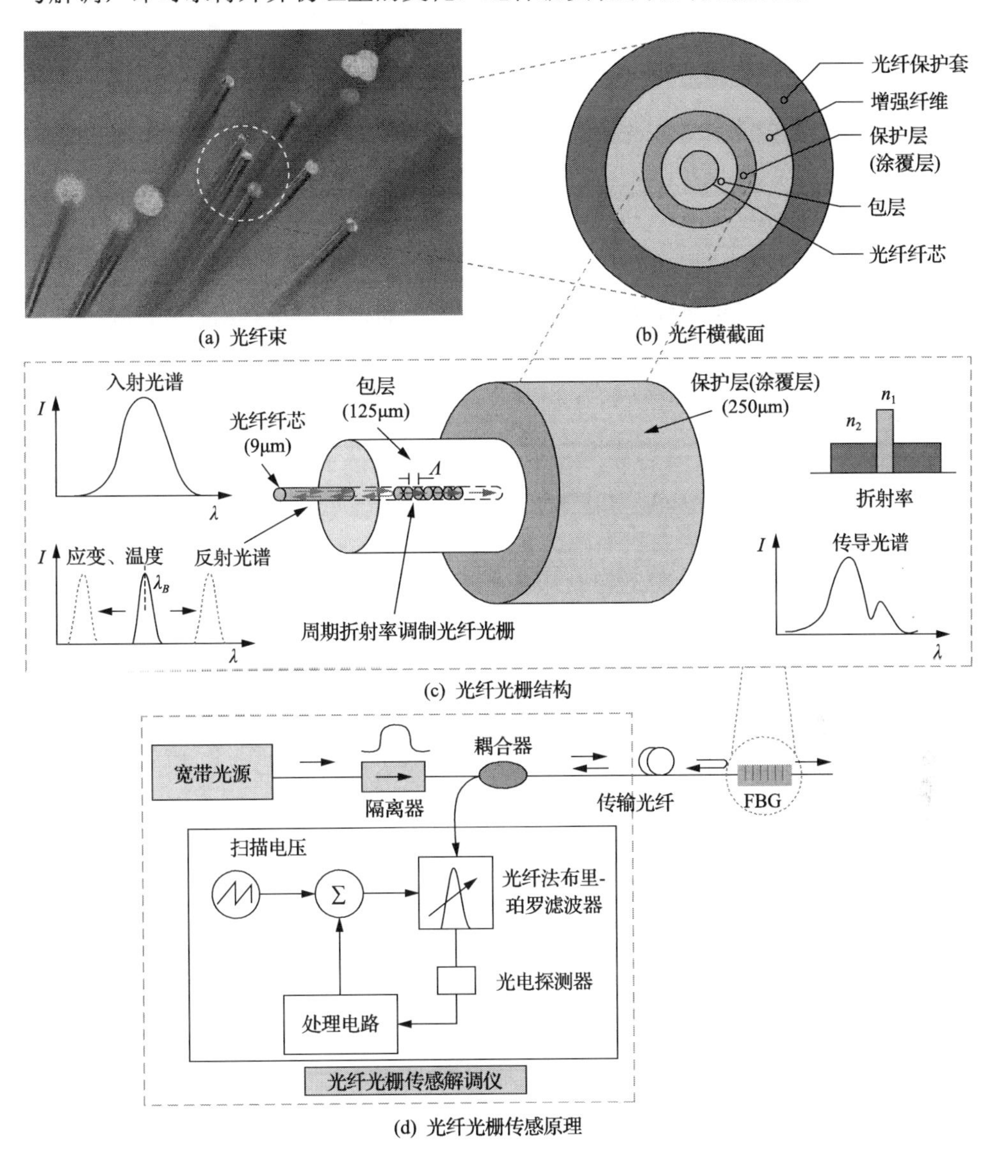

图 3-7　光纤光栅结构及传感原理图

3.3.3　光纤光栅特征参数

在进行光纤光栅传感器设计研制时，光纤光栅是决定传感器性能优良的重要环节[186]，可以通过如下主要特征参数进行评价。

1) 光纤光栅波长

光纤光栅波长是反射光谱尖峰处的中心波长，当外界环境，如应力、应变、温度发生改变时，中心波长也会随之发生改变。

2) 光纤光栅反射带宽

反射带宽是指反射光谱占据的波长范围，光纤光栅测量精度与之密切相关。带宽设计根据光纤光栅实际使用情况决定，带宽越小，测量精度越高，带宽一般为 0.2～0.3nm，通常取 0.25nm。

3) 反射率

反射率是反映光纤光栅反射光谱光功率大小的指标，反射率越高，光功率越大，光纤光栅监测功能越稳定，抗干扰能力越强，监测精度越高。实际使用时，一般选择反射率大于 90%的光纤光栅。

4) 边模抑制比

边模抑制即控制光纤光栅峰值波长两边的旁瓣，如果旁瓣的峰值波长较大，解调系统会错误地把旁瓣当成主光纤光栅反射峰值，导致波长检测失败或检测精度下降。对于反射率为 90%的光纤光栅，其边模抑制比应控制在 15dB 以上，这样才能保证较高的信噪比。

5) 光纤光栅长度

光纤光栅长度与测量数据点的精确度紧密相关，理论上光纤光栅长度越大，测量点的精确度越低。但光纤光栅长度与反射率、反射带宽之间相互影响，因此要在三者之间做一个平衡，通常对于 0.25nm 的反射带宽，光纤光栅长度为 10mm。

6) 光纤光栅阵列波长间隔

当多个光纤光栅串接形成阵列结构时，为了使解调系统获取每一个反射中心波长信息，需要保证能够“搜寻”到每一个光栅，因此要求阵列中各个光纤光栅中心波长及其变化范围不能重叠交叉。在实际应用中，根据传感器的量程范围及解调系统的扫描范围，光纤光栅阵列波长间隔取 5nm。

7) 光纤光栅阵列波长缓冲区

在光纤光栅阵列中，为了防止每两个光纤光栅波长信息不相交(即一个光纤光栅的最大波长与下一个光纤光栅的最小波长不相交)，必须在两个光纤光栅波长之间留有缓冲区。

因此，综合以上特征参数说明，在实现光纤光栅阵列测量时要考虑传感器数量、波长间隔等要求，比较常用的特征参数见表 3-1。

表 3-1　光纤光栅常用特征参数

名称	取值
中心波长/nm	1510～1590
光栅长度/mm	10
反射率/%	≥90
反射带宽/nm	≤0.3
边模抑制比/dB	≥15
光纤光栅阵列波长间隔/nm	5

3.4　光纤光栅智能感知模型

3.4.1　光纤光栅应变感知模型

当温度保持恒定时，光纤光栅只受到轴向应力应变的情况下，中心波长将会跟着发生漂移。研究光纤光栅应变感知特性之前，作如下假设：

(1) 在研究的应力应变范围内，假定光纤光栅为理想的弹性体，遵循广义胡克定律，且在其内部不发生剪切应力应变。

(2) 假定折射率变化在光纤光栅横截面均匀分布，且这种折射率变化对光纤本身材料特性及各向同性特点不产生影响。

基于以上两点假设，建立 FBG 的应力应变感知模型，根据 FBG 的布拉格条件[式(3-28)]，光纤光栅中心波长及其光谱特性由光纤光栅的有效折射率 n_{eff} 和光纤光栅周期 Λ 决定，对式(3-28)进行微分可得

$$\Delta\lambda_B = 2n_{\text{eff}}\Delta\Lambda + 2\Delta n_{\text{eff}}\Lambda \tag{3-29}$$

式中，$\Delta\lambda_B$ 为光纤光栅反射中心波长的漂移量；$\Delta\Lambda$ 为光纤本身在应力作用下的弹性变形；Δn_{eff} 为光纤的弹光效应引起的折射率变化。

将式(3-29)两端分别除以式(3-28)两边，可得

$$\frac{\Delta\lambda_B}{\lambda_B} = \frac{\Delta\Lambda}{\Lambda} + \frac{\Delta n_{\text{eff}}}{n_{\text{eff}}} \tag{3-30}$$

在不考虑波导效应对光纤光栅折射率的影响时，在均匀轴向应变作用下，根据材料的弹光效应得到：

$$\Delta\left(\frac{1}{n_{\text{eff}}^2}\right) = (p_{11}+p_{12})\varepsilon_x + p_{12}\varepsilon_z \tag{3-31}$$

式中，p_{11} 和 p_{12} 为弹光系数；ε_x 为横向应变，$\varepsilon_x = -\mu\varepsilon_z$，$\mu$ 为光纤的泊松比。

整理式(3-31)可得

$$\frac{\Delta n_{\text{eff}}}{n_{\text{eff}}} = -\frac{n_{\text{eff}}^2}{2}\left[p_{12} - \mu\left(p_{11} + p_{12}\right)\right]\varepsilon_z \tag{3-32}$$

在线弹性范围内，有

$$\frac{\Delta \Lambda}{\Lambda} = \frac{\Delta L}{L} = \varepsilon_z \tag{3-33}$$

将式(3-33)、式(3-32)代入式(3-30)，整理可得

$$\frac{\Delta \lambda_B}{\lambda_B} = \left\{1 - \frac{n_{\text{eff}}^2}{2}\left[p_{12} - \mu\left(p_{11} + p_{12}\right)\right]\right\}\varepsilon_z \tag{3-34}$$

令有效弹光系数 $p_e = \frac{n_{\text{eff}}^2}{2}\left[p_{12} - \mu\left(p_{11} + p_{12}\right)\right]$，将其代入式(3-34)，得到轴向应力应变引起的光纤光栅反射中心波长变化为

$$\frac{\Delta \lambda_B}{\lambda_B} = (1 - p_e)\varepsilon_z \tag{3-35}$$

可以看出，对于有效弹光系数 p_e 来说，其数值大小由光纤的有效折射率、弹光系数和泊松比决定。对于某一具体的光纤光栅来说，其材料特性已经确定，因此 p_e 为常数。这表明光纤光栅在受单纯的轴向应力应变时，反射中心波长漂移量与轴向应变呈线性变化的关系，保证光纤光栅作为应变传感器具有良好的线性输出。

为了更清楚直观地观察应力应变条件下光纤光栅反射光谱的特性，对光纤光栅反射光谱进行数值仿真，所选取的光纤光栅参数为：中心波长取 1550nm，光栅长度为 10mm，光栅周期为 527.9nm，轴向应变分别为 2000με、1000με、0με、–1000με、–2000με 时的反射光谱如图 3-8 所示。从图中可以看出，对于均匀周期型光纤光栅，在其受静态应变时，光纤光栅的反射光谱只是整体波长发生偏移，其形状并不发生改变。

对于 1550nm 的光波波段，单位微应变导致的反射中心波长变化约为 1.2pm（$1\text{pm}=10^{-12}\text{m}$），即光纤光栅应变灵敏度为 1.2pm/με。中心波长变化不大时，光纤光栅应变灵敏度相差不大，但是由于实际应用中采用的光纤不同、写入光栅的工艺方法不同及退火工艺的差别，不同光纤光栅的传感灵敏度会有差异，不同的光纤光栅必须经过标定才能用作实际测量。另外，文献[187]中的研究表明，在综合弹光效应和波导效应的分析基础上，光纤光栅对于横向应力的灵敏度比轴向受力

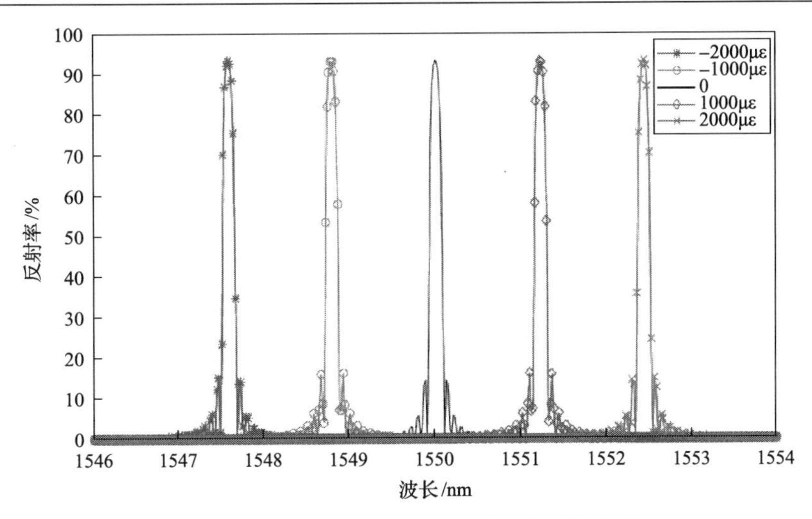

图 3-8　不同轴向应变下的光纤光栅反射光谱

时的灵敏度小很多，因此在实际复杂应力应用情况下，主要考虑轴向应力对光纤光栅反射中心波长产生的漂移量。

3.4.2　光纤光栅温度感知模型

当光纤光栅处于自由状态时，如果温度发生改变，光纤材料的热光效应使光纤光栅的折射率发生改变，热膨胀效应会使光纤光栅周期发生改变，进而引起光纤光栅反射中心波长发生漂移。为了分析光纤光栅温度感知特性，做以下假设。

(1) 假定光纤光栅处于均匀的温度场中，不考虑光栅不同位置的温差效应，同样忽略光纤光栅不同位置温差引起的热应力效应。

(2) 假定光纤光栅处于光纤材料的线性热膨胀范围，不考虑温度变化对热膨胀系数的影响。

(3) 假定光纤光栅反射中心波长在其波长变化范围内，光纤材料的热光系数保持不变。

基于以上三点假设，建立 FBG 的温度感知模型，以下对其进行理论推导。根据 FBG 的布拉格条件[式(3-28)]，光纤光栅中心波长及其光谱特性由光纤光栅的有效折射率 n_{eff} 和光栅周期 Λ 决定，式(3-28)对温度进行微分可得

$$\Delta\lambda_B = 2\left(\Lambda\frac{\mathrm{d}n_{\mathrm{eff}}}{\mathrm{d}T} + n_{\mathrm{eff}}\frac{\mathrm{d}\Lambda}{\mathrm{d}T}\right)\Delta T \tag{3-36}$$

式(3-36)两端分别除以式(3-28)的两边项，可得

$$\frac{\Delta\lambda_B}{\lambda_B} = \left(\frac{1}{n_{\mathrm{eff}}}\frac{\mathrm{d}n_{\mathrm{eff}}}{\mathrm{d}T} + \frac{1}{\Lambda}\frac{\mathrm{d}\Lambda}{\mathrm{d}T}\right)\Delta T \tag{3-37}$$

令 $\varsigma = \frac{1}{n_{\text{eff}}} \frac{\mathrm{d}n_{\text{eff}}}{\mathrm{d}T}$，表示光纤材料的热光系数；$\alpha = \frac{1}{\Lambda} \frac{\mathrm{d}\Lambda}{\mathrm{d}T}$，表示光纤材料的热膨胀系数。这样式(3-37)可以简化为以下形式：

$$\frac{\Delta\lambda_B}{\lambda_B} = (\varsigma + \alpha)\Delta T \tag{3-38}$$

式(3-38)即光纤光栅温度感知的数学方程，可以看出当光纤光栅材料确定之后，光纤光栅对温度的灵敏度系数基本上是一个常数，这就从理论上保证了采用光纤光栅作为温度传感器进行温度感知测量时可以得到很好的线性输出，如图 3-9 所示。

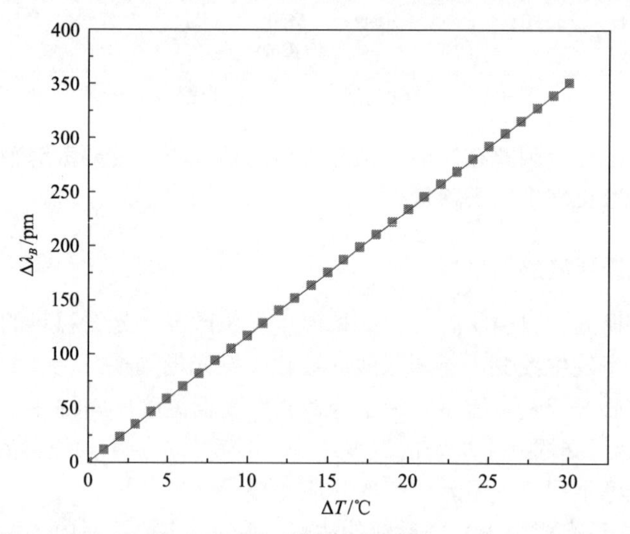

图 3-9　光纤光栅反射中心波长与温度变化关系(中心波长为 1550nm)

由图 3-9 可知，对于 1550nm 的光波波段，单位温度变化引起的光纤光栅中心波长变化约为 11.7pm，即光纤光栅温度灵敏度为 11.7pm/℃。中心波长变化不大时，光纤光栅温度灵敏度相差不大。但是，由于实际应用中采用的光纤不同、写入光栅的工艺方法不同及光纤掺杂成分和掺杂浓度的差异，光纤材料热膨胀系数和热光系数存在较大差别，不同光纤光栅的温度灵敏度会有差异。另外，光纤光栅的封装材料也会改变其温度灵敏度，因此光纤光栅传感器制作完成之后必须经过标定才能用于实际工程测量。

3.4.3　光纤光栅应变-温度交叉感知模型

光纤光栅是一种对应变和温度都同时敏感的传感元件，仅测量光纤光栅中心波长漂移量很难区别出应变和温度分别造成的波长变化。对于中心波长为 1550nm

的波段，其应变灵敏度约为 1.2pm/με，温度灵敏度约为 11.7pm/℃，温度灵敏度大约为应变灵敏度的 10 倍。因此，在温度变化较大的环境中使用光纤光栅作为传感器件必须考虑温度的影响，需要剔除应变-温度耦合感知的作用，否则会因为温度变化导致测量精度的不准确。

剔除温度扰动引起的波长漂移量，使应变测量不受环境温度变化的影响，即光纤光栅的温度补偿。不受力光纤光栅温度补偿法是一种最简单方便、经济可靠的补偿方法，即将两个光纤光栅布置在同一个环境温度场中，其中一个光纤光栅布设在被测结构对象，同时感知被测结构的应变和温度参数，另一个光纤光栅布设在与被测结构材料相同但不受外力作用的构件上，仅用于感知被测环境温度参数，作为温度补偿。这种方法保证了两根光纤光栅感知相同的温度，以温度补偿光栅为参考就可以得到被测结构的真实应变信息。

在不考虑光纤光栅应变-温度的耦合效应，即应变与温度对光纤光栅反射中心波长的作用相互独立且都为线性关系的情况下，应变与温度作用下的光纤光栅反射中心波长漂移量 $\Delta\lambda_B$ 计算如下：

$$\frac{\Delta\lambda_B}{\lambda_B} = (1-p_e)\varepsilon_z + (\varsigma+\alpha)\Delta T \tag{3-39}$$

令 $K_\varepsilon = (1-p_e)\lambda_B$，表示光纤光栅的应变灵敏度系数。$K_T = (\varsigma+\alpha)\lambda_B$，表示光纤光栅的温度灵敏度系数，则式(3-39)可简化为

$$\Delta\lambda_B = K_\varepsilon\varepsilon_z + K_T\Delta T \tag{3-40}$$

因此，对于工作在相同环境温度场中的两个光纤光栅，它们的中心波长漂移量分别为

$$\Delta\lambda_{B1} = K_{\varepsilon 1}\varepsilon_z + K_{T1}\Delta T \tag{3-41}$$

$$\Delta\lambda_{B2} = K_{T2}\Delta T \tag{3-42}$$

式中，K_{T1} 为压力敏感光栅的温度灵敏度；K_{T2} 为温度补偿光栅的温度灵敏度。

联立式(3-41)和式(3-42)，得出剔除温度影响后的应变为

$$\varepsilon_z = \frac{\Delta\lambda_{B1} - \dfrac{K_{T1}}{K_{T2}}\Delta\lambda_{B2}}{K_{\varepsilon 1}} \tag{3-43}$$

应变单独引起的中心波长漂移量为

$$\Delta\lambda_\varepsilon = \Delta\lambda_{B1} - \frac{K_{T1}}{K_{T2}}\Delta\lambda_{B2} \tag{3-44}$$

通过式(3-44)就可以实现温度的补偿，另外，在同一个温度场中，可以使用一个光纤光栅温度传感器实现多个光纤光栅应变的温度补偿，进而消除应变-温度耦合感知效应。

3.4.4　光纤光栅准分布感知模型

当多个光纤光栅串接形成传感阵列进行准分布感知时，为了使解调系统获取每一个反射中心波长信息，需要保证能够“搜寻”到每一个光栅，因此阵列中各个光纤光栅中心波长及其变化范围不能重叠交叉。假设光纤光栅在两端的反射中心波长分别为 λ_N 和 λ_M，传感阵列中第 i 和第 j 个是相邻的两个光纤光栅，在外界环境影响下反射中心波长最大的正向漂移量分别为 $\Delta\lambda_{i+}$ 和 $\Delta\lambda_{j+}$，最大的负向漂移量分别为 $\Delta\lambda_{i-}$ 和 $\Delta\lambda_{j-}$，光纤光栅准分布感知模型如图 3-10 所示。

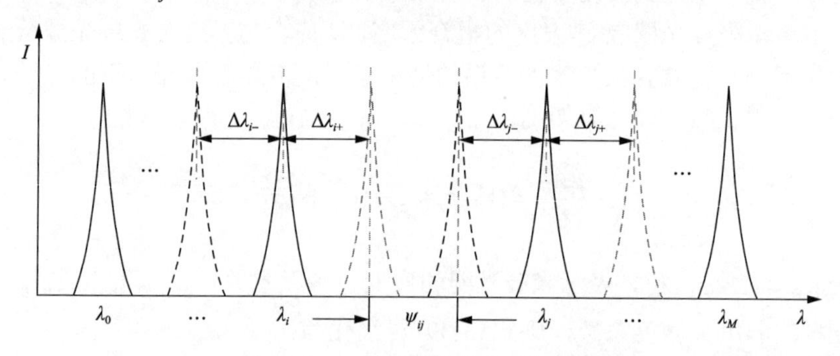

图 3-10　光纤光栅准分布感知模型

在光纤光栅准分布传感阵列中，两个相邻的光纤光栅中心波长需要有一定的间隔，相邻两个光纤光栅感知信号互不干扰必须满足以下条件：

$$\lambda_i + \Delta\lambda_{i+} < \lambda_j - \Delta\lambda_{j-}，\ 1 \leqslant i < j \tag{3-45}$$

式中，$\lambda_1 \leqslant \lambda_N < \cdots < \lambda_i < \lambda_j < \cdots \leqslant \lambda_M$，表示准分布感知系统中各个光纤光栅的反射中心波长。

在此定义，光纤光栅准分布感知信号分辨因子 ψ_{ij} 为

$$\psi_{ij} = (\lambda_j - \Delta\lambda_{j-}) - (\lambda_i + \Delta\lambda_{i+}) = (\lambda_j - \lambda_i) - (\Delta\lambda_{j-} + \Delta\lambda_{i+}) = \Delta\lambda_{j,i} - \Delta\lambda_{j-,i+}，\ 1 \leqslant i \leqslant j \tag{3-46}$$

式中，$\Delta\lambda_{j,i}$ 为相邻的两个光纤光栅的反射中心波长差；$\Delta\lambda_{j-,i+}$ 为相邻的两个光纤光栅反射中心波长的相对漂移量。

如果两个光纤光栅的波长信号均保证能够被解调系统“搜寻”出来，则感知信号分辨因子 $\psi_{ij} > 0$。实际上感知信号分辨因子由相邻光纤光栅反射中心波长的相对漂移量、相邻两个光纤光栅的反射中心波长差、光纤光栅的反射带宽及光纤

光栅传感解调系统的光电探测器扫描分辨率决定。由此可以大致确定光纤光栅准分布感知系统的复用能力表达式为

$$M_{(\text{复用数})}=\frac{\Delta\lambda_L}{\Delta\lambda_{j,i}}=\frac{\lambda_M-\lambda_N}{\Delta\lambda_{j,i}} \tag{3-47}$$

3.5　光纤光栅反射光谱特性分析

3.5.1　光纤光栅反射光谱特性影响因素

光纤光栅反射光谱特性受光纤材料结构自身参数影响，具体包括光栅长度、折射率变化量、失谐量等。研究光纤光栅反射特性的规律，可以为选择合适的光纤光栅及其参数作为传感器的敏感元件提供基础。

1. 光栅长度对反射光谱特性的影响

选取光纤光栅的参数为：反射中心波长取 λ_B=1550nm，纤芯有效折射率取 n_{eff}=1.468，折射率变化量取 $\overline{\Delta n}_{\text{core}}=10^{-4}$，光栅周期取 Λ=527.9nm，光纤光栅长度 L 分别取 1mm、3mm、5mm 和 10mm，通过 MATLAB 软件进行模拟，得到 FBG 的反射光谱特性如图 3-11 所示。

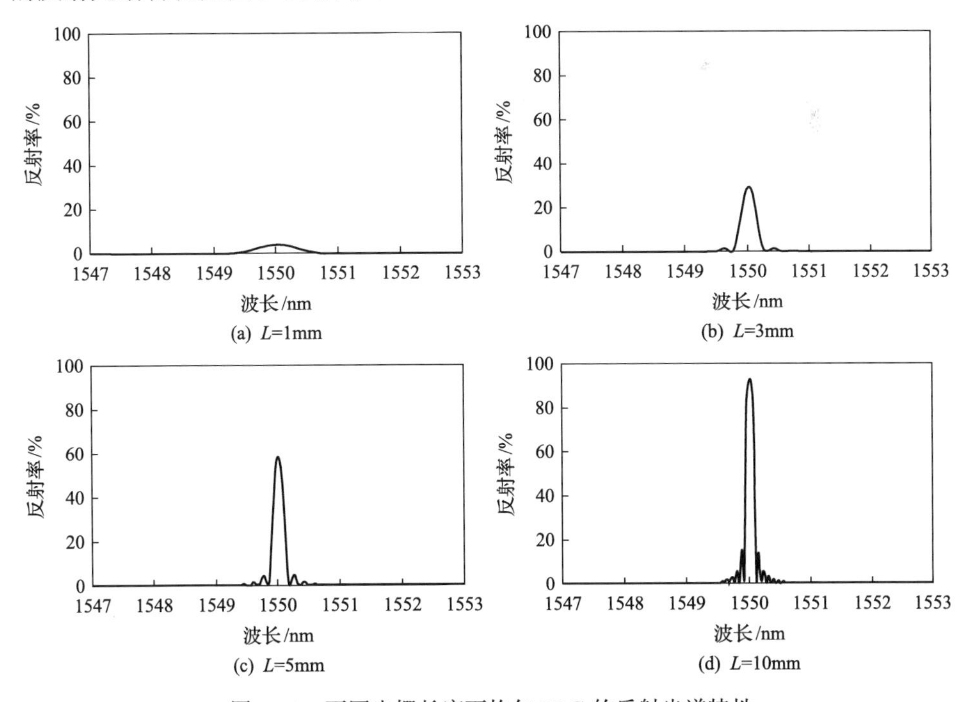

图 3-11　不同光栅长度下均匀 FBG 的反射光谱特性

从图 3-11 中可以看出，在光纤折射率变化量 $\overline{\Delta n}_{\mathrm{core}}$ 为一定值时，光纤光栅的反射率随着光栅的长度增加而增大，而反射带宽则随光栅长度增加逐渐变窄，同时光纤光栅反射光谱峰值两侧的旁瓣随着光栅长度的增加而变多，旁瓣的增多会增加解调系统对反射波长的识别和解调难度，因此在制作光纤光栅传感器时需要选择合适的光栅长度。

2. 光纤折射率变化量对反射光谱特性的影响

选取光纤光栅的参数分别为：反射中心波长取 λ_B=1550nm，纤芯有效折射率取 n_{eff}=1.468，光纤光栅长度取 L=2mm，光栅周期取 Λ=527.9nm，折射率变化量 $\overline{\Delta n}_{\mathrm{core}}$ 分别取 2×10^{-4}、5×10^{-4}、8×10^{-4}、10×10^{-4}，通过 MATLAB 软件模拟计算得到 FBG 的反射光谱特性如图 3-12 所示。

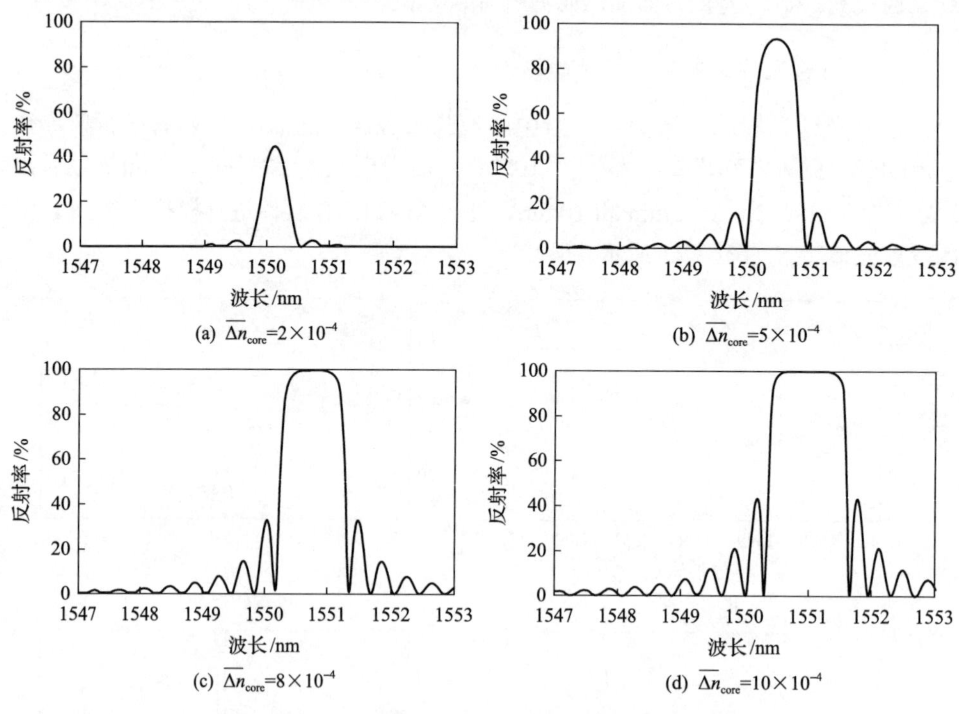

图 3-12　不同折射率变化量下 FBG 的反射光谱特性

从图 3-12 中可以看出，在光纤光栅长度一定时，光纤光栅的反射率随着折射率变化量的增大而增大，且增加幅度很大，在较小的变化下反射率就很快达到饱和，而反射带宽随着折射率变化量的增大而变宽，光纤光栅反射光谱峰值两侧的旁瓣随着折射率变化量的增大而变多，同时反射光谱的中心波长位置随着折射率变化量增大而向波长增大方向移动。

3. 失谐量变化对反射光谱特性的影响

选取光纤光栅的参数分别为：反射中心波长取 λ_B=1550nm，纤芯有效折射率取 n_{eff}=1.468，光纤光栅长度取 L=2mm，光栅周期取 Λ=527.9nm，折射率变化量取 $\overline{\Delta n}_{\text{core}} = 2\times10^{-4}$，$\kappa L$ 分别取 1、2、3、5，通过 MATLAB 软件模拟计算得到 FBG 的反射光谱特性如图 3-13 所示。

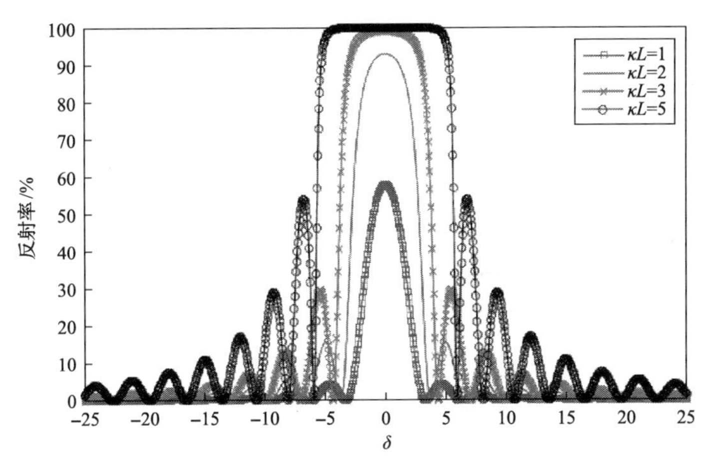

图 3-13　不同失谐量变化下 FBG 的反射光谱特性

从图 3-13 中可以看出，在光栅能带中央处反射率最大，且随着 κL 的变大，能带宽度变宽、能带边缘变陡，其形状更加趋于矩形形状，在能带内的光波能够得到高反射，另外能带两边的弱反射波峰也逐渐增大扩展，这些弱波峰会严重影响光纤光栅在实际应用的精度。

4. 光栅长度和折射率变化量对反射带宽的影响

选取光纤光栅的参数分别为：反射中心波长取 λ_B=1550nm，纤芯有效折射率取 n_{eff}=1.468，光栅周期取 Λ=527.9nm，折射率变化量 $\overline{\Delta n}_{\text{core}}$ 分别取 2×10^{-4}、5×10^{-4}、8×10^{-4}、10×10^{-4}，通过 MATLAB 软件模拟计算得到 FBG 的反射带宽随光栅长度的变化如图 3-14 所示。

从图 3-14 中可以看出，光纤光栅反射带宽随光栅长度的增大而变小，最后趋向于常数，该常数随着折射率变化量的增大而增加，同时随着折射率变化量进一步增大，反射带宽的变化幅度逐渐减小。

3.5.2　光纤光栅最大反射率特性分析

由式(3-18)可知，光纤光栅最大反射率受直流总耦合系数和光栅长度的双重影响。光纤光栅最大反射率随直流总耦合系数和光栅长度的变化曲线如图 3-15 所示。

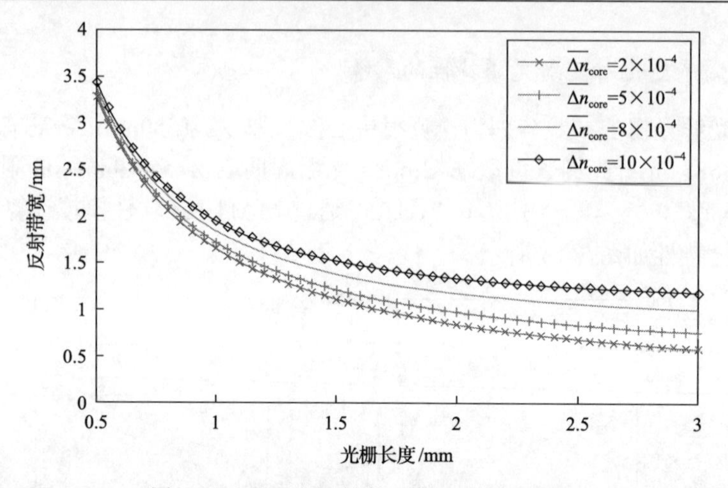

图 3-14　不同光栅长度下的 FBG 反射带宽

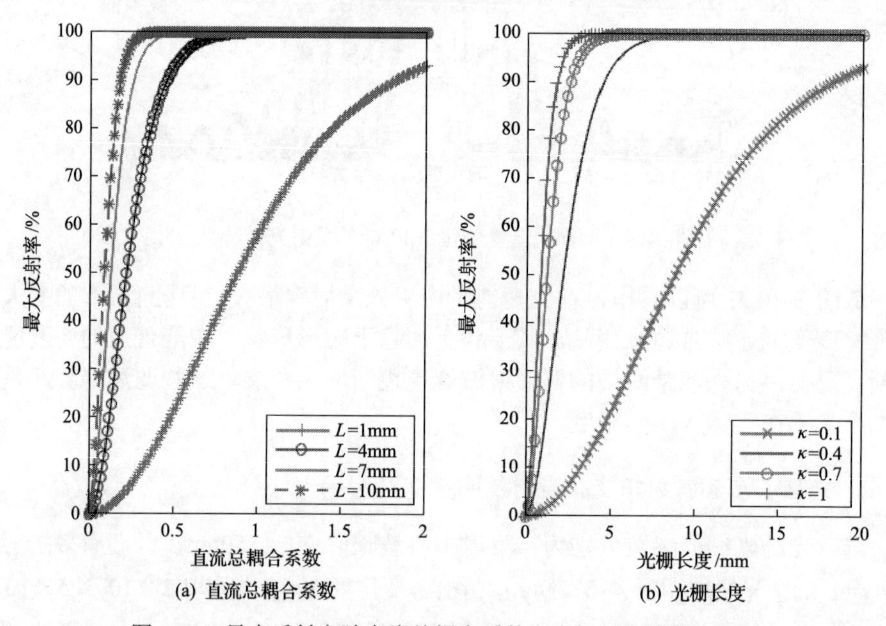

图 3-15　最大反射率随直流总耦合系数和光栅长度的变化曲线

从图 3-15(a)可以看出，在光栅长度为一定时，光纤光栅最大反射率随直流总耦合系数的增加而增大，并最终趋向于反射率饱和，并且随着光栅长度的增大，趋向于反射率饱和的变化幅度越大、速度越快。图 3-15(b)反映的是最大反射率与光栅长度的作用关系，直流总耦合系数一定时，光纤光栅最大反射率随着光栅长度的增加而变大，直流总耦合系数越大，则反射率趋向于饱和的变化幅度越大、速度越快。因此，要提高反射率峰值，可以增大直流总耦合系数或光栅长度，以达到实际应用所需。

第 4 章 光纤光栅-基体耦合的智能感知传递机理

4.1 基体结构表面粘贴光纤光栅的智能感知传递机理

4.1.1 感知传递模型与基本假设

基体结构表面粘贴光纤光栅感知时，具有封装工艺操作简单、不易受外界影响等优点。但是粘贴时使用的黏结剂具有一定的厚度，导致基体的实际应变和光纤光栅感知的应变具有一定的误差，这就是光纤光栅-基体之间产生应变传递的原因。基体结构表面粘贴光纤光栅的感知传递模型及基本结构示意图如图 4-1 所示，基体结构表面粘贴光纤光栅为三层感知传递结构模型，分别为基体结构、胶结层和光纤，其中 FBG 直接粘贴在被测基体结构表面，并采用图中的胶结方式，光纤粘贴长度应大于光纤光栅的长度。

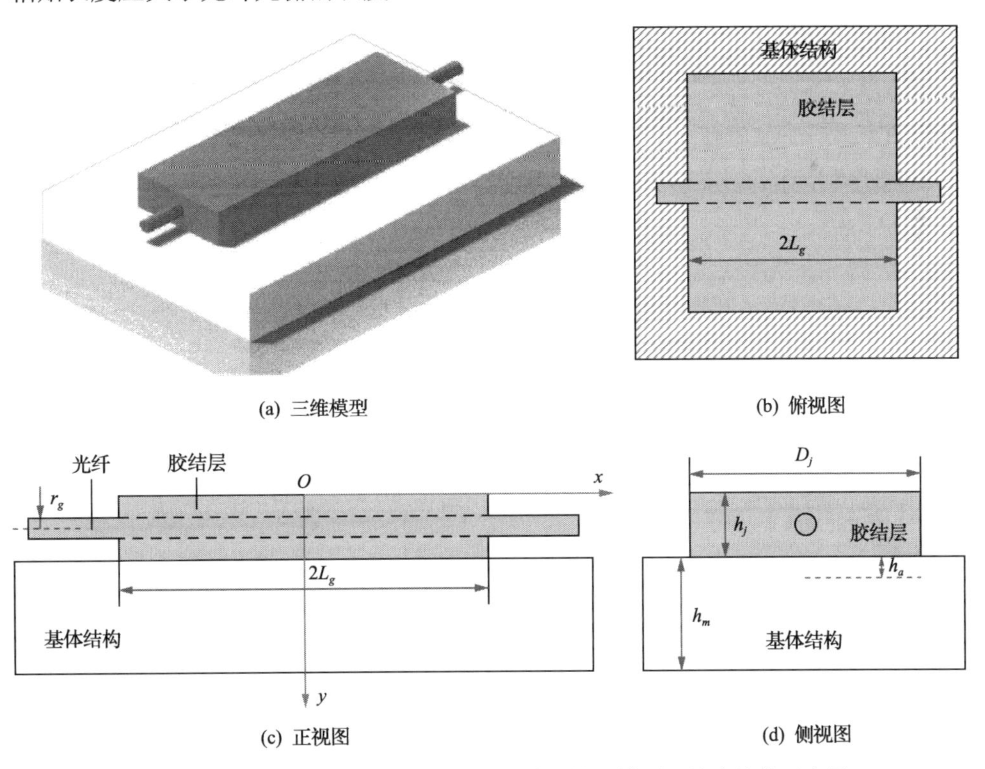

图 4-1 基体结构表面粘贴光纤光栅的感知传递模型及基本结构示意图

在感知传递时，基体结构受外力作用，而胶结层和光纤的两端和自由表面无外加作用力。基体结构在外部荷载作用下产生应变，在剪切应力作用下，基体结构通过与胶结层界面的有效黏结，使胶结层产生应力应变，并通过剪切应力的作用传递给光纤，使光纤纤芯的光栅产生轴向应力应变，光纤光栅的轴向应变会改变其反射中心波长。通过解调装置对中心波长值进行解调分析，即可反推基体结构的载荷。

图 4-1 中基体结构的厚度为 h_m，胶结层的厚度为 h_j，光纤的粘贴长度(胶结层长度)为 $2L_g$，光纤的粘贴宽度(胶结层宽度)为 D_j，胶结层对基体结构的影响深度为 h_a，光纤的半径为 r_g。对基体结构表面粘贴光纤光栅的感知传递模型做如下基本假设。

(1)假设光纤的纤芯和包层具有相同的物理力学特性和材料属性，并将两者看作一个整体。实际上这两者力学特性会有不同，如光纤纤芯的折射率较大，而且在光纤纤芯内要写入光栅，但这些对纤芯的物理力学特性改变不大。

(2)基体结构、胶结层、光纤纤芯和包层物理性质都为均匀各向同性，且都处于线弹性范围状态，不考虑塑性变形状态。

(3)基体结构与胶结层、胶结层与光纤的接触面之间保持完整，保证各层之间结合紧密，没有相对滑移甚至脱落。

(4)整个模型只有基体结构受沿光纤轴向方向的均匀应变，不考虑径向应变，胶结层和光纤的两端和自由面不直接受力，都是通过层间的剪切应力应变进行传递。

(5)各层内的剪切应力应变呈线性分布，且各层变形同步，具有相同的应变梯度。

(6)胶结层受力后会同样反作用于基体结构。

(7)不考虑环境温度、湿度效应的影响。

4.1.2 感知传递理论分析

将光纤光栅粘贴于基体结构表面时，作为传感元件，粘贴式光纤光栅本身并未受到外力的作用，基体材料的变形通过黏结剂传递到光纤光栅传感元件，使其产生伸长或缩短，进而导致光纤光栅传感元件的反射光波长发生改变。而实际上，光纤感知到的应变为胶结层内表面的应变，与实际的基体结构应变并不相同。因此，为了搞清楚实际的基体结构应变，需要对基体结构、胶结层和光纤三者之间的力学关系进行详细分析。

对基体结构表面粘贴光纤光栅的感知传递基本结构模型进行分析，基体结构、胶结层和光纤的受力情况及应变传递示意图如图 4-2 所示。在图中，下标 m、j、g 分别表示与基体结构、胶结层和光纤相关的物理量。E_m、G_m、$\sigma_m(x)$、$\tau_m(x)$、$\varepsilon_m(x)$、$u_m(x)$分别表示基体结构的弹性模量、剪切模量、轴向应力、剪切应力、轴向应变、轴向位移；E_j、G_j、$\sigma_j(x)$、$\tau_j(x)$、$\varepsilon_j(x)$、$u_j(x)$、$\Delta u_j(x)$ 分别表示胶结层的弹性模量、剪切模量、轴向应力、剪切应力、轴向应变、轴向位移、轴向位移变化；E_g、G_g、$\sigma_g(x)$、$\tau_g(x)$、$\varepsilon_g(x)$、$u_g(x)$、$\Delta u_g(x)$ 分别表示光纤的弹性模量、剪切模量、轴向应力、剪切应力、轴向应变、轴向位移、轴向位移变化；$\tau_{mj}(x)$、$\tau_{jg}(x)$ 分别表示基体结构与胶结层之间的剪切应力、胶结层与光纤之间的剪切应力。建立如下坐标系，取各层的单元体 dx 分别进行受力分析。

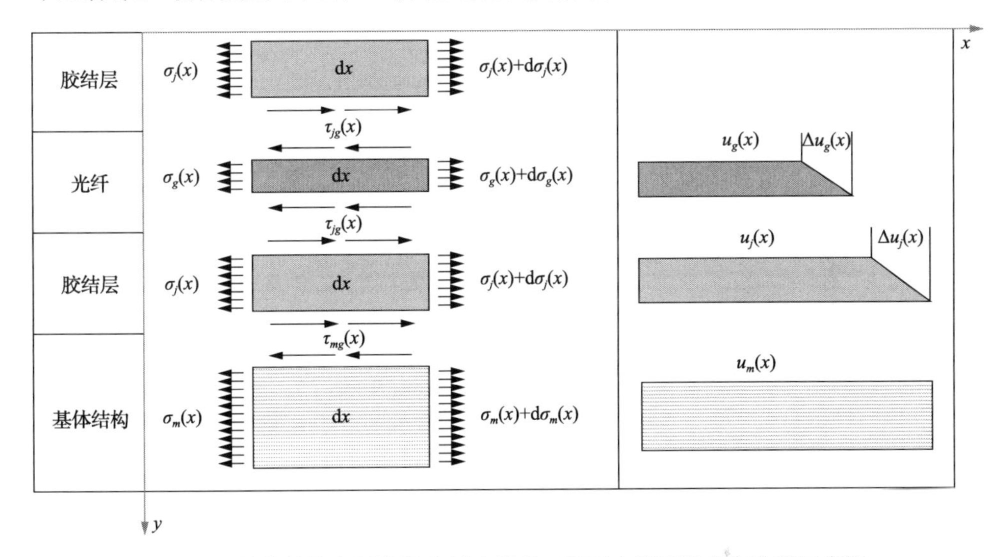

图 4-2　基体结构表面粘贴光纤光栅的三层受力情况及应变传递示意图

胶结层的应力平衡方程为

$$\mathrm{d}\sigma_j(x)(D_j h_j - \pi r_g^2) + \tau_{jg}(x) 2\pi r_g \mathrm{d}x + \tau_{mj}(x) D_j \mathrm{d}x = 0 \tag{4-1}$$

化简得

$$\frac{\mathrm{d}\sigma_j(x)}{\mathrm{d}x} = \frac{-\tau_{mj}(x) D_j - \tau_{jg} 2\pi r_g}{D_j h_j - \pi {r_g}^2} \tag{4-2}$$

光纤层的应力平衡方程为

$$\mathrm{d}\sigma_g(x)\pi r_g^2 - \tau_{jg}(x) 2\pi r_g \mathrm{d}x = 0 \tag{4-3}$$

化简得

$$\frac{\mathrm{d}\sigma_g(x)}{\mathrm{d}x} = \frac{2}{r_g}\tau_{jg}(x) \tag{4-4}$$

将式(4-4)整理为

$$\tau_{jg}(x)=\frac{r_g}{2}\frac{\mathrm{d}\sigma_g(x)}{\mathrm{d}x} \tag{4-5}$$

将式(4-5)代入式(4-2)得

$$\tau_{mj}(x)=-\frac{\mathrm{d}\sigma_j(x)}{\mathrm{d}x}\left(h_j-\frac{\pi r_g^2}{D_j}\right)-\frac{\mathrm{d}\sigma_g(x)}{\mathrm{d}x}\frac{\pi r_g^2}{D_j} \tag{4-6}$$

假定胶结层和光纤的应变梯度相同，即

$$\frac{\mathrm{d}\varepsilon_g(x)}{\mathrm{d}x}=\frac{\mathrm{d}\varepsilon_j(x)}{\mathrm{d}x} \tag{4-7}$$

光纤和胶结层的轴应力与轴向应变之间的关系为

$$\begin{cases}\dfrac{\mathrm{d}\sigma_g(x)}{\mathrm{d}x}=E_g\dfrac{\mathrm{d}\varepsilon_g(x)}{\mathrm{d}x}\\[2ex]\dfrac{\mathrm{d}\sigma_j(x)}{\mathrm{d}x}=E_j\dfrac{\mathrm{d}\varepsilon_j(x)}{\mathrm{d}x}\end{cases} \tag{4-8}$$

将式(4-7)、式(4-8)代入式(4-5)和式(4-6)中可得

$$\tau_{jg}(x)=\frac{E_g r_g}{2}\frac{\mathrm{d}\varepsilon_g(x)}{\mathrm{d}x} \tag{4-9}$$

$$\tau_{mj}(x)=-\left[E_j\left(h_j-\frac{\pi r_g^2}{D_j}\right)+E_g\frac{\pi r_g^2}{D_j}\right]\frac{\mathrm{d}\varepsilon_g(x)}{\mathrm{d}x} \tag{4-10}$$

根据基本假设，基体结构、胶结层和光纤之间各层的剪切应力是线性变化的，基体结构的剪切应力 $\tau_m(x)$ 随 y 线性增加，并且满足如下边界条件：当 $y=h_j+h_a$(h_a 为胶结层对基体结构的影响深度)时，$\tau_m(x)=0$；当 $y=h_j$ 时，$\tau_m(x)=\tau_{mj}(x)$。这样通过应力平衡得到基体结构的剪切应力 $\tau_m(x)$ 的表达式为

$$\tau_m(x)=-\frac{\tau_{mj}(x)}{h_a}y+\frac{\tau_{mj}(x)}{h_a}(h_j+h_a) \tag{4-11}$$

将式(4-10)代入式(4-11)中得到

$$\tau_m(x)=-(h_j+h_a-y)\frac{1}{h_a}\left[E_j\left(h_j-\frac{\pi r_g^2}{D_j}\right)+E_g\frac{\pi r_g^2}{D_j}\right]\frac{\mathrm{d}\varepsilon_g(x)}{\mathrm{d}x} \tag{4-12}$$

另外，基体结构的剪切应力的基本表达式为

$$\tau_m(x)=G_m\frac{\mathrm{d}u(x)}{\mathrm{d}y} \tag{4-13}$$

联立式(4-12)和式(4-13)，并且两边同时对 y 积分，得

$$\int_{h_j}^{h_j+h_a}G_m\frac{\mathrm{d}u(x)}{\mathrm{d}y}\mathrm{d}y=\int_{h_j}^{h_j+h_a}-(h_j+h_a-y)\frac{1}{h_a}\left[E_j\left(h_j-\frac{\pi r_g^2}{D_j}\right)+E_g\frac{\pi r_g^2}{D_j}\right]\frac{\mathrm{d}\varepsilon_g(x)}{\mathrm{d}x}\mathrm{d}y \tag{4-14}$$

整理可得

$$G_m(u_m(x)-u_j(x))=-\frac{1}{2}h_a\left[E_j\left(h_j-\frac{\pi r_g^2}{D_j}\right)+E_g\frac{\pi r_g^2}{D_j}\right]\frac{\mathrm{d}^2\varepsilon_g(x)}{\mathrm{d}x^2} \tag{4-15}$$

式(4-15)两边同时对 x 求导可得

$$\varepsilon_m(x)=\varepsilon_j(x)-\frac{1}{2}\frac{h_a}{G_m}\left[E_j\left(h_j-\frac{\pi r_g^2}{D_j}\right)+E_g\frac{\pi r_g^2}{D_j}\right]\frac{\mathrm{d}^2\varepsilon_g(x)}{\mathrm{d}x^2} \tag{4-16}$$

胶结层的剪切应力为

$$\tau_j(x)=\frac{\tau_{mj}(x)-\tau_{jg}(x)}{\frac{h_j}{2}-r_g}y+\frac{\tau_{mj}(x)\left(-r_g-\frac{h_j}{2}\right)+\tau_{jg}(x)h_j}{\frac{h_j}{2}-r_g} \tag{4-17}$$

胶结层的剪切应力为

$$\tau_j(x)=G_j\frac{\mathrm{d}u_j(x)}{\mathrm{d}y} \tag{4-18}$$

联立式(4-17)、式(4-18)，并且两边同时对 y 积分，得

$$\int_{\frac{h_j}{2}+r_g}^{h_j}G_j\frac{\mathrm{d}u_j(x)}{\mathrm{d}y}\mathrm{d}y=\int_{\frac{h_j}{2}+r_g}^{h_j}\left[\frac{\tau_{mj}(x)-\tau_{jg}(x)}{\frac{h_j}{2}-r_g}y+\frac{\tau_{mj}(x)\left(-r_g-\frac{h_j}{2}\right)+\tau_{jg}(x)h_j}{\frac{h_j}{2}-r_g}\right]\mathrm{d}y \tag{4-19}$$

化简得

$$G_j(u_j(x)-u_g(x))=(\tau_{mj}(x)+\tau_{jg}(x))\left(\frac{h_j}{4}-\frac{r_g}{2}\right) \tag{4-20}$$

将式(4-8)、式(4-9)代入式(4-20)，两边同时对 x 求导可得

$$\varepsilon_j(x)=\varepsilon_g(x)-\frac{E_g}{G_j}\left(\frac{\pi r_g^2}{D_j}+\frac{r_g}{2}\right)\left(\frac{h_j}{4}-\frac{r_g}{2}\right)\frac{\mathrm{d}^2\varepsilon_g(x)}{\mathrm{d}x^2} \tag{4-21}$$

将式(4-21)代入式(4-16)中整理得

$$\begin{aligned}\varepsilon_m(x)=\varepsilon_g(x)&-\frac{E_g}{G_j}\left(\frac{\pi r_g^2}{D_j}+\frac{r_g}{2}\right)\left(\frac{h_j}{4}-\frac{r_g}{2}\right)\frac{\mathrm{d}^2\varepsilon_g(x)}{\mathrm{d}x^2}\\&-\frac{1}{2}\frac{h_a}{G_m}\left[E_j\left(h_j-\frac{\pi r_g^2}{D_j}\right)+E_g\frac{\pi r_g^2}{D_j}\right]\frac{\mathrm{d}^2\varepsilon_g(x)}{\mathrm{d}x^2}\end{aligned} \tag{4-22}$$

令

$$\frac{1}{k^2}=\frac{E_g}{G_j}\left(\frac{\pi r_g^2}{D_j}+\frac{r_g}{2}\right)\left(\frac{h_j}{4}-\frac{r_g}{2}\right)+\frac{1}{2}\frac{h_a}{G_m}\left[E_j\left(h_j-\frac{\pi r_g^2}{D_j}\right)+E_g\frac{\pi r_g^2}{D_j}\right] \tag{4-23}$$

则式(4-22)可简化为

$$\frac{\mathrm{d}^2\varepsilon_g(x)}{\mathrm{d}x^2}-k^2\varepsilon_g(x)=-k^2\varepsilon_m(x) \tag{4-24}$$

式(4-24)即基体结构与光纤之间轴向应变分布关系的微分方程，其中 k 为感知滞后因子，从式(4-23)可以看出，光纤、胶结层的物理参数是影响 k 的主要因素。式(4-24)的通解可通过以下表达式进行求解：

$$\varepsilon_g(x)=C_1\mathrm{e}^{kx}+C_2\mathrm{e}^{-kx}+\varepsilon_m(x) \tag{4-25}$$

式中，C_1 和 C_2 为边界条件决定的积分常数。

光纤与胶结层相交的端部为自由端面，因此没有应力传递，则式(4-24)的边界条件为

$$\varepsilon_g(L_g)=\varepsilon_g(-L_g)=0 \tag{4-26}$$

利用边界条件可得

$$C_1 = C_2 = -\frac{\varepsilon_m(x)}{2\cosh(kL_g)} \tag{4-27}$$

因此，式(4-25)的解，即基体结构表面粘贴的光纤光栅轴向应变为

$$\varepsilon_g(x) = \varepsilon_m(x)\left[1 - \frac{\cosh(kx)}{\cosh(kL_g)}\right] \tag{4-28}$$

式(4-28)即基体结构表面粘贴光纤光栅的三层感知结构的传递方程(即光纤光栅轴向应变与基体结构沿轴向的应变关系)。定义应变感知传递因子为 $\eta(x)$，表示在基体结构表面粘贴光纤光栅的胶结层长度范围内的给定一点上，光纤测得应变与基体结构实际应变的比值，即

$$\eta(x) = \frac{\varepsilon_g(x)}{\varepsilon_m(x)} = \left[1 - \frac{\cosh(kx)}{\cosh(kL_g)}\right] \tag{4-29}$$

根据表 4-1 所示的物理力学参数[188]，通过式(4-29)确定通过胶结层传递后的光纤轴向应变的分布规律，如图 4-3 所示。由图可以看出，由于胶结层的存在，基体的应变和光纤的应变并不相同，在胶结层长度范围内，应变感知传递因子最大的部位在中间位置(x=0 的点)。

表 4-1　各层的物理力学参数取值

物理参数	符号	数值
光纤弹性模量/Pa	E_g	7.2×10^{10}
光纤泊松比	μ_g	0.17
光纤半径/mm	r_g	0.0625
胶结层弹性模量/Pa	E_j	$1\times10^9\sim5\times10^9$
胶结层泊松比	μ_j	0.2～0.5
胶结层厚度/mm	h_j	0.2～2
胶结层宽度/mm	D_j	0.3～5
胶结层长度/mm	$2L_g$	10～120
胶结层对基体结构的影响深度/mm	h_a	0.5
基体结构剪切模量/Pa	G_m	$0.1\times10^9\sim10\times10^9$

由上述分析可知，基体结构表面粘贴光纤光栅时，光纤光栅感知的轴向应变并不是均匀分布的，而是沿轴向方向呈现中间大、两边小的“倒盆形”分布规律。对于光纤光栅来说，如果胶结层长度范围内光纤光栅各点应变不一致(粘贴不均匀)，会导致光纤光栅反射波长出现多峰现象，从而无法确定测点处的应变值，致

使封装失败。因此，不仅要求光纤光栅封装时胶结层满足均匀一致性，而且要求光纤光栅所在基体结构处应变起伏较小，这样才能在实际中得到可靠的测量结果。

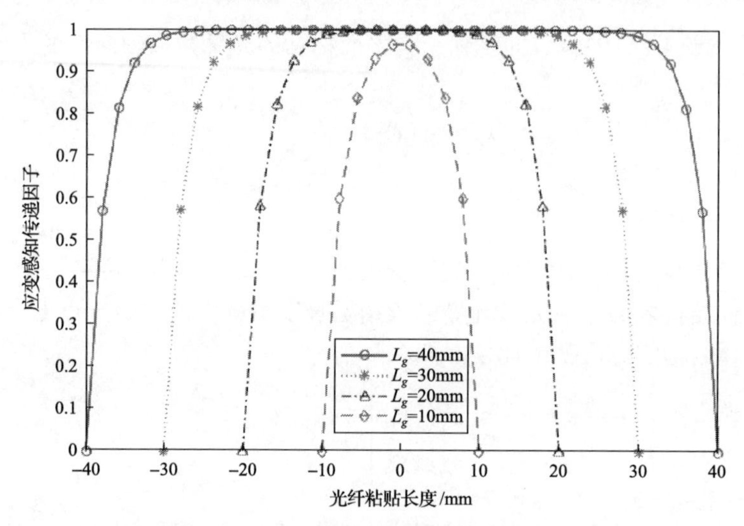

图 4-3　光纤轴向应变分布规律

在基体结构表面贴光纤光栅的实际感知测量中，不可能得到沿粘贴长度方向每一点处的应变值，而且光纤光栅所感知的应变是整个胶结层长度有效范围内的平均应变值，因此必须求得基体结构与光纤光栅的平均应变感知传递效率(平均应变感知传递因子)。在整个胶结层长度范围内光纤与基体结构之间的平均应变感知传递因子为

$$\bar{\eta}(x)=\frac{\bar{\varepsilon}_g(x)}{\varepsilon_m(x)}=\frac{2\int_0^{L_g}\varepsilon_g(x)\mathrm{d}x}{2L_g\varepsilon_m(x)}=1-\frac{\sinh(kL_g)}{kL_g\cosh(kL_g)} \tag{4-30}$$

由式(4-30)可知，基体结构表面粘贴光纤光栅的胶结层长度范围内的平均应变感知传递因子主要取决于胶结层长度 L_g 和感知滞后因子 k，而感知滞后因子由光纤、胶结层和基体结构的物理参数决定，其中光纤与普通通信光纤材料相同，在本书中光纤的物理参数对感知传递的影响不作探讨。

4.1.3　感知传递影响因素分析

在实际应用中，为了使光纤光栅感知的应变接近基体结构的真实应变，需要尽可能地提高平均应变感知传递因子，根据式(4-23)、式(4-30)可知，影响平均应变感知传递的因素包括胶结层长度、胶结层宽度、胶结层厚度、胶结层弹性模量、泊松比和基体结构剪切模量。环氧树脂具有常温固化、快速高效、胶性好等特点，非常适合作为胶结层实际应用。利用表 4-2 所示的各层具体物理力学参数对基体结构表面粘贴光纤光栅时的平均应变感知传递因子的影响因素进行详细分析。

表 4-2　各层具体物理力学参数

物理参数	符号	数值	物理参数	符号	数值
光纤弹性模量/Pa	E_g	7.2×10^{10}	胶结层长度/mm	$2L_g$	80
光纤泊松比	μ_g	0.17	基体结构长度/mm	L_m	80
光纤半径/mm	r_g	0.0625	基体结构厚度/mm	h_m	5
胶结层弹性模量/Pa	E_j	4×10^9	基体结构宽度/mm	D_m	10
胶结层泊松比	μ_j	0.34	基体结构弹性模量/Pa	E_m	2×10^8
胶结层厚度/mm	h_j	1	基体结构泊松比	μ_m	0.3
胶结层宽度/mm	D_j	2			

1. 胶结层长度的影响

在实际粘贴封装传感器时，胶结层长度是一个非常重要的因素，它直接影响传感器在被测基体结构表面感知的精度和表面应力集中程度，如果过长，就会造成测量点位置的不准确；如果过短，就会造成应变感知传递不充分，所以非常有必要研究胶结层长度对应变感知传递的影响。选取表 4-2 中的各层具体物理力学参数进行分析，得到平均应变感知传递因子随胶结层长度的变化情况如图 4-4 所示。

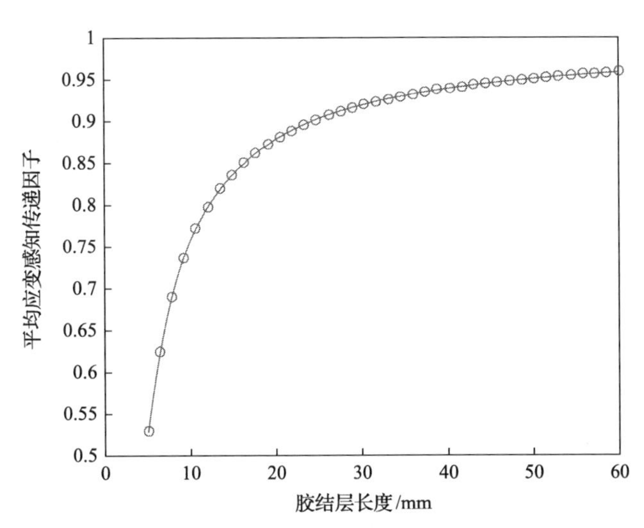

图 4-4　胶结层长度对平均应变感知传递因子的影响

从图 4-4 可以看出，随着胶结层长度的增加，基体结构表面粘贴光纤光栅的平均应变感知传递因子逐渐增大，达到 0.95 以上，表示应变传递变得充分，但变化幅度越来越平稳，表示长度增加到一定程度后，传递效率趋于平稳。因此，在实际的光纤光栅封装中，要尽可能地增加胶结层长度来满足更高的应变感知传递效率。

但是在实际工程应用时，不可能一味地增加胶结层长度，因为过长会影响测量点的精准度。另外被测基体结构或者光纤光栅传感器的安装空间较小时，又希望光纤光栅传感器的长度尽可能小。为了兼顾上述两个因素，需要选择合适的胶结层长度，据此提出基体表面粘贴光纤光栅的有效感知长度(effective sensing length，ESL)，定义光纤光栅传感器在至少一半的粘贴长度范围内，应变感知传递因子不小于 0.9 的长度为有效感知长度。在此范围内，基体结构的应变能够得到充分的感知传递，即

$$\eta(L_{\mathrm{es}}/2)=\frac{\varepsilon_g(L_{\mathrm{es}}/2)}{\varepsilon_m}=1-\frac{\cosh(kL_{\mathrm{es}}/2)}{\cosh(kL_{\mathrm{es}})}\geqslant 0.9 \tag{4-31}$$

由式(4-31)可解得表面粘贴光纤光栅的有效感知长度为

$$L_{\mathrm{es}}=\frac{9.24}{k} \tag{4-32}$$

有效感知长度的确定对于研制光纤光栅传感器非常重要，因为在光纤纤芯中写入的光栅段很短(一般为 10mm 左右)，如果在粘贴封装时仅粘贴光纤光栅段，那么光纤光栅各点应变不仅不相同，而且会小于基体结构的实际应变。此时可根据有效感知长度，将光纤光栅两端延伸长度的光纤也进行粘贴，从而使光纤光栅位于中间位置，这样可以保证基体结构的应变充分感知并传递到光纤光栅。综合平均应变感知传递因子、封装及传感器结构等因素，半胶结层的长度一般大于 30mm，且不宜超过 50mm，本书在理论分析时取 40mm。

2. 胶结层宽度的影响

选取表 4-2 中的各层具体物理力学参数进行分析，得到平均应变感知传递因子随胶结层宽度的变化情况如图 4-5 所示。由图可以看出，随着胶结层宽度的增加，平均应变感知传递因子也逐渐增大，传递效率能够达到 92%以上，但变化幅度并不大，说明胶结层宽度对平均应变传递的影响不大。因此，在实际的光纤光栅封装时，在保障光纤光栅和基体结构之间粘贴牢固的情况下，可以适当增加胶结层宽度，但宽度过大会对传感器布置工艺及基体结构的应力场分布产生影响，综合考虑，胶结层宽度一般取 1～3mm，本书理论分析时取 2mm。

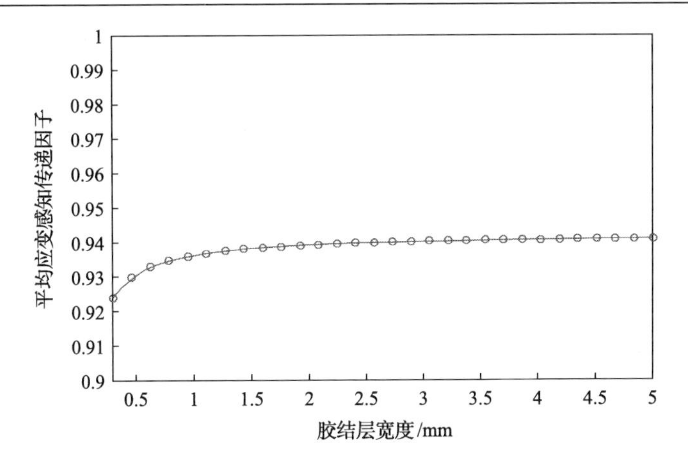

图 4-5　胶结层宽度对平均应变感知传递因子的影响

3. 胶结层厚度的影响

选取表 4-2 中的各层具体物理力学参数进行分析，得到平均应变感知传递因子随胶结层厚度的变化情况如图 4-6 所示。由图可以看出，平均应变感知传递因子随胶结层厚度的增大而变小，即厚度越大，感知传递越不充分，因此在保证基体结构和光纤光栅粘贴牢固的情况下，胶结层越薄，应变传递感知越充分，综合考虑，本书理论分析时选取胶结层厚度为 1mm。

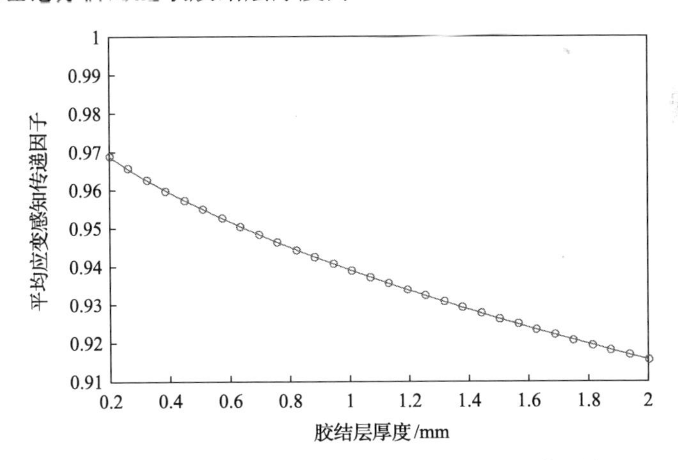

图 4-6　胶结层厚度对平均应变感知传递因子的影响

4. 胶结层弹性模量的影响

选取表 4-2 中的各层具体物理力学参数进行分析，得到平均应变感知传递因子随胶结层弹性模量的变化情况，如图 4-7 所示。由图可以看出，胶结层弹性模量越大，平均应变感知传递因子越小，但从平均应变感知传递因子的变化范围来看，胶结层的弹性模量对其的影响不大。

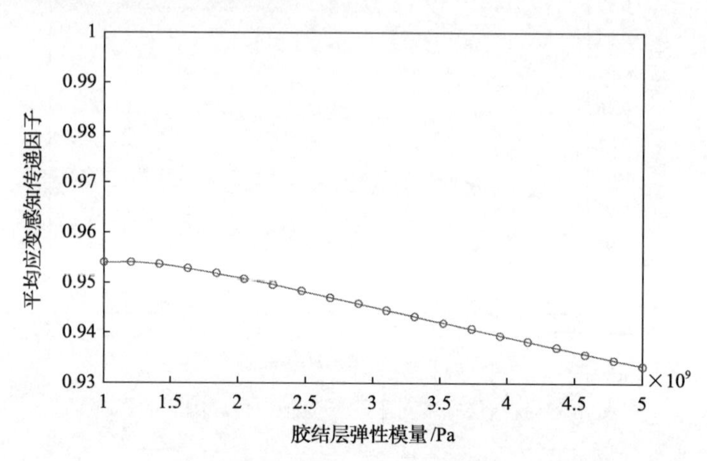

图 4-7　胶结层弹性模量对平均应变感知传递因子的影响

5. 胶结层泊松比的影响

选取表 4-2 中的各层具体物理力学参数进行分析，得到平均应变感知传递因子随胶结层泊松比的变化情况如图 4-8 所示。由图可以看出，平均应变感知传递因子几乎不受胶结层泊松比的影响，因此在实际封装应用中可以忽略其对应变感知传递效率的影响。

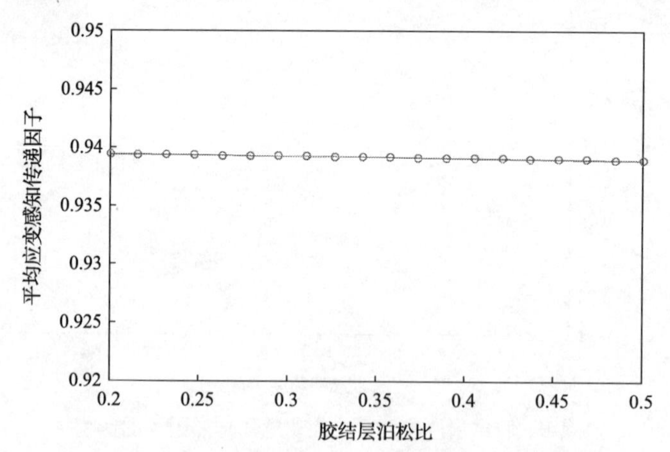

图 4-8　胶结层泊松比对平均应变感知传递因子的影响

6. 基体结构剪切模量的影响

选取表 4-2 中的各层具体物理力学参数进行分析，得到平均应变感知传递因子随基体剪切模量的变化情况如图 4-9 所示。由图可以看出，随着基体结构剪切模量(弹性模量)的增大，平均应变感知传递因子随之增大，但是变化幅度越来越趋于平稳，当剪切模量达到一定值(约 4GPa)之后，基体结构剪切模量对平均应变感知传递因子的影响可以不用考虑。因此，当基体结构的剪切模量相对于光纤光栅传感器较高时，这种影响可以忽略，不过如果被测基体结构的剪切模量与光纤光栅传感器相接近或者更低时，这种影响不能忽略，否则会给平均应变感知传递效率的计算带来很大的误差。

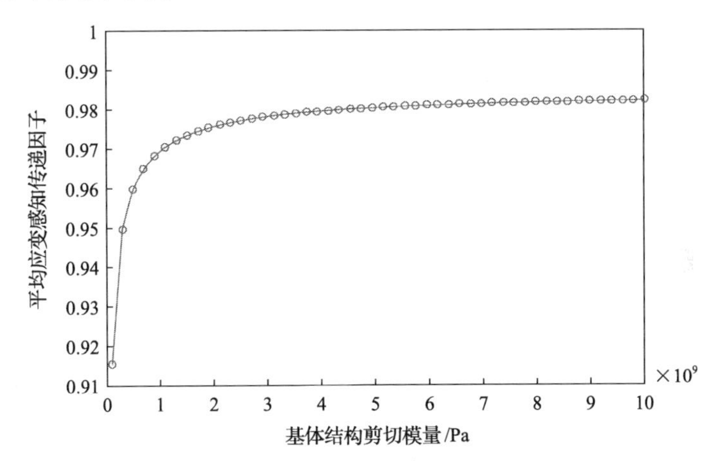

图 4-9　基体结构剪切模量对平均应变感知传递因子的影响

综上分析，胶结层长度和厚度是影响光纤光栅平均应变感知传递因子的两个重要参数，这两个因素的传递影响三维图如图 4-10 所示。从图中可以得出以下结

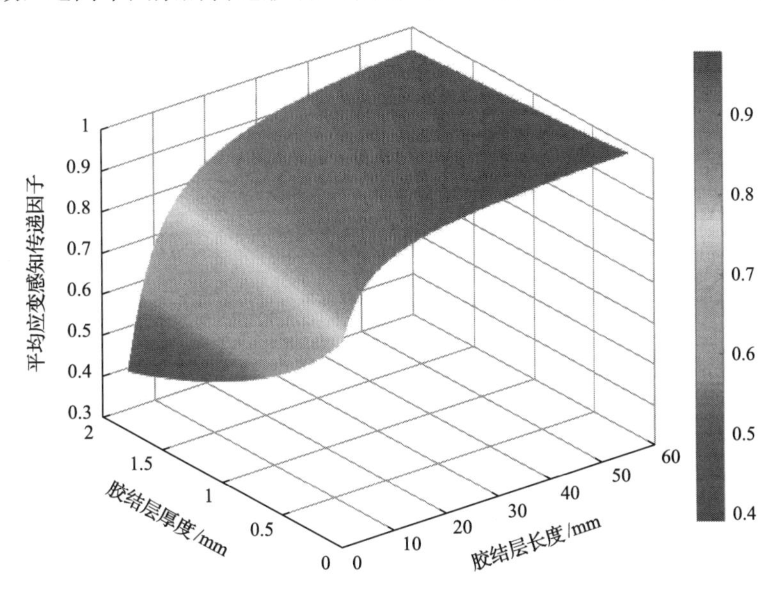

图 4-10　胶结层厚度和长度对平均应变感知传递因子的影响三维图

论：①当胶结层长度最大、厚度最小时，平均应变感知传递因子达到最大值；当胶结层长度最小、厚度最大时，平均应变感知传递因子为最小值；②当胶结层长度较小时，胶结层厚度对应变感知传递的影响十分显著，随着胶结层长度的增加，应变感知传递因子受胶结层厚度的影响程度逐渐减弱；③当胶结层厚度一定时，应变感知传递因子随着胶结层长度的增加而变大，但是增幅逐渐变小；④从两个方向曲线的斜率来看，应变感知传递因子受胶结层厚度的影响更明显，所以在这两种因素中，胶结层厚度占主导地位。因此，在实际应用中，为了达到一定的平均应变感知传递效率，应该首先考虑胶结层厚度，其次考虑胶结层长度。

综上所述，各种参数对平均应变感知传递因子都有不同程度的影响，具体的影响次序为：胶结层厚度占主导地位，胶结层长度次之，然后是基体结构剪切模量，胶结层弹性模量和胶结层宽度影响较小，胶结层泊松比影响不明显。

4.2 基体结构表面刻槽粘贴光纤光栅的智能感知传递机理

4.2.1 感知传递模型与基本假设

基体结构表面刻槽粘贴光纤光栅的感知传递模型及基本结构示意图如图 4-11 所示，图中，基体结构表面刻凹槽结构表面粘贴光纤光栅，为四层感知传递结构模型。本节与 4.1 节不同的是，为了更好地对光纤保护封装，分析时没有将光纤的保护层(涂覆层)去掉，此模型各层分别为基体结构、胶结层、保护层和光纤，其中光纤粘贴在被测基体结构凹槽内，并采用图中的胶结方式，光纤粘贴长度大于光纤光栅的长度。对感知传递模型做如下基本假设。

(1)假设光纤的纤芯和包层具有相同的物理力学特性和材料属性，并将两者看作一个整体。

(2)基体结构、胶结层、保护层、光纤纤芯和光纤的物理性质都为均匀各向同性，且都处于线弹性范围状态，不考虑塑性变形状态。

(3)基体结构与胶结层、胶结层与保护层、保护层与光纤层面之间保持完整的接触面，保证各层之间结合紧密，没有相对滑移甚至脱落。

(4)整个模型只有基体结构受沿光纤轴向方向的均匀应变，不考虑径向应变，胶结层、保护层和光纤的两端和自由面不直接受力，都是通过层间的剪切应力应变进行传递。

(5)各层内的剪切应力呈线性分布，而实际上胶结层沿保护层环向方向具有不同的厚度，导致胶结层内表面受到的剪切应力分布并不均匀，而是随着厚度的增加呈减小趋势。

(6)假定胶结层胶结凝固后形成的整体完全填满凹槽(即胶结层形成的轮廓与凹槽轮廓完全重合)。

(7)假设凹槽半径与保护层直径相等，而实际上由于加工工艺和设备的限制，并不能保证两者相等，为了方便理论分析，假设两者相等。

(8)不考虑环境温度、湿度效应的影响。

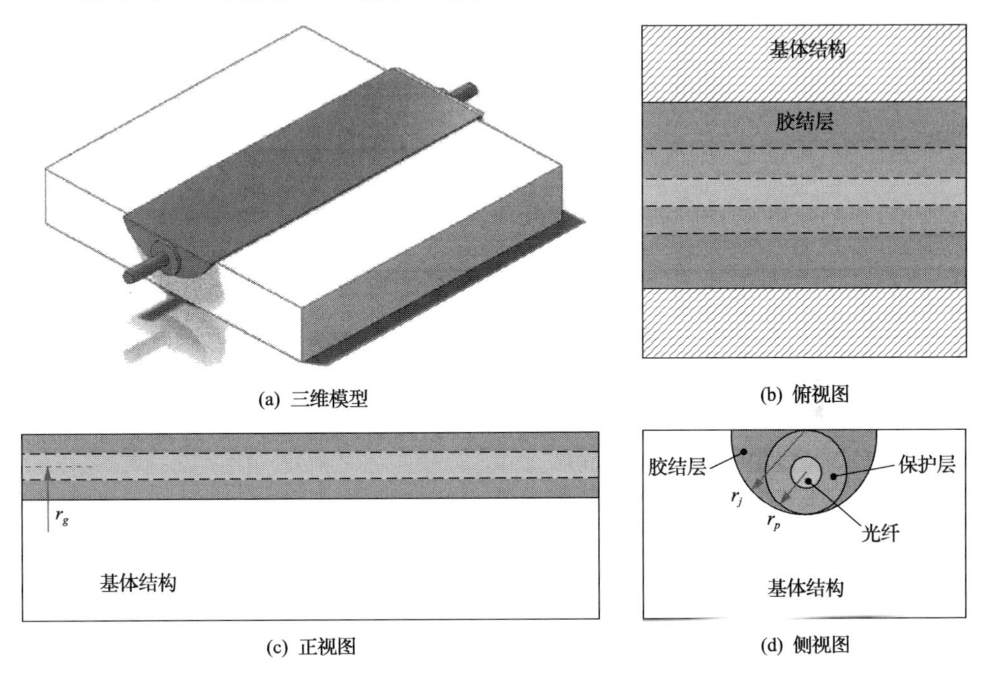

图 4-11　基体结构表面刻槽粘贴光纤光栅的感知传递模型及基本结构示意图

4.2.2　感知传递理论分析

在进行理论分析时，下标 m、j、p、g 分别表示基体结构、胶结层、保护层和光纤相关的物理量。其中，E_m、G_m、$\sigma_m(x)$、$\tau_m(x)$、$\varepsilon_m(x)$、$u_m(x)$分别表示基体结构的弹性模量、剪切模量、轴向应力、剪切应力、轴向应变、轴向位移；E_j、G_j、$\sigma_j(x)$、$\tau_j(x)$、$\varepsilon_j(x)$、μ_j、$u_j(x)$、$\Delta u_j(x)$分别表示胶结层的弹性模量、剪切模量、轴向应力、剪切应力、轴向应变、泊松比、轴向位移、轴向位移变化；E_p、G_p、$\sigma_p(x)$、$\tau_p(x)$、$\varepsilon_p(x)$、μ_p、$u_p(x)$、$\Delta u_p(x)$分别表示保护层的弹性模量、剪切模量、轴向应力、剪切应力、轴向应变、泊松比、轴向位移、轴向位移变化；E_g、G_g、$\sigma_g(x)$、$\tau_g(x)$、$\varepsilon_g(x)$、$u_g(x)$、$\Delta u_g(x)$分别表示光纤的弹性模量、剪切模量、轴向应力、剪切应力、轴向应变、轴向位移、轴向位移变化；$\tau_{mj}(x)$、$\tau_{jp}(x)$、$\tau_{pg}(x)$、$\tau'_{mj}(x)$分别表示基体结构与胶结层之间的剪切应力、胶结层与保护层之间的剪切应力、保护层与光纤之间的剪切应力、等效之后基体结构与胶结层之间的剪切应力。

以胶结层为研究对象，根据此封装结构的对称性，对其中的 1/2 结构建立模型，取胶结层的单元体 dx 进行受力分析，受力模型如图 4-12 所示。

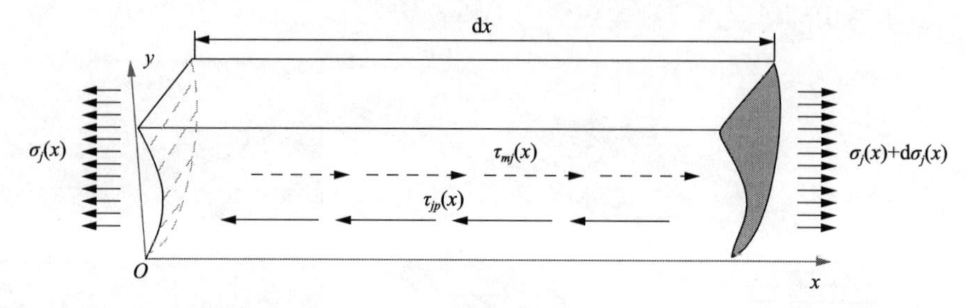

图 4-12　胶结层受力模型

胶结层单元体在水平方向的力学平衡方程为

$$\left[\sigma_j(x)+\mathrm{d}\sigma_j(x)\right]\left(\frac{\pi r_j^2}{2}-\pi r_p^{\ 2}\right)+\pi r_j\tau_{mj}(x)\mathrm{d}x-\sigma_j(x)\left(\frac{\pi r_j^{\ 2}}{2}-\pi r_p^{\ 2}\right)-2\pi r_p\tau_{jp}(x)\mathrm{d}x=0 \tag{4-33}$$

化简整理可得

$$\frac{\mathrm{d}\sigma_j(x)}{\mathrm{d}x}=\frac{2\left[r_p\tau_{jp}(x)-\dfrac{\sqrt{2}}{2}\left(\dfrac{\sqrt{2}}{2}r_j\right)\tau_{mj}(x)\right]}{\left(\dfrac{\sqrt{2}}{2}r_j\right)^2-r_p^{\ 2}} \tag{4-34}$$

令 $r_j'=\dfrac{\sqrt{2}}{2}r_j$，$\tau_{mj}'(x)=\dfrac{\sqrt{2}}{2}\tau_{mj}(x)$，则式(4-34)可简化为

$$\frac{\mathrm{d}\sigma_j(x)}{\mathrm{d}x}=\frac{2\left[r_p\tau_{jp}(x)-r_j'\tau_{mj}'(x)\right]}{(r_j')^2-r_p^2} \tag{4-35}$$

光纤单元体在水平方向的受力平衡方程为

$$\pi r_g^2\left[\sigma_g(x)+\mathrm{d}\sigma_g(x)\right]+2\pi r_g\mathrm{d}x\cdot\tau_{pg}(x)-\pi r_g^2\sigma_g(x)=0 \tag{4-36}$$

化简整理得

$$\tau_{pg}(x)=-\frac{r_g}{2}\frac{\mathrm{d}\sigma_g(x)}{\mathrm{d}x} \tag{4-37}$$

保护层单元体在水平方向的受力平衡方程为

$$\left[\sigma_p(x)+\mathrm{d}\sigma_p(x)\right]\pi({r_p}^2-{r_g}^2)+2\pi r_p\tau_{jp}(x)\mathrm{d}x-\sigma_p(x)\pi({r_p}^2-{r_g}^2)-2\pi r_g\tau_{pg}(x)\mathrm{d}x=0 \tag{4-38}$$

化简整理得

$$\frac{\mathrm{d}\sigma_p(x)}{\mathrm{d}x}=\frac{2\left[r_g\tau_{pg}(x)-r_p\tau_{jp}(x)\right]}{{r_p}^2-{r_g}^2} \tag{4-39}$$

式(4-35)和式(4-39)相比，二者的形式是相同的，因此可以将式(4-35)所述的模型等价为胶结层剪切应力均匀分布，胶结层外半径为 r_j'、胶结层外表面受到基体结构剪切应力为 $\tau_{mj}'(x)$ 的平衡方程，等价后基体结构表面刻槽粘贴光纤光栅的感知传递模型如图 4-13 所示。

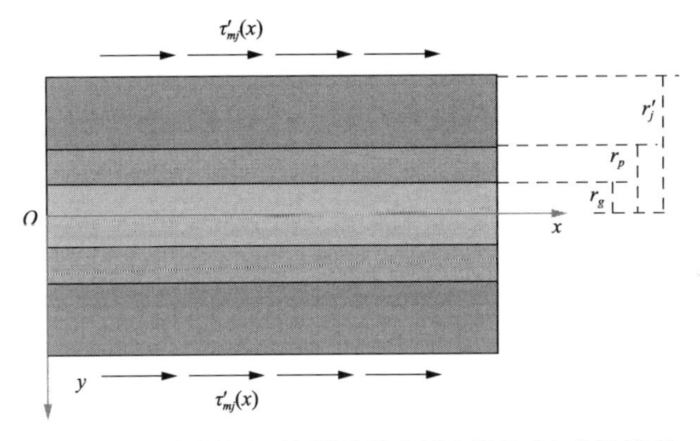

图 4-13　基体结构表面刻槽粘贴光纤光栅的感知传递模型

通过模型的等价转换之后，建立如下坐标系，各层单元体 dx 的受力情况及应变传递示意图如图 4-14 所示。

对光纤外的第一层保护层进行受力分析时，将式(4-39)代入式(4-37)，可得

$$\tau_{jp}(x)=-\frac{r_g^2}{2r_p}\frac{\mathrm{d}\sigma_g(x)}{\mathrm{d}x}-\frac{r_p^2-r_g^2}{2r_p}\frac{\mathrm{d}\sigma_p(x)}{\mathrm{d}x} \tag{4-40}$$

忽略光纤径向变形及泊松效应，根据材料力学关系式，式(4-40)可写为

$$\tau_{jp}(x)=-\frac{E_g r_g^2}{2r_p}\left(\frac{\mathrm{d}\varepsilon_g(x)}{\mathrm{d}x}-\frac{r_p^2-r_g^2}{r_g^2}\frac{E_p}{E_g}\frac{\mathrm{d}\varepsilon_p(x)}{\mathrm{d}x}\right) \tag{4-41}$$

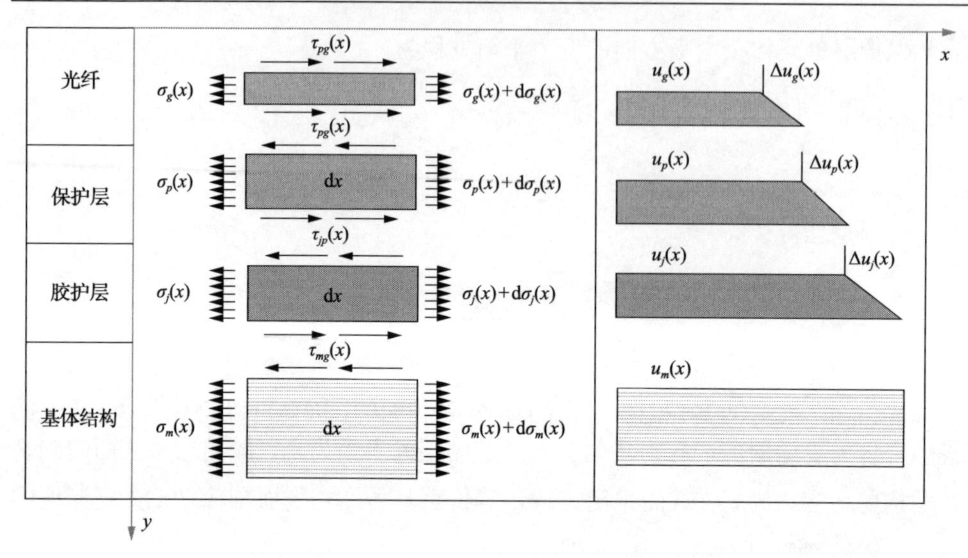

图 4-14　基体结构表面刻槽粘贴光纤光栅的各层受力情况及应变传递示意图

光纤与保护层发生同步变形，两者的应变梯度相同，即

$$\frac{d\varepsilon_g(x)}{dx} \cong \frac{d\varepsilon_p(x)}{dx} \tag{4-42}$$

光纤的弹性模量与保护层的弹性模量相差较大，可认为

$$\frac{r_p^2 - r_g^2}{r_g^2}\frac{E_p}{E_g}\frac{d\varepsilon_p(x)}{dx} \cong 0 \tag{4-43}$$

$$\tau_{jp}(x) = -\frac{E_g r_g^2}{2r_p}\frac{d\varepsilon_g(x)}{dx} \tag{4-44}$$

光纤的长径比很大，可以忽略径向变形，在仅考虑轴向变形时，由材料的物理关系得

$$\tau_{jp}(x) = G_p\gamma_p \cong G_p\frac{du_p(x)}{dy} \tag{4-45}$$

将式(4-45)代入式(4-44)，然后两边同时对 y 积分可得

$$\int_{r_g}^{r_p}\left[G_p\frac{du_p(x)}{dy}\right]dy = \int_{r_g}^{r_p}\left[-\frac{E_g r_g^2}{2r_p}\frac{d\varepsilon_g(x)}{dx}\right]dy \tag{4-46}$$

$$u_p(x)-u_g(x)=-\frac{E_g r_g^2}{2G_p}\ln\frac{r_p}{r_g}\frac{\mathrm{d}\varepsilon_g(x)}{\mathrm{d}x} \tag{4-47}$$

对等价之后的第二层胶结层进行受力分析时，具体理论推导同保护层分析，最后得

$$u_m(x)-u_g(x)=-\frac{E_g {r_g}^2}{2}\left(\frac{1}{G_p}\ln\frac{r_p}{r_g}+\frac{1}{G_j}\ln\frac{r_j'}{r_p}\right)\frac{\mathrm{d}\varepsilon_g(x)}{\mathrm{d}x}=-\frac{1}{k^2}\frac{\mathrm{d}\varepsilon_g(x)}{\mathrm{d}x} \tag{4-48}$$

$$k^2=\frac{2}{E_g {r_g}^2\left(\dfrac{1}{G_p}\ln\dfrac{r_p}{r_g}+\dfrac{1}{G_j}\ln\dfrac{r_j'}{r_p}\right)} \tag{4-49}$$

式中，k 为感知滞后因子。

将式(4-48)对 x 求导整理可得式(4-24)，结合边界条件 $\varepsilon_g(L_g)=\varepsilon_g(-L_g)=0$，解微分方程得式(4-28)。

通过对模型等价转换之后，本节得到的应变感知传递方程与 4.1 节得到的传递方程相同，只是感知滞后因子 k 值不同。

根据表 4-3 中的物理力学参数，通过式(4-29)就可以计算出经过应变感知传递后光纤轴向应变的分布规律，如图 4-15 所示。由图可以看出，基体结构表面刻槽粘贴光纤光栅时，由于胶结层和保护层的存在，基体结构的应变和光纤的应变并不相同，光纤光栅感知的轴向应变并不是均匀分布的，而是沿轴向方向呈现中

表 4-3　基体结构表面刻槽粘贴光纤光栅的各层的物理力学参数取值

物理参数	符号	数值
光纤弹性模量/Pa	E_g	7.2×10^{10}
光纤泊松比	μ_g	0.17
光纤半径/mm	r_g	0.0625
保护层弹性模量/Pa	E_p	$3\times10^9\sim5\times10^9$
保护层泊松比	μ_p	0.25～0.35
保护层半径/mm	r_p	0.0625～0.4
胶结层弹性模量/Pa	E_j	$1\times10^9\sim5\times10^9$
胶结层泊松比	μ_j	0.2～0.5
胶结层半径/mm	r_j	0.25
胶结层长度/mm	$2L_g$	10～120

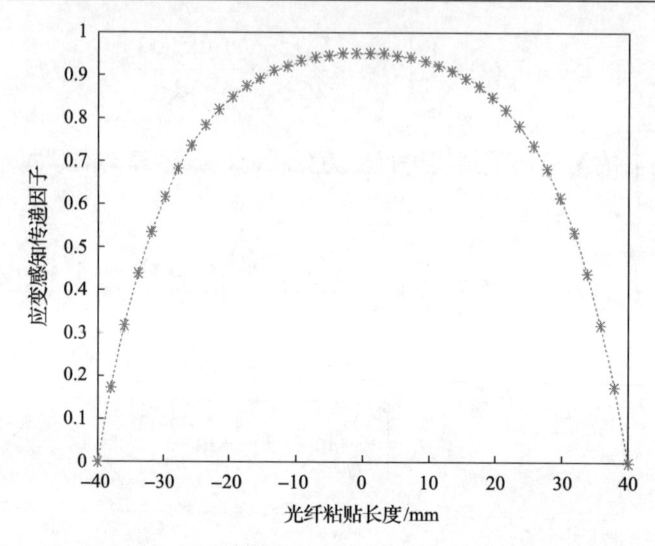

图 4-15　基体结构表面刻槽粘贴光纤光栅时的光纤轴向应变分布规律

间大、两边小的“倒盆形”分布规律。在基体结构表面胶结层长度范围内，应变感知传递因子最大的部位在中间位置(x=0 的点)。

4.2.3　感知传递影响因素分析

在实际应用中，为了使光纤光栅感知的应变接近基体结构的真实应变，需要尽可能地提高平均应变感知传递因子，根据式(4-30)和式(4-49)可知，影响平均应变感知传递因子的因素包括胶结层长度、保护层半径、胶结层弹性模量。利用表 4-3 所示的各层物理力学参数对影响基体结构表面刻槽粘贴光纤光栅的平均应变感知传递因子的影响参数进行详细分析。

1. 胶结层长度的影响

计算时选取参数如下：光纤弹性模量 E_g=7.2×10^{10}Pa，光纤半径 r_g=0.0625mm，保护层泊松比 μ_p=0.3，胶结层弹性模量 E_j=4×10^{9}Pa，胶结层泊松比 μ_j=0.34，平均应变感知传递因子随胶结层长度的变化情况如图 4-16 所示。

从图 4-16 可以看出，随着胶结层长度的增加，基体结构表面刻槽粘贴光纤光栅的平均应变感知传递因子逐渐增大，但变化幅度越来越缓慢最后趋于平稳，最高达到 99%以上，因此在实际的光纤光栅封装时，要尽可能地增加胶结长度来满足更高的应变感知传递效率。另外，随着保护层弹性模量 E_p 的增大，平均应变感知传递因子也随之变大，随着保护层半径(胶结层半径) r_p 的增大，平均应变感知传递因子变小，所以刻槽封装时要对胶结层的半径(凹槽大小)进行控制。

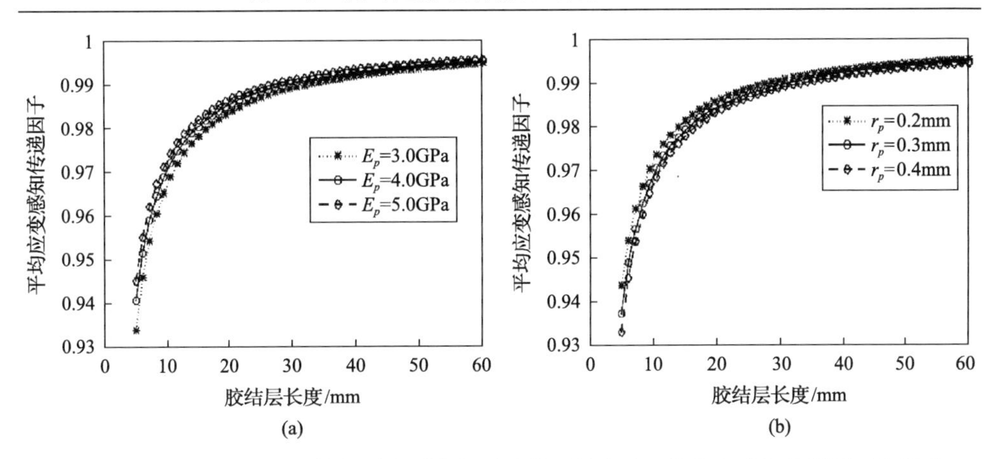

图 4-16　基体结构表面刻槽粘贴光纤光栅时胶结层长度对平均应变感知传递因子的影响

2. 保护层半径的影响

计算时选取参数如下：光纤弹性模量 E_g=7.2×10^{10}Pa，光纤半径 r_g=0.0625mm，保护层泊松比 μ_p=0.3，胶结层长度 $2L_g$=80mm，胶结层弹性模量 E_j=4×10^{9}Pa，胶结层泊松比 μ_j=0.34，平均应变感知传递因子随保护层半径的变化情况如图 4-17 所示。

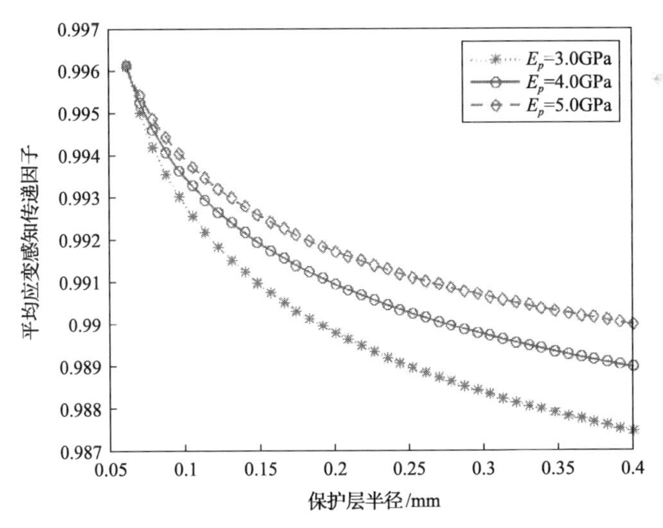

图 4-17　保护层半径对平均应变感知传递因子的影响

从图 4-17 可以看出，随着保护层半径的增加，平均应变感知传递因子呈减小的趋势，因为保护层半径越大，胶结层厚度越大，对应的基体凹槽尺寸就会变大，对基体结构本身的受力状态产生影响。另外，随着保护层弹性模量的增大，应变感知传递效率也随之增大。

3. 胶结层弹性模量的影响

计算时选取参数如下：光纤弹性模量 E_g=7.2×10^{10}Pa，光纤半径 r_g=0.0625mm，保护层泊松比 μ_p=0.3，胶结层长度 $2L_g$=80mm，保护层弹性模量 E_p=3×10^{9}Pa，保护层半径 r_p=0.125mm，胶结层泊松比 μ_j=0.34，平均应变感知传递因子随胶结层弹性模量的变化情况如图 4-18 所示。

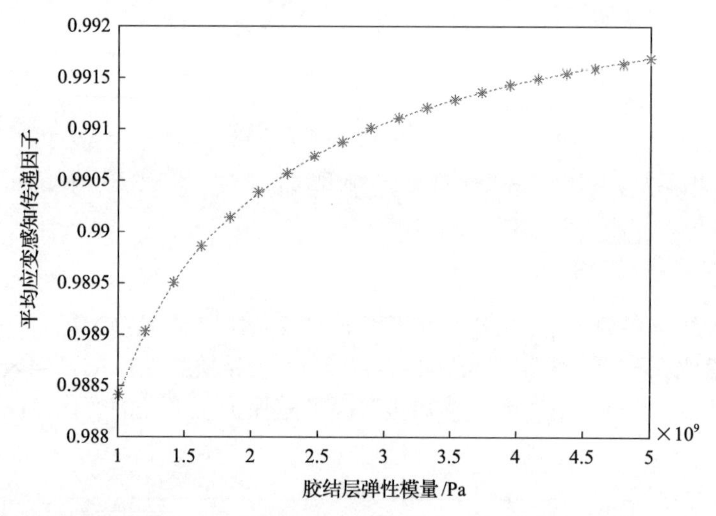

图 4-18 基体结构表面刻槽粘贴光纤光栅的胶结层弹性模量对平均应变感知传递因子的影响

胶结层弹性模量越大，平均应变感知传递因子越大，但从平均应变感知传递因子的变化范围来看，胶结层的弹性模量对其的影响不大。

4. 胶结层长度和保护层半径的影响

胶结层长度和保护层半径对平均应变感知传递因子影响的三维图如图4-19所示，从中可以得出如下结论：①当胶结层长度较小时，保护层半径对应变感知传递因子的影响十分显著，随着胶结层长度的增加，应变感知传递因子受保护层半径的影响程度逐渐减弱；②当保护层半径一定时，应变感知传递因子随着胶结层长度的增加而变大，但增幅逐渐变小；③从两个方向曲线的斜率来看，应变感知传递因子受保护层半径的影响更明显，因此保护层半径占主导地位。实际上保护层半径也反映了凹槽尺寸的大小，在实际应用中，凹槽的尺寸由于加工工艺的限制，不可能加工到保护层半径这个级别，这时的凹槽尺寸对应变感知传递因子的影响较为明显，所以应该首先考虑凹槽尺寸大小(保护层半径)，其次考虑胶结层的长度。

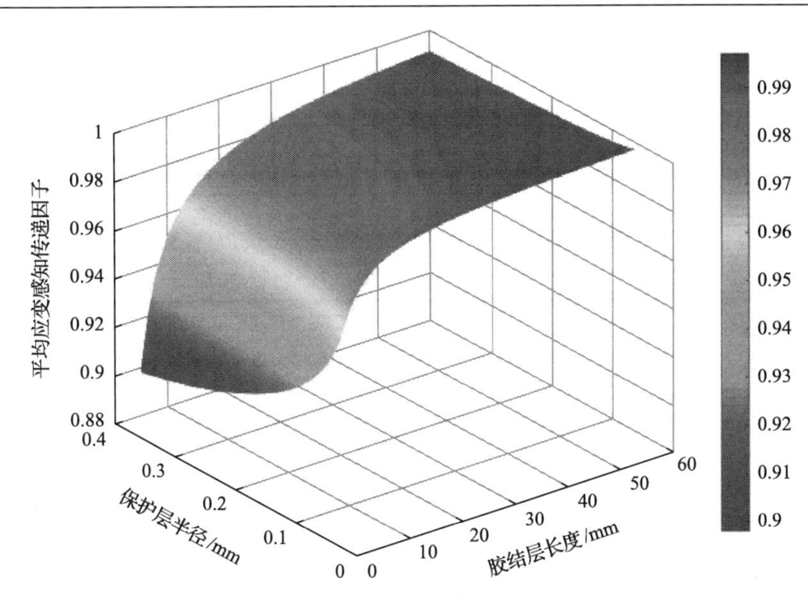

图 4-19　胶结层长度和保护层半径对平均应变感知传递因子的影响三维图

综上所述，各种参数对平均应变感知传递因子都有不同程度的影响，具体的影响次序为：保护层半径占主导地位，胶结层长度次之，胶结层弹性模量影响较小。

4.3　基体结构表面粘贴基片式光纤光栅的智能感知传递机理

4.3.1　感知传递模型与基本假设

基体结构表面粘贴基片式光纤光栅时，由于粘贴时黏结剂和基片衬底的存在，结构的应变传递到光纤时会产生损耗，导致基体的实际应变和光纤光栅感知的应变具有一定的误差，因此非常有必要研究加入衬底后的基体结构表面粘贴光纤光栅的应变感知传递机制，其感知传递模型及基本结构示意图如图 4-20 所示。基体结构表面粘贴基片式光纤光栅，为五层感知传递结构模型，分别为基体结构层、胶结层、黏结层、衬底层和光纤，其中 FBG 直接粘贴在衬底层的表面，衬底层通过黏结剂粘贴在被测基体结构表面，光纤粘贴长度大于光纤光栅的长度。

图 4-20 中，基体结构的厚度为 h_m，胶结层厚度为 h_j，衬底层的厚度为 h_c，黏结层的黏结厚度为 h_n，光纤的粘贴长度(胶结层长度)为 $2L_g$，光纤的粘贴宽度(胶结层宽度)为 D_j，胶结层对基体结构的影响深度为 h_a，光纤的半径为 r_g，对感知传递模型所做基本假设同 4.1.1 节。

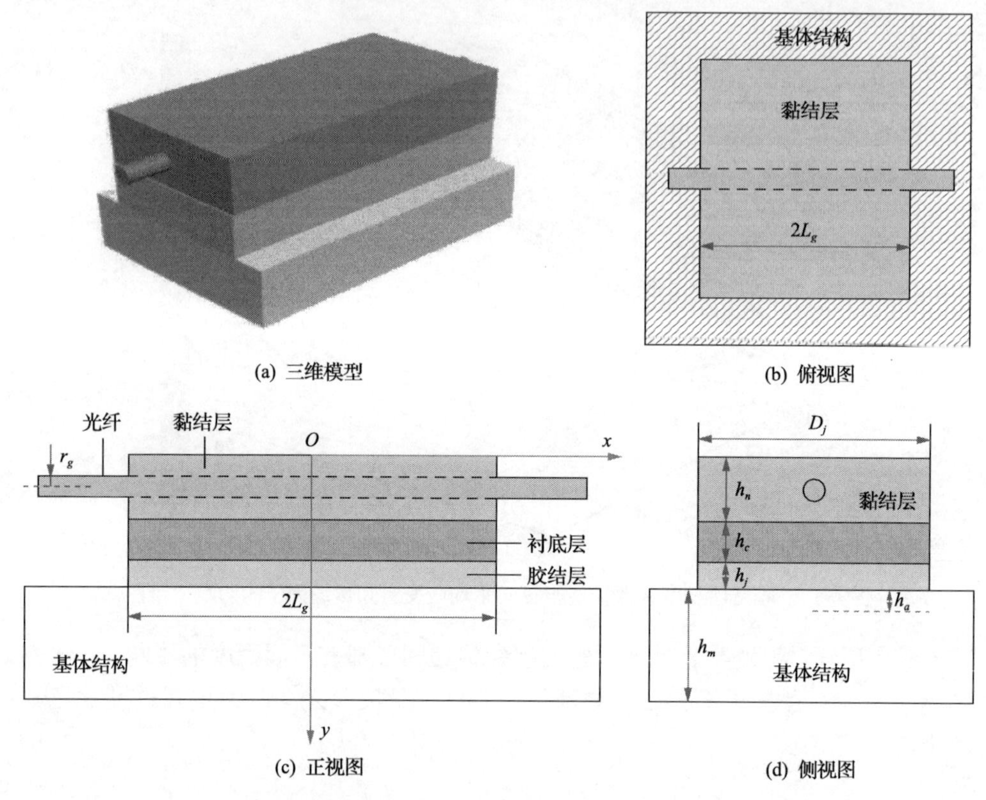

(a) 三维模型　　(b) 俯视图

(c) 正视图　　(d) 侧视图

图 4-20　基体结构表面粘贴基片式光纤光栅感知传递模型及基本结构示意图

4.3.2　感知传递理论分析

基体结构表面粘贴基片式光纤光栅感知传递基本结构模型为五层结构，各层的受力情况及应变传递示意图如图 4-21 所示。在图中，下标 m、j、c、n、g 分别表示与基体结构、胶结层、衬底层、黏结层和光纤相关的物理量。其中，E_m、G_m、$\sigma_m(x)$、$\tau_m(x)$、$\varepsilon_m(x)$、$u_m(x)$ 分别表示基体结构的弹性模量、剪切模量、轴向应力、剪切应力、轴向应变、轴向位移；E_j、G_j、$\sigma_j(x)$、$\tau_j(x)$、$\varepsilon_j(x)$、$u_j(x)$、$\Delta u_j(x)$ 分别表示胶结层的弹性模量、剪切模量、轴向应力、剪切应力、轴向应变、轴向位移、轴向位移变化；E_c、G_c、$\sigma_c(x)$、$\tau_c(x)$、$\varepsilon_c(x)$、$u_c(x)$、$\Delta u_c(x)$ 分别表示衬底层的弹性模量、剪切模量、轴向应力、剪切应力、轴向应变、轴向位移、轴向位移变化；E_n、G_n、$\sigma_n(x)$、$\tau_n(x)$、$\varepsilon_n(x)$、$u_n(x)$、$\Delta u_n(x)$ 分别表示黏结层的弹性模量、剪切模量、轴向应力、剪切应力、轴向应变、轴向位移、轴向位移变化；E_g、G_g、$\sigma_g(x)$、$\tau_g(x)$、$\varepsilon_g(x)$、$u_g(x)$、$\Delta u_g(x)$ 分别表示光纤的弹性模量、剪切模量、轴向应力、剪切应力、轴向应变、轴向位移、轴向位移变化；$\tau_{mj}(x)$、$\tau_{jc}(x)$、$\tau_{cn}(x)$、$\tau_{ng}(x)$ 分别表示基体结构与胶结层之间的剪切应力、胶结层与衬底层之间的剪切应力、衬底层与黏结层之间的剪切应力、黏结层与光纤之间的剪切应力。

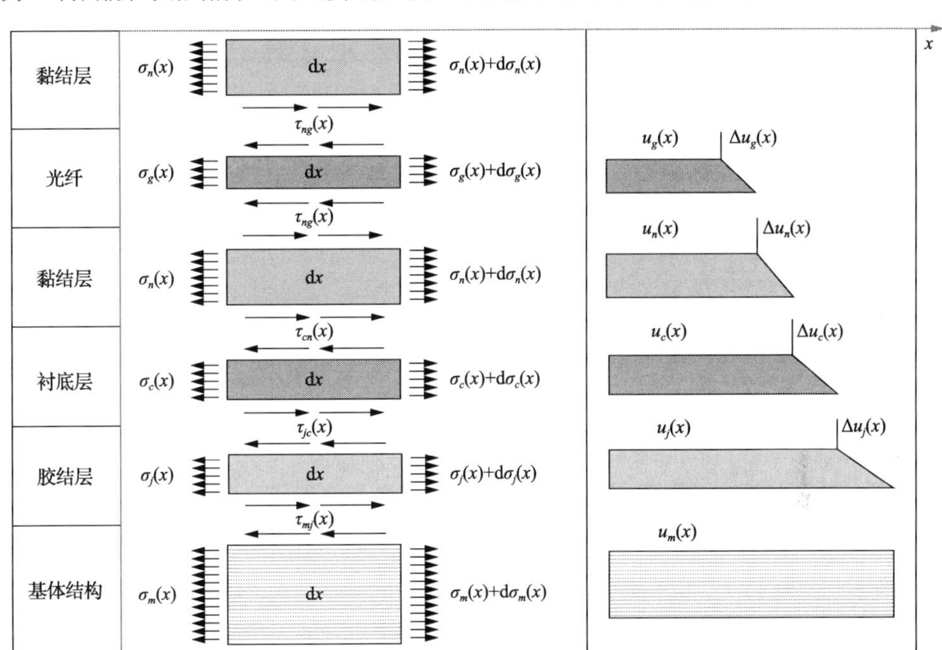

图 4-21　基体结构表面粘贴基片式光纤光栅的五层受力情况及应变传递示意图

取各层的单元体 dx 分别进行受力分析，与 4.1 节和 4.2 节的理论推导类似，得到基体结构表面粘贴的光纤光栅轴向应变如式(4-28)所示，其中，

$$\begin{aligned}\frac{1}{k^2}=&\frac{E_c h_j}{G_j}\left(h_c+\frac{E_g}{E_c}\frac{\pi r_g^{\ 2}}{D_j}\right)+\frac{E_c}{2G_c}h_c^{\ 2}-\frac{E_g}{G_n}\left(\frac{\pi r_g^{\ 2}}{D_j}+\frac{r_g}{2}\right)\left(\frac{h_n}{4}-\frac{r_g}{2}\right)\\&+\frac{1}{2}\frac{h_a}{G_m}\left(E_c h_c+E_g\frac{\pi r_g^{\ 2}}{D_j}\right)\end{aligned}\tag{4-50}$$

再结合式(4-29)可以看出，表面粘贴基片式光纤光栅的应变感知传递因子与光纤光栅的粘贴长度，以及封装的各中间层弹性模量、粘贴厚度及剪切模量有关，此种光纤光栅粘贴封装结构形式推导的应变感知传递方程与 4.1 节和 4.2 节在表达形式上相同，只是感知滞后因子 k 值不同。根据表 4-4 中的物理力学参数，通过式(4-28)就可以计算出经过应变感知传递后光纤轴向应变的分布规律，如图 4-22 所示。

由图 4-22 可以看出，基体结构表面粘贴基片式光纤光栅时，由于胶结层、衬底层和黏结层等中间层的存在，基体结构的应变和光纤的应变并不相同，光纤光栅感知的轴向应变并不是均匀分布的，而是沿轴向方向呈现中间大、两边小的“倒盆形”分布规律。在基体结构表面胶结层长度范围内，感知传递因子最大的部位在中间位置，因此在封装光纤光栅传感器时，胶结层长度要大于光纤光栅的长度，保证光纤光栅能够得到充分的应变感知传递。

表 4-4　各层的物理力学参数(基体结构表面粘贴基片式光纤光栅)

物理参数	符号	取值
光纤弹性模量/Pa	E_g	7.2×10^{10}
光纤泊松比	μ_g	0.17
光纤半径/mm	r_g	0.0625
胶结层长度/mm	$2L_g$	10～120
胶结层宽度/mm	D_j	0.3～10
黏结层弹性模量/Pa	E_n	1×10^9～5×10^9
黏结层泊松比	μ_n	0.2～0.5
黏结层厚度/mm	h_n	0.2～2
衬底层弹性模量/Pa	E_c	1×10^9～20×10^9
衬底层泊松比	μ_c	0.3～0.5
衬底层厚度/mm	h_c	0.1～1
胶结层弹性模量/Pa	E_j	1×10^9～5×10^9
胶结层泊松比	μ_j	0.2～0.5
胶结层厚度/mm	h_j	0.1～1
胶结层对基体结构的影响深度/mm	h_a	0.5
基体结构剪切模量/Pa	G_m	0.1×10^9～10×10^9

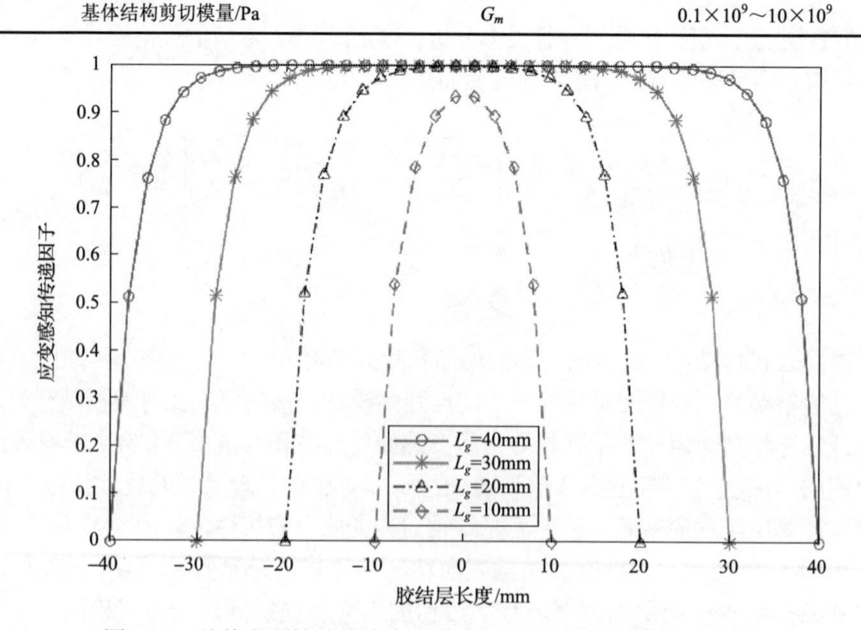

图 4-22　基体表面粘贴基片式光纤光栅时光纤轴向应变分布规律

4.3.3　感知传递影响因素分析

1. 胶结层长度的影响

胶结层长度对平均应变感知传递因子的影响如图 4-23 所示，从图中可以看出，随着胶结层长度的增加，平均应变感知传递因子逐渐增大，但变化幅度越来越缓慢最后趋于平稳，最高达到 0.95 以上。同时，随着黏结层厚度的增加，平均应变感知传递因子变小，整体来说黏结层厚度对其影响较小。因此，在实际的光纤光栅封装中，要尽可能地增加胶结层长度来满足更高的应变感知传递效率，另外要保证黏结层可以很好地固定衬底层和光纤，不用考虑黏结层厚度对应变感知传递效率的影响。

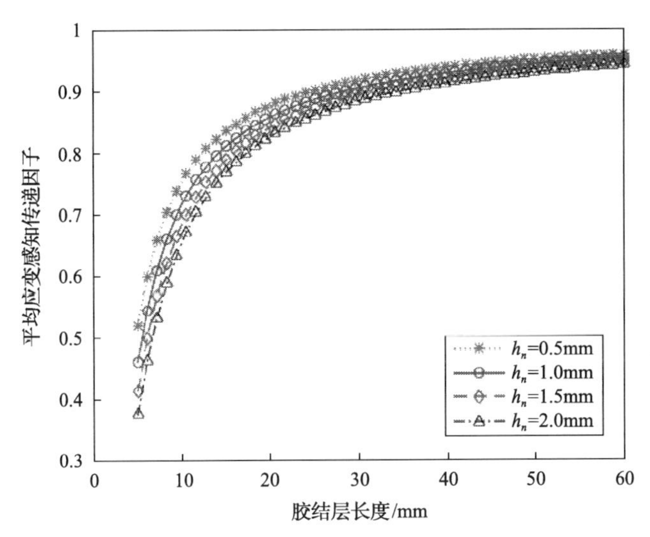

图 4-23　胶结层长度对平均应变感知传递因子的影响(基体结构表面粘贴基片式光纤光栅)

2. 衬底层厚度和弹性模量的影响

衬底层厚度和弹性模量对平均应变感知传递因子的影响如图 4-24 所示，从图中可以看出，随着衬底层厚度和弹性模量的增加，平均应变感知传递因子呈线性减小的趋势，表明应变传递损耗越来越严重，并且在衬底层弹性模量较大时，这种锐减的现象更加明显。因此，在实际的基片封装光纤光栅过程中，要尽量选择弹性模量小、厚度小的“双小”衬底层，这样才能获得更高的传递效率。

3. 基体结构剪切模量和胶结层厚度的影响

基体结构剪切模量和胶结层厚度对平均应变感知传递因子的影响如图 4-25 所示，

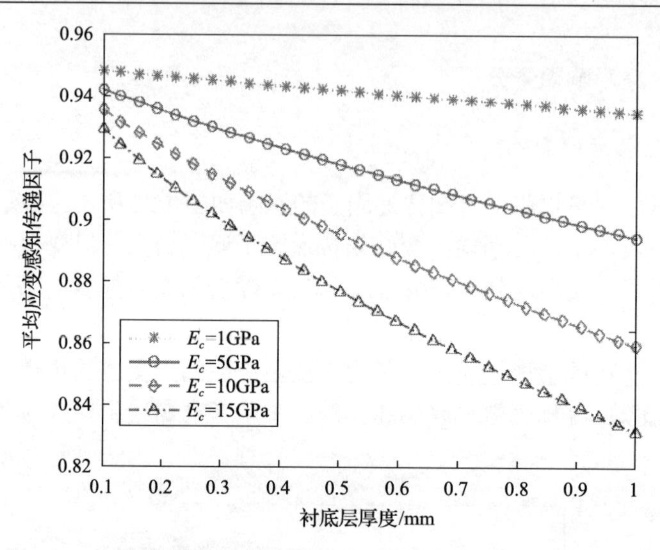

图 4-24　衬底层厚度和弹性模量对平均应变感知传递因子的影响

从图中可以看出，随着基体结构剪切模量的增大，平均应变感知传递因子逐渐增大，基体结构剪切模量小于 600MPa 时，平均应变感知传递因子的增长幅度很大，说明在这个范围内的基体结构剪切模量对应变传递的影响很显著，此时就必须考虑基体结构的剪切模量对封装结构的影响。当大于 600MPa 时，基体结构剪切模量对应变传递的影响可以忽略。另外，随着胶结层厚度的增加，平均应变感知传递因子随之减小，通过对比图 4-23 和图 4-25 可以发现，胶结层厚度比黏结层厚度对应变传递效率的影响更加明显，所以在实际封装使用时，在保证基片(衬底)牢固粘贴在基体结构表面的情况下，应当减小胶结层厚度。

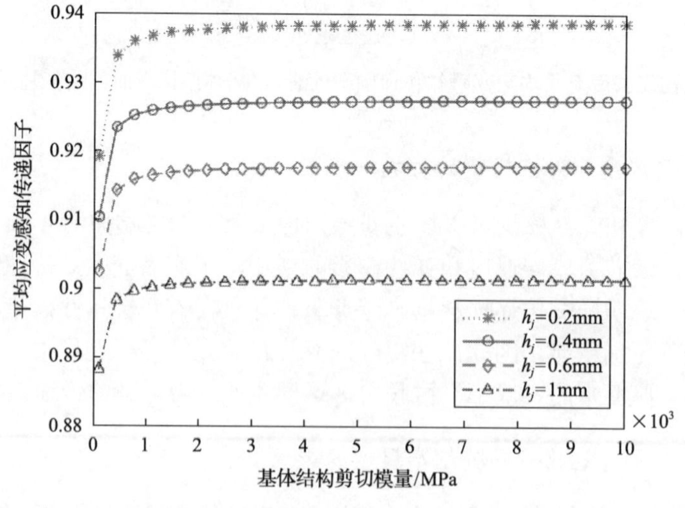

图 4-25　基体结构剪切模量和胶结层厚度对平均应变感知传递因子的影响

4.4　光纤光栅-基体耦合的智能感知传递测试实验

4.4.1　基体结构表面粘贴光纤光栅的智能感知传递测试实验

1. 实验目的

(1) 不考虑环境温度的影响下(因为实验时间较短，且无明显的温度变化，不需要温度补偿)，研究基体结构表面粘贴裸光纤光栅的应变感知传递特性。

(2) 不考虑环境温度的影响下，研究基体结构表面粘贴基片式封装光纤光栅的应变感知传递特性。

(3) 不考虑环境温度的影响下，研究基体结构表面粘贴不同形式的封装光纤光栅的应变感知传递效率。

(4) 根据岩石试件单轴压缩过程中的轴向应变变化，验证对比光纤光栅与应变片感知测量信息的精准度。

2. 实验测试系统及配置

1) 加载系统

实验应用的加载系统采用中国矿业大学煤炭资源与安全开采国家重点实验室的型号规格为 C64.106/10 的电液伺服万能试验机。

2) 应变采集系统

(1) 光纤光栅波长数据采集采用美国 MICRON OPTICS 公司的 sm125 光纤光栅静态解调仪，如图 4-26(a)所示。该仪器具有四个通道，可以同时监测多个光纤光栅传感器信号，使用灵活，方便扩展，最大可以扩展到 16 个通道，其主要技术指标为：波长分辨率为 1pm，波长扫描范围为 1510～1590nm，软件系统为 ENLIGHT。

(a) 光纤光栅静态解调仪

(b) 静态电阻应变仪

图 4-26　应变采集系统

(2)电阻应变片数据采用中国矿业大学煤炭资源与安全开采国家重点实验室的 TS3890A 型程控静态电阻应变仪，如图 4-26(b)所示。该仪器可以测量 50 个点的应变数据，分辨率为 1με，测量范围为 20000με，采用 USB 或 RS485 通信接口与计算机连接。

3)应变感知元件

(1)电阻应变片。电阻值为 120Ω，与光纤光栅监测数据进行对比分析。

(2)裸光纤光栅。单测点双 FC-APC 接头的光纤光栅，光纤直径小，对基体结构的应力分布不产生影响，初始波长为 1525.368nm，栅区长度为 10mm，如图 4-27(a)所示。

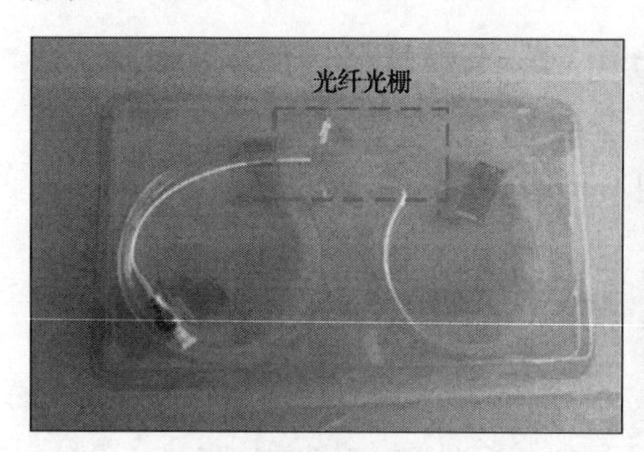

(a) 裸光纤光栅

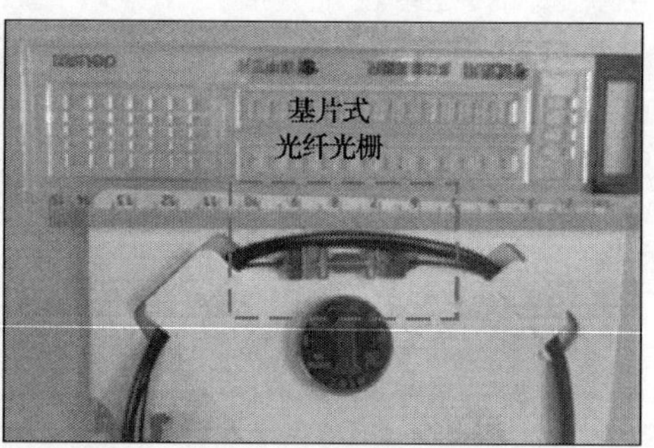

(b) 基片式光纤光栅传感器

图 4-27　应变感知元件

(3)基片式光纤光栅应变传感器。采用 MICRON OPTICS 公司的基片式光纤光栅应变传感器，FC/APC 接头，初始波长为 1545.227nm，封装长度为 35mm，宽度为 8mm，如图 4-27(b)所示。

4)实验前准备

(1)岩石试件制作。采用中国矿业大学煤矿资源与开采国家重点实验室的切割机和磨平机进行加工打磨，将岩石试件加工成标准和规程所要求的标准试件，加工后的岩石试件为 $\Phi\,50\times100\text{mm}^2$ 圆柱形标准试件，加工完成之后风干 1～2 周以上。

(2)感知元件在试件上的粘贴封装。在岩石试件轴向位置布置感知元件。使用胶水将基片式光纤光栅传感器沿岩石试件轴向方向 1/2 纵轴位置布置，并在其轴向平行的左右两侧分别布置裸光纤光栅和电阻应变片，用于比较感知测试结果。

3. 实验方案

(1)连接及调试仪器。光纤光栅静态解调仪通过网线连接计算机，设置好 IP

地址，并在 ENLIGHT 上进行调试，设置数据存储路径。电阻应变仪通过 RS485 总线连接计算机，调零校准，设置数据存储路径。

(2) 设置加载方式。岩石试件加载过程采用位移控制连续加载的方式进行，加载速率控制为 0.06mm/min。

(3) 试件放样连接。将之前加工好的岩石试件放置在万能试验机上，连接好万能试验机环向引伸计，裸光纤光栅、基片式光纤光栅传感器通过法兰盘、跳线分别接入 sm125 静态解调仪的两个通道，电阻应变片通过导线与静态电阻应变仪接入电路，实验测试系统如图 4-28 所示。

图 4-28　岩石试件实验测试系统

(4) 进行预加载。待所有的仪器设置成功并连接之后，对岩石试件进行预加载，给定一个初始值，大小为 1kN，用以固定试件。

(5) 采集仪器归零。将光纤光栅静态解调仪和电阻应变仪数据归零，用于重新记录裸光纤光栅、基片式光纤光栅传感器和电阻应变片的初始值。

(6) 加载并记录数据。按照设置好的加载方式，对岩石试件进行单轴加载，采集仪器实时采集数据。

(7) 实验扫尾。待所有的实验完成后，清理所有的实验垃圾，清理打扫实验台。

4. 实验结果分析

通过万能试验机的位移数据，并根据岩石试件高度计算出岩石试件的最大应变值接近 9000$\mu\varepsilon$，并以万能试验机所测的轴向应变作为真实应变值。选取弹性阶段的测量数据进行分析，弹性阶段的应力应变曲线如图 4-29 所示。

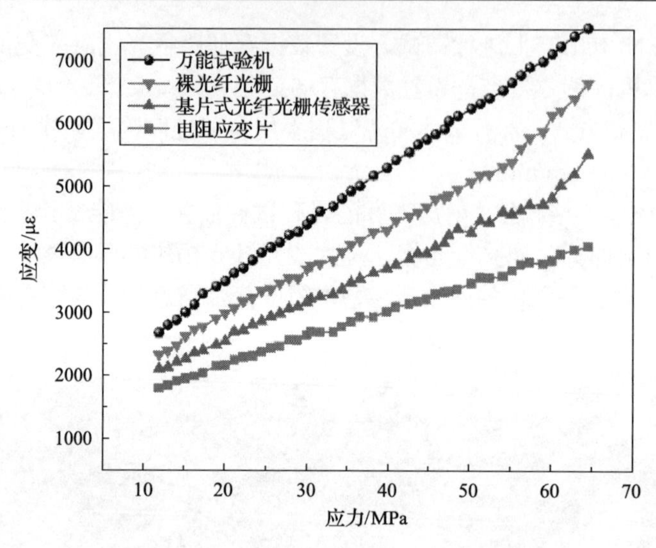

图 4-29　岩石试件的弹性阶段应力应变曲线

为了验证裸光纤光栅、基片式光纤光栅传感器和电阻应变片的应变感知传递效果，选择岩石试件破坏前加载荷载为 20～120kN 的弹性阶段作为数据有效阶段。每隔 10kN 分别提取裸光纤光栅、基片式光纤光栅传感器和电阻应变片等感知元件的应变数据，如图 4-30 所示，计算各感知元件的应变感知传递因子，见表 4-5 所示。

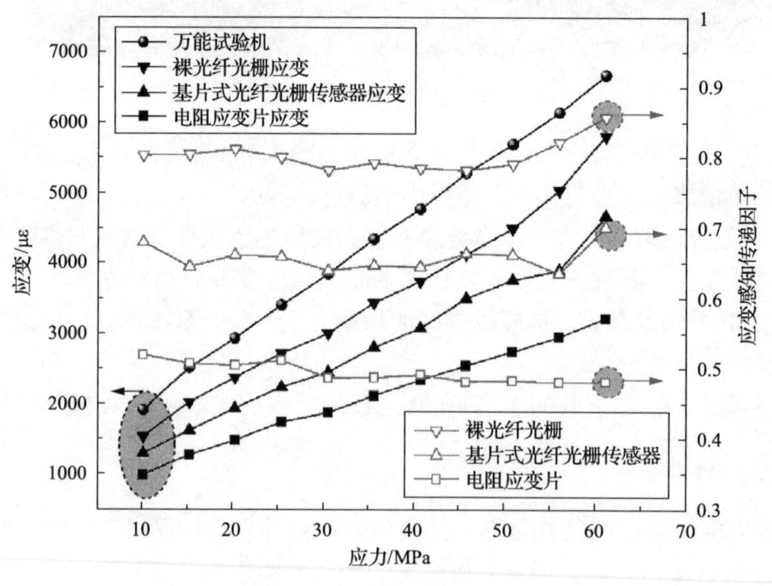

图 4-30　感知元件的应变数据及感知传递因子

表 4-5　感知元件的应变感知传递因子

加载载荷/kN	裸光纤光栅	基片式光纤光栅传感器	电阻应变片
20	0.8024	0.6787	0.5193
30	0.8032	0.6439	0.5071
40	0.8107	0.6602	0.5044
50	0.7991	0.6575	0.5109
60	0.7809	0.6384	0.4866
70	0.7914	0.6457	0.4869
80	0.7839	0.6439	0.4913
90	0.7811	0.6628	0.4818
100	0.7899	0.6612	0.4825
110	0.8205	0.6343	0.4807
120	0.8565	0.6999	0.4817
平均值	0.8018	0.6569	0.4939

通过图 4-30 和表 4-5 可知，三种感知元件感知的应变与万能试验机所测得应变变化规律一致，而裸光纤光栅比基片式光纤光栅传感器和电阻应变片的灵敏度都要高，所以其应变感知传递因子最高，平均值达到 0.8 以上，与万能试验机测试结果更加接近，而电阻应变片因为精度、灵敏度等原因，其感知测量效果不佳。

5. 与理论计算对比分析

1) 岩石试件表面粘贴裸光纤光栅的平均应变感知传递因子

岩石试件、光纤及胶水的具体物理力学参数如下：E_g=72GPa，光纤(含包层)半径 r_g=62.5μm，胶结层剪切模量 G_j=10MPa，胶结层厚度 h_j=0.2mm，胶结层宽度 D_j=10mm，胶结层长度 $2L_g$=35mm，基体结构(岩石)剪切模量 G_m=2.5GPa。将这些参数代入式(4-23)和式(4-30)，即可得到理论上的平均应变感知传递因子为

$$\bar{\eta}_{裸光纤}=1-\frac{\sinh(kL_g)}{kL_g\cosh(kL_g)}=0.9035 \tag{4-51}$$

可知，当裸光纤光栅感知岩石试件表面应变时，岩石上每 1 个应变通过光纤感知的是 0.9035 个应变，即平均应变感知传递因子为 0.9035。

2) 岩石试件表面粘贴基片式光纤光栅的平均应变感知传递因子

岩石试件、光纤、不锈钢衬底及胶水的具体物理力学参数如下：E_g=72GPa，光纤(含包层)半径 r_g=62.5μm，胶结层长度 2 L_g=35mm，黏结层剪切模量 G_n=

10MPa，黏结层厚度 h_n=0.2mm，衬底层弹性模量 E_c=1GPa，衬底层厚度 h_c=1mm，胶结层剪切模量 G_j=10MPa，胶结层厚度 h_j=0.2mm，胶结层宽度 D_j=8mm，基体结构(岩石)剪切模量 G_m=2.5GPa。将这些参数代入式(4-30)和式(4-50)，即可得理论上的平均应变感知传递因子为

$$\bar{\eta}_{\text{基片式光纤光栅传感器}} = 1 - \frac{\sinh(kL_g)}{kL_g \cosh(kL_g)} = 0.7601 \tag{4-52}$$

可知，当基片式光纤光栅传感器感知岩石试件表面应变时，岩石上每 1 个应变通过光纤感知的是 0.7601 个应变，即平均应变感知传递因子为 0.7601。

综合以上的研究分析可得到如下结论。

(1)因为实验条件和粘贴工艺等的误差影响，实验测得应变传递因子小于理论计算值，其中裸光纤光栅测得的实验值相对误差为 11.25%，基片式光纤光栅传感器测得的实验值相对误差为 13.58%，裸光纤光栅感知的数据更接近万能试验机测试结果，具有优良的测试性能。

(2)基体结构表面粘贴基片式光纤光栅传感器时，在相同的载荷作用下，其应变传递因子小于裸光纤光栅，即裸光纤光栅的灵敏度明显高于基片式光纤光栅应变传感器。

(3)衬底层、胶结层等封装材料及形式使基体结构和感知光纤之间的中间层变厚、变多，导致光纤光栅应变感知灵敏度变差。

裸光纤光栅及其封装后的基片式光纤光栅传感器都可以用于应变感知测量，但考虑到实际工程需要，不可能使用裸光纤光栅进行感测，必须进行封装保护。

4.4.2 基体结构表面刻槽粘贴光纤光栅的感知传递测试实验

1. 实验目的

(1)不考虑环境温度的影响下，研究基体结构表面刻槽粘贴光纤光栅的应变感知传递特性。

(2)分析圆钢锚杆在拉拔过程中的应力应变规律，通过实验得出光纤光栅的应变感知传递因子。

(3)实验验证前面推导的应变感知传递方程的正确性。

2. 实验测试系统及配置

实验中所需的加载系统、数据采集系统、感知元件同 4.4.1 节，见图 4-26 和图 4-27(a)，所需实验材料见表 4-6。

表 4-6　基体刻槽粘贴光纤光栅感知传递测试实验所需材料

实验材料	规格	数量
实验用圆钢锚杆	Φ22mm×840mm	1 根
FBG 静态解调仪	MOI-sm125	1 台
应变测量仪	TS3890 型	1 台
光纤熔接机	古河 S178	1 台
计算机	戴尔、联想	2 台
裸光纤光栅	光栅区长度为 10mm	2 根
电阻应变片	120Ω	2 片
黏结剂	502 胶水	若干
砂纸、镊子、砂布、酒精、棉签等辅材	—	若干

3. 实验准备

根据万能试验机的夹具上下移动工作范围，加工了实验用圆钢锚杆，锚杆尺寸为 Φ20mm×840mm，在锚杆轴向方向刻凹槽，凹槽尺寸为 1mm×2mm(深×宽)，为了更加准确地分析应变感知传递效果及效果对比，在锚杆凹槽布置两个测点，两个测点分别距离锚杆端部 320mm 位置处(FBG1 和 FBG2)。感知元件具体粘贴流程为：选定知元件布置位置(测点定位)→粘贴处锚杆表面打磨→清洗擦拭锚杆凹槽粘贴表面→涂 502 胶水→粘贴固定裸光纤光栅和电阻应变片(electronic strain gauge, ESG)→晾置 24h。实验用锚杆及其感知元件布置如图 4-31 所示。

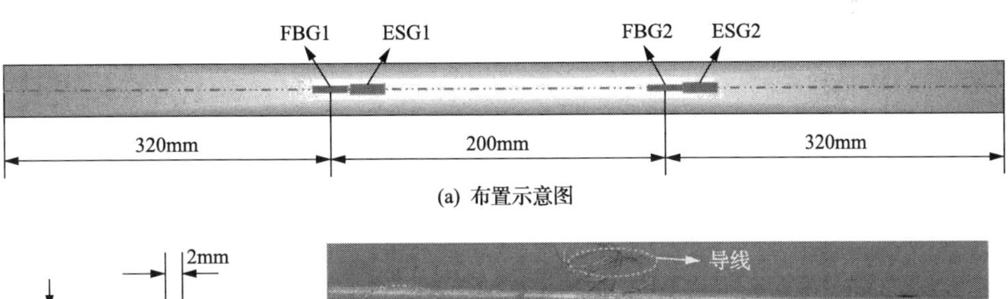

(a) 布置示意图

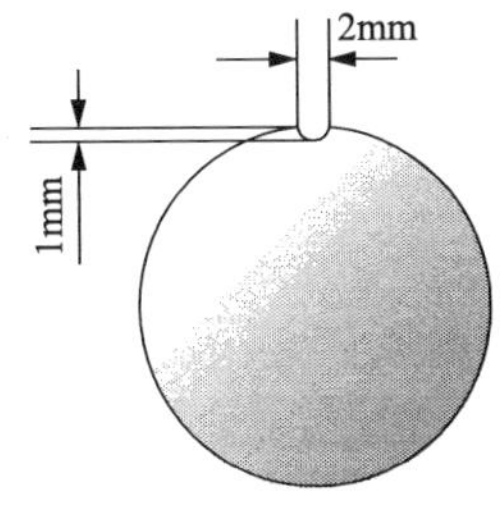

(b) 截面

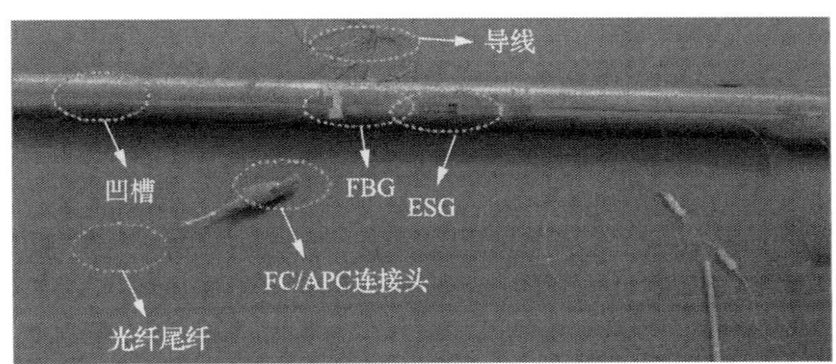

(c) 实物图

图 4-31　实验用锚杆及其感知元件布置

4. 实验方案

(1)连接及调试仪器。光纤光栅静态解调仪通过网线连接计算机，设置好 IP 地址，并在 ENLIGHT 上进行调试，设置数据存储路径。电阻应变仪通过 RS485 总线连接计算机，调零校准，设置数据存储路径。

(2)设置加载方式。锚杆加载过程采用位移控制连续加载的方式进行，加载速率控制为 5mm/min。

(3)试件放样连接。将制作的实验用锚杆放置在万能试验机的夹具中，并夹紧固定。光纤光栅通过法兰盘、跳线接入 sm125 静态解调仪的通道，ESG 通过导线与静态电阻应变仪接入电路。

(4)加载并记录数据。按照设置好的加载方式对实验用锚杆进行拉拔，然后实时采集数据。

(5)实验扫尾。待所有的实验完成后，清理所有的实验垃圾，清理打扫实验台。

5. 实验结果分析

1)锚杆应力应变全过程分析

如图 4-32 所示的锚杆拉拔测试结果，两组 ESG 均能够感知锚杆在弹性阶段和

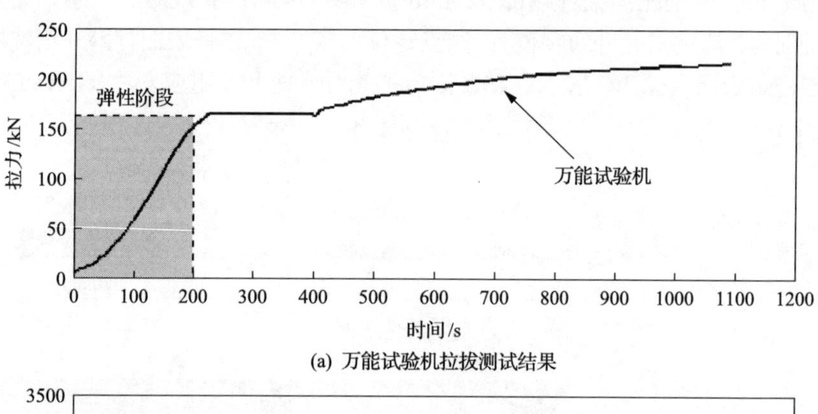

(a) 万能试验机拉拔测试结果

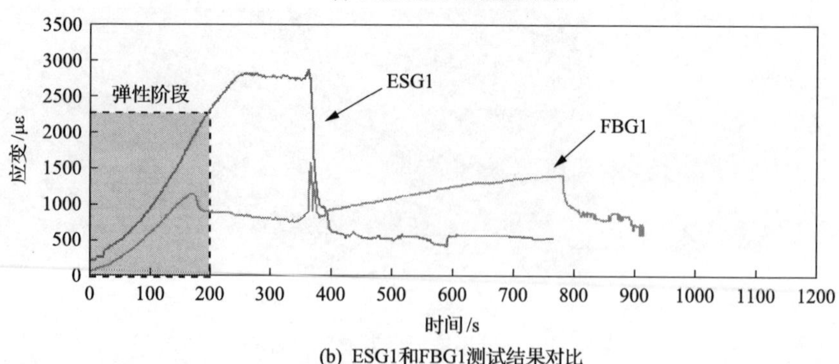

(b) ESG1和FBG1测试结果对比

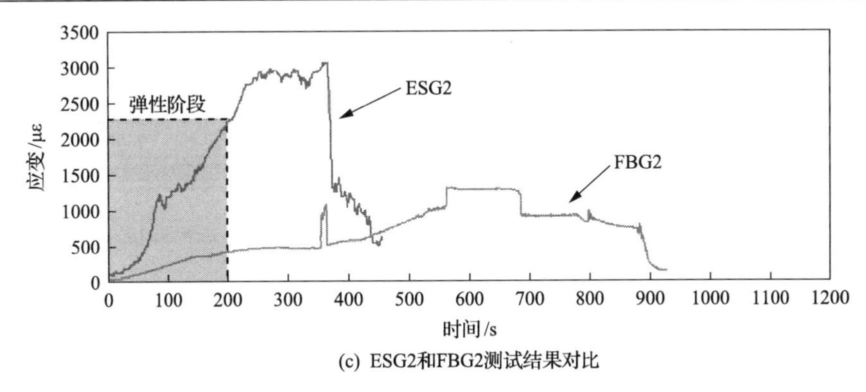

(c) ESG2和FBG2测试结果对比

图 4-32　锚杆拉拔测试结果

屈服阶段的应变信息。在弹性阶段时，两组电阻应变片感知的应变随时间近似呈线性增加，达到屈服阶段后，应变基本保持稳定在 2800με 水平，ESG2 在屈服阶段感知的应变呈“锯齿”状波动。整个感知应变信息规律符合锚杆拉拔过程，ESG2 在屈服阶段不久后感知失效，原因是黏结剂的失效导致电阻应变片与锚杆粘贴位置脱落。

两组光纤光栅和电阻应变片一样，可以及时感知锚杆的拉拔信息，感知的应变信息变化规律与电阻应变片相同。FBG1 在弹性阶段感知的数据相较电阻应变片更加接近，但屈服阶段之后感知的应变信息差距逐渐增大；FBG2 感知的应变相对较低，但是规律是一致的，出现这种情况主要是因为在粘贴布置光纤光栅时，由于操作水平、粘贴工艺及是否轴向粘贴等因素的影响，感知应变信息出现了较大误差。

2) 实验测试的应变感知传递因子

将圆钢锚杆、光纤、保护层及 502 胶水的具体物理力学参数代入式(4-49)和式(4-30)，即可计算得到理论上的平均应变感知传递因子为 0.6886。为了验证光纤光栅的应变感知传递效果，选择弹性阶段的应变数据为有效感知数据，每隔 5kN 分别提取两组光纤光栅和电阻应变片的应变数据，以电阻应变片的感知数据作为锚杆的真实应变，得到 FBG1 和 FBG2 的应变感知传递因子变化曲线，如图 4-33 所示。

由图 4-33 计算得到两组光纤光栅的平均应变感知传递因子分别为 0.5383 和 0.2346，均小于理论值，其中 FBG1 的整体应变感知传递因子较大，与理论值的相对误差为 21.83%，而 FBG2 由于操作水平和粘贴工艺等原因导致应变感知传递效果不明显。另外可知，在荷载较小的情况时，应变在胶结层的传递过程中损耗较大，相对误差也较大。

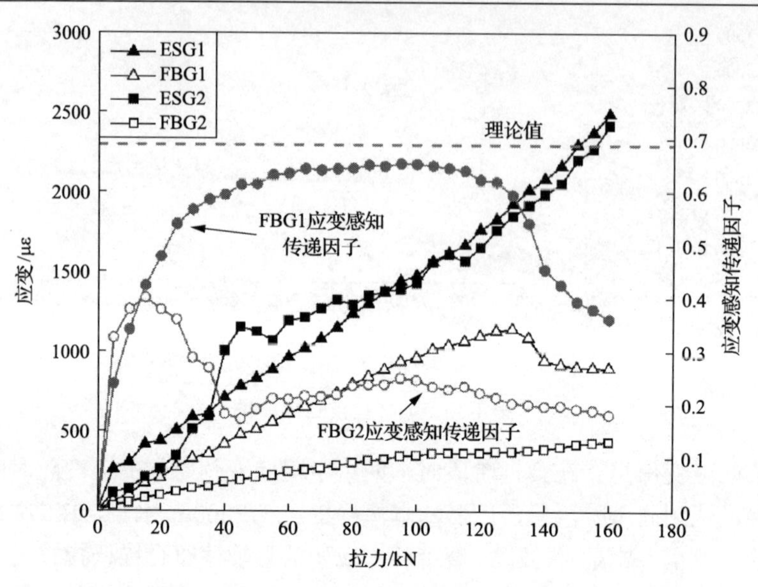

图 4-33　FBG1 和 FBG2 的应变数据及感知传递因子变化曲线

第 5 章　综采工作面液压支架运行姿态智能感知理论

5.1　液压支架-围岩作用模型

随着综采工作面的不断向前推进，直接顶岩层及时冒落，基本顶岩层发生周期性破断和运动，破断岩块在一定条件下相互铰接，形成“砌体梁”结构。“砌体梁”结构的周期性运动导致工作面产生周期来压。综采工作面液压支架依托接触顶板、周边煤壁和采空区矸石形成一个动态平衡的支护体系，充分发挥围岩的周边作用和支架支护的力学特性，形成安全稳定的采煤作业空间，可见液压支架与围岩构成的支护体系是煤炭生产安全的保障。工作面液压支架-围岩相互作用关系模型如图 5-1 所示。

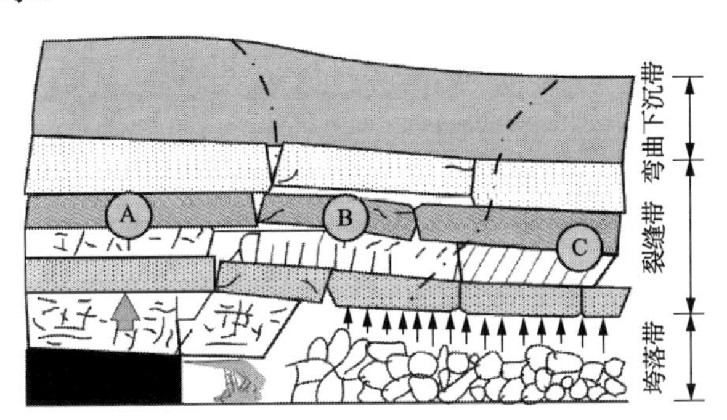

图 5-1　工作面液压支架-围岩相互作用关系模型

A 表示煤壁支撑影响区；B 表示离层区；C 表示重新压实区

如果直接顶岩层厚度较大，垮落后能够完全充填采空区，此时液压支架承受的载荷较小，工作面矿压显示比较轻微，周期来压现象波动幅度较小；如果直接顶岩层垮落之后未能填充满采空区，随着工作面的不断推进，基本顶岩层产生周期性的破断和运动，此时液压支架会有显著的负载压力变化，工作面也会产生较为明显的周期来压现象；如果采高较大，直接顶岩层冒落不充分，在支架后方出现悬顶现象，液压支架载荷将会明显增大，综采工作面矿压显现更加剧烈。基本顶岩层断裂回转的最终下沉量是一定的，液压支架无法改变，但是它会影响整个转动或滑动过程[189,190]。在此过程中，液压支架在顶板上施加一定的支撑阻力，影响顶板的基本断裂活动，减少工作面回采过程中的顶板沉降量，进而保障工作面安全生产。

煤层采出后，液压支架受力与倾角变化的原因主要有：①根据采高的变化，残余部分顶煤自重产生的载荷；②直接顶岩层自身产生的载荷，当煤层采出后，直接顶岩层无法形成稳定结构，处于“悬臂梁”状态，并将自身全部质量直接或通过顶煤传递给液压支架；③基本顶岩层通过直接顶岩层将自重以力矩的形式传递到工作面上，液压支架根据围岩传递的力和力矩做出相应动作，并以力和力矩的形式将响应传递给围岩，因此改变其沉降、垮落等运动特性及应力、应变场的分布[191,192]；④由于高强度推进的影响，液压支架荷载处于动态变化过程中。如果千斤顶的作用没有得到有效发挥，会影响液压支架的支撑效率，就会产生高射炮或低头等极端情况[193]。

5.2 液压支架运行姿态类型

液压支架的作用是支撑顶板，保护工作面的工作人员及设备的安全，形成安全的回采空间。液压支架通过液压千斤顶产生支撑力，并配备超压卸压的支护机制，所以液压支架顶梁对顶板既有力的作用(防止其回转下沉)，也会在顶板力的作用下产生抬头、低头等。因此，液压支架在工作时，其顶梁处于动态的相对平衡中。同理，液压支架底座与底板紧密接触，其姿态一方面受底板的走势影响，另一方面与工作面生产过程中的浮煤，以及底板岩性的物理力学性质有关。浮煤的存在使得底板平整度发生随机变化，底板岩性的物理力学性质决定了其对液压支架的支撑能力，软弱底板常常使液压支架产生下陷，不利于移架，同时也影响其对顶板的支护效果。此外，当顶梁与底座的倾角姿态不变时，也存在着液压支架支护高度不同的情况，此时液压支架的姿态表现为掩护梁和前后连杆倾角的变化，以及平衡千斤顶角度和伸缩量的变化。另外，沿工作面长度方向和煤层走向方向，由于顶板的偏载力作用及底板不平整等原因，液压支架可能发生左右的横向倾斜甚至倾倒。一般来说，液压支架各机构工况没有故障时，发生左右倾斜时的各部位的左右倾斜角度一致。综上可知，可依据液压支架顶梁倾角、底座倾角、支护高度及横向姿态的不同来划分液压支架的姿态类型。

如图 5-2 所示，在底座倾角和支护高度不变的情况下，液压支架顶梁会有抬头、水平、低头三种情形。一般来说，煤层顶板的力学模型为在煤层上方铰接的梁，在自重和上覆岩层重力下产生回转下沉，顶板大多数的状态为向下回转，所以大多数液压支架顶梁的姿态情形为抬头。在描述液压支架顶梁倾角姿态时，规定抬头为正，低头为负，倾角大小为 α。

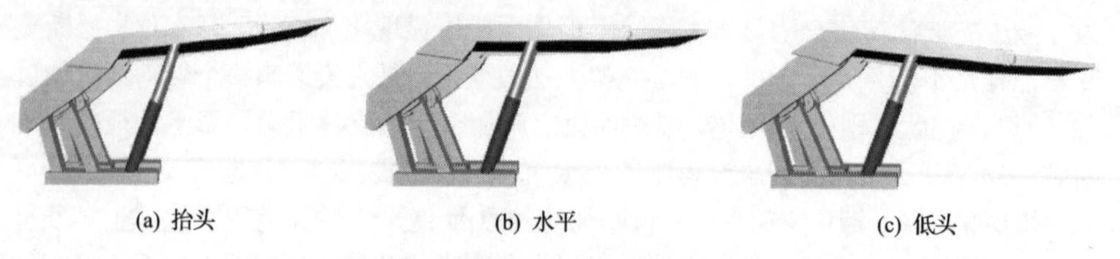

(a) 抬头　(b) 水平　(c) 低头

图 5-2　液压支架顶梁倾角姿态

如图 5-3 所示，在顶梁倾角和支护高度不变的情况下，液压支架底座也有抬头、水平、低头三种情形。一般来说，液压支架底座的姿态主要受底板的走势影响，浮煤等为次要影响因素。有些工作面底板岩性软弱，液压支架底座下沉严重，会采取垫木料等措施来增大底座作用面积，在一定程度上也影响了底座的姿态。在描述液压支架底座倾角姿态时，规定低头为正，抬头为负，倾角大小为 γ。

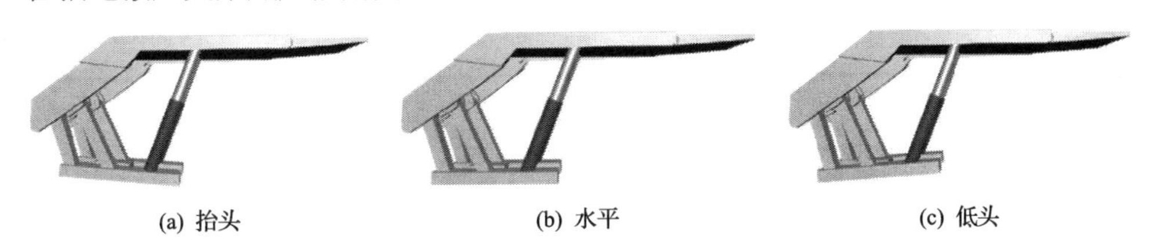

(a) 抬头　(b) 水平　(c) 低头

图 5-3 液压支架底座倾角姿态

如图 5-4 所示，在顶梁倾角和底座倾角不变的情况下，液压支架支护高度有伸长和降低两种情形。液压支架支护高度主要受开采煤层厚度影响，煤层厚度大则液压支架支护高度大，煤层厚度小则液压支架支护高度小。由于液压支架支护高度的不同，液压支架掩护梁、前后连杆及平衡千斤顶会有相应的姿态动作变化。

(a) 伸长　(b) 降低

图 5-4 液压支架支护高度

如图 5-5 所示，在顶梁倾角、底座倾角及支护高度不变的情况下，液压支架的横向姿态有左倾、竖直、右倾三种情形。在我国，除水平或近水平煤层，在缓

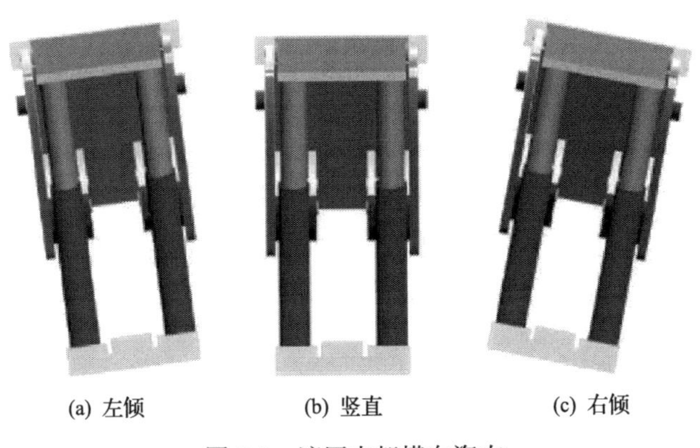

(a) 左倾　(b) 竖直　(c) 右倾

图 5-5 液压支架横向姿态

倾斜和倾斜煤层开采时，一般多采用走向长壁采煤法，沿工作面走向布置液压支架，液压支架正常姿态即左倾或者右倾。液压支架在顶板和底座摩擦力的作用下，能够保持在左右倾角较小时正常工作，液压支架适应煤层倾角大小的能力与顶梁底座的支撑面积、摩擦系数、支撑力等密切相关。在选型时，液压支架应能适应煤层倾角条件，不产生左右滑动和横向倾倒。

5.3　液压支架运动特征及运动学模型

5.3.1　液压支架运动特征

本节以 ZY10000/13/26 型两柱掩护式液压支架为研究对象，对两柱掩护式液压支架运动学模型进行研究。两柱掩护式液压支架主要由顶梁、掩护梁、底座与支柱四个部件组成，其整体结构如图 5-6 所示。抽象简化的两柱掩护式液压支架结构如图 5-7 所示，在上覆顶板载荷的作用下，液压支架产生的姿态变化趋势如图中箭头所示。

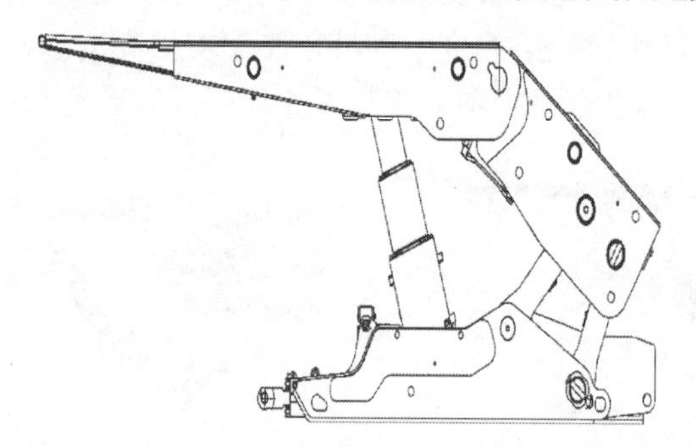

图 5-6　ZY10000/13/26 型两柱掩护式液压支架整体结构

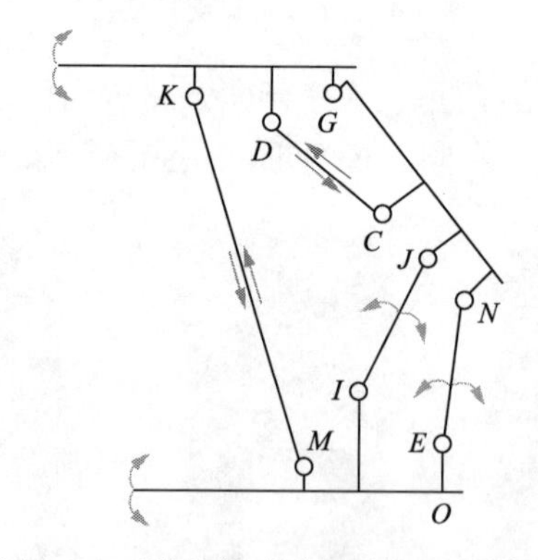

图 5-7　两柱掩护式液压支架结构简图

在顶板压力的作用下，液压支架的顶梁会随顶板的运动产生上仰和下俯的姿态变化，同时立柱和平衡千斤顶适应性地产生伸缩动作；液压支架在垮落直接顶岩层的载荷作用下，前后连杆发生转动，液压支架底座随底板倾角的变化而发生姿态变化。根据液压支架的实际工作情况可知，在立柱和平衡千斤顶的作用下，液压支架实现姿态的调整，即通过立柱和平衡千斤顶的伸缩动作实现各关键部位的姿态调整。因此，可认为液压支架机构的运动是确定的，可以通过构建相应的运动学模型获取液压支架姿态信息。

5.3.2　液压支架运动学模型

根据图 5-7 所示的两柱掩护式液压支架姿态，建立以液压支架底座末端 O 为原点的坐标系，如图 5-8 所示。在图中 X-Y 平面内，在顶板载荷和掩护梁载荷的作用下，顶梁倾角为 α(抬头为正)，底座倾角为 γ(低头为正)，前连杆与水平面的夹角为 β，C、D、E、G、I、J、K、N 和 M 为连接铰点。用 $L_{\overline{IE}}$、$L_{\overline{EM}}$、$L_{\overline{DG}}$、$L_{\overline{GK}}$ 表示两铰点在顶梁或底座上的投影长度，L_E、L_I、L_M、L_D、L_K 分别表示铰点到顶梁或底座的距离，L_{G1} 表示铰点 G 到顶梁的距离，L_{IJ}、L_{NJ}、L_{NE}、L_{GJ}、L_{GN}、L_{MK}、L_{CD} 表示两铰点间的距离，H 表示液压支架的最大高度。

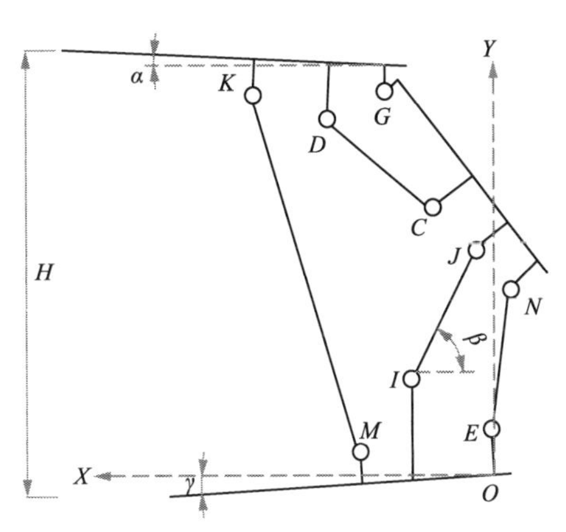

图 5-8　两柱掩护式液压支架姿态示意图

根据图 5-8 可以得出，底座上方 3 个铰点 $E(x_E, y_E)$、$I(x_I, y_I)$、$M(x_M, y_M)$ 的坐标分别为

$$\begin{cases} x_E = L_E \sin\gamma, \quad y_E = L_E \cos\gamma \\ x_I = L_I \sin\gamma + L_{\overline{IE}} \cos\gamma, \quad y_I = L_I \cos\gamma - L_{\overline{IE}} \sin\gamma \\ x_M = L_M \sin\gamma + L_{\overline{EM}} \cos\gamma, \quad y_M = L_M \cos\gamma - L_{\overline{EM}} \sin\gamma \end{cases} \tag{5-1}$$

设液压支架前连杆与水平面的夹角为 β，可得 J 点坐标 (x_J, y_J) 为

$$x_J = x_I - L_{IJ} \cos\beta, \quad y_J = y_I + L_{IJ} \sin\beta \tag{5-2}$$

液压支架后连杆上铰点 $N(x_N,\ y_N)$ 及掩护梁与顶梁的铰点 $G(x_G,\ y_G)$ 的坐标由

式(5-3)求得

$$\begin{cases}(x_N - x_J)^2 + (y_N - y_J)^2 = L_{NJ}^2 \\ (x_N - x_E)^2 + (y_N - y_E)^2 = L_{NE}^2 \\ (x_G - x_J)^2 + (y_G - y_J)^2 = L_{GJ}^2 \\ (x_G - x_N)^2 + (y_G - y_N)^2 = L_{GN}^2\end{cases} \tag{5-3}$$

设顶梁转动的角度为 α，则顶梁上的铰点 $D(x_D, y_D)$ 和 $K(x_K, y_K)$ 的坐标为

$$\begin{cases}x_D = x_G + L_{\overline{DG}}\cos\alpha + (L_D - L_{G1})\sin\alpha \\ y_D = y_G + L_{\overline{DG}}\sin\alpha - (L_D - L_{G1})\cos\alpha \\ x_K = x_G + L_{\overline{GK}}\cos\alpha + (L_K - L_{G1})\sin\alpha \\ y_K = y_G + L_{\overline{GK}}\sin\alpha - (L_K - L_{G1})\cos\alpha\end{cases} \tag{5-4}$$

根据以上铰点的坐标，即可推导得出两柱掩护式液压支架各机构的姿态信息，如液压支架最大高度 $H = f(y_G)$，有

$$H = y_G + L_{G1}\cos\alpha + L_{梁}\sin\alpha + L_{底}\sin\gamma \tag{5-5}$$

式中，$L_{梁}$ 和 $L_{底}$ 分别为顶梁和底座的长度。

立柱长度 $L_{MK} = f(x_M, y_M, x_K, y_K)$，有

$$L_{MK} = \sqrt{(x_K - x_M)^2 + (y_K - y_M)^2} \tag{5-6}$$

立柱与竖直方向的夹角为

$$\theta_{立柱} = \arctan\frac{x_K - x_M}{y_K - y_M} \tag{5-7}$$

平衡千斤顶的长度 $L_{CD} = f(x_C, y_C, x_D, y_D)$，有

$$L_{CD} = \sqrt{(x_D - x_C)^2 + (y_D - y_C)^2} \tag{5-8}$$

平衡千斤顶与水平方向的夹角为

$$\theta_{平衡} = \arctan\frac{y_D - y_C}{x_D - x_C} \tag{5-9}$$

液压支架其他结构的长度位移及角度姿态等信息可根据式(5-1)～式(5-4)求得。

对于垂直于 X-Y 平面方向的液压支架倾角，通过二维倾角传感器可以获得液压支架沿工作面长度方向的倾角姿态。

5.4　液压支架姿态智能感知的基本指标

5.4.1　顶板与液压支架顶梁的理论回转角

液压支架的姿态状况是适应顶板的结果。工作面煤炭的采出给顶板留出了变形空间，液压支架对顶板作用支护力来保护采场的设备和人员安全，同时，顶板在自重和上覆岩层重力的作用下对液压支架产生压力使其发生姿态的变化。因此，液压支架姿态状况本质上是顶板载荷和顶板运动的结果。对采场围岩及液压支架建立力学模型，如图 5-9 所示。

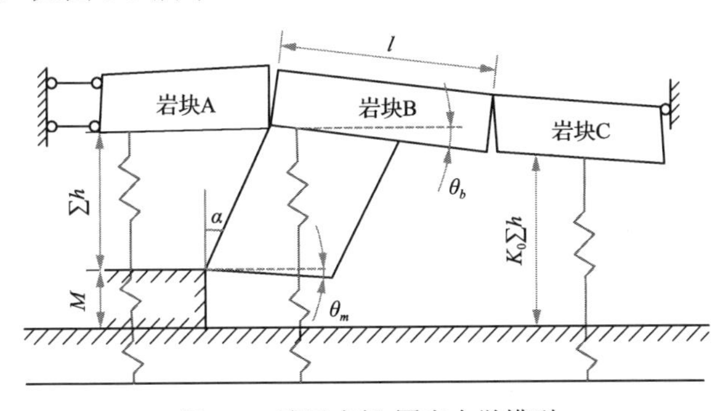

图 5-9　液压支架-围岩力学模型

基本顶岩层对采场矿山压力的形成及显现程度起主导作用。液压支架虽然不与基本顶岩层直接接触，但基本顶岩层的运动对直接顶岩层的破断块度、回转下沉等有直接影响。因此，在研究液压支架姿态时，必须揭示基本顶岩层在其中的作用。基本顶岩层在自重和上覆岩层重力的作用下，在采空区发生回转变形及破断，形成了砌体梁结构。根据钱鸣高的砌体梁理论，采高、基本顶岩层的物理力学特性、煤体刚度、采空区垮落充填物的刚度、直接顶破断角等共同决定了砌体梁的力学特征及大小形态。液压支架直接作用于直接顶岩层，不与基本顶岩层产生直接联系，同时，一般认为液压支架上方的直接顶岩层已经产生了较大的回转下沉，且回转角大于基本顶岩层(岩块 B)的回转角，即 $\theta_b<\theta_m$，所以液压支架对直接顶岩层的作用不能或者几乎不能传递到基本顶岩层。岩块 B 的回转角 θ_b 可由式(5-10)计算：

$$\theta_b = \arctan\frac{M-\sum h(K_0-1)}{l} \tag{5-10}$$

式中，M 为采高；$\sum h$ 为直接顶岩层的厚度；K_0 为未压实的采空区充填物(包括直接顶岩层垮落岩块、人工充填体等)的充填系数；l 为基本顶破断块度。

由图 5-9 可知，液压支架的载荷一方面来自其上方的直接顶岩层全部重量，另一方面来自于基本顶岩层及其上方的部分载荷。此外，基本顶岩层被视为砌体梁，其运动形式为破断岩块间铰接回转，回转运动过程中基本顶岩层对直接顶岩层的作用力传递到液压支架上。液压支架上方的直接顶岩层的力学性质因岩性和赋存条件而异，直接顶岩层完整时可视为弹性状态，直接顶岩层较为破碎时视为松散介质。在给定变形条件下，液压支架压力分别如下。

直接顶岩层在弹性状态时的给定变形压力为

$$p=\frac{E_r L_k^2 B_s \cos\xi \sin(\theta_b-\theta_m)}{2\sum h} \tag{5-11}$$

式中，E_r为直接顶岩层的弹性模量；L_k为液压支架的控顶距；B_s为液压支架宽度；ξ为直接顶岩层的破断角；θ_b、θ_m分别为基本顶岩层和直接顶岩层的回转角；$\sum h$为直接顶岩层的厚度。

根据式(5-11)可得直接顶岩层的回转角为

$$\theta_m=\theta_b-\arcsin\frac{2p\sum h}{E L_k^2 B_s \cos\xi} \tag{5-12}$$

直接顶岩层在松散状态时的给定变形压力p_s为

$$p_s=\frac{B_s E'(L_K-\sum h\tan\xi)^{n+1}\sin^n(\theta_b-\theta_m)}{(n+1)\sum h} \tag{5-13}$$

式中，E'为压实系数；n为压实指数，对于破碎顶板，n=3，对于完整顶板，n=1。

根据式(5-13)可得直接顶岩层的回转角为

$$\theta_m=\theta_b-\arcsin\left[\frac{(n+1)p_s\sum h}{B_s E'(L_k-\sum h\tan\xi)^{n+1}}\right]^{\frac{1}{n}} \tag{5-14}$$

5.4.2　液压支架姿态与工作阻力的关系

液压支架工作阻力P与顶板最终下沉量Δl是一近似的双曲线，称为“P-Δl”曲线。当工作阻力较大时，液压支架工作阻力的增加对顶板下沉量影响较小，当工作阻力低于一定程度时，将对顶板下沉量造成很大影响。另外，液压支架的支撑作用不会对直接顶岩层及基本顶岩层的活动规律造成影响。液压支架对顶板的控制是相对的、有条件的，液压支架不能绝对地对顶板控制有效，其作用是有限度的，超过其作用能力范围就会失去对顶板的控制作用。因此，只有在液压支架工作阻力偏低时，提高工作阻力才能对顶板起到有效的控制作用。

液压支架顶梁与直接顶岩层紧密接触，顶板的最终下沉量反映了液压支架的支护高度和顶梁倾角。液压支架与顶板的关系可以描述为：液压支架工作阻力与顶板最终下沉量的关系呈双曲线规律，且只有在液压支架工作阻力偏低时，其对顶板的控制作用才明显，顶板最终下沉量与液压支架的宏观支护高度一致，液压支架支护高度是顶板最终下沉量的另一种表现形式，液压支架工作阻力与支护高度、顶梁倾角的双曲线关系如图 5-10 所示。

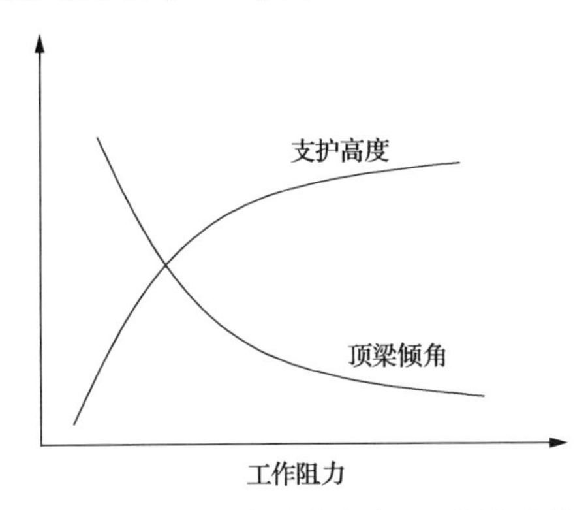

图 5-10　液压支架工作阻力与支护高度、顶梁倾角的双曲线关系

5.4.3　基于液压支架-围岩刚度耦合理论的液压支架姿态分析

在液压支架与围岩的相互作用体系中，液压支架的工作状态反映了液压支架与围岩的关系，同时也间接反映了基本顶岩层姿态及直接顶岩层、液压支架和底板的力学特性。在该体系中，两大主体为液压支架和围岩，围岩具体指直接顶岩层、基本顶岩层、底板及煤壁。基本顶岩层的岩性坚硬而且厚度较大，其回转变形为给定变形，所以基本顶岩层可作为刚性体研究。

1) 液压支架的刚度

由液压支架的工作特性可知，液压支架的刚度是指其在增阻阶段的刚度，表征液压支架活柱单位收缩量所能提供的支护强度。立柱是液压支架最主要的伸缩结构，其结构变形、内液压缩性等决定了液压支架的刚度特性。液压支架的刚度 K_s 可表示为

$$K_s = Nk\cos\theta_{\text{立柱}} \tag{5-15}$$

式中，$k = k_q k_p/(k_q + k_p)$，为立柱的刚度；N 为液压支架的立柱数；$\theta_{\text{立柱}}$ 为液压支架立柱与竖直方向的夹角；k_q、k_p 分别为立柱内高压乳化液刚度和立柱缸体刚度。

分析式(5-15)可知，液压支架的刚度由液压支架的立柱数、立柱内高压乳化液刚度和立柱缸体刚度等共同决定。在不发生液压支架故障的情况下，液压支架的刚度只与立柱的倾角有关。在工作面生产过程中，液压支架的立柱倾角是动态变化的，所以有必要对立柱倾角姿态进行监测分析。

2) 直接顶岩层和底板的刚度

直接顶岩层的刚度表征了其承载能力，能够反映出其力学特性。在中厚煤层中，一般将直接顶岩层视为刚性体，液压支架的承载状况由基本顶岩层的稳定性和采空区冒落矸石的充填程度(包括人工充填)决定。一般直接顶岩层破断成四边形体，直接顶岩层的刚度和弹性模量与实际承载体的几何尺寸有关，直接顶岩层的刚度 K_r 可表示为

$$K_r = \frac{E_r}{m} \tag{5-16}$$

式中，E_r 为直接顶岩层的弹性模量；m 为直接顶岩层高度与实际承载宽度的比值。

底板的刚度反映底板对于液压支架支撑的稳定性程度。当底板软弱或液压支架载荷较大，超过底板的承载能力时，会使其发生明显压缩变形。这种情况可以等价为液压支架在载荷作用下，立柱收缩量一定时，系统额外产生了收缩量，弱化了液压支架的刚度，使得液压支架对顶板的支撑效果减弱，顶板下沉量增大。底板的刚度 K_f 可通过底板比压得出，底板的刚度与其物理力学性质密切相关，也与支架底座面积等相关。

3) 煤壁的刚度

液压支架和煤层共同作用在直接顶岩层和底板之间，可以将液压支架看作煤壁的延伸。液压支架的存在是为了维护煤层采出的空间，以及保持煤壁的稳定，而煤壁的刚度则通过煤壁完整性、弹塑性特性等影响液压支架对直接顶岩层的力的作用效果。液压支架与煤壁的刚度耦合对直接顶岩层的稳定性具有重要影响，通过调节液压支架的刚度可实现直接顶岩层与液压支架的耦合程度，从而改善液压支架与煤壁上方的应力曲线，减小二者间的上覆岩层的剪切应力，减小煤壁塑性破坏的可能性和破坏程度，有效防止直接顶岩层过早破断失稳，减小对液压支架的冲击。

4) 液压支架与围岩体系的刚度

液压支架与围岩体系的刚度 K 由直接顶岩层、底板和液压支架的刚度决定，如式(5-17)所示：

$$\frac{1}{K} = \frac{1}{K_r} + \frac{1}{K_s} + \frac{1}{K_f} \tag{5-17}$$

当底板较为坚硬时，底板的刚度较大，不易发生压缩变形，可认为 $K_f \to \infty$；当底板较为软弱时，液压支架的载荷传递到底板，使其发生压缩变形，对液压支架的稳定性不利，此时一般会采取人为干预措施，减小底座对底板的比压。因此，无论底板岩性坚硬与否，底座对液压支架与围岩体系的刚度影响都不大，所以式(5-17)中 $1/K_f$ 项可忽略不计，简化为

$$\frac{1}{K}=\frac{1}{K_r}+\frac{1}{K_s} \tag{5-18}$$

将式(5-15)和式(5-16)代入式(5-18)得

$$\frac{1}{K}=\frac{k_q+k_p}{Nk_qk_p\cos\theta_{立柱}}+\frac{m}{E_r} \tag{5-19}$$

分析式(5-19)可知，液压支架与围岩体系的刚度由立柱内高压乳化液刚度、立柱缸体刚度、立柱数、立柱倾角、直接顶岩层的块度及弹性模量决定。当液压支架型号已选定时，在特定的工作面，直接顶岩层的弹性模量变化不大，液压支架与围岩体系的刚度主要由立柱倾角和直接顶岩层的块度决定，而立柱倾角在一定程度上也影响液压支架对直接顶岩层的切顶效果，所以对液压支架立柱倾角的监测结果能够反映液压支架与围岩体系的刚度。

5.4.4　液压支架姿态的稳定性监测指标

液压支架稳定性受顶板载荷和煤岩层的倾角等影响。液压支架稳定性的监测信息能够帮助分析当前液压支架的宏观姿态，预测判断液压支架的稳定性状态。液压支架稳定性指标以 5.3 节中的液压支架运动学模型为基础，以顶梁倾角 α、底座倾角 γ 及前连杆与水平面的夹角 β 为基本监测物理量，液压支架横向稳定性通过二维倾角传感器获取姿态信息进行监测。

1) 液压支架纵向滑移指标

建立如图 5-11 所示的液压支架纵向滑移力学模型，根据静力平衡条件可得

$$\begin{cases}F_r\sin\alpha\cos(\gamma-\alpha)-\mu_1F_r\cos\alpha\cos(\gamma-\alpha)-F_r\cos\alpha\sin(\gamma-\alpha)+F_s\cos\theta_p\sin(\theta_p+\gamma)\\ -\mu_3F_s\cos\theta_p\cos(\theta_p+\gamma)-F_s\sin\theta_p\cos(\theta_p+\gamma)+G\sin\gamma-\mu_2F_b=0\\ F_r+F_s+G-F_b\cos\gamma-f_b\sin\gamma=0\\ F_{r1}=F_r\cos\alpha\\ F_{r2}=F_r\sin\alpha\\ F_{s1}=F_s\cos\theta_p\\ F_{s2}=F_s\sin\theta_p\\ f_b=\mu_2F_b\\ f_r=\mu_1F_r\\ f_s=\mu_3F_s\\ \theta_p=90^\circ-\arctan\dfrac{x_G-x_N}{y_G-y_N}-\arcsin\dfrac{L_N-L_{G2}}{L_{GN}}\end{cases} \tag{5-20}$$

式中，F_r为顶板对液压支架顶梁的合力；F_s为垮落岩块对液压支架掩护梁的合力；F_b为底板对液压支架的支撑力；G为液压支架的重力；G_1、G_2分别为液压支架重力垂直底板方向和沿底板方向的分力；f_r、f_b、f_s分别为顶板、底板、垮落岩块与顶梁、底座、掩护梁之间的摩擦力；μ_1、μ_2、μ_3分别为顶板、底板、垮落岩块与顶梁、底座、掩护梁之间的摩擦系数；α、γ、θ_p分别为顶梁、底座和掩护梁与水平面的夹角；L_{G2}为液压支架铰点G到掩护梁的距离。

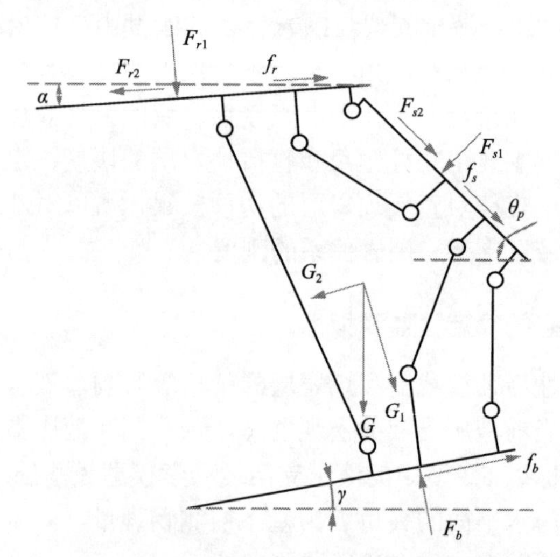

图 5-11　液压支架纵向滑移力学模型

其中，掩护梁载荷可由式(5-21)计算：

$$F_s = K_g L_s B_s M \rho_g g \tag{5-21}$$

式中，K_g为垮落带高度与采高之比，一般取2～4；L_s为掩护梁总长；B_s为掩护梁宽度；M为采高；ρ_g为矸石容重。

支架上方的顶板压力为

$$F_r = (4\sim8) M \rho_r \tag{5-22}$$

式中，ρ_r为上覆岩层的平均容重。

由式(5-20)～式(5-22)可解得液压支架纵向滑移的临界倾角的解析解$\gamma_{t1}=f(\alpha, \gamma, \theta_p)$，通过实时代入相关监测参量对底座倾角进行对比分析，当$\gamma \geqslant \gamma_{t1}$时，液压支架姿态监测系统发出预警，液压支架即将发生纵向滑移。

2)液压支架纵向倾倒指标

建立如图5-12所示的液压支架纵向倾倒时的力学模型。

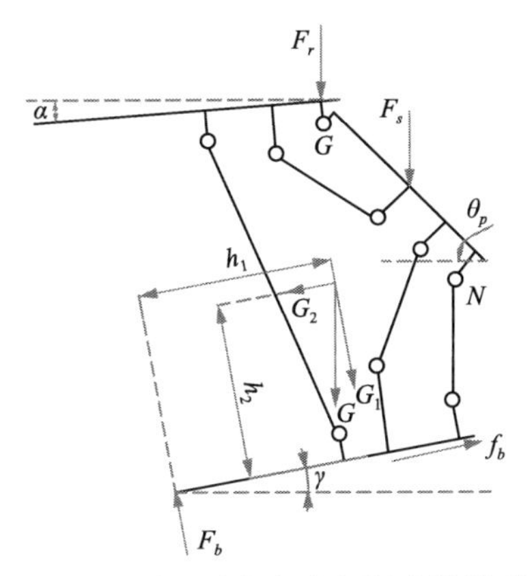

图 5-12　液压支架纵向倾倒力学模型

根据力矩平衡原理可得

$$
\begin{cases}
F_r L_r + F_s L_s - G_2 h_2 + G_1 h_1 = 0 \\
G_1 = G\cos\gamma \\
G_2 = G\sin\gamma
\end{cases}
\tag{5-23}
$$

式中，L_r 为顶板载荷合力到支架倾倒支点的距离。

可通过式(5-24)计算 L_r 和 L_s：

$$
\begin{cases}
(x_r - x_G)^2 + (y_r - y_G)^2 = L_{G1}^2 \\
\tan\alpha = \dfrac{x_r - x_G}{y_r - y_G} \\
(x_2 - x_G)^2 + (y_2 - y_G)^2 = L_{G2}^2 \\
\tan\theta_p = \dfrac{x_G - x_2}{y_G - y_2} \\
(x_N - x_3)^2 + (y_N - y_3)^2 = L_N^2 \\
\tan\theta_p = \dfrac{x_N - x_3}{y_N - y_3} \\
x_s = \dfrac{x_2 - x_3}{2} \\
y_s = \dfrac{y_2 - y_3}{2} \\
x_b = L_{底}\cos\gamma \\
L_r = x_b - x_r \\
L_s = x_b - x_s
\end{cases}
\tag{5-24}
$$

式中，x_r、y_r 为顶板载荷合力作用点坐标；x_2、y_2 为铰点 G 在掩护梁的连接点坐标；x_3、y_3 为铰点 N 在掩护梁的连接点坐标；x_s、y_s 为掩护梁载荷合力作用点坐标；$L_{底}$ 为底座长度。

由式(5-23)和式(5-24)可解得液压支架纵向滑移的临界倾角的解析解 $\gamma_{t2}=f(\gamma, L_r, L_s)$，通过实时代入相关监测参量对底座倾角进行对比分析，当 $\gamma \geqslant \gamma_{t2}$ 时，液压支架姿态监测系统发出预警，液压支架即将发生纵向倾倒。

3) 液压支架横向滑移指标

建立液压支架横向滑移力学模型如图 5-13 所示。

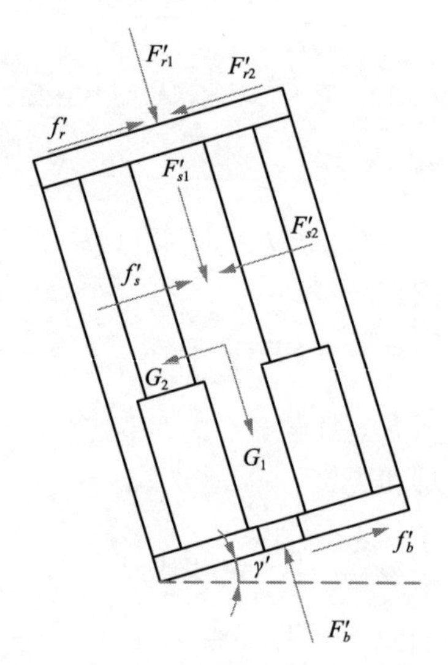

图 5-13　液压支架横向滑移力学模型

根据静力平衡条件可得

$$\begin{cases} F'_{r1}+F'_{s1}+G_1-F'_b=0 \\ F'_{r2}-f'_r+F'_{s2}-f'_s+G_2-f'_b=0 \\ F'_{r1}=F'_r\cos\gamma' \\ F'_{s1}=F'_s\cos\gamma' \\ F'_{r2}=F'_r\sin\gamma' \\ F'_{s2}=F'_s\sin\gamma' \\ f'_b=\mu_2 F'_b \\ f'_r=\mu_1 F'_r \\ f'_s=\mu_3 F'_s \end{cases} \tag{5-25}$$

式中，F'_{r1} 为顶板垂直作用在顶梁的力；F'_{r2} 为顶板沿顶梁平面的作用力；F'_r 为顶板合力；f'_r 为顶板作用在顶梁的摩擦力；F'_{s1} 为垮落矸石作用在掩护梁上的力；F'_{s2} 为垮落矸石沿掩护梁平面的作用力；F'_s 为掩护梁上矸石的合力；f'_s 为垮落矸石作用在掩护梁的摩擦力；G_1 为液压支架重力垂直底板方向的分力；G_2 为液压支架重力沿底板方向的分力；f'_b 为液压支架底座与底板之间的摩擦力；F'_b 为底板对液压支架的支撑力；γ' 为液压支架倾斜角度。

由式(5-25)可解得液压支架横向滑移的临界倾角的解析解 $\gamma'_{t1}=f(\gamma')$，通过代入相关监测参量对底座倾角进行对比分析，当 $\gamma' \geqslant \gamma'_{t1}$ 时，预警液压支架即将发生横向滑移。

4) 液压支架横向倾倒指标

建立液压支架横向倾倒时的力学模型如图 5-14 所示。

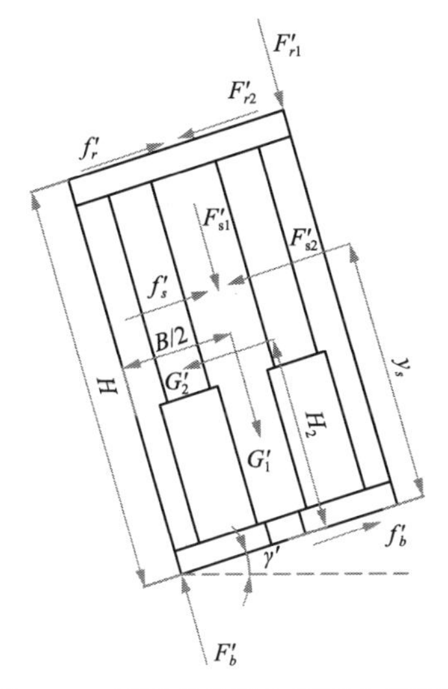

图 5-14　液压支架横向倾倒力学模型

根据力矩平衡原理可得

$$
\begin{cases}
F'_{r1}B + f'_r H - F'_{r2}H + F'_{s1}\dfrac{B}{2} + f'_s y_s - F'_{s2}y_s + G'_1\dfrac{B}{2} - G'_2 H_2 = 0 \\
G'_1 = G\cos\gamma' \\
G'_2 = G\sin\gamma'
\end{cases}
\tag{5-26}
$$

式中，H 为液压支架支护高度；B 为液压支架宽度；H_2 为重力分量 G'_2 到底板的距离。

由式(5-26)可解得液压支架横向滑移的临界倾角的解析解 $\gamma'_{t2}=f(\gamma')$，通过代入相关监测参量对底座倾角进行分析，当 $\gamma' \geqslant \gamma'_{t2}$ 时，预警液压支架即将发生横向倾倒。

5.5　液压支架运行姿态智能感知指标体系

液压支架运行姿态感知指标体系由基本指标、稳定性指标及结构故障指标组成，其中基本指标包括液压支架顶梁的理论回转角、基于液压支架-围岩耦合理论的立柱倾角及矿山压力作用下的液压支架姿态。稳定性指标包括液压支架纵向和横向的滑移、倾倒指标。

5.5.1　液压支架顶梁的理论回转角

在 5.4.1 节中已给出顶板与顶梁的理论回转角，在工作面生产之前，通过对开采煤层的基本地质条件的实验研究，可获得相关的煤岩层物理力学参数，结合液压支架的结构参数，可计算得顶板和顶梁的理论回转角。现场监测工作中，应实时对比顶板倾角的监测值与理论值，当二者差值超限时应及时查找问题并处理。

在实际工作中，造成液压支架顶梁处于抬头仰起的原因有以下几种情况：一是基本顶岩层和直接顶岩层破断的岩体发生回转，传递至液压支架顶梁，液压支架顶梁与直接顶岩层同步运动，形成仰起的姿态；二是端面顶板发生破断失稳，顶板合力后移，使液压支架受偏后的载荷作用，在力的作用下顶梁仰起；三是受顶板岩层的赋存情况影响，本身不平整，液压支架顶梁发生抬头；四是液压支架的机械故障或操作问题，使液压支架顶梁仰起。确定液压支架合理的仰起状态范围时应根据液压支架性能、煤岩层的赋存情况具体研究，如无特殊说明，本书默认顶梁的倾角为仰角。液压支架工况较佳时的顶梁仰角应在 0°～5°，极限范围为–5°～10°[194]，具体的合理范围应根据工作面的特点生产技术条件制定。

5.5.2　基于液压支架-围岩刚度耦合理论的立柱倾角

液压支架与围岩刚度体系对工作面生产的支护与切顶效果、周期来压的强度及液压支架工况都有重要影响，通过对液压支架立柱的监测可计算得出液压支架及其与围岩体系的刚度。通过反馈调节机制，以达到最佳的刚度状态，使液压支架刚度适应生产需要。通过 5.4.3 节对液压支架姿态与刚度的分析可知，液压支架刚度与立柱倾角相关，通过液压支架姿态监测可获取相关节点的位置坐标，按照式(5-4)计算出立柱倾角，并得出液压支架-围岩体系的刚度，然后对比合理的刚度标准[195]，及时调整液压支架刚度，实现工作面的安全高效生产。

5.5.3　矿山压力作用下的液压支架姿态

在采场矿山压力的作用下，液压支架适应性地对顶板产生支撑作用，并产生顶梁的回转运动。通过 5.4.2 节的分析可知，在矿山压力的作用下，液压支架工作阻力与顶板下沉量呈双曲线的反比关系。这种关系的成立条件是，在工作阻力偏低的状况下，且认为液压支架初撑力是达标的。在实际生产中，在各液压支架及单个液压支架的不同时间段，其初撑力都可能不同，这不仅会影响液压支架工作阻力的发挥，同时还会对液压支架姿态产生较大影响。例如，初撑力较低时，顶板来压时，矿山压力对液压支架的动载会很明显，工作阻力波动大，同时顶板回转运动幅度大，液压支架顶梁的倾角变化明显。初撑力达标时，液压支架的工作阻力得到充分利用，顶板来压时动载较小，顶板回转运动不明显，顶梁倾角波动小。如果已知顶梁倾角和工作阻力的监测结果，则可预判周期来压状况及液压支架初撑力达标情况。

5.5.4　结构故障指标

根据 5.4.2 节中液压支架各关键节点的位置坐标计算公式，可得出其主要构件的位置姿态，从而求出立柱、平衡千斤顶等主动件的位置，同时对比电液控制系统获取的主动件的位置姿态信息，如平衡千斤顶和立柱的伸缩量，可对液压支架进行冗余判断，检查构件的位置姿态是否符合要求，从而进行控制和故障检测。

综合上述，可得液压支架姿态监测指标体系如图 5-15 所示。指标类别分为三大类，分别为基本指标、稳定性指标和结构故障指标。其中，液压支架-围岩体系

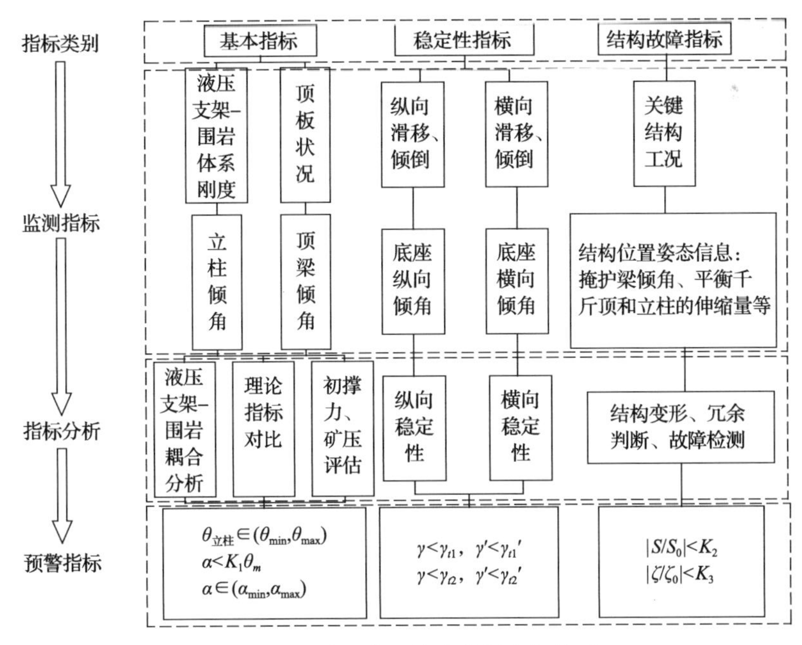

图 5-15　液压支架姿态监测指标体系

K_1 为理论指标安全系数；K_2 为结构位移指标安全系数；K_3 为结构角度指标安全系数；S 为结构位移监测值；S_0 为结构位移理论值

刚度以立柱倾角为具体的监测指标，其监测结果用于评价液压支架和围岩的耦合关系，当立柱倾角 $\theta_{立柱}$ 在 $(\theta_{min}, \theta_{max})$ 范围内时，液压支架-围岩刚度耦合关系良好；顶板状况指标以顶梁的倾角 α 为监测指标，监测结果可用于研究顶板回转运动规律，分析顶板运动和矿压规律，以及评价初撑力等。当顶梁倾角 α 大于理论顶板回转角时，顶板可能发生冒顶或顶梁未接顶，当顶梁倾角超出预期的监测值范围时，则可能是由于初撑力不足或周期来压强烈、工作阻力不足等，一般 $(\alpha_{min}, \alpha_{max})$ 取 $(0°, 10°)$[196]。液压支架的纵向和横向的滑移倾倒以底座的倾角为具体监测指标，其监测结果用于预测和判断液压支架的稳定性状态，指标参数的安全取值以运动学模型及支架不发生滑移倾倒时的底座倾角取值范围为基础。结构故障指标以液压支架各关键结构工况为监测指标，具体包括掩护梁倾角、平衡千斤顶和立柱的伸缩量等，根据运动学模型，对各关键结构姿态监测数据进行冗余分析，当出现不合理姿态时，可判断液压支架结构的故障，该部分姿态监测结果可分为位移/伸缩量 S 和结构转动角 ζ，当 S 和 ζ 超出其理论值一定倍数时，结构可能发生故障。

第 6 章　综采工作面液压支架运行姿态智能感知系统及工程应用

6.1　液压支架运行姿态智能感知系统

6.1.1　系统架构

液压支架运行姿态智能感知系统是在光纤传感技术的基础上构建的，集成传感器技术、信息处理技术及通信技术于一体，是液压支架实现智能化的基础。如图 6-1 所示的液压支架运行姿态智能感知系统主要由姿态传感器、矿用隔爆型光纤光栅分析控制箱、液压支架控制器等构件组成，具体包括姿态信息感知子系统、数据处理与传输子系统及信息接收与存储子系统。

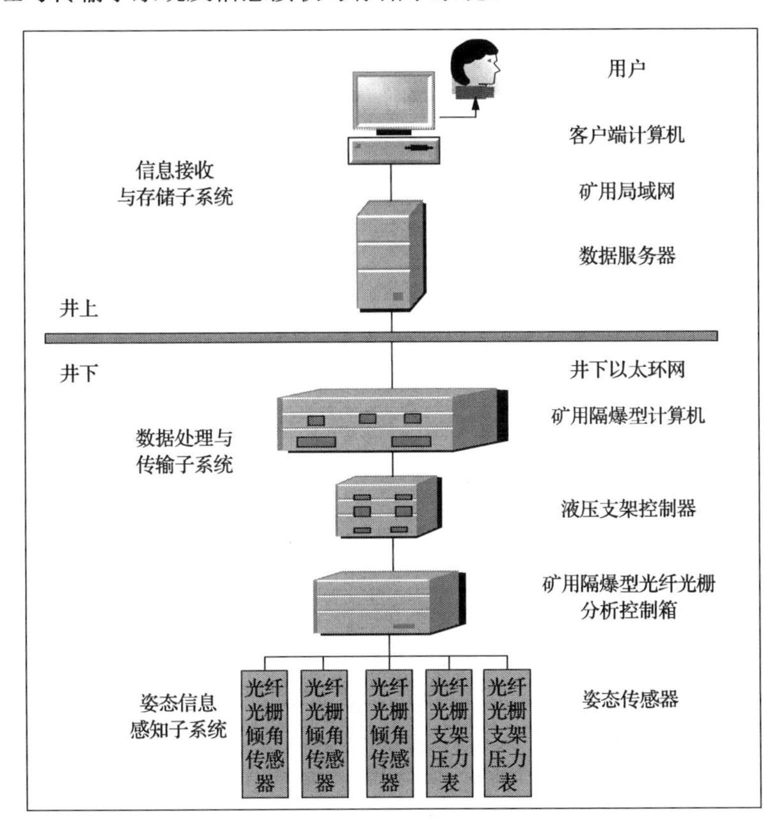

图 6-1　液压支架运行姿态智能感知系统架构

1) 姿态信息感知子系统

姿态信息感知子系统主要由光纤光栅倾角传感器和光纤光栅支架压力表构成，它是液压支架运行姿态智能感知系统的信息接收的始端。分别在液压支架顶梁、底座和前连杆布置光纤光栅倾角传感器，在液压支架立柱及平衡千斤顶布置光纤光栅支架压力表，通过光纤跳线将各个姿态传感器连接。该子系统中的姿态传感器对液压支架的姿信息进行实时获取，然后将其转化为光信号传输至数据处理与传输子系统。

2) 数据处理与传输子系统

数据处理与传输子系统具有对姿态信息接收、传输、处理等功能，该系统由矿用隔爆型光纤光栅分析控制箱、液压支架控制器、矿用隔爆型计算机等元件组成。该子系统首先经过矿用隔爆型光纤光栅分析控制箱对接收的光信号进行解调分析，然后转换成电信号传输至液压支架控制器，矿用隔爆型计算机联合控制器通过内置的分析软件、决策模块对姿态信息进行分析计算，得出相应的预测、预警及决策信息。

3) 信息接收与存储子系统

信息接收与存储子系统由数据服务器、矿用局域网和客户端计算机等设备组成，它通过井下以太环网接收姿态数据并将其存储至数据服务器，数据服务器利用矿用局域网将数据共享至客户端计算机，并生成相应的液压支架姿态信息报表，供用户分析、查询、调阅，方便矿方人员直接在井上对工作面液压支架姿态数据进行实时观测与研究。

6.1.2 系统组成

液压支架运行姿态智能感知系统主要由光纤光栅倾角传感器、光纤光栅支架压力表、矿用隔爆型光纤光栅分析控制箱、液压支架控制器及电液驱动器等结构组成，如图 6-2 所示。光纤光栅倾角传感器及矿用隔爆型光纤光栅分析控制箱

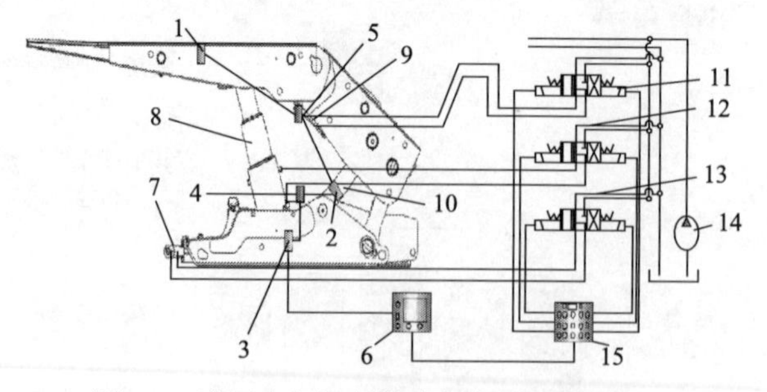

图 6-2 液压支架运行姿态智能感知系统组成

1、2、3-光纤光栅倾角传感器；4、5-光纤光栅支架压力表；6-矿用隔爆型光纤光栅分析控制箱；7-推移千斤顶；8-立柱；9-平衡千斤顶；10-前连杆；11-电液驱动器；12、13、14-液压泵；15-液压支架控制器

为姿态感知系统的重要组件，液压支架控制器和电液驱动器起驱动、控制及决策作用。

1) 光纤光栅倾角传感器

如图 6-3 所示的光纤光栅倾角传感器为姿态感知系统的核心元件，分别于液压支架的顶梁、底座及前连杆上安装。通过使用该传感器，可直接或间接监测液压支架各个机构的姿态。

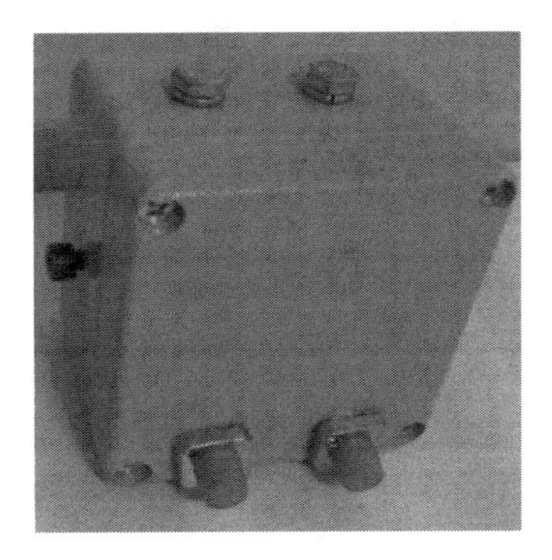

图 6-3　光纤光栅倾角传感器

2) 光纤光栅支架压力表

平衡千斤顶及立柱对液压支架姿态调节起着决定性作用。其中，平衡千斤顶为顶梁姿态角度调节的主要驱动部件，对顶梁有一定程度的承载作用。而立柱为顶梁压力的主要承载元件，该元件对液压支架支护高度起着调节作用。如图 6-4 所示的光纤光栅支架压力表，可以对液压支架立柱及平衡千斤顶的油压进行实时监测，对于研究液压支架受力的情况、分析姿态形成原因及判断其与顶板的耦合情况有重要意义。

图 6-4　光纤光栅支架压力表

3) 矿用隔爆型光纤光栅分析控制箱

矿用隔爆型光纤光栅分析控制箱主要由隔爆外壳和内置于其中的光纤光栅传感分析仪组成，如图 6-5 所示。其中，光纤光栅传感分析仪可适用于光纤光栅的温度、压力、应变、位移等多种类型的传感信号的解调及传感数据的采集，它将姿态传感器反射的光信号转换为电信号后传输至液压支架控制器，实现了光纤光栅姿态信息感知系统与电液控制系统的信息交流与传输，在该系统中起到枢纽作用。

(a) 隔爆外壳

(b) 光纤光栅传感分析仪

图 6-5　矿用隔爆型光纤光栅分析控制箱

4) 液压支架控制器

液压支架控制器既是电液控制系统的核心组件，也是液压支架系统的重要构件。一方面，它起到了对液压支架姿态及相关信息采集与传输的作用，可作为在线监测系统的中枢机构，可与连接器相连，形成通信网络；另一方面，它对监测信息进行处理与决策，形成对各个机构的控制，实现对液压支架姿态的动作与调整。智能控制器通过电液控制阀，将电信号转换为液压信号，根据接收的信号，控制液压实现相应的支架动作。

6.2　液压支架运行姿态光纤光栅传感器

6.2.1　光纤光栅支架压力表

1. 结构设计

通过引入光纤光栅传感技术，研制了光纤光栅支架压力表，不同于常用的矿用数显液压支架压力计，其主要由直读式压力表、光纤光栅压力计、三通阀、导压孔、挂钩、光纤接口等组成，光纤光栅支架压力表的结构如图 6-6 所示。直读式压力表、三通阀和光纤光栅压力计连接定位于本安型压力膜盒中，油管连接导压孔，光纤接入端接入光纤接口。

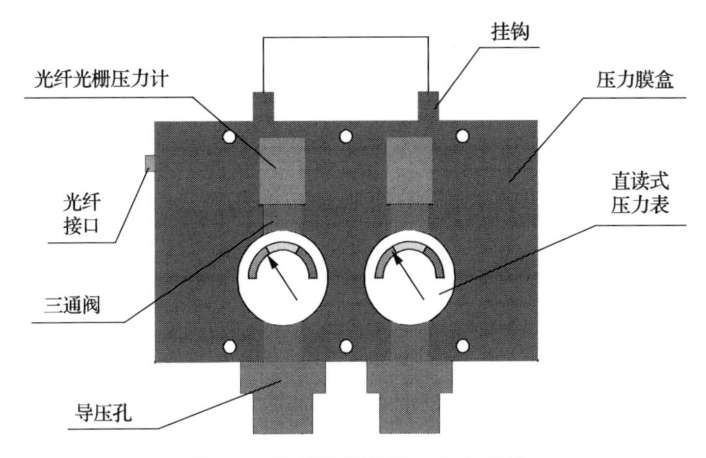

图 6-6 光纤光栅支架压力表结构

光纤光栅支架压力表采用膜盒式包装，长 180mm、宽 130mm、厚 94mm，导压孔直径为 24mm，采用量程为 0～60MPa 的直读式压力表和精确度为 2.5%FS 的 YTN-60 型耐震压力表。

2. 理论分析

实验设计的光纤光栅压力计采用“膜片+连接杆”式增敏性结构，内置 2 根光纤光栅，其中小波长的光栅称为测压光栅，感应压力变化，大波长光栅称为温补光栅，该光栅不受外界压力的影响，用于测量温度，同时也可以作为温度补偿。其中，膜片结构主要由膜片端头和膜片组成，研制时用环氧树脂胶将测压光栅的两端分别粘贴固定在连接杆的中心小孔内和套筒的小孔内，使测压光栅受预拉力，并用松套管封装保护，温补光栅串接在两个套筒之间。光纤光栅压力计长 80mm、外径为 15mm、量程为 0～60MPa，其结构示意图如图 6-7 所示。

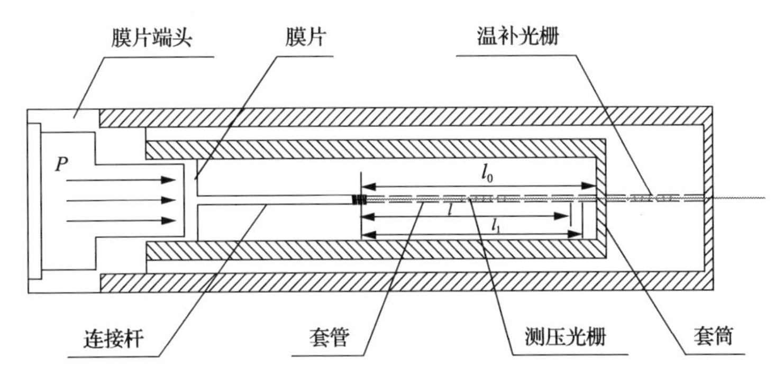

图 6-7 光纤光栅压力计结构示意图

膜片在被测压力作用下将产生微小挠曲变形，如果压力为均布压力，膜片中

心最大挠度为

$$\omega = \frac{3(1-\mu^2){R_0}^4 P}{16Eh^3} \tag{6-1}$$

式中，E 为膜片弹性模量；μ 为膜片泊松比；h 为膜片厚度；R_0 为膜片半径；P 为被测压力。

此时，测压光栅会受到挤压，长度由 l_0 变成 l_1，引起中心波长发生漂移，波长变化量与应变的关系为

$$\begin{cases} \varepsilon_1 = \dfrac{l_0 - l}{l} = \dfrac{\Delta\lambda_{B1}}{\lambda_{B1}(1-p_e)} \\ \varepsilon_2 = \dfrac{l_0 - l_1}{l_0} = \dfrac{\omega}{l_0} \\ \varepsilon_3 = \dfrac{l_1 - l}{l} = \dfrac{\Delta\lambda_{B2}}{\lambda_{B1}(1-p_e)} \\ \varepsilon_1 - \varepsilon_2 = \varepsilon_3 \end{cases} \tag{6-2}$$

式中，ε_1 为测压光栅预拉伸应变量；p_e 为有效弹光系数；ε_2 为测压光栅受到挤压后的应变量；ε_3 为测压光栅残余应变量；l_0 为测压光栅预拉伸后的长度；l 为测压光栅有效长度；l_1 为测压光栅受挤压后的长度；λ_{B1} 为测压光栅初始波长；$\Delta\lambda_{B1}$ 为测压光栅预拉伸后的波长变化量；$\Delta\lambda_{B2}$ 为测压光栅受到挤压后的波长变化量。

波长变化量计算公式为

$$\begin{cases} \Delta\lambda_{B1} = \lambda_{B2} - \lambda_{B1} \\ \Delta\lambda_{B2} = \lambda_{B3} - \lambda_{B1} \end{cases} \tag{6-3}$$

式中，λ_{B2} 为测压光栅预拉伸后的波长量；λ_{B3} 为测压光栅受到挤压后的波长量。

光纤光栅具有光弹效应和热敏效应，能够感知外界应变和温度的变化，因此由应变和温度共同引起的波长漂移量计算公式为

$$\frac{\Delta\lambda_B}{\lambda_B} = (1-p_e)\varepsilon + (\zeta + \alpha)\Delta T \tag{6-4}$$

式中，$\Delta\lambda_B$ 为波长漂移量；ε 为光纤轴向应变；ζ 为热光系数；α 为热膨胀系数。

由于 $l<l_1<l_0$，考虑到光纤的极限伸长率较小，三种长度之间差值对于压力表灵敏度的计算来说可以忽略，因此可以将三种长度近似相等，联立式(6-1)～式(6-4)可得测压光栅中心波长与压力之间的关系：

$$\lambda_{B3}=\lambda_{B2}-(1-p_e)\frac{3(1-\mu^2)R_0{}^4}{16Elh^3}\lambda_{B1}P \tag{6-5}$$

由式(6-5)可知，测压光栅经过挤压形变后，中心波长与压力呈线性关系，且可以根据需要修改参数以提高其压力灵敏度，使用灵活，测量范围较广。

现取两个测压光栅初始波长 λ_{B1} 分别为 1529.621nm 和 1534.926nm 的光纤光栅压力计，其膜片结构采用 316L 不锈钢材料制成，弹性模量 E=200GPa，泊松比 $\mu=0.306$，膜片半径 R_0=5mm，厚度 h=1mm，测压光栅有效长度为 25mm，对于石英光纤，有效弹光系数 $p_e=0.22$，理论计算可得光纤光栅支架压力表的压力灵敏度分别为 25.35pm/MPa 和 25.43pm/MPa。

3. *仿真分析*

采用有限元分析软件 AnsysWorkbench 分别对膜片结构与光纤的变形和受力进行静态结构分析，其中膜片直径为 10mm、厚度为 1mm，端头内径为 8mm、外径为 15mm、厚度为 5mm，连接杆直径为 3mm、长度为 3mm，光纤直径为 0.125mm、有效长度为 25mm，套筒外径为 15mm、内径为 12mm、长度为 29mm。由于温补光栅不受力，对整体模拟不产生影响，同时为了更好地显示模拟效果，可以建立一个简化模型，且光纤直径为 12.5mm，其余尺寸相应扩大 100 倍，划分网格后，生成单元 144998 个，节点 295539 个。

对膜片端头的外部结构面施加固定约束，限制其在三轴方向的移动和转动。对膜片的压力感应面按照 5MPa 的梯度加载，一直施加到 30MPa，且以指向面内方向为正，对模型进行求解，膜片结构变形云图如图 6-8 所示，15MPa 下的光纤光栅应力和应变云图如图 6-9 所示，光纤光栅应力和应变随加载载荷的变化曲线分别如图 6-10 所示。

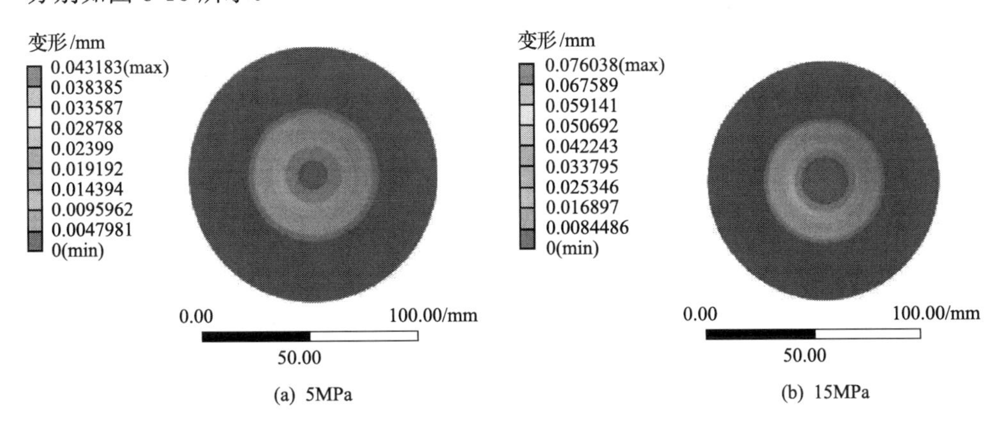

(a) 5MPa　　(b) 15MPa

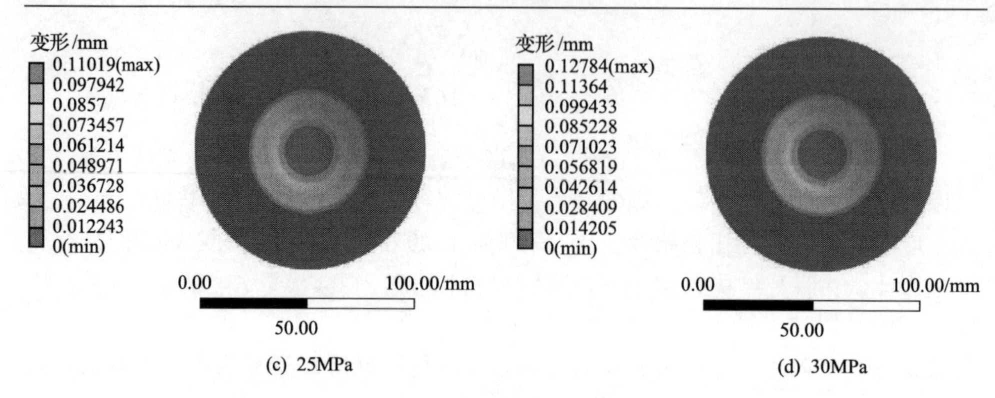

(c) 25MPa　　(d) 30MPa

图 6-8　膜片结构变形云图

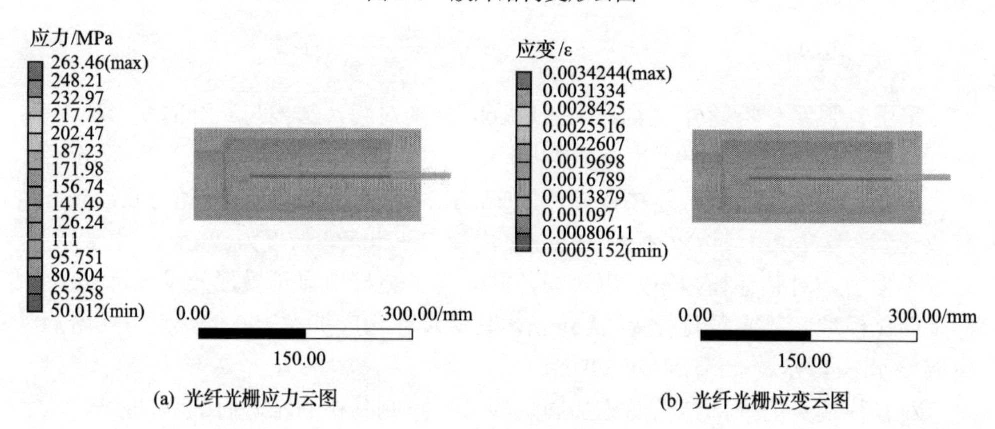

(a) 光纤光栅应力云图　　(b) 光纤光栅应变云图

图 6-9　15MPa 下的光纤光栅应力与应变云图

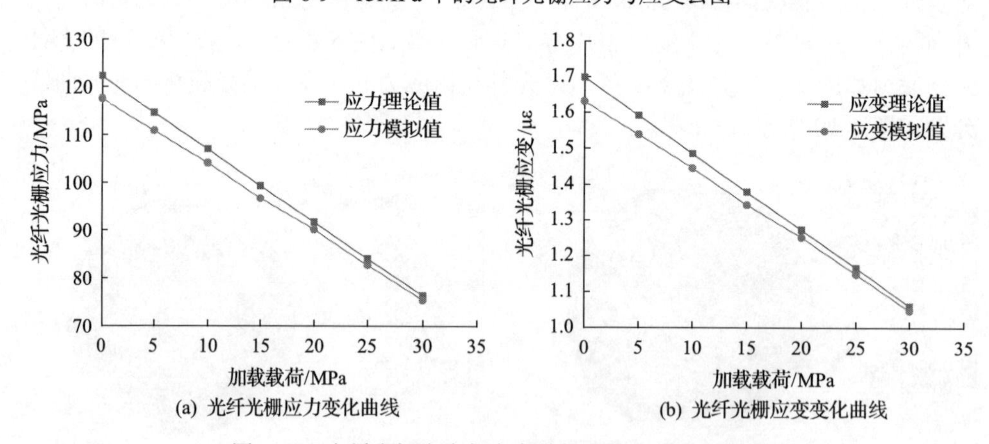

(a) 光纤光栅应力变化曲线　　(b) 光纤光栅应变变化曲线

图 6-10　光纤光栅应力与应变随加载载荷的变化曲线

(1) 由图 6-8 可知，对于每一个固定载荷，膜片中心一定范围内变形较为集中，且膜片中心挠度最大，随着远离中心，变形逐渐减小，在中心附近，减小幅度较大；随着载荷的增加，膜片结构压力感应面的总变形呈递增趋势，最大值约为

0.128mm，与理论计算结果 0.159mm 接近，证明了仿真分析与理论分析的一致性，分析产生差值的原因主要是膜片中心最大挠度公式是基于圆形薄板小挠度变形理论推导得出的，而模拟模型中的膜片和端头是一个整体，而且还有连接杆与之相连，与圆形薄板假设不完全相同，因此其最大变形量会小于理论计算结果。

(2) 由图 6-9 可知，15MPa 载荷作用下，在光纤光栅全长范围内，应力与应变分布非常均匀，说明光纤光栅均匀受力，中心波长会随着应力发生线性变化，表明膜片结构具有很好的力传递性能，保证了设计的合理性。

(3) 由图 6-10 可知，光纤光栅的应力值和应变值随加载载荷的增加呈线性减小的趋势，且在加压初期，应力和应变的理论值与模拟值差值较大，之后逐渐减小，在 30MPa 时达到最小。应力值最大相差 4.7MPa，应变值最大相差仅有 0.066 个微应变，仿真分析结果与理论分析相一致，表明结构设计的适用性。

4. 性能测试

1) 温度敏感性实验

对光纤光栅支架压力表中的 2 个测压光栅(FBG1 和 FBG2)和 2 个温补光栅(温补 1 和温补 2)进行温度敏感性实验，在不加载状态下，按照 10℃的间距从 0℃递增到 60℃，图 6-11 为温度敏感性实验曲线，对记录数据进行回归分析，可得温补光栅和测压光栅的温度灵敏度系数之比分别为 2.86 和 2.94，由实验结果可知测压光栅对温度较为敏感，使用时需要进行温度补偿以去除温度的影响。

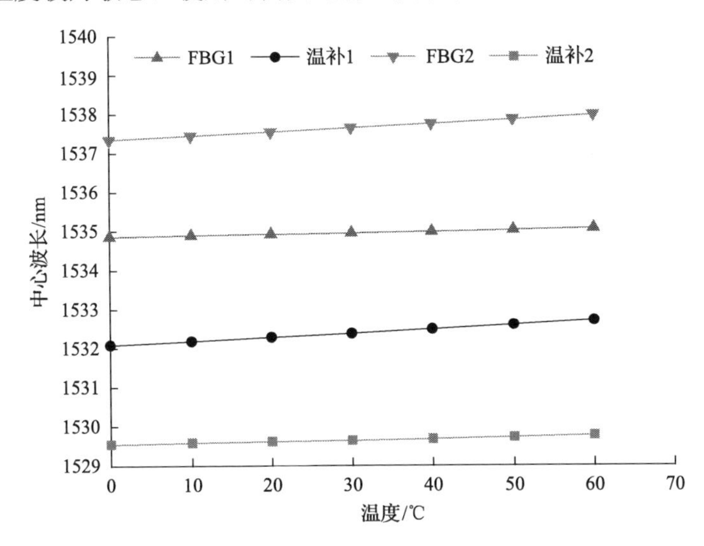

图 6-11 温度敏感性实验曲线

2) 温补性能实验

对光纤光栅支架压力表分别进行恒温实验和变温实验，可得变温条件下温补前、后和恒温条件下的测试结果，温补性能实验曲线如图 6-12 所示，拟合结果见表 6-1。

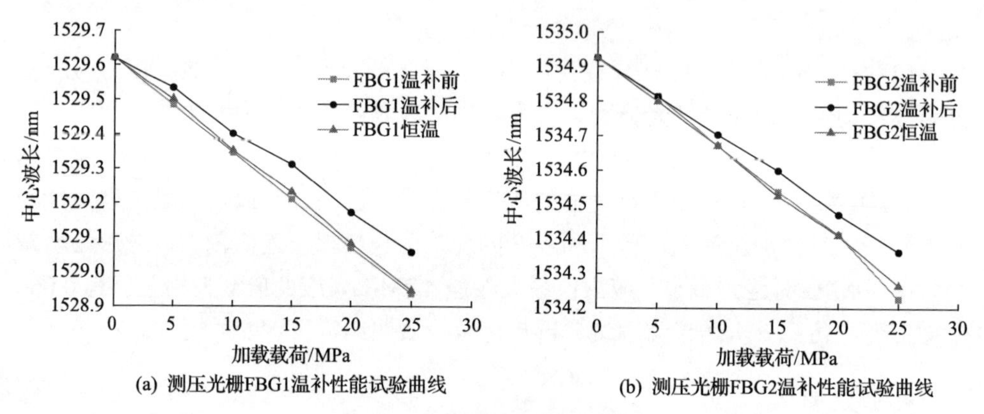

图 6-12 温补性能实验曲线

表 6-1 温补性能实验拟合结果

实验内容		拟合函数	拟合系数
FBG1	恒温	$y=-0.0272x+1529.6$	0.9992
	变温(温补前)	$y=-0.0228x+1529.6$	0.9962
	变温(温补后)	$y=-0.0274x+1529.6$	1
FBG2	恒温	$y=-0.0264x+1534.9$	0.9993
	变温(温补前)	$y=-0.0225x+1534.9$	0.9994
	变温(温补后)	$y=-0.0276x+1534.9$	0.9951

由实验结果可知，温补前后压力灵敏度相差较大，由于受到温度影响，温补前实验曲线线性关系较差，温补后的实验结果与恒温条件下基本一致，线性关系明显，且更能接近真实值，由此可得，经过温补的光纤光栅支架压力表能去除温度干扰，可靠性更高，能够满足煤矿复杂的环境要求。

3) 力学性能实验与结果分析

光纤光栅支架压力表性能测试系统由自主研发的光纤光栅传感器标定装置、光纤传感分析仪和客户端组合而成，其中，光纤光栅传感器标定装置由内置液压系统的液压站、安置有直读式高精度压力表和功能按钮的控制箱、安装有手动控制阀和电磁控制阀的操作台、保护柜、安置在保护柜外的油箱液位显示计和油管等组成，测试系统结构如图 6-13 所示。

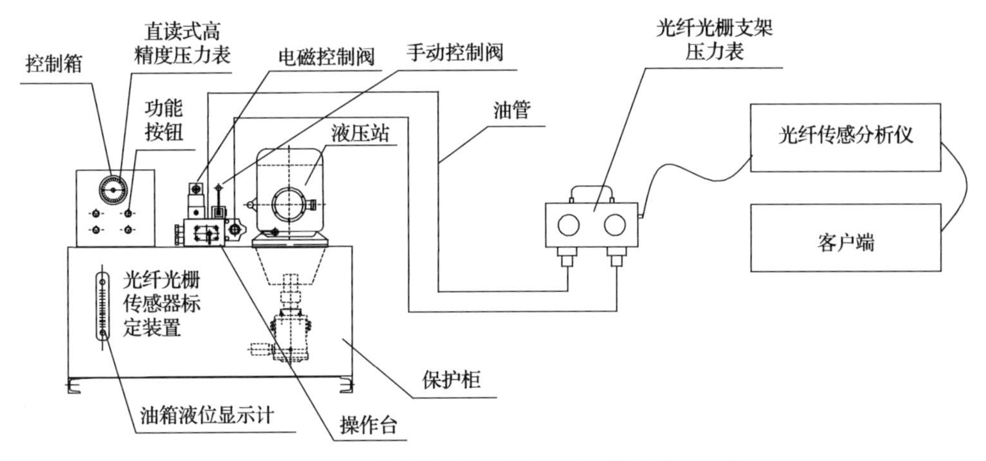

图 6-13　光纤光栅支架压力表性能测试系统结构

利用该系统测试光纤光栅支架压力表性能时，将油管与压力表的导压孔相连接，同时利用光缆连接光纤光栅支架压力表和光纤传感分析仪，利用网线连接光纤传感分析仪和客户端计算机，通过功能按钮、控制箱和直读式高精度压力表可以精确控制液压油输入的压力大小，通过光纤光栅支架压力表上面的直读式高精度压力表和客户端计算机上解调出的信号可以同时得出输出的压力大小，将输入和输出进行对比可以对光纤光栅支架压力表的性能进行精准测试。在进行光纤光栅支架压力表性能测试时，先依次将各装置连接好，设置好光纤传感分析仪的通信协议和采集频率等参数，实验开始前，对光纤光栅支架压力表进行轻度的加载和卸载，待压力表显示值趋于稳定后记录 20℃时两个光纤光栅压力计的测压光栅与温补光栅的中心波长分别为 1529.621nm、1532.286nm 和 1534.926nm、1537.545nm，每个光纤光栅压力计按照 5MPa 的步距进行加载，一直加载到 25MPa，然后按照同样的步距进行卸载，依次记录稳定后相应的中心波长值，按照此步骤，总共进行 5 次循环。

对测得的压力数值和测压光栅中心波长变化值进行后期处理、曲线拟合和回归分析，得到 5 次加卸载实验载荷-中心波长及载荷-直读式高精度压力表显示值的关系曲线，图 6-14 为实验结果取平均后的光纤光栅支架压力表性能测试曲线，图 6-14(a)横坐标为施加的真实载荷，纵坐标为加载和卸载行程中测压光栅中心波长值，图 6-14(b)横坐标为施加的真实载荷，纵坐标为直读式高精度压力表显示值(在图中简写为压力表)。表 6-2 为加-卸载循环过程中实验数据拟合结果的平均值。

通过性能测试实验和拟合结果可得到如下结论。

(1)在实验加载载荷范围内，光纤光栅支架压力表的两个光纤光栅压力计的线性度都在 0.995 以上，两个直读式高精度压力表的线性度都为 1，表明光纤光栅支架压力表和直读式高精度压力表具有良好的线性度。

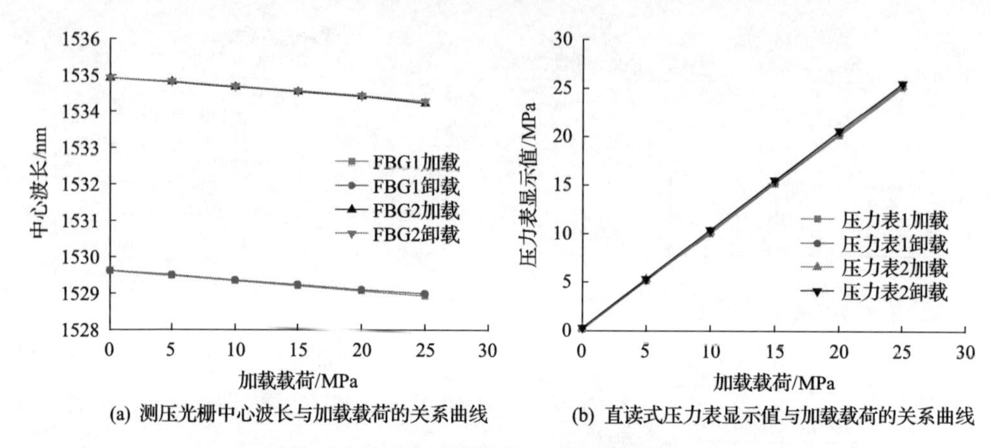

图 6-14　光纤光栅支架压力表性能测试曲线

表 6-2　加-卸载循环过程中实验数据拟合结果平均值

实验内容		拟合函数	拟合系数	重复性误差/%	回程误差/%
FBG1	加载	$y=-0.0274x+1529.6$	1	0.017	0.151
	卸载	$y=-0.0255x+1529.6$	0.9988		
压力表 1	加载	$y=0.9988x+0.1436$	1	0.107	0.645
	卸载	$y=1.0061x+0.1902$	1		
FBG2	加载	$y=-0.0276x+1534.9$	0.9951	0.010	0.140
	卸载	$y=-0.026x+1534.9$	0.9965		
压力表 2	加载	$y=1.0031x+0.2537$	1	0.108	0.740
	卸载	$y=1.1012x+0.3168$	1		

(2) 在多次加载和卸载实验过程中，测压光栅中心波长值重复性误差接近 0.01%，回程误差接近 0.15%，直读式高精度压力表的重复性误差接近 0.1%，回程误差接近 0.7%，表明在弹性范围内光纤光栅支架压力表工作重复性较好，在重复性过程中光纤光栅支架压力表比直读式高精度压力表性能更加稳定。

(3) 由拟合数据分析可知，两个光纤光栅压力表的压力灵敏度系数分别在 27.4pm/MPa 和 27.6pm/MPa 附近波动，与理论计算的灵敏度系数接近，同时高灵敏度也保证了光纤光栅支架压力表传感性能的优越性。

6.2.2　光纤光栅倾角传感器

根据液压支架姿态监测系统结构，在液压支架的姿态监测中，光纤光栅倾角传感器是光纤传感监测的核心设备之一。此外，在实现生产中，分析研究液压支架的各项监测指标，也必须以监测数据为基础。所以，本节设计了适用于液压支架姿态监测的光纤光栅倾角传感器，并通过数值模拟和实验研究分析其性能，该倾角传感器具有本质安全、精度高、量程大、可靠性高、可在线监测、可提供温度补偿等特点。

1. 结构设计

光纤光栅倾角传感器结构示意图如图 6-15 所示，其中重球与摆杆固定连接，摆杆通过球铰连接于传感器外壳上，重球可在垂直纸面平面内连续转动，受壳体约束，重球和摆杆不能沿摆杆长度方向运动。摆杆杆体中部与一悬臂梁连接，该悬臂梁末端与另一固定在壳体上的悬臂梁连接，上述的两个悬臂梁都为等强度梁。该光纤光栅液压支架倾角传感器共布置 3 条光栅，其中在悬臂梁 1 的前表面或后表面上布置 FBG1，在悬臂梁 2 的左右两表面中间各布置 FBG2 和 FBG2′。

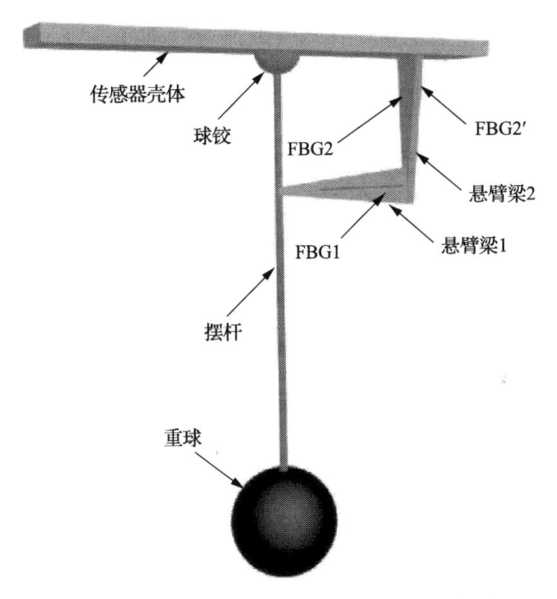

图 6-15　光纤光栅倾角传感器结构示意图

2. 力学分析

如图 6-16 所示，光纤光栅倾角传感器固定在监测结构上，假设其在 *X*-*Y* 平面内发生一个角度的变动。重球和摆杆(摆杆质量若大于重球的 1/10，则摆杆质量不能忽略不计)在重力的作用下会产生对悬臂梁 1 的推力 F_p。悬臂梁的宽度远大于厚度，所以悬臂梁 1 的变形可忽略不计。等悬臂梁 1 将推力 F_p 传递到悬臂梁 2 的末端，在 F_p 的作用下，悬臂梁 2 产生弯曲变形，同时致使 FBG2 和 FBG2′产生应变。此时光栅的中心波长发生漂移，通过监测光栅的波长漂移量即可实现对监测对象姿态的监测。同理，当监测对象在 *Y*-*Z* 平面内发生角度变动时，悬臂梁 2 的形变可忽略不计，悬臂梁 1 发生弯曲，FBG1 产生应变，同样可监测得到 FBG1

中的波长漂移量，实现对监测对象的姿态监测。对于监测对象空间任意角度的方向和大小可通过角度矢量合成获得。

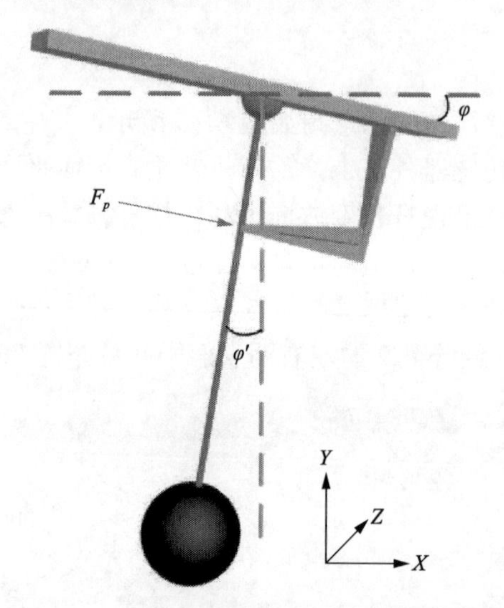

图 6-16　光纤光栅倾角传感器姿态示意图

重球在 X-Y 平面内运动和 Y-Z 平面内运动，对悬臂梁 1 和 2 的受力分析是相似的。本节以重球在 X-Y 平面内的运动为研究对象来研究传感结构的受力状况，重球在 Y-Z 平面内的运动可以以此为参考。根据图 6-16 中光纤光栅倾角传感器的结构可得如图 6-17 所示的力学模型。

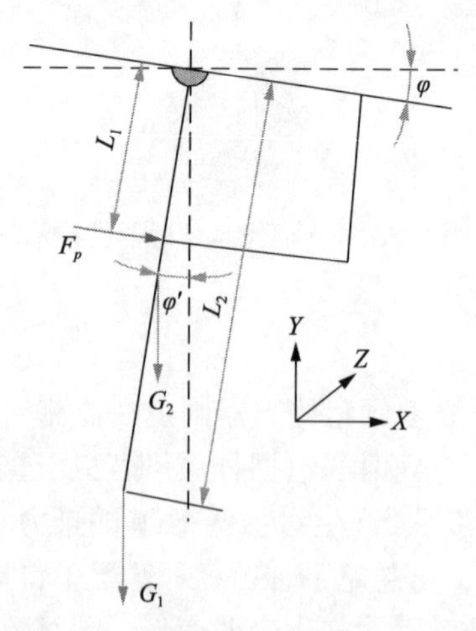

图 6-17　光纤光栅倾角传感器构件受力分析

在重球和摆杆重力的作用下，摆杆对悬臂梁 1 产生作用力 F_p，由力矩平衡原理可得

$$G_1 \sin\varphi' L_2 + \frac{1}{2} G_2 \sin\varphi' L_2 = F_p L_1 \tag{6-6}$$

式中，G_1 为重球重力；G_2 为摆杆重力；L_1 为悬臂梁长度；L_2 为摆杆长度；φ' 为摆杆偏离竖直方向的角度。

等悬臂梁 1 将 F_p 传递到悬臂梁 2 的末端，使得悬臂梁 2 发生弯曲，且在悬臂梁表面各处应变相等，应变 ε 可表示为

$$\varepsilon = \frac{F_p L_1 h}{2EI_0} \tag{6-7}$$

式中，I_0 为悬臂梁 2 的惯性矩，$I_0 = \dfrac{b_0 h^3}{12}$。

则有

$$\varepsilon = \frac{6F_p L_1}{Eb_0 h^2} \tag{6-8}$$

式中，h 为悬臂梁的厚度；b_0 为悬臂梁固定端的宽度。

由于应力应变状态变化而引起的波长漂移量为

$$\frac{\Delta\lambda_B}{\lambda_B} = (1 - p_e)\varepsilon_B \tag{6-9}$$

式中，$\Delta\lambda_B$ 为光栅波长漂移量；λ_B 为光栅初始波长；p_e 为光纤的有效弹光系数；ε_B 为光纤光栅的轴向应变。

将式(6-8)代入式(6-9)得到悬臂梁 2 上 FBG2 和 FBG2′的轴向应变与波长漂移量之间的数学关系为

$$\frac{\Delta\lambda_B}{F_p} = (1 - p_e)\frac{6L_1\lambda_B}{Eb_0 h^2} \tag{6-10}$$

将式(6-6)代入式(6-10)可得光栅波长漂移量 $\Delta\lambda_B$ 与倾角传感器角度 φ' 的关系为

$$\Delta\lambda_B = \frac{6L_2\lambda_B}{Eb_0 h^2}\left(G_1 + \frac{G_2}{2}\right)(1 - p_e)\sin\varphi' = K_\varphi \sin\varphi' \tag{6-11}$$

式中，K_φ 为倾角传感器灵敏度系数，$K_\varphi = \dfrac{6L_2\lambda_B}{Eb_0 h^2}\left(G_1 + \dfrac{G_2}{2}\right)(1 - p_e)$。

悬臂梁 1 的角度测量原理及受力情况与悬臂梁 2 相同。当监测对象在 Y-Z 平面内发生角度变化时，波长漂移量与角度数学关系推导可参考上述过程。以硬铝

合金材料的悬臂梁为例，弹性模量 E=70GPa，厚度 h=1mm，有效长度为 L_2=60mm，固定端宽度为 b_0=5mm，光纤光栅初始中心波长 λ_B =1540.033nm，对于石英光纤，一般取有效弹光系数 p_e =0.22，重球和摆杆的重力取 1.5N 和 0.2N，则倾角传感器灵敏度系数 K_φ=1.98。

3. 仿真分析

根据对光纤光栅倾角传感器的理论分析，不同材质的传感结构会影响其倾角灵敏度。此外，为研究光纤光栅倾角传感器传感结构在工作时的应力应变分布，以及传感结构的稳定性和温度补偿等性能，对传感结构进行数值模拟分析，使用的数值模拟软件是 AnsysWorkbench。

1) 数值模型与网格划分

根据光纤光栅倾角传感器传感结构的尺寸，按照 1∶1 的比例建立了如图 6-18 所示的数值模型。此次数值模拟中，悬臂梁 1 和悬臂梁 2 二者之间固定连接，通过改变对悬臂梁 1 的力的大小模拟传感结构的不同倾角状态。采用三角形网格对光纤光栅倾角传感结构进行网格划分，如图 6-19 所示。

图 6-18　数值模型

0　0.005　0.01/m
0.0025　0.0075

图 6-19　网格划分

2) 边界条件与模拟内容

光纤光栅倾角传感器传感结构在工作时，传感器壳体与监测物体的位置固定，而悬臂梁 2 固定在传感器壳体上，所以认为悬臂梁 2 固定端是固定位移条件。在倾斜状态时，摆杆和重球重力分量作用在悬臂梁 2 的自由端，模拟时作用在悬臂梁 2 上的 F_p 大小为

$$F_p = \frac{1}{L_1}\left(G_1 \sin\varphi' L_2 + G_2 \sin\varphi' \frac{1}{2} L_2\right) \tag{6-12}$$

通过代入不同的角度值可得不同倾角状态下的传感结构应力应变状态，F_p 的方向可分解为沿悬臂梁 2 的轴线方向和垂直轴线方向。传感结构的模型边界条件如图 6-20 所示。

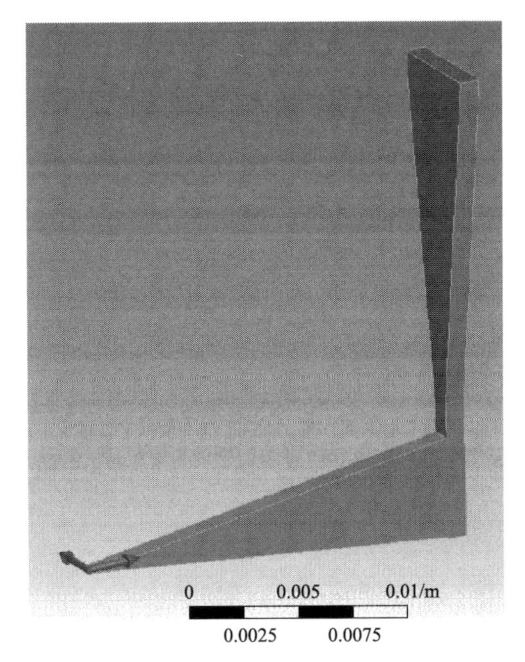

图 6-20　传感结构模型边界条件

通过模拟确定传感结构基体材料，并对其性能进行分析，具体模拟内容见表 6-3。

表 6-3　传感结构数值模拟内容

模拟目标	模拟对象	模拟内容	力学条件
确定基体材料	悬臂梁 2	对比不同材料的传感结构应力应变分布特征	传感器倾角为 5°和 10°
研究传感结构性能	悬臂梁 1	应力、应变分布特征	传感器一维倾斜 5°, 10°, …, 30°
	悬臂梁 2	应力、应变分布特征	同上
	悬臂梁 1	测线处(光栅处)应力应变-角度关系	传感器二维倾斜 5°, 10°, …, 30°
	悬臂梁 2	测线处(光栅处)应力应变-角度关系	同上

3) 传感结构基体材料的选择

传感结构基体材料对传感器的性能有极其重要的影响，其物理力学性能直接影响传感结构的测量量程、灵敏度、稳定性、可重复性等。选用传感结构的基体材料时应根据使用需要，以满足使用要求为基本原则，应用较为广泛的有橡胶、铜质材料、树脂材料、铝合金、钢质材料、钛合金、高分子材料碳纤维等。

通过理论分析和实际工程应用背景调查，选取光纤光栅液压支架倾角传感器的传感结构基体材料应满足以下要求。

(1) 从应变传递效率的角度考虑，同时应满足对量程的需要，选择弹性模量适中的材料作为基体材料。

(2) 符合光纤光栅的封装材料要求。

(3) 弹性和线性度好，易于感应微小应力，提高灵敏度。

(4) 具有良好的机械加工性能，耐腐蚀。

(5) 经济合理，易于加工，适用于工程实际。

通过对表 6-4 所示的常见材料物理力学参数进行对比分析，选择碳钢、白口铸铁、铝合金 3 种具有代表性的材料作为传感结构基体材料进行研究。液压支架姿态处于动态变化中，正常工况情况下液压支架姿态倾角多处于 0°～10°，所以分别模拟碳钢、白口铸铁、铝合金 3 种基体材料的传感结构在 5°和 10°时的应力应变状态。

表 6-4　部分常见材料的物理力学参数

序号	材料名称	弹性模量 E/GPa	剪切模量 G/GPa	泊松比 μ
1	碳钢	196～206	79	0.24～0.28
2	球墨铸铁	140～154	73～76	—
3	灰铸铁、白口铸铁	113～157	44	0.23～0.27
4	冷拔纯铜	127	48	—
5	轧制纯铜	108	39	0.31～0.34
6	轧制锰青铜	108	39	0.35
7	轧制锌	82	31	0.27
8	铝合金	71	20～30	0.33

由图 6-21 可知，在悬臂梁 1 的自由端，由于受摆杆的集中力作用，应力较为集中，但整体上该应力集中区域较小，对应力的传递效果几乎没有影响，摆杆和重球的重力分力可以传递到悬臂梁 2 的自由端，并且悬臂梁 2 两侧表面应力均匀分布。当倾斜角度为 5°时，各基体材料的悬臂梁表面应力为 9.53～10.25MPa，且基体材料为白口铸铁和铝合金的悬臂梁表面应力基本相等，约为 10.25MPa；当倾斜角度为 10°时，白口铸铁和铝合金材质的悬臂梁表面应力基本相等，为 18.46～

20.46MPa，而 5°和 10°时的碳钢材料的悬臂梁表面应力已出现了非线性的应力增长，说明在传感结构倾斜角度为 10°时，碳钢材料应力应变分布已经出现了非线性变化趋势，这对于光纤光栅的应变监测是不利的。

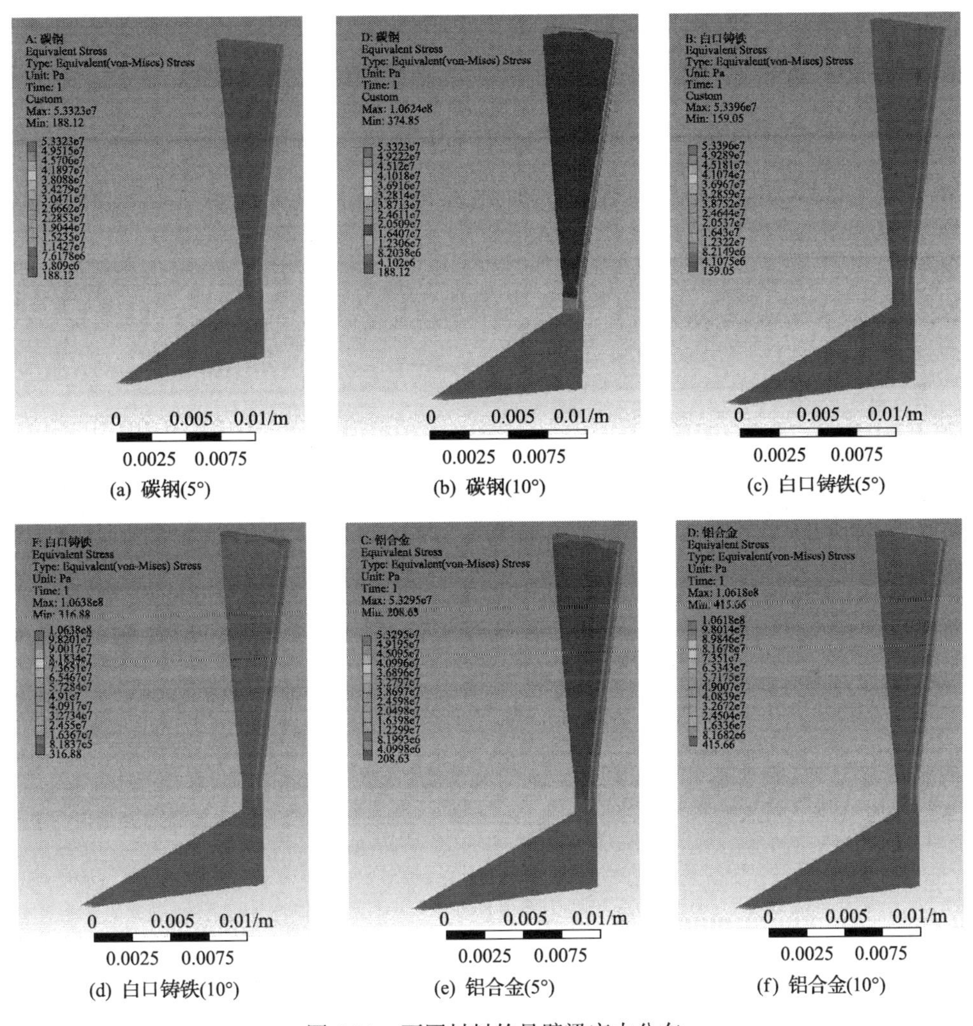

(a) 碳钢(5°)　(b) 碳钢(10°)　(c) 白口铸铁(5°)
(d) 白口铸铁(10°)　(e) 铝合金(5°)　(f) 铝合金(10°)

图 6-21　不同材料的悬臂梁应力分布

由图 6-22 可知，在传感结构的倾斜角度为 5°时，碳钢、白口铸铁和铝合金材料的传感结构悬臂梁 2 表面应变分别为 41.02～61.53με、74.68～112.02με、115.48～173.22με；当传感结构倾斜角度达到 10°时，三者的表面应变分别为 81.72～122.58με、148.79～223.19με、230.08～345.12με。碳钢、白口铸铁和铝合金材料的弹性模量依次减小，使得在受力相同时，3 种材料的传感结构发生的应变依次增大，说明通过选用不同弹性模量的基体材料可以调节传感结构的倾角灵敏度。对于液压支架这种姿态会实时发生变化且多数情况下角度变化不大的监测对象，应保证倾角传感器具有较高的灵敏度，所以应选取弹性模量较小的传感结构基体材料。

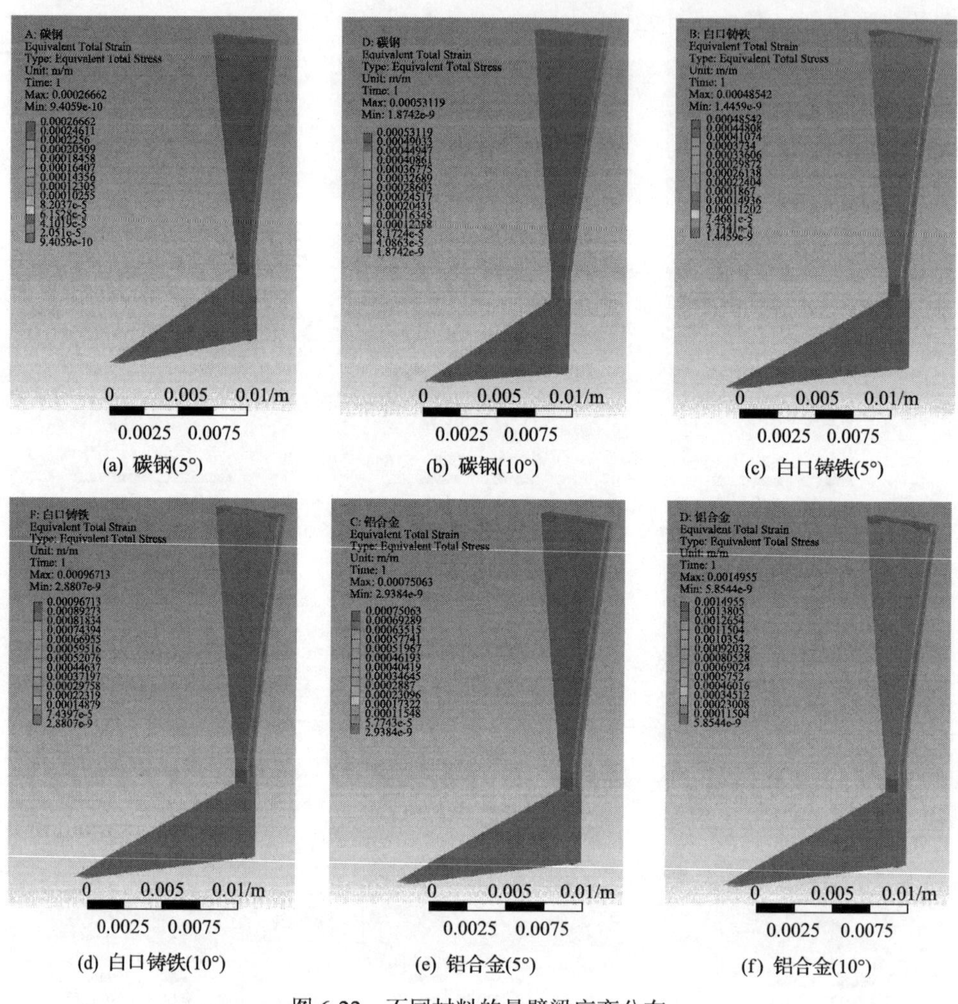

(a) 碳钢(5°)　(b) 碳钢(10°)　(c) 白口铸铁(5°)

(d) 白口铸铁(10°)　(e) 铝合金(5°)　(f) 铝合金(10°)

图 6-22　不同材料的悬臂梁应变分布

4) 传感结构的应力应变分析

在研究光纤光栅倾角传感器传感结构的应力应变特征时，选用铝合金为基体材料。通过模拟传感结构处于不同倾斜角度时的工作状态，分析传感结构各部分的应力应变分布规律。

(1) 悬臂梁 1 的应力应变分布规律。如图 6-23 所示，当悬臂梁 1 作为传感元件时，悬臂梁 2 作为支撑结构，摆杆和重球的重力分力使悬臂梁 1 发生弯曲变形。由于悬臂梁 1 是等强度梁结构，在悬臂梁 1 上的应力均匀分布，此时悬臂梁 2 的固定端和自由端受力的作用而产生应力集中。随着传感结构倾斜角度的增大，作用于悬臂梁 1 的应力增大，悬臂梁 1 的弯曲应变增大，悬臂梁 1 表面的应力均匀分布，并且在厚度方向呈对称分布。当传感结构的倾斜角度为 5°、10°、15°、20°、25°和 30°时，悬臂梁 1 表面应力分别为 10.11MPa、20.14MPa、30.01MPa、39.78MPa、49.01MPa、57.98MPa；在悬臂梁 1 的自由端，即悬臂梁 1 与摆杆的连接部位，由于力的作用，在局部区域有应力集中，在粘贴光纤光栅时应尽量靠近悬臂梁的固定端区域，避免应力集中导致光纤光栅产生啁啾效应；在悬臂梁 1 和悬臂梁 2 连接的部位出现应力集中，可将该部位设计成圆形倒角，使力的传递过渡更有效。

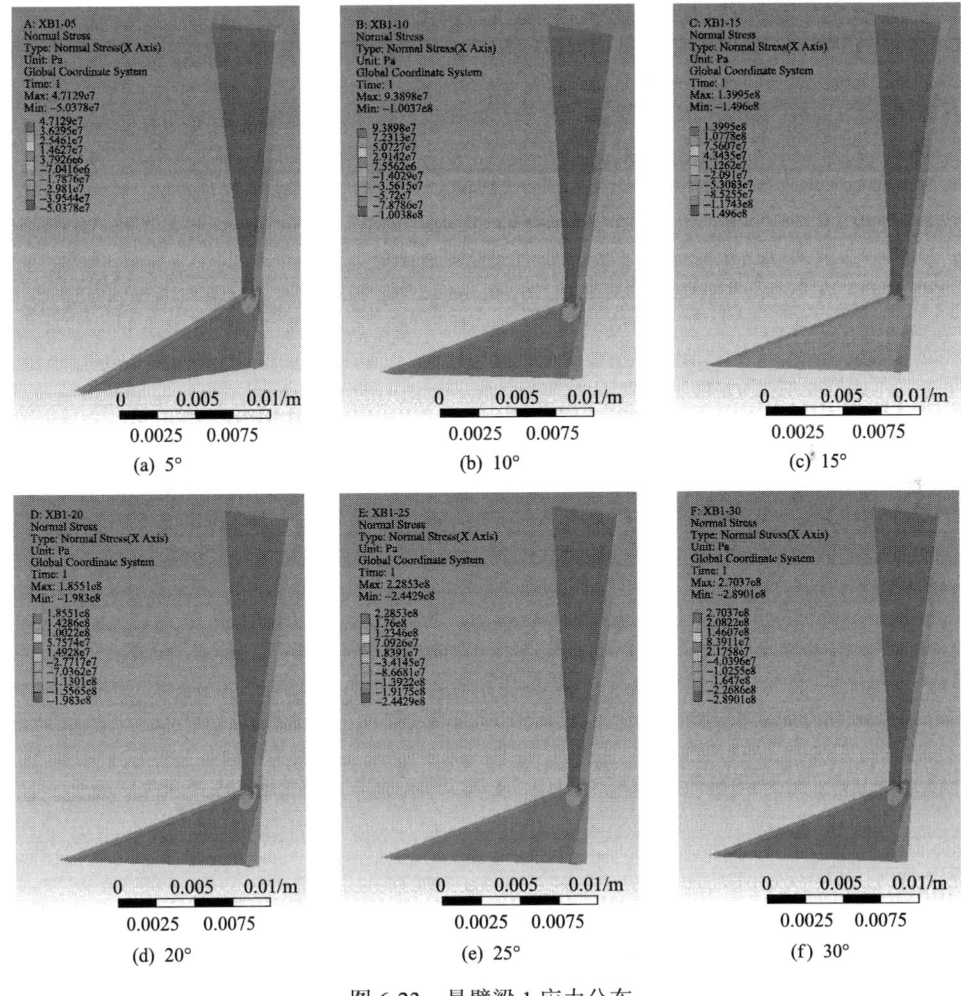

(a) 5°　(b) 10°　(c) 15°

(d) 20°　(e) 25°　(f) 30°

图 6-23　悬臂梁 1 应力分布

由图 6-24 可知，在力的作用下，悬臂梁 1 发生应变，在悬臂梁 1 对称厚度方向的应变值相同，在悬臂梁 1 表面应变均匀分布；悬臂梁 2 的板长尺寸远大于厚度尺寸，使得其在作为力的传递介质时没有发生应变，或发生的应变极小，保证了传感结构的准确度；随着传感结构倾斜角度的增大，悬臂梁 1 表面的应变增大，当传感结构的倾斜角度为 0°时，悬臂梁 1 表面没有应变，传感结构的倾斜角度为 5°、10°、15°、20°和 25°时，悬臂梁 1 的表面应变分别为 143.0με、284.91με、424.64με、562.88με、693.42με，当传感结构角度增大到 30°时，悬臂梁 1 表面的应变约为 820.37με，悬臂梁 1 表面应变与传感结构倾斜角度之间的函数关系如图 6-25 所示。在 0°～30°时，传感结构所测得的应变值与倾斜角度之间呈现明显的线性关系，线性拟合度为 0.9994。悬臂梁 1 表面的应变与倾斜角度之间的良好线性关系是光纤光栅倾角传感器具有高灵敏度和准确度的基础。

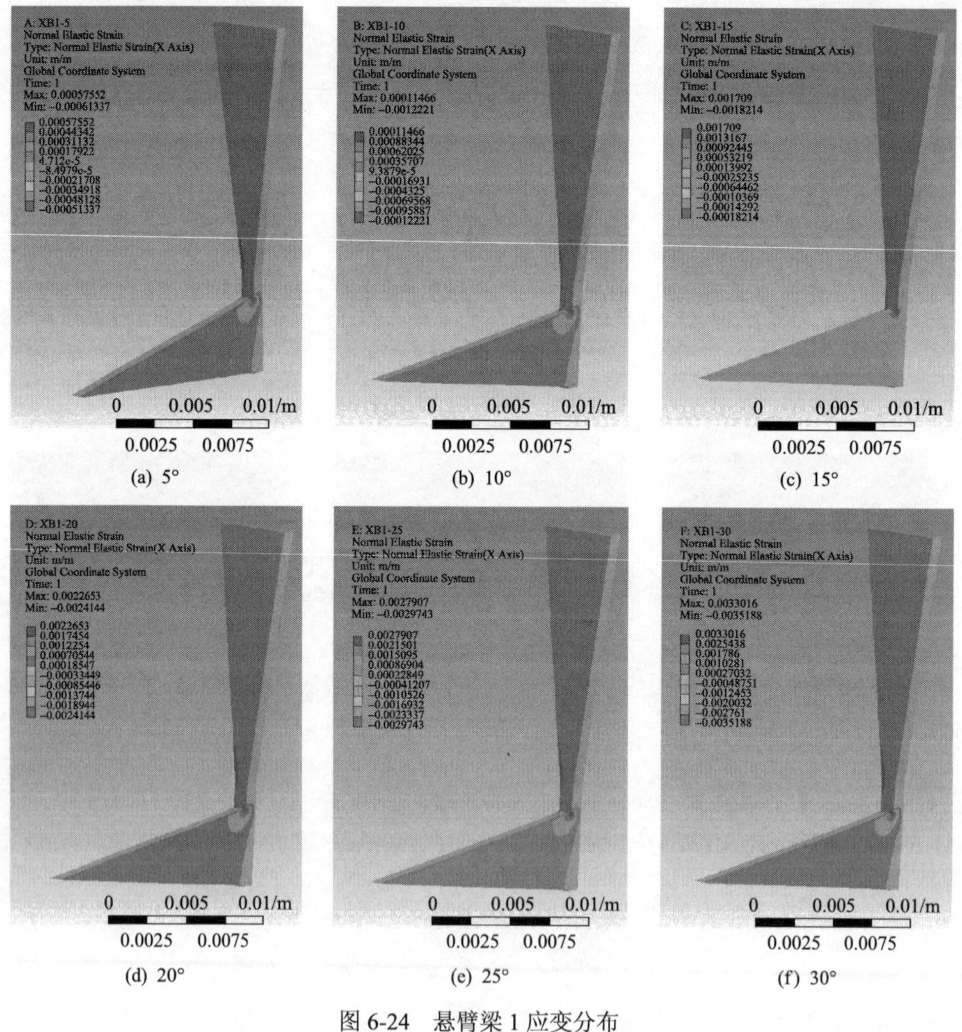

(a) 5°　(b) 10°　(c) 15°

(d) 20°　(e) 25°　(f) 30°

图 6-24　悬臂梁 1 应变分布

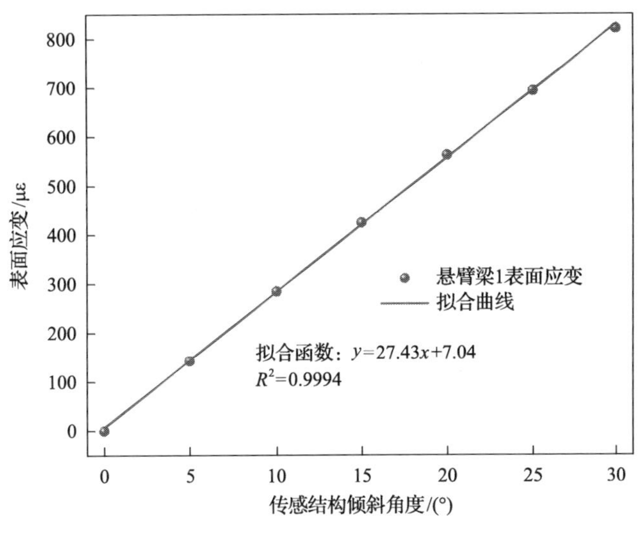

图 6-25　悬臂梁 1 倾斜角度-表面应变函数关系

(2)悬臂梁 2 的应力应变分布规律。如图 6-26 所示，当摆杆作用于悬臂梁 1 的力沿轴线方向时，悬臂梁 2 发生弯曲应变，由于悬臂梁 2 是等强度梁结构，在悬臂梁 2 上的应力均匀分布。随着传感结构倾斜角度增大，作用于悬臂梁 1 的应力增大，悬臂梁 2 的弯曲应变也增大。悬臂梁 2 表面的应力均匀分布，并在厚度方向呈对称分布，说明悬臂梁的厚度会影响悬臂梁表面的应力大小，当传感结构的倾斜角度为 5°、10°、15°、20°和 25°时，悬臂梁 2 表面应力分别为 10.25MPa、20.42MPa、30.44MPa、40.34MPa、49.7MPa，当传感结构的倾斜角度达到 30°时，悬臂梁 2 表面应力为 58.8MPa，远小于铝合金的抗弯强度，悬臂梁 2 处于弹性变

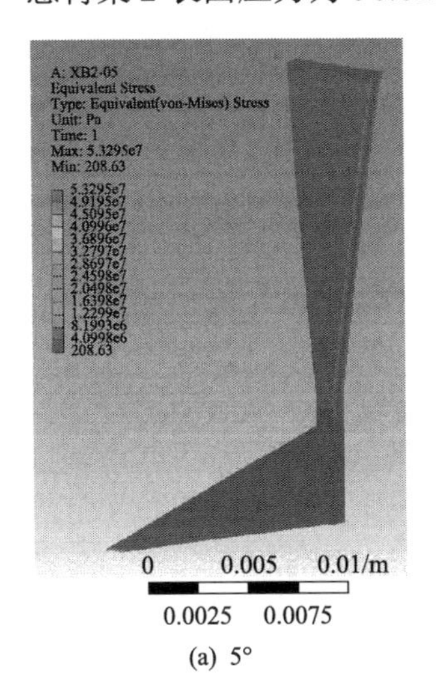

(a) 5°

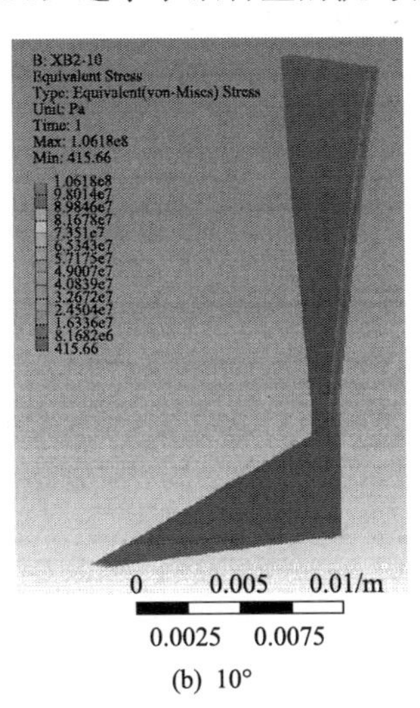

(b) 10°

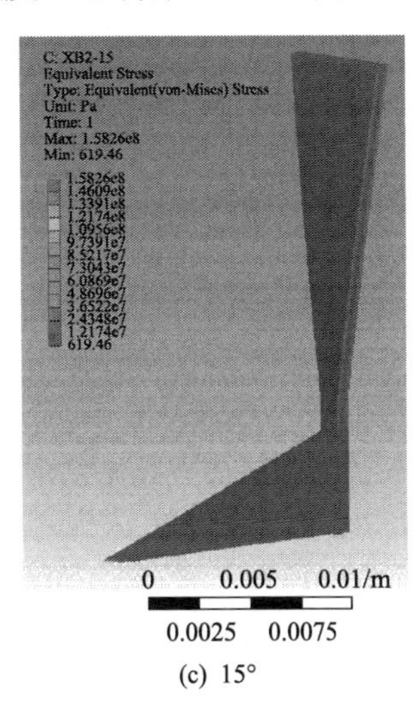

(c) 15°

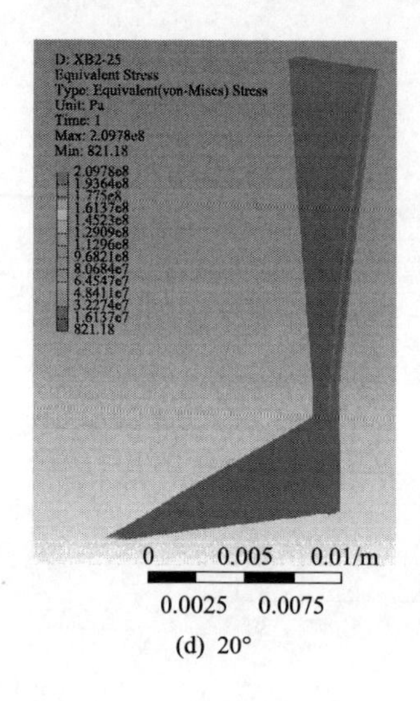

(d) 20°

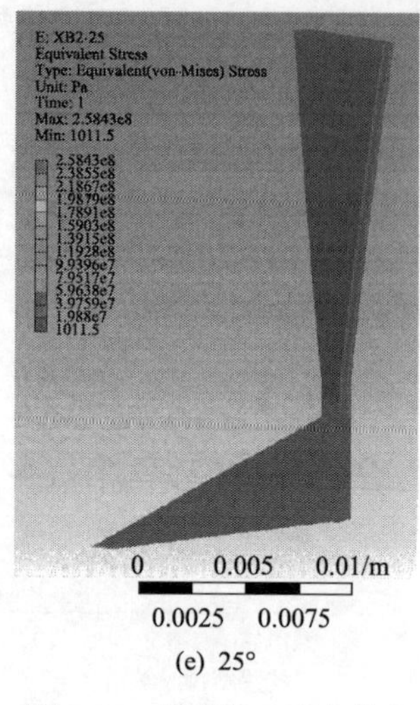

(e) 25°

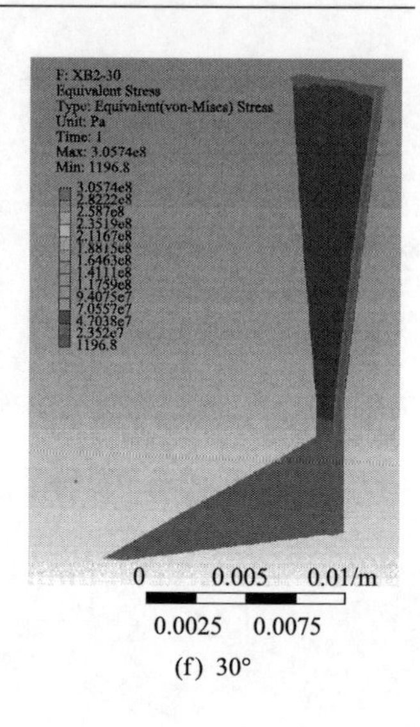

(f) 30°

图 6-26　悬臂梁 2 应力分布

形的应力范围；在悬臂梁自由端由于存在集中力的作用，导致在局部区域有应力集中，但相较于整个悬臂梁，该区域较小，说明在粘贴光纤光栅时应尽量靠近悬臂梁的固定端区域，避免应力集中导致光纤光栅产生啁啾效应。

由图 6-27 可知，在力的作用下，悬臂梁 2 发生应变，在悬臂梁 2 厚度的对称方向应变值大小相同，在悬臂梁 2 表面应变均匀分布，这为光纤光栅测量悬臂梁表面的应变创造了良好的力学条件，同时也说明了在悬臂梁 2 两侧表面布置光纤光栅作为温度补偿的方法在理论上是可行的。悬臂梁 1 的板长尺寸远大于厚度尺寸，使得其在作为力的传递介质时没有发生应变或发生的应变极小，保证了传感结构的准确度。随着传感结构倾斜角度的增大，悬臂梁 2 表面的应变也增大，当

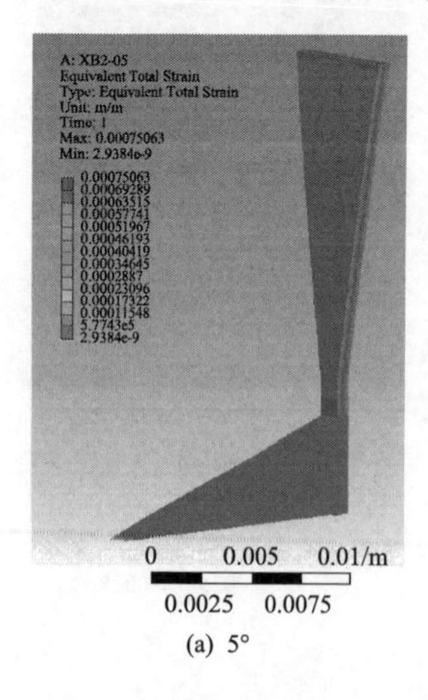

(a) 5°

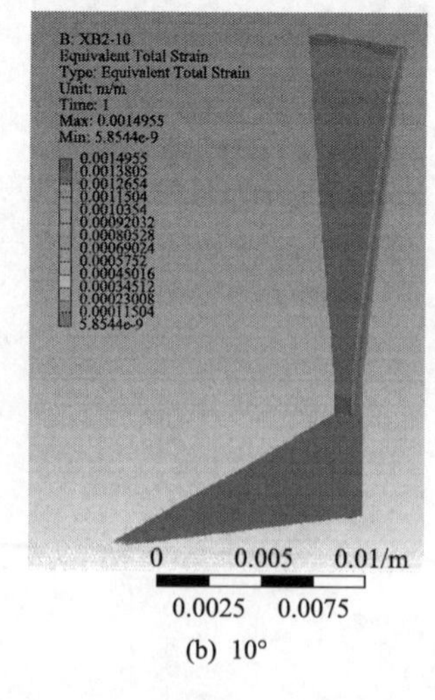

(b) 10°

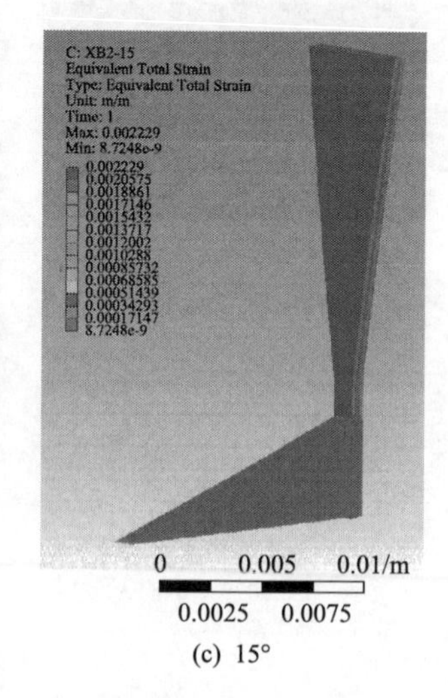

(c) 15°

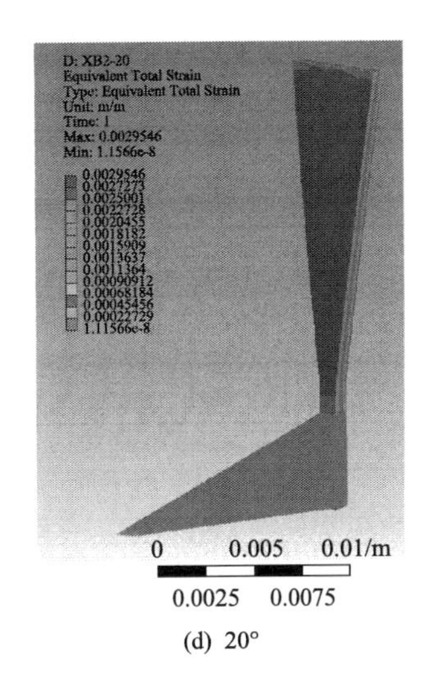

(d) 20°

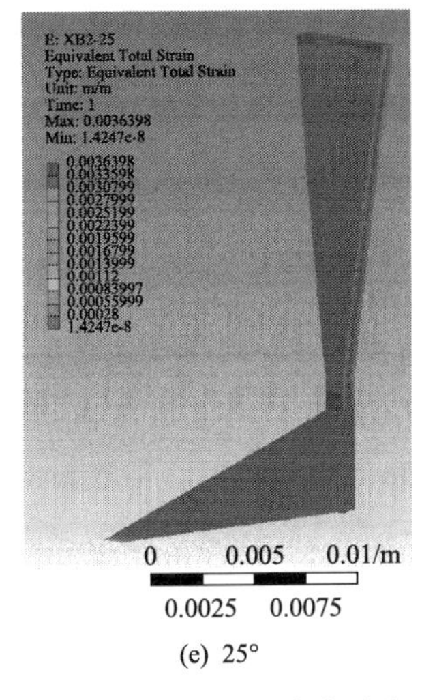

(e) 25°

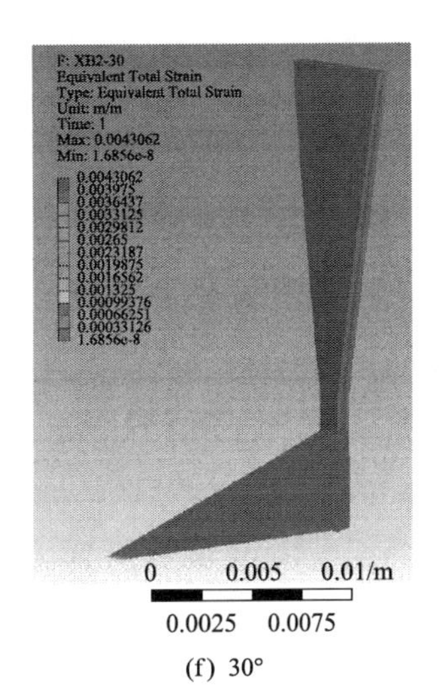

(f) 30°

图 6-27　悬臂梁 2 应变分布

传感结构的倾斜角度为 0°时，悬臂梁 2 表面没有产生应变，传感结构的倾斜角度为 5°、10°、15°、20°和 25°时，悬臂梁 2 表面应变分别为 143.02με、285.0με、424.78με、563.06με、693.64με，当传感结构倾斜角度增大到 30°时，悬臂梁 2 表面的应变约为 820.64με，悬臂梁 2 表面应变与传感结构倾斜角度之间的函数关系如图 6-28 所示。在 0°～30°时，传感结构所测得的表面应变与倾斜角度之间呈现明显的线性关系，线性拟合度为 0.9994。

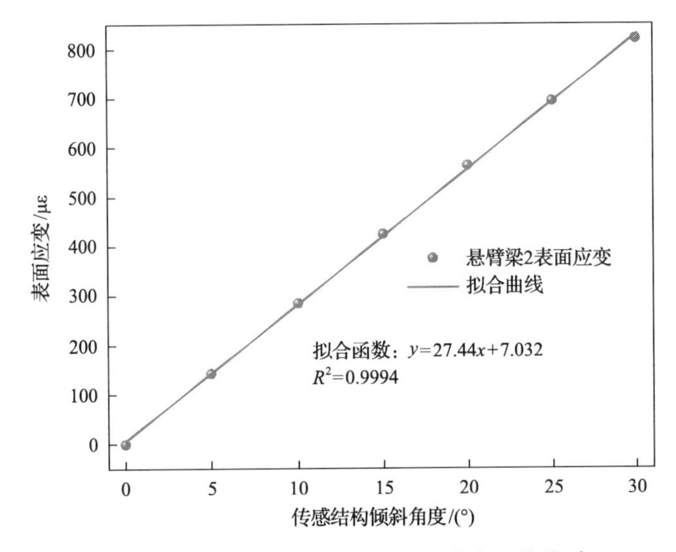

图 6-28　悬臂梁 2 倾斜角度-表面应变函数关系

对比悬臂梁 1 表面应变与倾斜角度的关系，虽然二者应变灵敏度基本相等，但仍有一些误差，在传感部件加工制作过程中的人为操作可能会放大这些误差。但是，这并不影响传感结构的传感性能，因为这种误差是由于悬臂梁 1 的固定端通过悬臂梁 2 间接固定而产生的。当摆杆使悬臂梁 1 发生弯曲时，悬臂梁 2 有微小的扭转变形，使得悬臂梁 1 的应变值偏小，即悬臂梁 1 作为传感结构的角度灵敏度较低，但其倾斜角度-应变关系仍是线性的。悬臂梁 1 对悬臂梁 2 的扭转作用不会影响传感结构的传感性能，是因为在悬臂梁 2 前后两侧对称分布 FBG2 和 FBG2′，在温度补偿的计算中，利用差分原理可以实现两个光纤光栅的温度补偿，只留下了应变所造成的波长漂移量。因此，在悬臂梁 2 前后两侧布置光栅具有科学性及先进性。然后，通过标定实验对传感器进行实际波长与倾斜角度关系的标定即可获取成型产品全面的性能特性参数，实现传感器的实用化。

(3)一般情况下的传感结构应变分布规律。当液压支架机构既发生纵向倾斜又发生横向倾斜时，光纤光栅倾角传感器的传感结构悬臂梁 1 和悬臂梁 2 同时具有传感作用，在本次模拟中传感结构的倾斜角度由纵向倾斜和横向倾斜按 1∶1 的比例构成，通过输出光纤光栅位置处的悬臂梁表面应力应变值分析传感结构的应力应变分布特征，测线布置如图 6-29 所示。

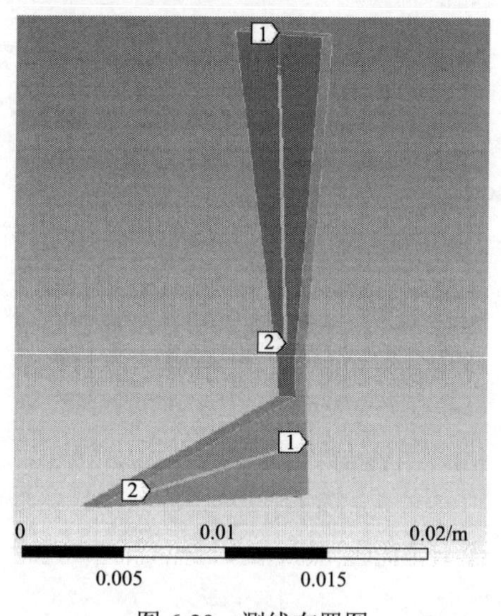

图 6-29　测线布置图

在垂直于悬臂梁 1 表面的单向力的作用下，悬臂梁 1 发生弯曲变形，该弯曲变形本质上为极限单元沿悬臂梁 1 轴向的拉应变。若此时在沿悬臂梁 1 的轴线方向有力的作用(假定与模拟中的力方向相同，指向悬臂梁 2)，则悬臂梁 1 会受到沿轴向的压应力，使得悬臂梁 1 表面的微小单元的拉应变减小，所以相较单向受力状态，双向受力状态下悬臂梁 1 的应力和应变有所减小，而且随着倾斜角度的增大，该差值也随之增大，见表 6-5。

表 6-5 悬臂梁 1 应力应变与倾斜角度的关系

倾斜角度/(°)	单向受力		双向受力		应变差/με
	应力/MPa	应变/με	应力/MPa	应变/με	
0	0	0	0	0	0
5	10.11	143.00	9.91	140.27	2.73
10	20.14	284.91	19.75	279.46	5.45
15	30.01	424.64	29.44	416.59	8.05
20	39.78	562.88	39.02	552.11	10.77
25	49.01	693.42	48.11	680.16	13.26
30	57.98	820.37	56.87	804.68	15.69

通过拟合分析发现，应变差与倾斜角度呈明显的线性关系，如图 6-30 所示。弯曲应变差与倾斜角度也呈线性关系，借此，通过标定实验可以很容易得到该函数解析式，从而用于对传感器监测结果的误差补偿。在双向受力状态下，悬臂梁 1 的应力应变与倾斜角度的线性函数关系并未因应变差的存在而发生改变，函数图像如图 6-31 所示。

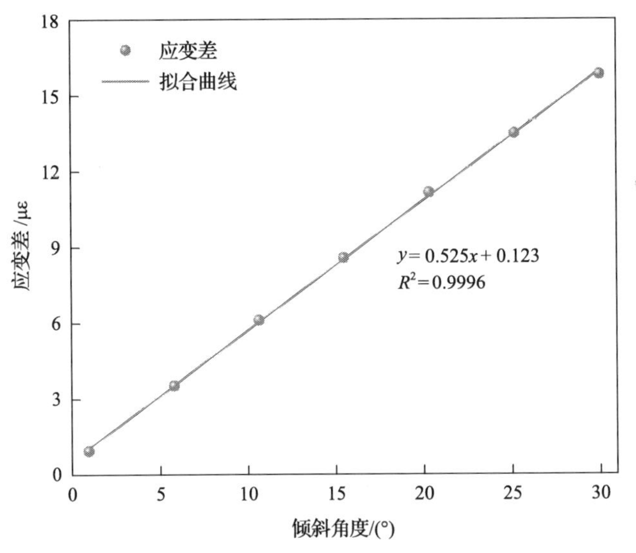

图 6-30 悬臂梁 1 应变差-倾斜角度函数关系

对比图 6-28 可知，悬臂梁 1 的应力应变与倾斜角度的函数关系与其受力状态有必然的联系，在不同倾斜角度状态，悬臂梁 1 的传感特性有所变化，但这种变化具有力学原理，是可以通过力学分析与实验测试获知的，例如本次模拟中，通过拟合应变差获得了应变差与倾斜角度的数学关系，进而可以提高监测数据的准确性。与此相似，其他很多种类的光纤光栅传感器都必须通过标定实验，确定其监测参量与应力、应变、温度状态之间的数学关系，从而实现光纤光栅传感器的现场应用。

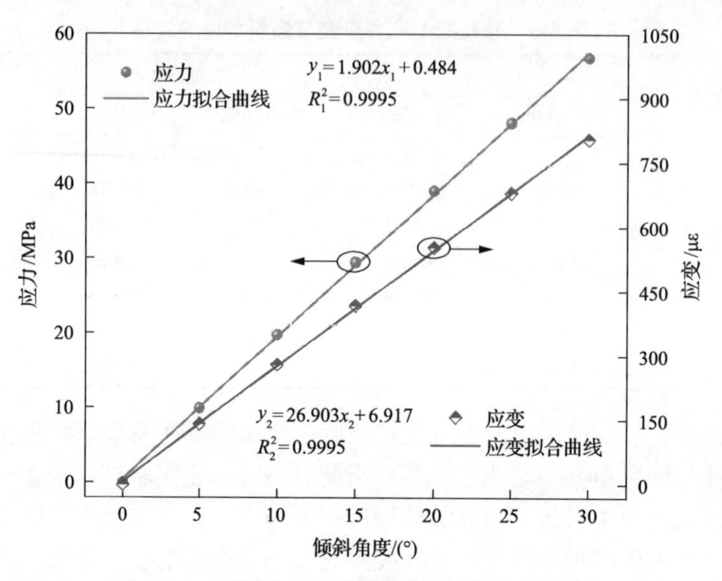

图 6-31　悬臂梁 1 应力应变与倾斜角度函数关系

由表 6-6 可知，在力的作用下，悬臂梁 1 和悬臂梁 2 的应力分布基本一致，即使是在平行于悬臂梁 2 表面方向的力的作用下，悬臂梁发生扭转变形，二者之间差值也不超过 0.04MPa，光纤光栅所感应的应变为线性应变，扭转力没有对矩形截面的纵向纤维造成应变或造成的应变极小，所以可以认为应变应力差值与倾斜角度之间没有必然联系，悬臂梁 2 表面的应力在受单向力和双向力时对其应力分布的影响是相同的。对比单向受力和双向受力，测线处的应变差最大为 0.40με，该误差可忽略不计，即单向受力和双向受力不会影响悬臂梁 2 的传感特性。在双向受力状态下，悬臂梁 2 的应力应变与倾斜角度的函数关系如图 6-32 所示。对比图 6-25 可知，应力与倾斜角度的函数关系在两种受力状态下基本一致。

表 6-6　悬臂梁 2 应力应变与倾斜角度的关系

倾斜角度/(°)	单向受力		双向受力		应变差/με
	应力/MPa	应变/με	应力/MPa	应变/με	
0	0	0	0	0	0
5	10.13	143.02	10.12	142.98	0.04
10	20.17	285.00	20.16	284.83	0.17
15	29.87	424.78	29.83	424.58	0.20
20	39.85	563.06	39.84	562.77	0.29
25	49.10	693.64	49.07	693.30	0.34
30	58.09	820.64	58.05	820.24	0.40

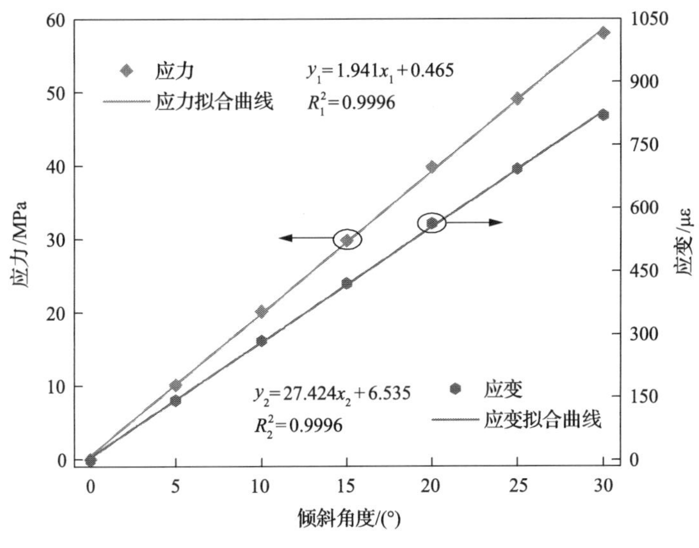

图 6-32 悬臂梁2应力应变与倾斜角度函数关系

4. 性能测试

1) 实验装置、方法和内容

光纤光栅倾角传感器性能测试设备包括光纤光栅倾角传感器、角位台、水平仪、光纤光栅静态解调仪、带分析软件的笔记本电脑、光纤跳线等，如图6-33所示。设计光纤光栅倾角传感器主要结构的尺寸和规格为：重球重力为1.5N、摆杆重力为0.2N、摆杆长度为60mm、等强度梁的有效长度为20mm、等强度梁的厚度和固定端宽度分别为1mm和5mm。为方便在实验中观察光纤光栅的粘贴效果及传感结构的变形情况，将传感器的壳体加工成金属框架的形式。图6-33中，角位台的精度为8″，量程为–45°～45°。将光纤光栅倾角传感器固定在平台上，实验前使用水平仪进行水平校准，通过调节角位台的平台角度改变其倾斜角度。实验中使用sm125型光纤光栅静态解调仪，其波长分辨率为1pm、频率为5Hz、波长扫

图 6-33 光纤光栅倾角传感器性能测试实验设备图

描范围为 1510～1590nm，使用 ENLIGHT 软件解调数据。在该实验中，使用角位台调节光纤光栅倾角传感器的倾斜角度，采用角位台示数作为数据处理时的标准参照值，记录分析系统中的中心波长等相关数据。

为测试光纤光栅倾角传感器的性能，进行如表 6-7 所示的实验内容。

表 6-7　光纤光栅倾角传感器性能测试实验内容

实验项目	实验对象	实验内容
单一传感结构的性能测试	悬臂梁 2	研究传感器在一定范围内的倾斜角度-中心波长关系
双传感结构的性能测试	悬臂梁 1 和悬臂梁 2	固定和调节一维角度（*X-Y* 平面），测试二维角度状态下的倾斜角度-中心波长关系
温度补偿性能测试	FBG2、FBG2′	对比应力和温补光栅对温度的灵敏度

2）单一悬臂梁作用时的传感结构性能测试

在 *X-Y* 平面内将光纤光栅倾角传感器的倾斜角度从–45°调到 45°，调节步幅为 5°，再从 45°调到–45°，以此往复。这种情况下，悬臂梁 2 作为传感元件，悬臂梁 1 作为力的传递介质。取 5 次循环统计数据的平均值进行分析，得到光纤光栅倾角传感器的倾斜角度与 FBG2 中心波长的关系如图 6-34 所示。

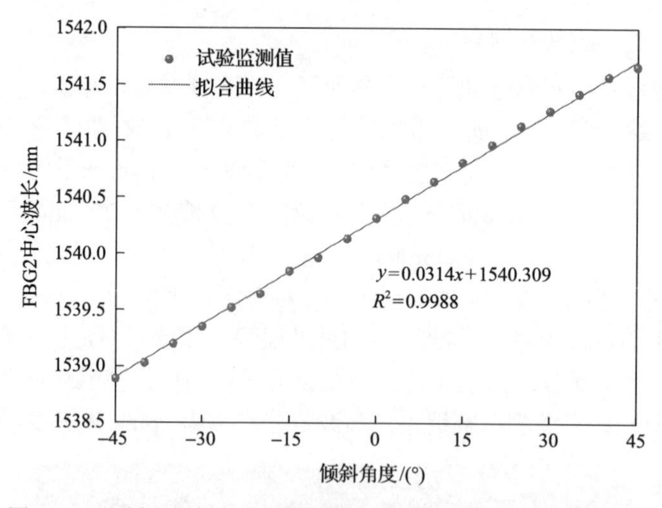

图 6-34　光纤光栅倾角传感器倾斜角度与 FBG2 中心波长的关系

由图 6-34 可知，在–45°～45°时，光纤光栅倾角传感器具有良好的角度灵敏度，角度与光栅中心波长的线性关系良好，线性拟合度为 0.9988，角度灵敏度为 31.4pm/(°)。液压支架在实际工作中，其顶梁在较佳工况时的仰角应在 0°～5°，极限范围为–5°～10°，所以为提高光纤光栅倾角传感器的灵敏度、使用寿命及稳定性，可以适当减小其量程，–30°～30°的角度范围就完全可以满足液压支架的监测需要。在–30°～30°时光纤光栅倾角传感器的倾斜角度与 FBG2 中心波长的关系如图 6-35 所示。

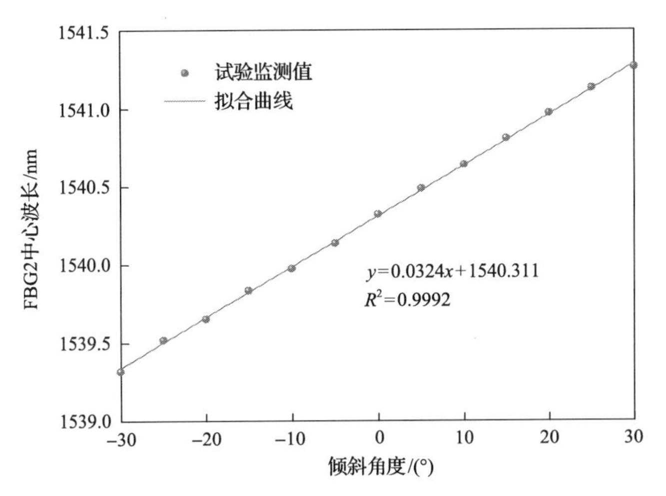

图 6-35　光纤光栅倾角传感器倾斜角度与 FBG2 中心波长的关系(–30°～30°)

在–30°～30°时，光纤光栅倾角传感器倾斜角度与 FBG2 中心波长的线性关系良好，线性度提高到 0.9992，角度灵敏度提高到 32.4pm/(°)，可以满足液压支架姿态监测的需要。对 5 次循环实验进行数据统计得如表 6-8 所示的线性拟合结果。

表 6-8　5 次循环实验的线性拟合结果

实验循环	实验内容	拟合函数	拟合度
第 1 次循环	角度递增	λ_M=0.0325φ'+1540.311	0.9987
	角度递减	λ_M=0.0324φ'+1540.311	0.9995
第 2 次循环	角度递增	λ_M=0.0324φ'+1540.311	0.9997
	角度递减	λ_M=0.0322φ'+1540.311	0.9995
第 3 次循环	角度递增	λ_M=0.0324φ'+1540.311	0.9989
	角度递减	λ_M=0.0325φ'+1540.311	0.9995
第 4 次循环	角度递增	λ_M=0.0325φ'+1540.311	0.9994
	角度递减	λ_M=0.0324φ'+1540.311	0.9992
第 5 次循环	角度递增	λ_M=0.0324φ'+1540.311	0.9991
	角度递减	λ_M=0.0323φ'+1540.311	0.9983

由表 6-8 知，在–30°～30°的范围内，在倾斜角度循环增减的过程中，倾斜角度与光栅中心波长的线性关系较好，线性拟合度均在 0.998 以上，平均为 0.9992；在多次循环实验中，传感器的倾斜角度灵敏度基本未发生变化，表明光纤光栅倾角传感器的监测结构抗疲劳和稳定性良好，且在–30°～30°范围内具有较好的工作重复性。统计多次实验数据可得，该传感器的重复度为 0.972%FS；由光纤光栅中

心波长值拟合数据可知，实验过程中光纤光栅的角度灵敏度为 32.2～32.5pm/(°)，平均为 32.4pm/(°)，换算得 K_{φ}=1.92，与理论值基本一致，造成误差的原因一方面是倾斜角度的测量误差和数据统计误差，另一方面是光栅和等强度梁之间存在应变传递误差。

3) 两悬臂梁共同作用时的传感结构性能测试

光纤光栅倾角传感器在实际工作时，作为传感结构的两个悬臂梁都有可能产生应变，为测定两悬臂梁共同作用时的传感结构性能，设置实验条件为：在 X-Y 平面内传感器的倾斜角度分别设置为 5°、15°和 25°，测试悬臂梁 1 作为传感元件时的传感性能，调节其倾斜角度，在−30°～30°角度范围内进行 5 次循环，取 5 次循环统计数据的平均值，并对悬臂梁 1 表面的 FBG1 中心波长进行应变差的误差补偿，得到光纤光栅倾角传感器的倾斜角度与 FBG1 中心波长的关系如图 6-36 所示。

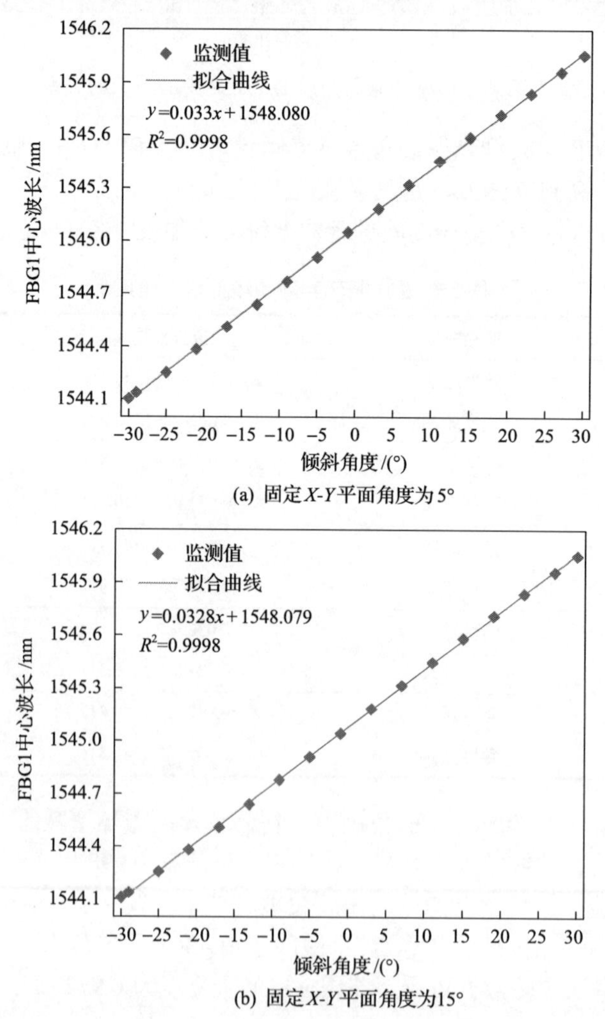

(b) 固定X-Y平面角度为15°

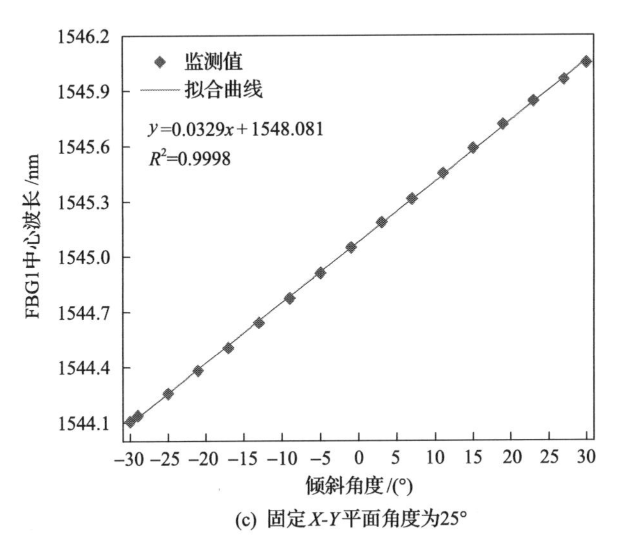

(c) 固定X-Y平面角度为25°

图 6-36　光纤光栅倾角传感器倾斜角度与 FBG1 中心波长的关系

在–30°～30°范围内，悬臂 1 和悬臂 2 共同作为传感结构时，传感器的倾斜角度与 FBG1 中心波长具有良好的线性关系。传感器在 *X-Y* 平面内的倾斜角度固定为 5°时，在–30°～30°范围内，传感器在 *Y-Z* 平面的倾斜角度与 FBG1 中心波长的线性拟合度为 0.9998，角度灵敏度为 33.0pm/(°)；传感器在 *Y-Z* 平面内的倾斜角度固定为 15°时，传感器倾斜角度与 FBG1 中心波长的线性拟合度为 0.9998，角度灵敏度为 32.8pm/(°)；传感器在 *Y-Z* 平面内的倾斜角度固定为 25°时，传感器倾斜角度与 FBG1 中心波长的线性拟合度为 0.9998，角度灵敏度为 32.9pm/(°)。三种情况下，悬臂梁 1 和悬臂梁 2 作为传感元件，传感器倾斜角度与光纤光栅中心波长的线性拟合度较高，稳定性良好，说明悬臂梁 1 可以与悬臂梁 2 共同发挥作用，实现对二维倾斜角度的监测。

此外，对 5 次循环实验进行数据统计得到如表 6-9 所示的线性拟合结果。在–30°～30°的范围内，光纤光栅倾角传感器在 *X-Y* 平面内的倾斜角度分别为 5°、15°和 25°时，在 *Y-Z* 平面内调节传感器倾斜角度，在倾斜角度循环增减的过程中，倾斜角度与光纤光栅中心波长有较好的线性关系，线性拟合度在 0.9996 以上，平均为 0.9998；在 3 组循环实验中，光纤光栅倾角传感器的角度灵敏度基本未发生变化，平均值分别为 33.0pm/(°)、32.8pm/(°)和 32.9pm/(°)，最小值和最大值分别为 32.6pm/(°)和 33.1pm/(°)，角度灵敏度变化很小，表明光纤光栅倾角传感器的监测结构抗疲劳性和稳定性良好，且在–30°～30°范围内具有较好的工作重复性。由光纤光栅中心波长值拟合数据可知，实验过程中光纤光栅传感器的角度灵敏度为 32.8～33.0pm/(°)，平均为 32.9pm/(°)，换算得 K_{φ}=1.95，与理论值基本一致。

表 6-9　5 次循环实验的线性拟合结果(两悬臂梁共同作用)

X-Y 平面角度	实验循环	实验内容	拟合函数	拟合度
5°	第 1 次循环	角度递增	λ_M=0.0329φ'+1545.080	0.9998
		角度递减	λ_M=0.0330φ'+1545.080	0.9997
	第 2 次循环	角度递增	λ_M=0.0330φ'+1545.080	0.9998
		角度递减	λ_M=0.0330φ'+1545.080	0.9997
	第 3 次循环	角度递增	λ_M=0.0331φ'+1545.080	0.9998
		角度递减	λ_M=0.0330φ'+1545.080	0.9998
	第 4 次循环	角度递增	λ_M=0.0330φ'+1545.080	0.9998
		角度递减	λ_M=0.0331φ'+1545.080	0.9999
	第 5 次循环	角度递增	λ_M=0.0330φ'+1545.080	0.9998
		角度递减	λ_M=0.0329φ'+1545.080	0.9998
15°	第 1 次循环	角度递增	λ_M=0.0329φ'+1545.079	0.9996
		角度递减	λ_M=0.0328φ'+1545.079	0.9998
	第 2 次循环	角度递增	λ_M=0.0328φ'+1545.079	0.9998
		角度递减	λ_M=0.0326φ'+1545.079	0.9999
	第 3 次循环	角度递增	λ_M=0.0328φ'+1545.079	0.9999
		角度递减	λ_M=0.0329φ'+1545.079	0.9998
	第 4 次循环	角度递增	λ_M=0.0329φ'+1545.079	0.9998
		角度递减	λ_M=0.0329φ'+1545.079	0.9997
	第 5 次循环	角度递增	λ_M=0.0328φ'+1545.079	0.9998
		角度递减	λ_M=0.0328φ'+1545.079	0.9999
25°	第 1 次循环	角度递增	λ_M=0.0328φ'+1545.081	0.9999
		角度递减	λ_M=0.0329φ'+1545.081	0.9998
	第 2 次循环	角度递增	λ_M=0.0329φ'+1545.081	0.9997
		角度递减	λ_M=0.0330φ'+1545.081	0.9998
	第 3 次循环	角度递增	λ_M=0.0328φ'+1545.081	0.9998
		角度递减	λ_M=0.0329φ'+1545.081	0.9999
	第 4 次循环	角度递增	λ_M=0.0329φ'+1545.081	0.9996
		角度递减	λ_M=0.0330φ'+1545.081	0.9998
	第 5 次循环	角度递增	λ_M=0.0329φ'+1545.081	0.9999
		角度递减	λ_M=0.0329φ'+1545.081	0.9998

4) 温度补偿性能测试

为测试温度补偿光栅的温补效果，在传感器壳体布置一个不受力的对照光栅

FBGt，该温补光栅中心波长与 FBG2′中心波长相同。实验中保持光纤光栅倾角传感器在一个倾斜角度，改变环境温度，分别用 FBGt 和 FBG2′对监测数据进行温度补偿，补偿效果如图 6-37 所示。

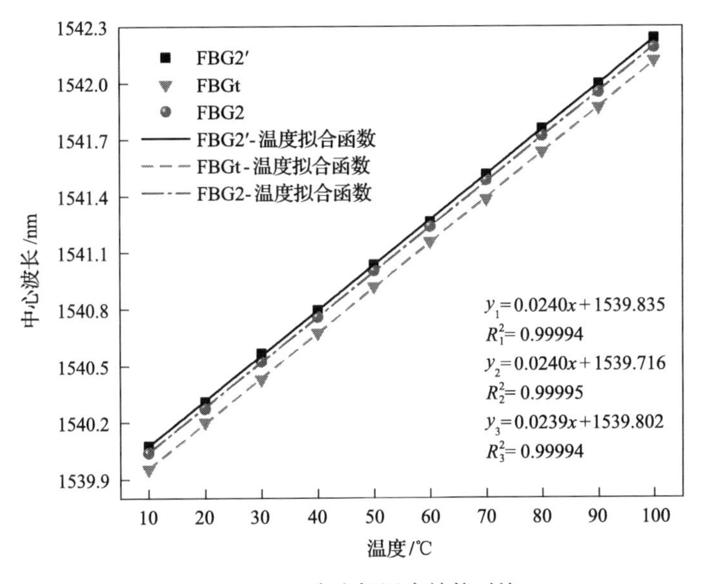

图 6-37　三个光栅温度补偿对比

由图 6-37 可知，FBGt、FBG2′和 FBG2 的温度灵敏度基本相同，为 24pm/℃，即 3 个光栅在具有相同温度灵敏度的情况下，可以实现对其中任一光栅的温度补偿。本书采用在悬臂梁 2 一侧表面布置温度补偿光栅的方法能够有效地对应变光栅进行温度补偿，而且把温度补偿光栅布置在传感结构上能避免振动及传感器壳体碰撞变形等因素造成的温补光栅失效现象。

6.3　液压支架运行姿态智能感知信息平台

6.3.1　信息平台总体架构

本节结合现场液压支架需求模型及矿山压力与岩层控制理论进行分析后，从设计框架和模型出发进行信息平台的设计与开发总体架构的构建。信息平台应满足对不同条件下综采工作面的适用性，兼容分析仪及工控机等多种硬件设备，并在数字矿山中担任重要的部分，具有易维护、可拓展的多方面优势。综合考虑矿山压力与岩层控制理论、光纤传感技术和软件技术后，信息平台采用模型-视图-控制器(model-view-controller，MVC)总体架构，在保证不同模块间必要关联性的情况下，有选择地降低不同的模块间的耦合性[197]，如图 6-38 所示。

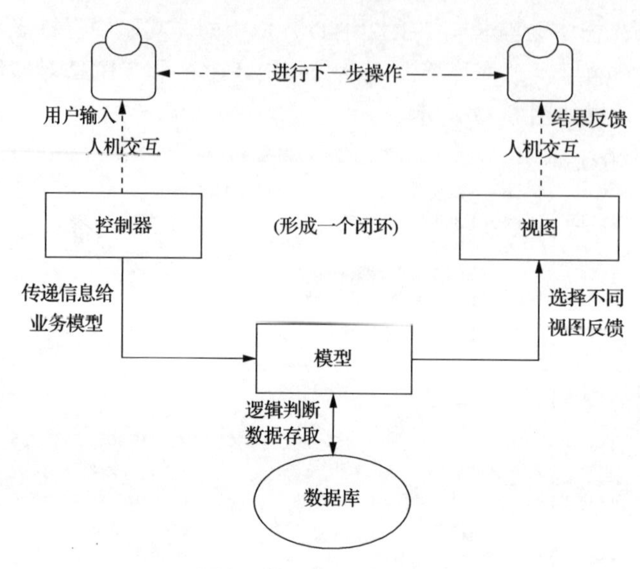

图 6-38　MVC 总体架构

控制器在人机交互中将用户输入的信息进行处理，调用相关模型去处理输入信息，此时模型就需要处理任务，模型与数据库之间搭建起联系，进行相关数据的读写，可为多个视图提供数据，再将数据信息反馈到不同视图中，供人机交互，形成一个闭环，任务处理结束之后等待下一次的操作。信息平台运行于微软操作系统，故从开发的难度和适宜度考虑，这里使用分布式组件对象模型(distributed component object model，DCOM)协议[198]，布置信息平台的总架构如图 6-39 所示，其中主体进行客户端应用程序设计、应用服务器(远程控制中心程序)设计和远程数据库系统设计，图中 TCP/IP 表示传输控制协议/网际协议(transmission control protocol/internet protocol)。

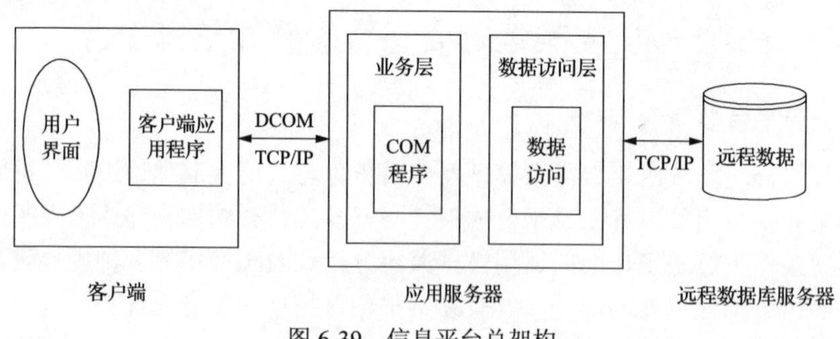

图 6-39　信息平台总架构

6.3.2　信息平台远程控制中心程序设计

远程控制中心作为信息平台的前端设备管理子系统，通过制定“工作面矿压监测传感数据传输协议”和统一平台内监测设备的数据(指令)传输格式与操作流程，使得传感数据能够有效显示于信息平台客户端上，连接监测设备(光纤光栅分析仪与光纤传感器构成的子系统)，实现同远程控制中心之间的数据交互。实现信息平台远程控制中心的设计，将从如下两部分进行阐述：数据传输协议和数据传输多线程模块设计。

1)数据传输协议

综采工作面矿压监测设备种类众多，数据格式和传输方式存在不同，一款设备配备一款信息平台，就会造成矿压监测系统庞大无序。为了加强远程监控中心管理设备的能力，信息平台应具有可拓展、兼容性高、灵活性强等特点，需对监测设备统一规格，在此次液压支架目标的基础上，统一平台自动监测系统的传输方式(TCP)和数据帧格式(ModBus 工业协议)，具体传输方式如图 6-40 所示。

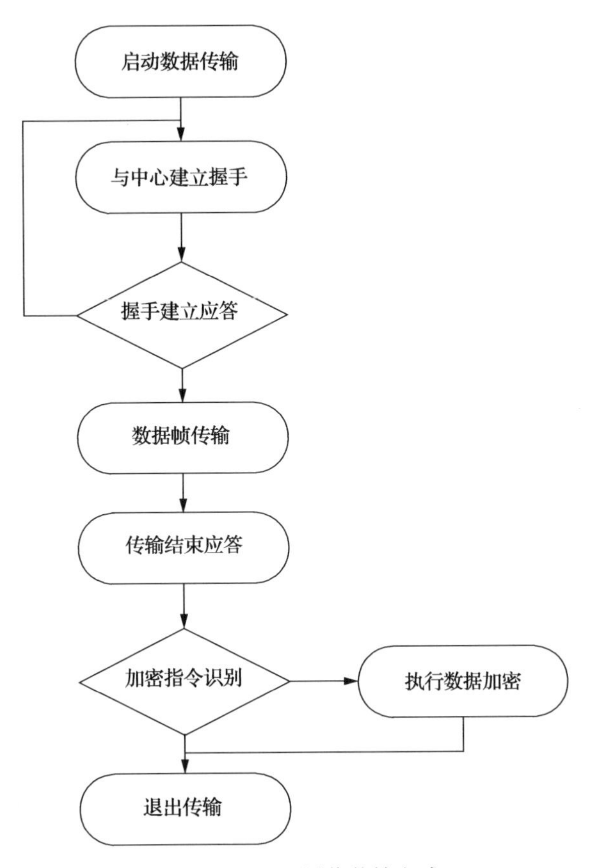

图 6-40 TCP 通信传输方式

传输方式中“握手建立应答”是标识 TCP 通信的一种重要手段，其作用就是标记光纤光栅分析仪 TCP 链路，同时甄别无效链接，握手协议的流程如图 6-41 所示。根据 ModBus 工业协议规定这次通信的数据帧格式，能达到稳定、兼容各种工业产品通信的优点，由远程控制中心作为上位机，示例：设备地址 1 从传感器 00101 开始，读连续 2 个传感器的值，即 00101、00102 传感器。建立握手后，远程控制中心与分析仪的通信链路被标记，双方之间可进行数据传输。通过三次握手协议，可以将光纤光栅分析仪的数据进行数据包传输，数据传输过程中分为正常和失败两种状态，其中失败状况的原因可能是数据包丢失、通信端口被占用或数据畸变，可以由 Windows 事件查看器记录错误原因和时间，并要求分析仪重发数据包。

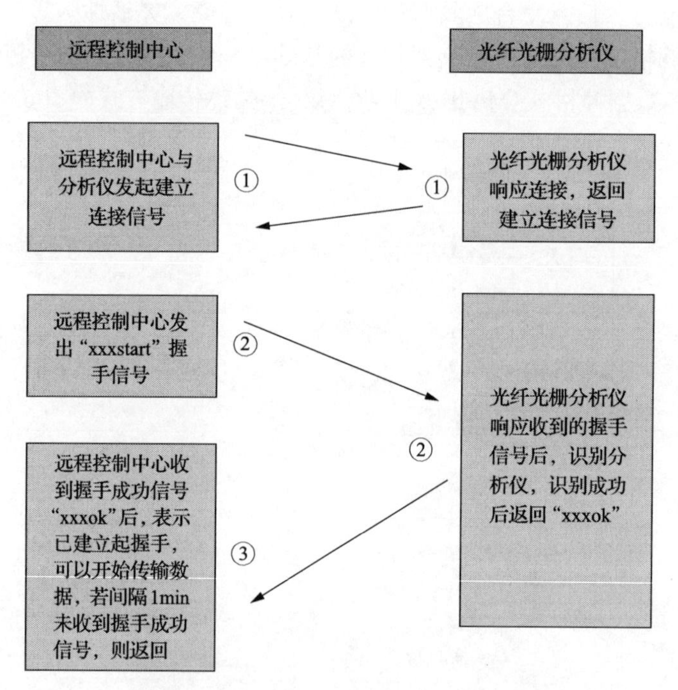

图 6-41　获取分析仪数据的握手协议流程

2）数据传输多线程模块设计

开发远程控制中心程序为 Windows 应用服务程序，在矿用工控机中 24h 不间断运行。控制中心主要布置两个任务：一是与分析仪进行 TCP ModBus 通信，将获得的数据存储到数据库系统中；二是为客户端程序提供服务。光纤光栅支架压力表与倾角传感器安装在液压支架上，时刻监控液压支架工况，分析仪通过对光纤波长的变化情况来获取倾角传感器的数据。服务器程序为完成以上两个任务，分别各自设置一个线程，待服务启动时，线程启动，如图 6-42 所示。

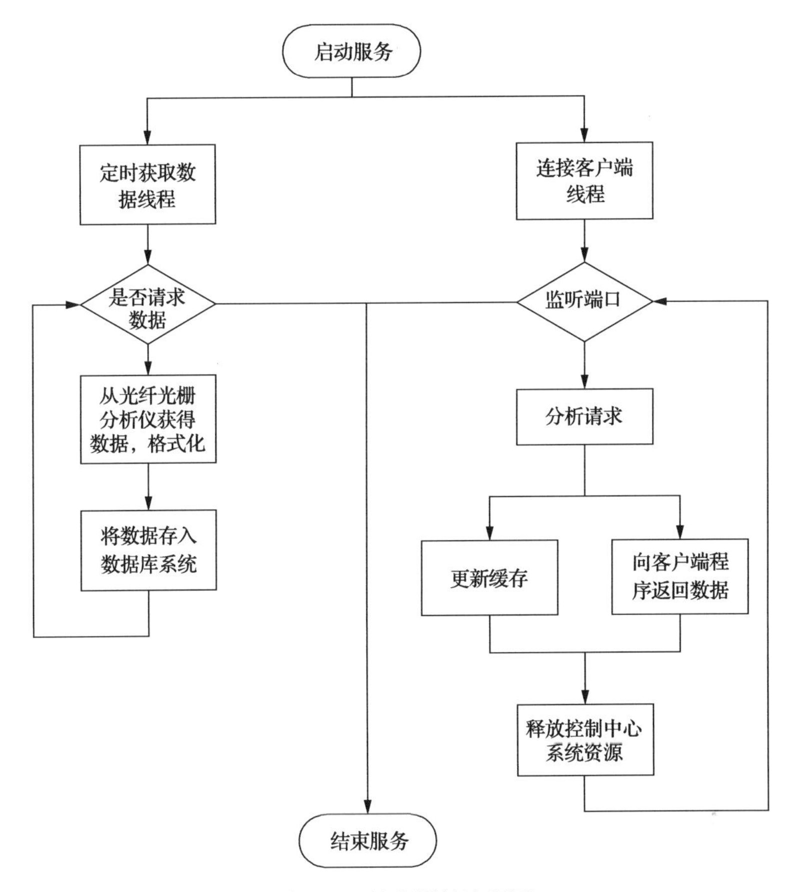

图 6-42　线程设计流程图

线程一：定时获取数据线程。此线程通过与光纤光栅分析仪建立握手协议，请求通信成功后，每隔一段时间(在控制中心配置文件设定)开始进行数据包传输，将每次获取的数据按照软件环境中预定的数据格式进行修正，转化为程序规范数据，将数据按照数据库中倾角传感器的数值范围进行超警检查，将超警数据存入数据库中或客户端缓存数据中心。

线程二：连接客户端线程。远程控制中心启动后，连接客户端线程开始监听连接控制中心的客户端，此时通过 Web Socket 接口分析请求，找寻正确通信的客户端，向客户端传输数据，更新缓存数据中心，待请求结束后释放控制中心系统资源。

远程控制中心运行状态通过 Windows 事件进行监控，远程中心程序名称为 CUMT-Windows Service[其中 CUMT 表示中国矿业大学(China University of Mining and Technology，CUMT)]，程序通过 Windows 应用程序日志实现对事件的记录，包括客户端的连接情况和异常等。

6.3.3 信息平台客户端程序设计

客户端是用户在信息平台进行人机交互的终端，通过客户端模块程序设计，可以实现工作面矿压实时监测、管理设备信息、矿压报表分析和历史数据查询等功能。客户端程序与远程控制中心通过以太网按照 TCP Socket 协议通信，数据传输至客户端程序数据缓存池，其中生产信息模块和系统管理模块可以对客户端程序数据缓存池进行读写工作，实时监测模块、报表模块和数据查询模块则读取数据缓存池数据并进行相关操作。客户端程序结构如图 6-43 所示。

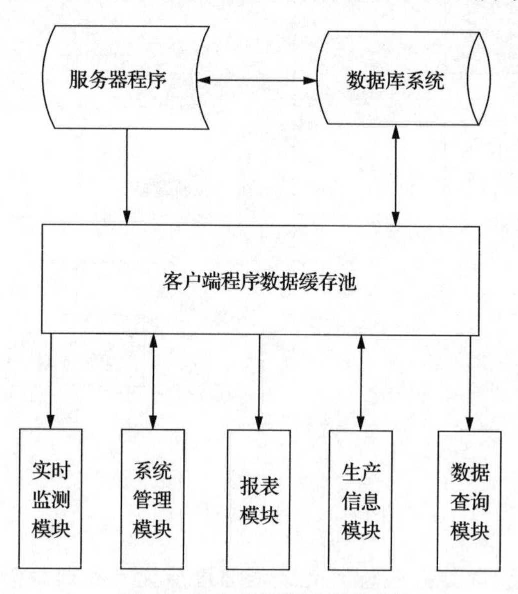

图 6-43 客户端程序结构图

1) 实时监测模块简介

实时监测模块用于显示实时监测数据，主要包括两种传感器数据(光纤光栅倾角传感器和光纤光栅支架压力表)，具体如图 6-44 所示。客户端程序通过 TCP/IP 从服务器程序获得实时数据后，存放在客户端程序数据缓存池，实时监测模块每隔一定间隔时间从中选取最近一次数据显示在模块的程序界面上。实时监测模块的主要组成是客户端程序的实时显示界面，包括工作面平面图、工作面液压支架测站分布、采煤机简易图形、倾角传感器安装位置等信息。存储在客户端程序数据缓存池中的数据再设置时间间隔并及时显示，按照预设的专家指标对数据进行检验，提升数据的有效性及数据使用的持久性。

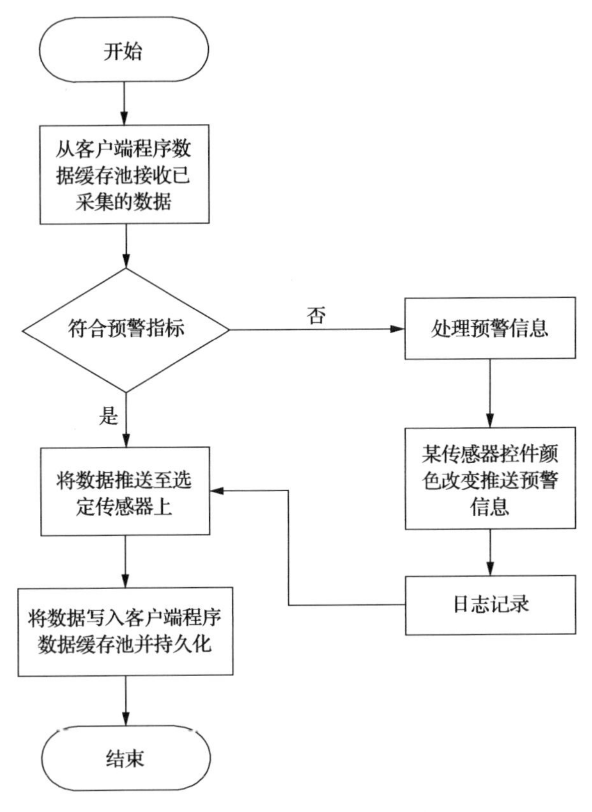

图 6-44　实时监测数据显示流程

2) 系统管理模块设计

信息平台系统管理提供监控中心传感器的具体信息，以及对数据库中的传感器进行修改维护。用户在打开相关程序界面后，会立即了解监控中心的传感器信息，其内容即 MySQL 数据库中 Seneorinfo 数据列表的详细信息，包括传感器的 ID、颜色、最大值、最小值、类型、位置等。单击界面内的某一条传感器信息时，可供用户增加和删除，并将客户写入的信息进行信息检测，更新至客户端程序数据缓存池。在系统管理逻辑模块中具体包括如下函数。

(1) 传感器信息更新函数。

当用户打开设备管理程序界面时，系统程序开始查询准备。申请 SQL 指令进行传感器信息查询，组织 SQL 语句“select * from sensorinfo”遍历整个传感器设备信息表，若用户单击一个未知信息传感器，则进行有效校验。为了保证传感器信息的可靠性和系统的稳定性，更新传感器信息时需要对传感器运行状态进行分析，如果传感器处于工作状态，则需要停止传感器运行，再对传感器信息进行更新操作。访问控制中心程序，更新数据库有效传感器列表，将数据显示在设备管理程序 DataGridView 控件中，供用户了解工作面矿压监测中所用到的所有传感器信息。传感器信息更新函数流程如图 6-45 所示。

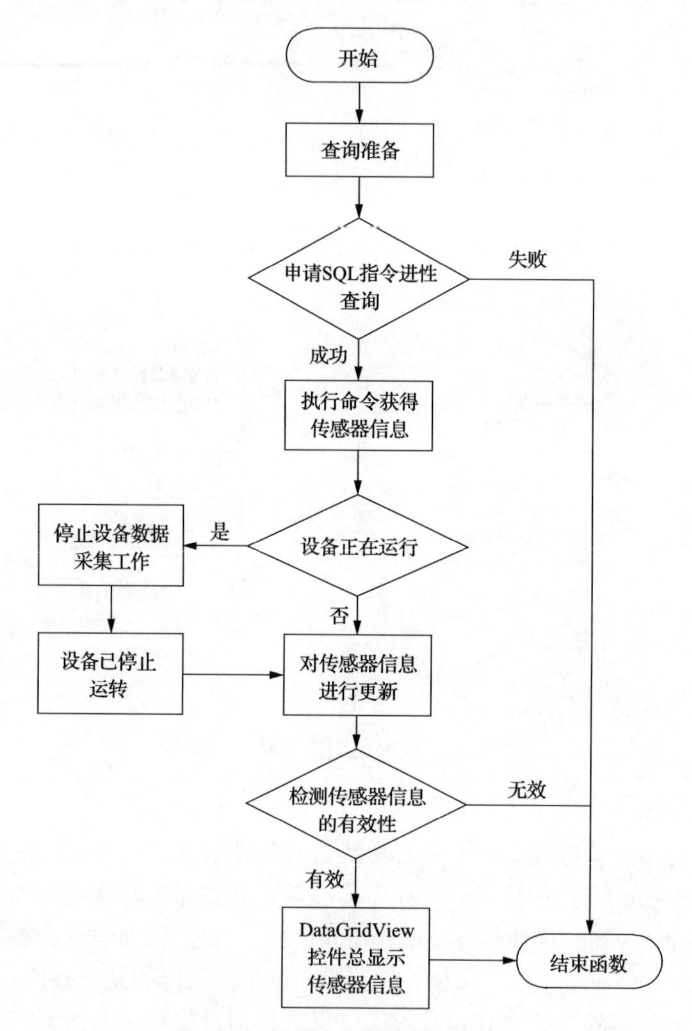

图 6-45　传感器信息更新函数流程

(2) 增加传感器信息列表函数。

程序界面中有更新按钮，当用户想更新传感器信息时，则在界面下方相对应位置进行信息录入，根据更新按钮的 click 事件，函数开始运行，首先检验传感器信息的有效性，若无效，则弹出信息框提示用户检查录入信息，信息有效则执行 SQL 指令，然后更新数据库的 Update 语句，执行失败则直接结束函数并记录错误信息，供系统管理人员查看和使用。执行成功，则向服务器发送传感器更新信号，提醒服务器更新数据库中的 Sensorinfo 数据列表。最后更新数据列表，刷新本地数据中心，增加传感器信息列表函数流程结束，具体流程如图6-46所示。

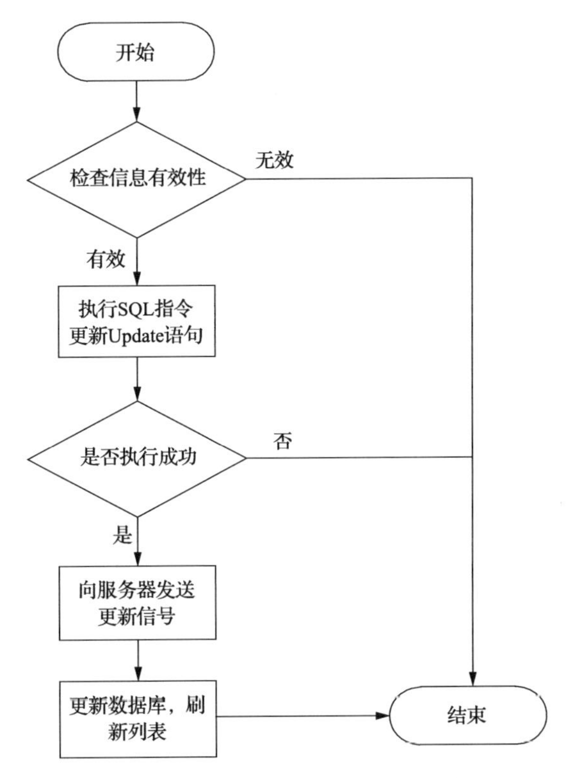

图6-46　增加传感器信息列表函数流程

(3)删除传感器信息函数。

当某一传感器失效或者不再需要时，用户可将其删除。首先界面会弹出一个窗口，内容为警告用户是否需要删除，如果是用户不小心单击删除按钮的，则可选择取消，如果选择确定删除，则继续，其中为了防止出现误操作，信息平台会在函数开始时备份数据库，并将其保存在信息平台的根目录下，供用户进行返回操作。删除函数开始申请SQL指令，执行删除传感器ID文本框中传感器信息的SQL指令。如果没有该传感器，则产生异常，结束函数，如能正常执行SQL指令，完成删除工作，则通知服务器进行数据库更新工作，具体流程如图6-47所示。

(4)备份和还原数据库。

工作面矿压监测信息平台具备备份和还原数据库功能，可以保证数据库稳健操作和数据信息的完整性，将数据库备份，文件保存至信息平台根目录下的backupdb文件夹中，供客户端对数据进行提取等操作，以及交互人员对历史矿压数据进行研究。

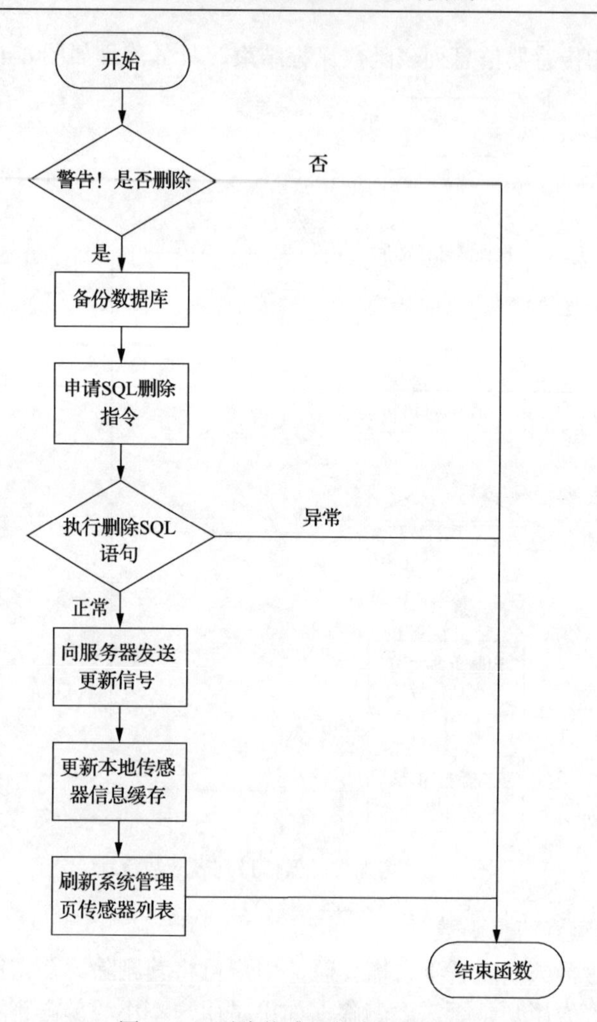

图 6-47　删除传感器信息函数流程

数据库备份时通过 SaveFileDialog 类进行实例化，选择默认路径为 backupdb 文件夹，方便计算机人员维护和用户管理，文件名为此时时刻，默认格式为年-月-日 时:分:秒，即 0000-00-00 00:00:00。通过数据库服务器 IP 地址、端口、远程访问用户名、指令等信息获得数据库的操作权，备份数据库，检查环境变量 path，找到 mysqldump.exe 路径，执行备份命令，具体工作流程如图 6-48(a)所示。

还原数据库时，在 backupdb 文件夹中选取之前保存正确的系统文件，还原到数据库中。通过 OpenFileDialog 类选择文件并读取数据库服务器 IP 地址、端口、远程访问用户名、指令等信息，获得数据库的操作权，组织 SQL 还原指令，检查环境变量 path，查找 mysql.exe 路径，成功找到则执行还原命令，具体工作流程如图 6-48(b)所示。

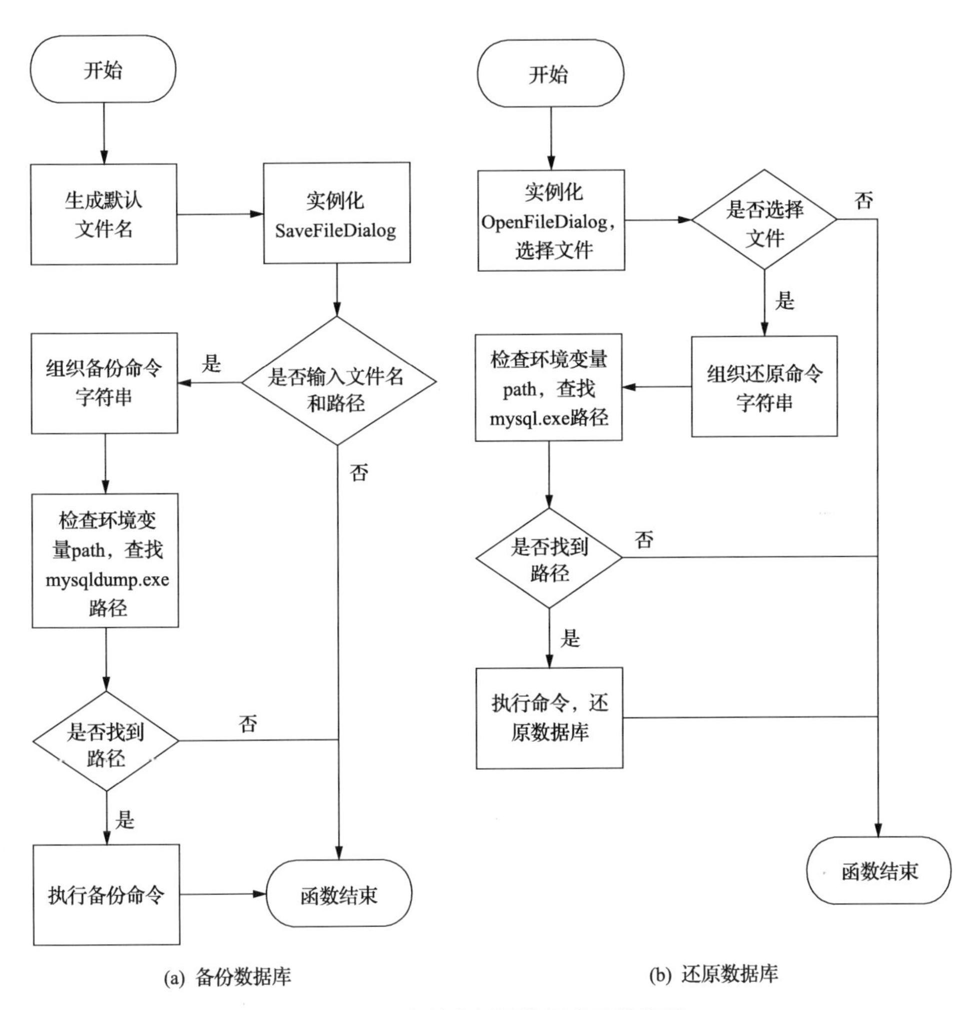

图 6-48　备份和还原数据库函数流程

3) 信息平台报表模块设计

工作面矿压监测报表程序界面是用户进行人机交互得到处理数据结果最直接的形式，具有执行分析和导出报表功能。执行分析时，通过程序 Chart 图标进行相关绘图，并将监测数据实时显示到对应的文本框中。报表内容由文本框、Chart 图表和综合分析构成，包含液压支架姿态监测中倾角传感器和所有压力传感器的数据。

当用户点击执行分析事件时，程序首先提醒用户进行历史时间设置，这样更加方便用户对历史数据的了解和处理。待历史时间设置生效，程序界面会显示如下内容：工作面的基本信息、倾角传感器测点曲线图、倾角传感器实时监测值、支架压力表测点曲线图、支架压力表实时监测值。针对历史数据进行综合预警预报分析，通过 Chart 图表控件完成所有图表绘制。此时将导出报表程序界面中已生成的 Chart 控件保存到程序根目录中，调用相关函数将综合分析的结果导入 Word 报表，将其插入 Word 报表末尾的位置，并显示在桌面上，然后释放资源，函数结束，如图 6-49 所示。

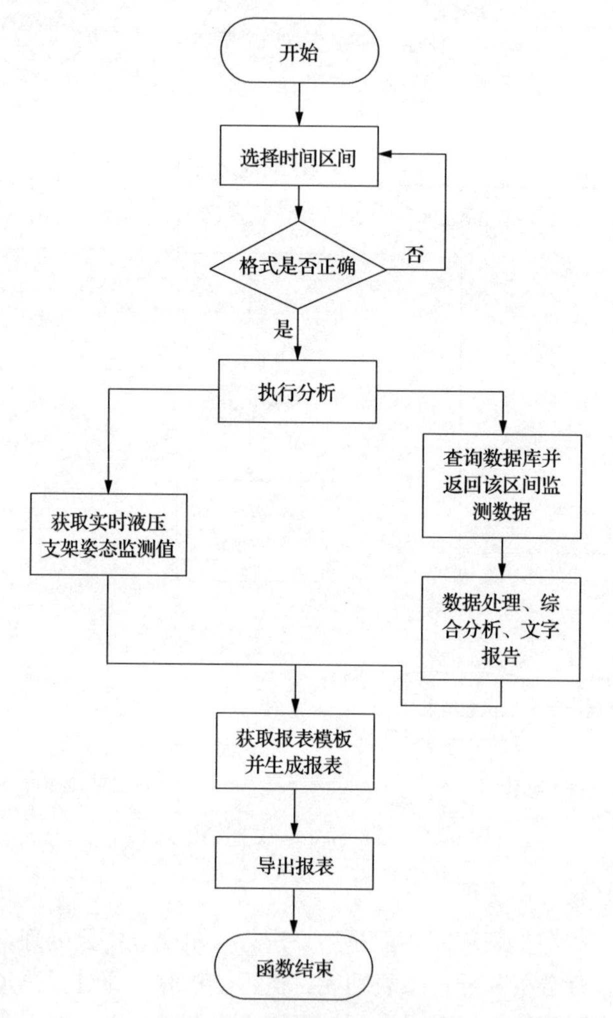

图 6-49　智能监测报表导出流程

4) 信息平台工作面矿压监测生产信息模块设计

信息平台工作面矿压监测生产信息程序界面是针对某个煤矿工作面基本信息的展示，工作面的一些基本信息可以通过初次安装时进行一些录入，也可由用户在实践生产中将工作面的一些详细基本信息进行添加录用，以备更多的用户直接了解工作面的基本状况，在安装其他传感器时可进行适当调整。目前工作面的生产信息录用工作面基本信息和巷道基本信息，其中工作面基本信息包括设计采长、剩余采长、工作面长、煤层厚度、采煤机截深、运输巷宽度、回风巷宽度、左柱合格线、右柱合格线、支架数量、移架步距；巷道基本信息包括巷道名称、煤辅运大巷长度、巷道全断面面积、顺槽长度、巷道全高、净高、全宽、净宽，矿压监测生产信息界面如图 6-50 所示。

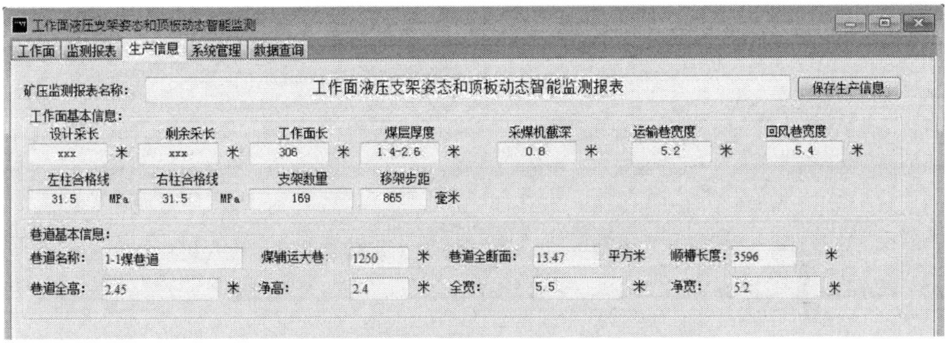

图 6-50　矿压监测生产信息界面图

5) 信息平台数据查询模块设计

信息平台程序界面向用户提供数据库数据查询模块，可进一步加强用户对历史监测数据的调用和研究，可调取历史任意区间的数据。用户首先根据界面中的“选择时间范围”选定查询时间，然后通过控件复选框选择任一传感器。根据时间和传感器选定设置 SQL 指令，程序执行数据查询功能，并在查询结果的控件上将监测数据显示出来，并可以将此传感器数据导入 Excel 中；在 Chart 控件中绘制此传感器数据曲线图，当单击 Chart 控件时，会将内容保存为图片供用户使用。在此将本界面的两个功能函数进行介绍。

(1) 查询数据功能函数。

用户单击数据查询按钮之后，对选择的时间范围和传感器进行检查，通过检查，将查询结果显示在本模块的查询结果控件上。首先，对用户输入的时间范围合理性进行检查。如果不合理，则结束函数并提示用户输入正确的时间范围。此时用户在复选框中选择传感器，如果选择的是同类型的传感器，则结束函数，让用户重新选择。如果是不同类型，则记录下所选择的传感器 ID 用于下面的数据查询。然后检查用户是否未选择任何传感器，如果是，则结束函数。检查传感器类型，确定进行 SQL 查询的结果列表。最后，根据时间范围，组成完整的 SQL 查询语句，执行并获得查询结果。根据传感器类型设定各个列的显示状态，倾角传感器列只显示一列，光纤光栅支架压力表列则显示两列，具体工作流程如图 6-51 所示。

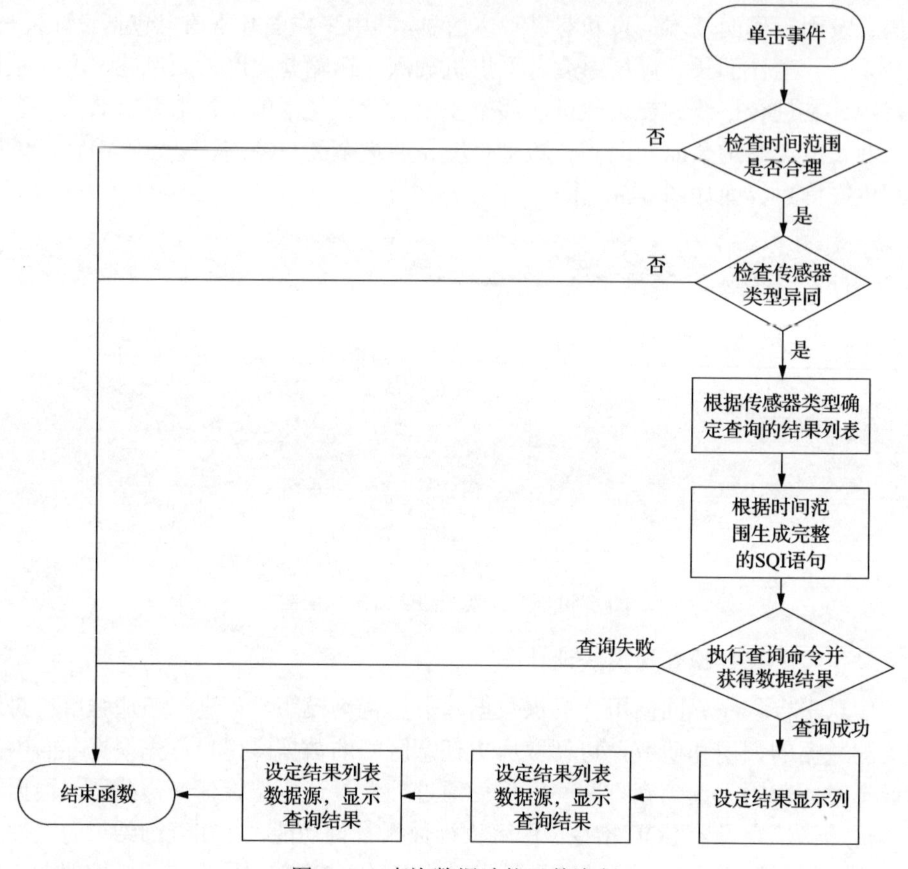

图 6-51　查询数据功能函数流程

(2)数据绘图功能函数。

当用户单击数据绘图按钮时，可根据传感器数量循环向集合中添加 Series，每一个 Series 代表一个传感器，其名称便是对应传感器的 ID。每一个 Series 添加的循环过程如下：用户是否未选择任何传感器，如果是，则结束循环，结束函数。检查当前传感器一行的选择框是否被选择，如果选择，则记录传感器 ID 和类型，如果当前已选择的传感器不是第一个已经选择的传感器，则比较当前传感器和已经选择的传感器的类型，如果类型不同，则结束函数并提示用户选择相同类型传感器，直至循环结束，具体流程如图 6-52 所示。

根据传感器 ID，从数据库系统中查询该传感器的详细信息，主要获得颜色设定。根据已经获得的传感器详细信息，实例化一个 SensorInfo 类。根据传感器 ID 和用户选择的时间范围，生成 SQL 查询语句，从数据库系统获得查询数据。根据传感器类型设定图表的 X 轴和 Y 轴，其中 X 轴均为时间，Y 轴根据传感器类型确定。光纤光栅支架倾角仪单位为度，光纤光栅支架压力表单位为 MPa。最后根据

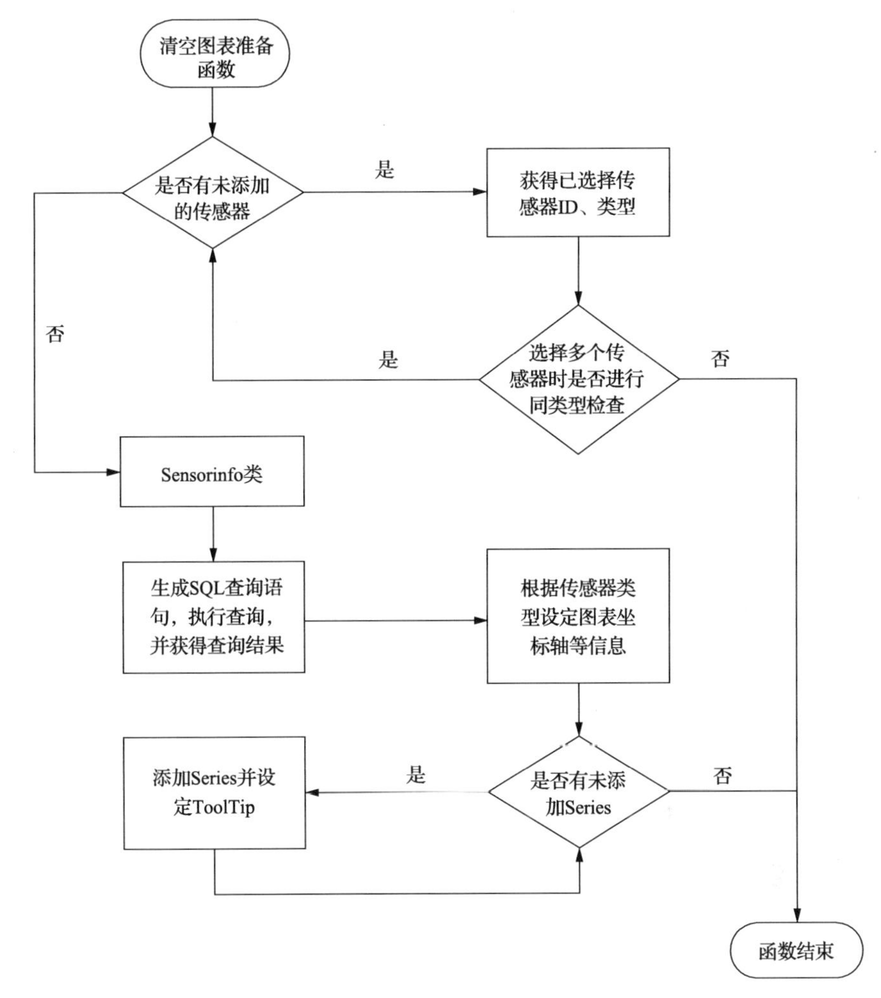

图 6-52　数据绘图功能函数流程

查询结果，通过循环将查询到的数据一个一个地添加到图表中，一个数据插入一个点。插入过程中，每一条插入的点要插入正确的 Series 上，并设定 ToolTip = "#ValX,#ValY"。最后添加完成所有的点之后，设定显示图表。

6.3.4　信息平台数据库系统设计

信息平台考虑到液压支架姿态监测系统的稳定性及维护成本等问题，使用开源的 MySQL 数据库管理系统，MySQL 提供数据定义语言（data definition language，DDL）供用户对数据库结构进行定义。

1）智能监测信息平台数据库系统

数据库名称为“FBG-sensordata”，根据信息平台的要求，需要维持数据库的稳健性和安全性，所以在服务器主机上或者单独的数据工控机上部署数据库系统。在工作面矿压监测数据库系统的设计过程中，作者考虑到数据信息建设是本信息平台的重要环节，根据 MySQL 数据库技术，将数据库中的表主要分为两类：一类是存储 FBG 传感器信息、传感器线性修正信息、警告信息、数据修正模块配置信息的逻辑控制管理信息表；另一类是用于存放每一种传感器设备和其相对应的监测数据的数据类型表，见表 6-10，数据库表关系如图 6-53 所示。

表 6-10　数据库类型表详细说明

类型	名称	说明
逻辑管理信息表	Sensorinfo	FBG 传感器信息表
	Correction_value	传感器线性修正信息表
	Warninginfo	警告信息表
	Data_modification_management	数据修正模块配置信息表
数据类型表	data_angle	光纤光栅倾角传感器监测数据
	data_stress	光纤光栅支架压力表监测数据

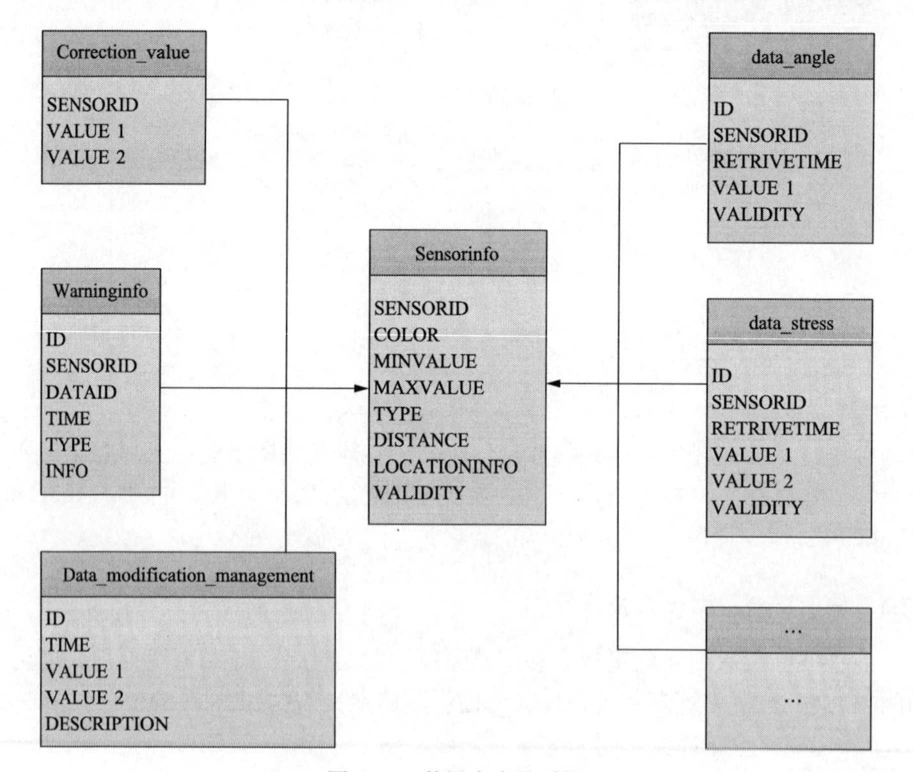

图 6-53　数据库表关系图

因为工作面矿压监测信息平台具有较好的兼容性，并为其他工作面监测系统的传感器连接提供接口，所以可以在现场实践中将其他不同的传感器类型添加入数据库系统中。在现场实施设计方案中对 5 个测站的液压支架进行监测，若随后需对其他液压支架的工况进行研究，则在液压支架的相关测点布置光纤光栅传感器，在系统管理逻辑模块设计时，可以对数据库中的工作面实时监测传感器进行增加、删除、修改等操作。

2) 逻辑管理信息表设计

(1) FBG 传感器信息表——Sensorinfo 表设计。

Sensorinfo 表承载了每一个传感器的所有信息，其中包括传感器数据 ID、传感器控件颜色、传感器最小临界值、传感器最大临界值、传感器类型、传感器距开切眼的距离、传感器测站信息、传感器数据有效性，数据库和软件系统中所有与传感器相关的信息都与此表有关联。每一个有效传感器都有一条相对应的 Sensorinfo 记录信息，见表 6-11。

表 6-11　Sensorinfo 表中各个字段的解释

内容	类型	关键	空值	说明
SENSORID	VARCHAR<45>	主键	否	传感器数据 ID，在信息平台中唯一标识一个传感器
COLOR	VARCHAR<45>		否	在程序或打印时允许进行彩色绘图时，传感器的主要表示颜色
MINVALUE	DOUBLE		是	传感器最小临界值
MAXVALUE	DOUBLE		是	传感器最大临界值
TYPE	VARCHAR<45>		否	传感器类型
DISTANCE	INT		是	传感器距开切眼的距离
LOCATIONINFO	VARCHAR<45>		是	传感器测站信息
VALIDITY	INT		是	传感器数据有效性

(2) 线性修正信息表——Correction_value 表设计。

线性修正信息表给每一个传感器类型都存放一个修正值，若传感器重置基础数据，则调用线性修正信息表中的信息，见表 6-12。

表 6-12　Correction_value 表中各个字段的解释

内容	类型	关键	空值	说明
SENSORID	VARCHAR<45>	主键	否	相关的传感器 ID
VALUE1	DOUBLE		否	修正值 1，默认 0
VALUE2	DOUBLE		否	修正值 2，默认 0

(3) 警告数据信息表——Warninginfo 表设计。

警告数据信息表中主要是存放在监测过程中超过或低于安全阈值的传感器数

据，每产生一个警告数据，就将该警告数据存放在数据表中，见表 6-13。

表 6-13　Warninginfo 表中各个字段的解释

内容	类型	关键	空值	说明
ID	BIGINT	主键	否	一条警告信息的唯一标识
SENSORID	VARCHAR<45>		否	警告信息对应的传感器 ID
DATAID	BIGINT		否	警告信息相关的数据 ID
TIME	DATETIME		否	警告信息产生的时间
TYPE	VARCHAR<45>		否	警告信息类型
INFO	VARCHAR<150>		是	详细警告信息，文字内容

(4) 数据修正模块配置信息表——Data_modification_management 表设计。

数据修正模块配置信息表中存放传感器数据的误差、修正等数据信息，每一条数据信息都代表每一个传感器的相关记录，见表 6-14。

表 6-14　Data_modification_management 表中各个字段的解释

内容	类型	关键	空值	说明
ID	INT	主键	否	配置信息记录的 ID
TIME	DATETIME		否	默认格式为 0000-00-00 00:00:00
VALUE1	DOUBLE		否	值 1，浮点数，默认 0
VALUE2	VARCHAR<45>		是	值 2，字符串
DESCRIPTION	VARCHAR<255>		是	描述信息，TIME、VALUE1、VALUE2

3) 数据类型表设计

(1) 光纤光栅倾角传感器监测数据表——data_angle 表设计。

data_angle 表用于存放光纤光栅倾角传感器在每一个监测时间的监测值，包括顶板顶梁角度变化和底板角度变化等，对于研究支架姿态具有重要意义，见表 6-15。

表 6-15　data_angle 表中各个字段的解释

内容	类型	关键	空值	说明
ID	BIGINT	主键	否	每一条数据的唯一 ID
SENSORID	VARCHAR<45>		否	记录产生这条记录的传感器 ID
RETRIVETIME	DATETIME		否	记录产生的时间
VALUE1	DOUBLE		是	液压支架倾角变化值
VALIDITY	INT		否	数据有效性，值为 1 表示有效

(2) 光纤光栅支架压力表监测数据表——data_stress 表设计。

data_stress 表(表 6-16)用于存放光纤光栅支架压力表在每一个监测时间的监

测值，主要是立柱油压变化值，压力监测对液压支架受力状态及顶板压力研究具有重要意义。

表 6-16 data_stress 表中各个字段的解释

内容	类型	关键	空值	说明
ID	BIGINT	主键	否	每一条数据的唯一 ID
SENSORID	VARCHAR<45>		否	记录产生这条记录的传感器 ID
RETRIVETIME	DATETIME		否	记录产生的时间
VALUE1	DOUBLE		是	液压支架左柱监测值
VALUE2	DOUBLE		是	液压支架右柱监测值
VALIDITY	INT		否	数据有效性，值为 1 表示有效

6.4 液压支架运行姿态智能感知系统工程应用

6.4.1 工程概况

1. 工作面地质概况

隆德煤矿 101 工作面所在煤层为 1-1 煤，为中厚煤层，煤层厚度为 0.15～3.07m，平均总厚度为 1.75m，可采煤层厚度为 0.80～2.38m，平均厚度为 1.97m，稳定性较好，煤层埋深为 130m。煤层西北部厚而东南部薄，煤层厚度变化较小，煤层倾角＜1°。工作面标高为 1001.8～1033.1m，平均埋深在 130m 左右，工作面煤层顶底板情况见表 6-17。

表 6-17 工作面煤层顶底板情况

顶底板	岩石名称	厚度/m	岩性特征描述
基本顶	细砂岩	8.2～8.6	深灰色，泥质胶结，为中等硬度，波状层理，含细粒，夹砂岩薄层，层面中可见少许植物化石
直接顶	粉砂岩	4.4～6.0	灰色，泥质胶结，为中等硬度，波状层理发育，具有劈裂面，夹砂质泥岩薄层，含植物叶片化石
伪顶	泥岩	0.3～0.5	灰色，可见微斜层理，断口具滑面，硬度小，易风化为粉末状，含少许植物化石
直接底	粉砂岩	9.2～11.5	灰色，为中等硬度，内含植物化石，岩芯完整，水平及波状层理

101 工作面采用长壁后退式综采一次采全高工艺，采用全部垮落法管理煤层顶板，采用中厚煤层综采设备。考虑到煤层埋深较浅、顶板较坚硬，中间架液压支架均选用高阻力的两柱掩护型支架，液压支架选型为 ZY10000/13/26D，加强切顶并保证工作面支护稳定性，共计 161 架中间架，过渡架型号为 ZYG10000/14/28D，端头架型号为 ZT12000/16/32。同时考虑到煤层较坚固，均选用大功率采煤机。101 工作面采煤机采用端头斜切进刀、双向割煤、一刀一循环、每刀推进 0.8m

的工作方式，采用三八工作制，采准平行，每班2～3个循环。101工作面平均采高为1.97m，工作面长度为300m，推进长度为3596m。

2. 工作面巷道布置

101工作面巷道布置平面图如图6-54所示。101工作面布置三条回采巷道，即101工作面辅助运输巷道、胶带运输巷道和回风巷道，胶带运输巷道和辅助运输巷道之间的隔离煤柱宽度为20m。101工作面辅助运输巷道与胶带运输巷道通过1-1煤北翼辅助运输人巷与1-1煤北翼胶带运输大巷形成工作面的运输、进风系统，回风巷道通过1-1煤北翼回风大巷形成工作面的回风系统。

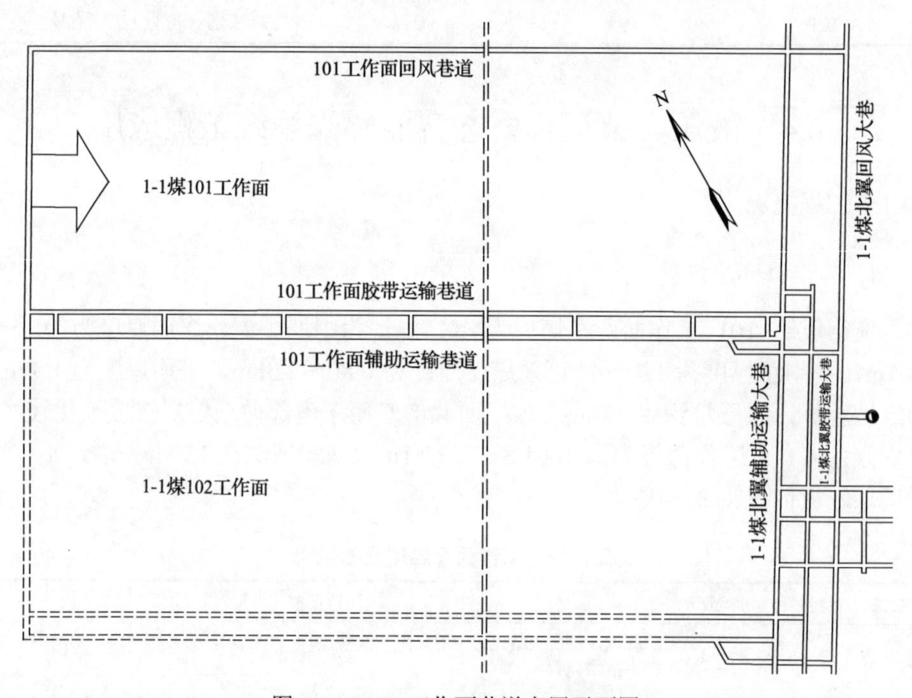

图6-54 101工作面巷道布置平面图

101工作面回采巷道采用锚网支护，切眼采用锚网索联合支护，顶板锚杆为ϕ18mm×2100mm的左旋螺纹钢锚杆，间排距为1000mm×1000mm。顶板锚索规格为ϕ17.8mm×6500mm，间排距为2000mm×3000mm，巷道支护参数见表6-18。

表6-18 101工作面巷道支护参数表

巷道名称	巷道断面尺寸	断面形状	支护形式
101工作面胶带运输巷道	5.4m×2.4m	矩形	锚网索联合支护
101工作面辅助运输巷道	5.2m×2.4m	矩形	锚网索联合支护
101工作面回风巷道	5.4m×2.4m	矩形	锚网索联合支护

6.4.2　液压支架姿态监测内容及监测方案

1. 监测内容

本书液压支架姿态监测的目的是全面掌握隆德煤矿1-1煤层首采面101工作面液压支架的姿态分布规律和矿压显现规律，为101工作面及本煤层其他工作面的液压支架工况监测、矿压控制、顶板运动规律研究和安全生产等提供依据。根据光纤传感的液压支架姿态监测系统的功能和监测特点，充分利用光纤传感技术可同时动态监测多参量的优势，可确定的监测内容为：①直接监测参量，包括液压支架顶梁姿态、底座姿态、横向姿态和前连杆姿态；②间接监测参量，包括液压支架立柱姿态、掩护梁姿态等，监测系统整体结构如图6-55所示。

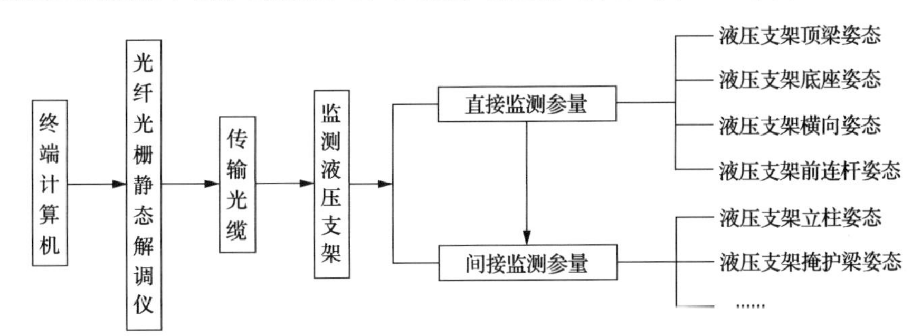

图6-55　101工作面液压支架姿态监测系统整体结构

2. 监测方案

1)测站布置

在101工作面中每相邻10架选取1架液压支架作为监测测点，选取的液压支架为1#、11#、21#、31#、41#、51#、61#、71#、81#、91#、101#、111#、121#、131#、141#、151#、161#，共17架，其中1#～51#液压支架为第一测站，61#～101#液压支架为第二测站，111#～161#液压支架为第三测站，测站布置图如图6-56所示。

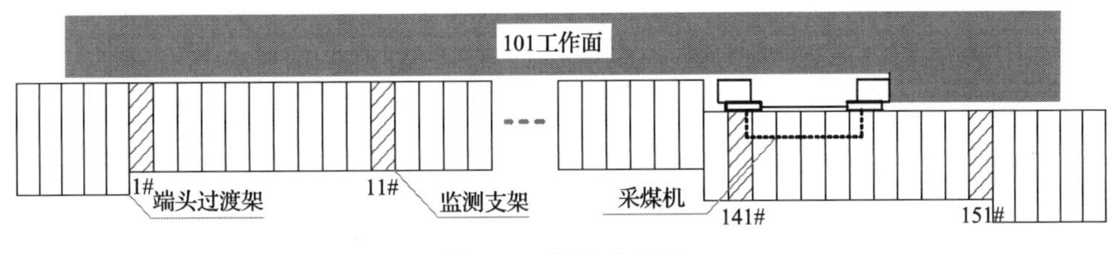

图6-56　测站布置图

2）光纤光栅倾角传感器布置

光纤光栅倾角传感器的布置如图 6-57 所示。在各监测测点液压支架的顶梁、底座和前连杆上分别布置一台光纤光栅倾角传感器，采用螺栓固定连接。安装顶梁和底座倾角传感器时，调节倾角传感器使其与顶梁和底座当前的角度一致。安装前连杆倾角传感器时，使用水平仪调平倾角传感器并测量和记录前连杆当前的角度。

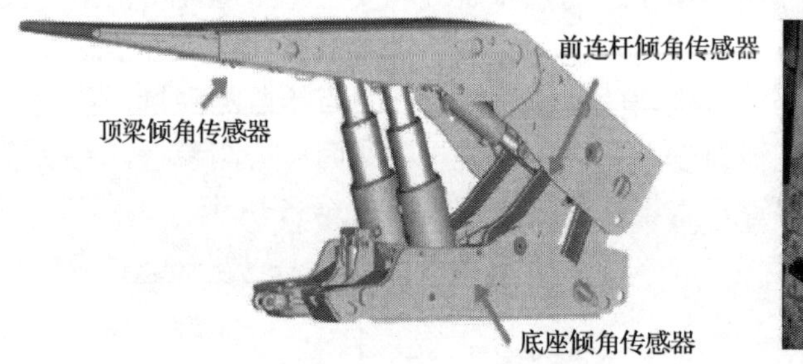

(a) 布置示意图

(b) 现场布置图

图 6-57　光纤光栅倾角传感器布置

3）线路连接

光纤跳线接头一端连接光纤光栅倾角传感器，另一端在光纤接线盒中连接到光缆干路中。光缆干路沿工作面长度方向铺设，同液压支架其他通信线路固定在一起。工作面测区的光缆干路连接至工作面巷道中的光纤光栅解调仪通道，光纤光栅解调仪安放在巷道控制站中，并接入矿井局域网。解调主机布置在井上调度室中，并连入矿井局域网，可获取光纤光栅解调仪的数据信息。客户端显示、处理解调主机中的数据信息，线路连接图如图 6-58 所示。

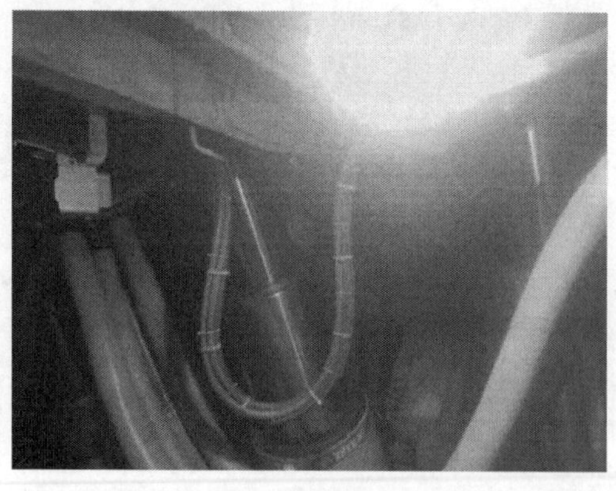

(a) 光缆布置

(b) 光纤光栅解调仪布置

图 6-58　线路连接图

6.4.3　液压支架姿态分布特征

对 101 工作面回采期间的液压支架姿态进行连续 10 天的数据采集，采集频率为 1Hz，对液压支架的顶梁、底座、掩护梁、横向倾角、立柱长度等关键姿态进行数据统计和分析，其中顶梁、底座和横向倾角是直接监测量，立柱长度依据直接监测量经系统软件计算获得。

1. 顶梁姿态

1) 工作面支架顶梁的整体姿态

由图 6-59 可知，101 工作面液压支架顶梁纵向的倾角分布在 3°～5°，其中中部测区的顶梁倾角较大，分布在 4°～5°，两端较小，分布在 3°～4°。这种姿态分布规律是由于工作面中部顶板压力较大造成的，工作面中部矿山压力显现较为明显，顶板回转下沉量显著，而工作面两端顶板在煤柱及端头支架的支撑作用下回转下沉量较小。整体来说，液压支架顶梁纵向姿态保持在仰起状态，在 0°～10° 范围内，顶梁姿态状况良好，液压支架顶梁能对顶板起到较好的支护作用。

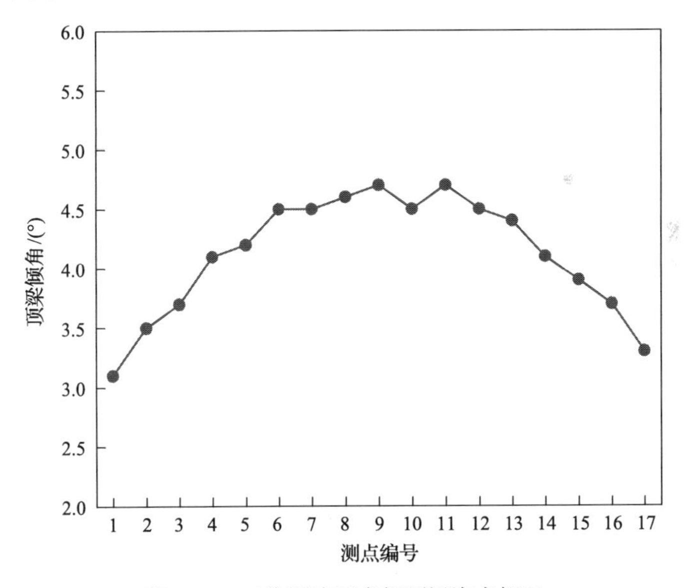

图 6-59　工作面液压支架顶梁姿态概况

图 6-59 反映了液压支架顶梁姿态沿工作面长度方向的分布规律，即在工作面中部，液压支架工作阻力较大，两端较小，沿工作面采长方向，液压支架工作阻力的分布呈高低起伏的规律，顶板的高应力区和低应力区交叉分布，同时，工作面中部液压支架平均工作阻力高于两端。沿工作面采长方向，液压支架顶梁倾角呈现高低起伏的分布规律，顶梁倾角大小呈波形分布，顶梁的倾角姿态反映了工

作面顶板垮落时的回转角大小不同。整体上，中部顶梁倾角较大，两端较小。

2)工作面推进过程中单个顶梁的姿态

选取一个工作时间段，各测站在工作面推进过程中的液压支架平均姿态监测结果如图 6-60 所示。液压支架在工作过程中，其顶梁随顶板回转运动而发生倾角的变化，顶梁倾角的变化可分为如下几个阶段：首先是倾角快速增大阶段，在液压支架达到初撑力后，由于上覆顶板的回转下沉，液压支架仰角快速增大，在支架立柱工作阻力的作用下，形成对顶板的有效支撑作用。然后，进入顶梁倾角的缓慢增大阶段，随着液压支架工作阻力的增大，支架对直接顶岩层的支撑作用逐渐增强，直接顶岩层顶梁仰角增速逐渐减缓，这与液压支架工作阻力的变化趋势是一致的。最后是顶梁倾角的突变阶段，在 2h、4h、6h 时，液压支架卸压移架，液压支架顶梁跟随直接顶岩层发生回转，仰角在短时间内增大，移架结束后液压支架升压，顶梁撑起，顶梁仰角恢复到较小的状态。此外，在采场周期压力的作用下，来压期间的顶板回转下沉量增大，顶梁倾角也有增大的趋势，通过记录分析顶梁倾角的变化规律，结合现场情况，可以预测周期来压，及时采取技术措施。光纤传感的液压支架姿态监测系统实现了对液压支架姿态的准确监测，能够实时掌握液压支架的工作状态和采场应力场的变化。

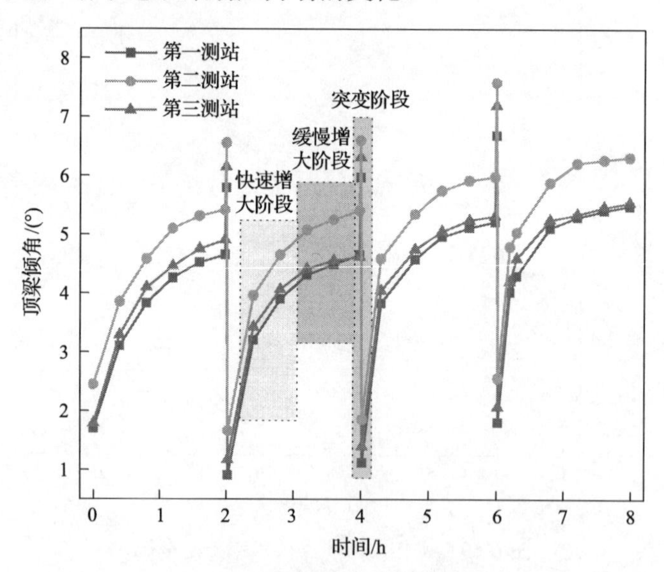

图 6-60 工作面推进过程中液压支架平均姿态监测结果

2. 底座姿态

由图 6-61 可知，101 工作面的液压支架底座倾角分布在–1～1°，角度为正时，底座向下倾斜，角度为负时，底座向上抬起，底座姿态没有表现出明显的规律，具有较大的随机性。底座的倾角主要受浮煤、底板平整度、顶板压力等影响，101 工作面底板较为平整，硬度较高，液压支架底座倾角在 0°附近波动，整体水平度较好。

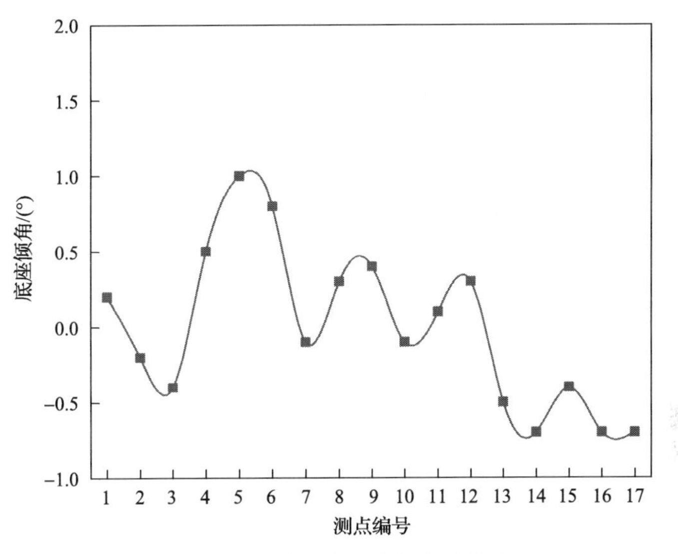

图 6-61　工作面液压支架底座姿态

3. 掩护梁姿态

如图 6-62 所示，101 工作面液压支架掩护梁的倾斜角度差异不大，分布在 23°～27°，其中 25°～27°比例为 76.47%，占绝大多数，另有很少一部分分布在 23°～24°，比例为 5.88%。掩护梁倾斜角度整体较小，对垮落矸石具有较好的承载作用。根据

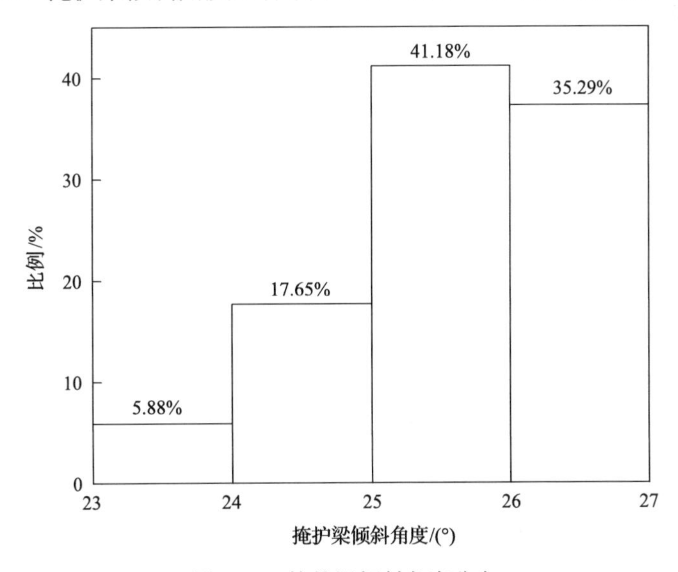

图 6-62　掩护梁倾斜角度分布

力学平衡原理可知，当掩护梁具有承载作用时，将产生作用于顶梁前端的力矩，顶梁外载合力作用点前移，使得顶梁回转角和端面顶板下沉量保持在较小的水平，从而使顶梁对端面顶板产生很好的控制作用。

4. 横向倾角

液压支架横向倾角对支架的横向受力、顶板载荷状况及邻架之间的相互作用有重要影响。通过对横向倾角的监测可实现对液压支架横向倾斜状况的掌握，再依据监测指标即可对液压支架横向不良状态进行预测预警。液压支架横向倾角的统计结果如图 6-63 所示，由图可知，液压支架横向倾角沿工作面长度方向呈高低起伏的分布规律，这是因为基本顶岩层破断的岩块与直接顶岩层垮落的岩块大小不一，造成工作面沿采长方向的载荷分布不均，加之底板的平整度是随机分布的，造成液压支架受偏载作用而表现为横向倾斜。101 工作面液压支架横向倾角分布在–2°～2°，整体横向倾斜角度不大，液压支架左右倾斜姿态分布不均。

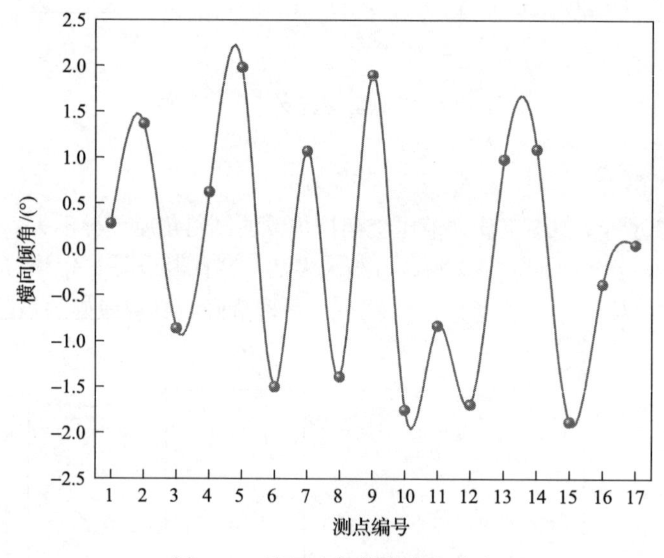

图 6-63 液压支架横向姿态分布

5. 立柱长度

由图 6-64 可知，101 工作面液压支架立柱长度分布在 2100～2200mm，伸长量差别不大。由于工作面中部顶梁仰角较大，中部立柱高度较低，两端立柱伸长量较大。通过对比由光纤传感监测系统所得结果和电液控制系统监测记录的立柱伸缩量可知，二者结果基本一致，说明光纤传感监测系统的姿态监测原理和监测结果是可靠的。此外，立柱长度的变化趋势与顶梁倾角的变化趋势基本对称，说明顶梁的倾角对立柱的伸缩量有显著的影响。

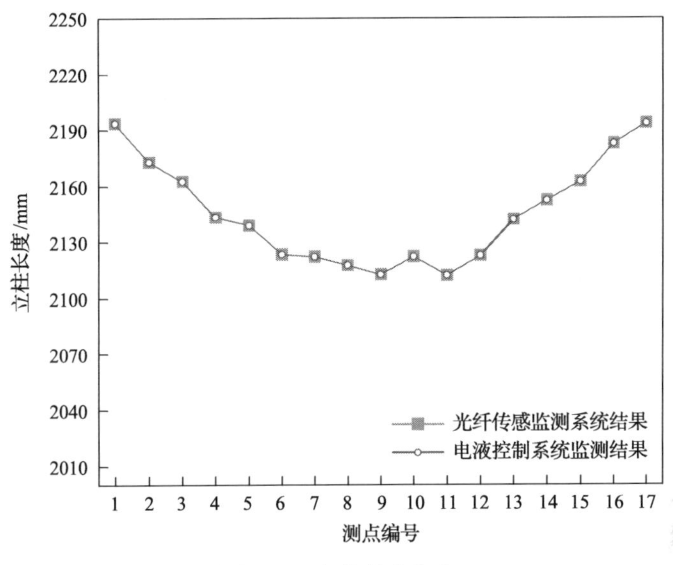

图 6-64　立柱长度分布

6.4.4　液压支架顶梁姿态分布规律

1. 推进过程中顶梁姿态与工作阻力对比

选取 101 工作面正常推进约 100m 距离的液压支架工作阻力和姿态监测结果，分析液压支架的工况。101 工作面是近水平煤层工作面，煤岩层赋存稳定，液压支架循环末端阻力和周期来压判据在工作面倾向方向上基本对称，选取 1#、21#、41#、61#和 81#液压支架的感知数据进行分析，鉴于篇幅限制，仅对 61#液压支架的工作阻力和顶梁姿态进行阐述。

61#液压支架位于工作面中部测区，受周期来压影响显著，其工作阻力较大。2017 年 11 月 12 日～16 日，由于操作不规范，液压支架初撑力不足，工作阻力没有得到充分发挥，工作阻力相对较低，在顶板载荷的作用下，顶梁回转角较大。在姿态监测与工作阻力监测都可靠的情况下，这种顶梁姿态与工作阻力不一致的监测结果可以侧面反映液压支架操作不规范及液压支架故障等情况。在 11 月 17～21 日，经过严格管理液压支架操作，61#液压支架初撑力显著提高，顶梁倾角减小。61#液压支架的平均倾角约为 3.90°，极差为 1.69°，方差为 0.416°。对液压支架顶梁倾角的监测数据进行整理，见表 6-19。

2. 基于姿态和工作阻力监测的液压支架适应性分析

以液压支架姿态和工作阻力监测结果为参考依据，从液压支架对采场矿山压力的控制效果、对顶板的维护效果及液压支架运行姿态这三方面，对 101 工作面液压支架的适应性进行分析，如表 6-20 所示，液压支架姿态监测的各项指标分析见表 6-21。

表 6-19　液压支架顶梁监测数据统计

编号	顶梁倾角分布/(°)	平均值/(°)	极差/(°)	方差/(°)
1#	2.14～2.86	2.51	0.72	0.071
21#	2.53～3.54	3.07	1.01	0.082
41#	2.88～4.46	3.64	1.58	0.278
61#	3.08～4.77	3.90	1.69	0.416
81#	3.52～5.29	4.41	1.77	3.010

表 6-20　101 工作面液压支架适应性分析

测站	平均工作阻力/MPa	平均初撑力/MPa	初撑力合格率/%	顶板回转角/(°)	底座倾角/(°)	横向倾角/(°)
第一测站	16.35	13.91	63.26	3.1～4.2	–0.2～1	–0.9～2.0
第二测站	26.12	23.96	63.26	4.5～4.7	–0.1～0.8	–1.8～1.9
第三测站	17.08	16.85	63.26	3.3～4.5	–0.7～0.3	–1.9～1.1

表 6-21　101 工作面液压支架姿态监测指标分析

监测指标	顶梁倾角(最大平均值)			立柱倾角
监测值	4.7°			62.8°
评价项目	顶板状态	来压强度	初撑力	刚度耦合
评价结果	正常	中等	偏低	安全，偏小
监测指标	底座倾角(平均值)		掩护梁倾角	结构状态
监测值	–0.06°	–0.01°	25°～27°	伸长量、倾角
评价项目	横向稳定性	纵向稳定性	矸石承载	平衡千斤顶等
评价结果	良好	良好	良好	正常

由表 6-20 可知，101 工作面液压支架工作阻力基本呈对称分布，中部区域工作阻力较高，两端测站工作阻力较低，工作面中部来压强度较大，平均工作阻力在液压支架的额定范围内，能够较好地适应工作面推进过程中的顶板矿压。101 工作面液压支架的初撑力整体偏低，两端更为明显，统计合格率为 63.26%，应加强液压支架操作管理。顶板回转角中部较大，属于正常回转角度范围，顶板状态良好，没有冒顶事故，液压支架对顶板的支护效果较好。液压支架底座倾角变化不大，底板较为平整，工作面推进过程中应及时清理浮煤。液压支架受顶板的偏载作用，出现横向倾斜，但倾斜角度较小。由表 6-21 可知，除初撑力偏低外，其他监测指标基本正常，液压支架的姿态整体较好。综上所述，101 工作面液压支架能够适应该煤层的开采条件，具有较好的顶板支护效果，液压支架运行姿态良好，保障了工作面的生产安全。

6.5　基于BP神经网络的液压支架运行姿态决策方法

6.5.1　液压支架顶梁姿态决策指标体系

液压支架作为平衡回采工作面顶板压力的支护结构，其自身结构与姿态必须与上覆岩层的结构尽可能相适应。在这一过程中，液压支架的顶梁与顶板直接接触，顶梁的姿态会根据顶板运动情况产生相应的变化，然而，在一些情况下，由于受到顶板离层量、离层速度、液压支架的工况条件等诸多因素的影响，顶梁姿态与顶板的耦合程度不高，会出现冒顶、压架、回采工作面设备损坏及人员伤亡等恶性事故。因此，在实际回采过程中，顶梁姿态角的调整对煤矿安全高效生产有重要意义。

液压支架支撑顶板时，其受载过程分为三个阶段，如图6-65所示，在t_0时间段内，自顶梁接触直接顶岩层那一刻起，立柱下腔的液体介质压力不断升高，直至等于支架泵站压力，此时为液压支架的初撑阶段，图中P_0为支架的初撑力。t_1时间段内为液压支架承载增加阶段，在该阶段内，液压支架活柱内的液体处于封闭状态，覆岩开始下沉，液体介质的压力不断增大，导致液压支架支撑能力也随之提高。当压力增加至初工作阻力P_1时，进入恒阻承载阶段，液压支架的支撑力始终围绕额定工作阻力P_2波动。在液压支架承载期间，相较于其他阶段，恒阻阶段的支架顶梁与采场顶板接触时间最长，且该阶段内顶梁姿态角的变化对液压支架的支护顶板效果影响较大，因此，本节选择对液压支架处于恒阻承载阶段内的顶梁倾角进行决策控制。

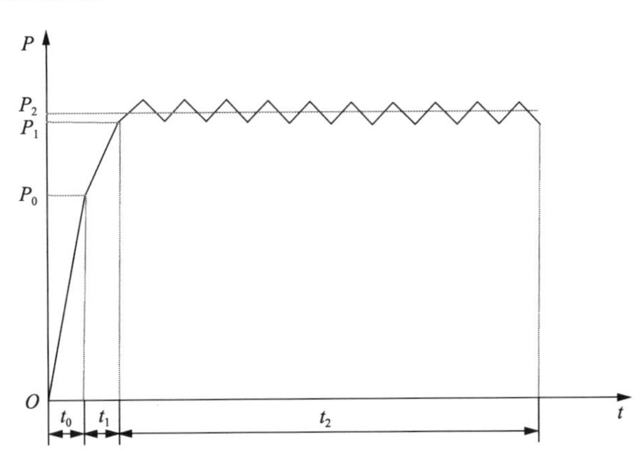

图6-65　液压支架工作特性曲线

液压支架倾角决策是一个极为复杂的问题，采场的环境具有多变性，顶梁在恒阻承载阶段的姿态受诸多因素影响，因此，在进行决策控制时，选择合适的决策体系极为重要，这直接影响了决策准确性。以下从顶板、液压支架工作阻力、支架结构参数等方面进行全方位的分析，建立合理、精确、全面的液压支架顶梁决策指标体系。

1. 顶板因素

在回采工作面不断向前推进过程中，煤岩上覆岩层开始有了自由变形的空间，直接顶及基本顶岩层开始下沉甚至垮落。为了适应这一变化，保证液压支架尽可能与顶板相贴合，液压支架顶梁姿态角会做出相应变化。由此可知，顶梁倾角变化本质上是顶板运动与顶板载荷作用的结果。

根据式(5-12)、式(5-14)可知，除受岩层物理力学参数和液压支架结构参数影响外，直接顶岩层回转角的变化主要受基本顶岩层运动及直接顶岩层自身垮落程度影响。然而，上述影响因素在式中为量化指标，现场实测难度较大，且一般选择经验值，不符合前馈(back propagation，BP)神经网络建立决策指标体系的要求。为了克服此困难，采用等效替代的思想，基本顶岩层运动及直接顶岩层自身垮落程度的本质均为岩层垮落离层，而离层量及离层速率可作为衡量离层的重要量化指标且在现场进行实时监测，因此，将直接顶岩层和基本顶岩层的离层量及离层速率加入顶梁决策体系。

2. 液压支架工作阻力因素

液压支架工作阻力与顶板离层量关系为近似双曲线，如图 6-66 所示。当液压支架工作阻力较低时，随着工作阻力的增大，顶板下沉系数有明显下降趋势，当增大到某一值后，对顶板下沉趋势影响较小，直至消失。经前人研究发现，当基本顶未来压时，该双曲线关系可表示为

$$S=\frac{aMR_m}{1-\mathrm{e}^{-0.1P}} \tag{6-13}$$

式中，S 为顶板的离层量；M 为煤层厚度；R_m 为支架至煤壁的距离；P 为工作阻力；a 为顶板级别常数，通常为 0.015～0.04。

当工作面基本顶来压时，该关系可表示为

$$S=\frac{16600}{1.46P} \tag{6-14}$$

液压支架顶梁与工作面顶板直接接触，顶梁姿态变化是对顶板下沉的一种适应，是一种间接的表现形式。液压支架在正常工况状态下，假设在工作阻力不变的情况下，顶梁在适应直接顶岩层后呈抬头状态，经现场观测与分析可得，随着顶板下沉量不断增大，顶梁的倾角也在不断增大，同理，顶梁处在低头状态时也符合此规律，结合图 6-66 即可得出在正常工况状态下，采场液压支架顶梁倾角与工作阻力关系的趋势图，如图 6-67 所示。

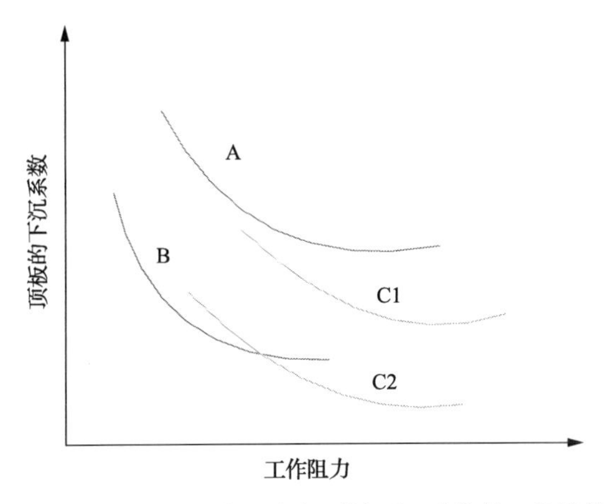

图 6-66 液压支架工作阻力与顶板下沉系数的双曲线关系

A-苏联；B-英国；C-德国

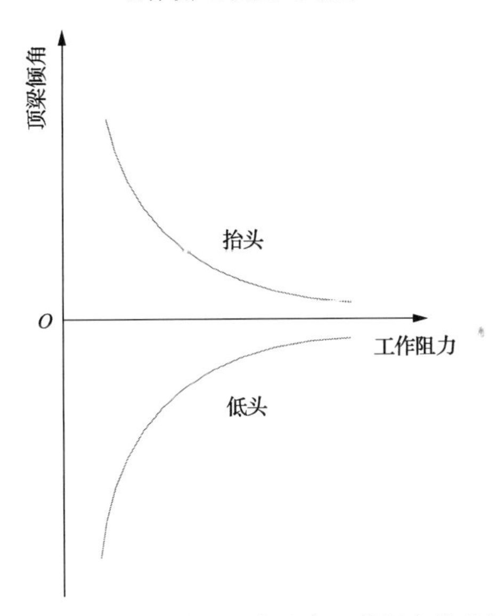

图 6-67 采场液压支架顶梁倾角与工作阻力关系趋势

综上可知，液压支架工作阻力在一定范围内既对顶板离层产生一定影响，又对支架顶梁倾角的变化有重要的影响。而现场中，液压支架的工作阻力与立柱的泵站压力有关，因此可将立柱的泵站压力加入决策指标体系之中。另外，平衡千斤顶在保持支架顶梁、掩护顶梁姿态方面也具有重要的作用，当施加于液压支架的外界载荷发生扰动时，平衡千斤顶液压缸会被动收缩或泄压以重构受力平衡的状态，这引起了端头铰接点距离的变化，从而导致了液压支架顶梁姿态的改变。因此，平衡千斤顶的泵站压力也是决策时考虑的重要的指标因素。

3. 液压支架结构参数因素

近年来，随着开采深度的不断增加，所遇到的矿压问题越来越复杂。为应对此种情况，保证煤矿的生产安全，我国研发的液压支架形式和种类也在不断增多。按结构可分为支撑式、掩护式、支撑掩护式液压支架，不同类型的液压支架，其结构特点及受力特点也大不相同。在第 2 章中，作者以两柱掩护式液压支架为例，建立了姿态模型，解算出了各个机构姿态之间的关系。然而，这些机构姿态之间不但存在着数量关系，而且其实质是对现场环境的直接反映。因此，在进行顶梁姿态决策时，可将实时监测姿态参数(底座、前连杆倾角、顶梁倾角)加入决策指标体系。

4. 决策指标体系的建立

依据前面对顶板因素、液压支架工作阻力因素及液压支架结构参数因素分析，建立如图 6-68 所示的液压支架顶梁姿态决策指标体系。

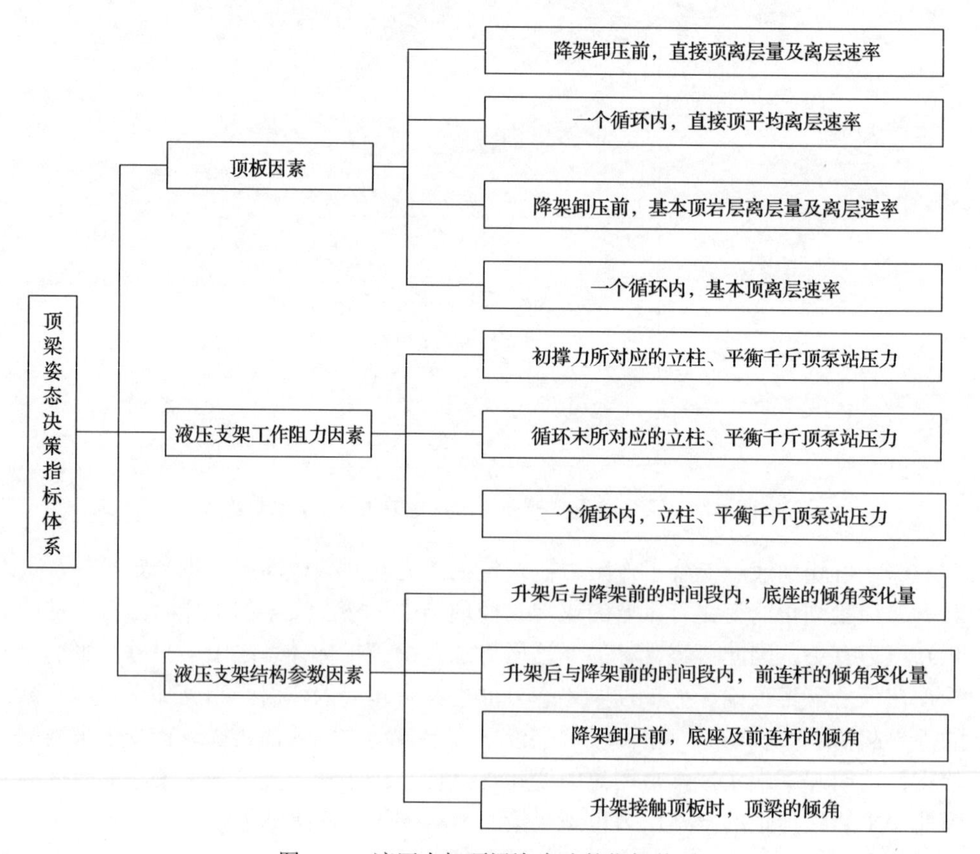

图 6-68　液压支架顶梁姿态决策指标体系

在该体系中，为了使 BP 神经网络算法学习效果达到最佳，分别加入了液压支架在一个循环内的离层定量指标、泵站压力指标及支架其他结构的姿态参数指标。这样不仅使得决策体系更加全面、合理，而且可提高支架顶梁姿态决策准确性，使其更好地应用于现场。

6.5.2　BP 神经网络基本理论

BP 神经网络是一种经典人工神经网络，由于其本身所具有的特点，在现场实际应用中，采用的神经网络模型多为此种神经网络或其变化形式。

1. BP 神经元

BP 神经网络属于多层前向输入、单向反向传播的网络，是 McCelland 和 Rumelhart 共同提出的，它由大量简单的、类似于人体的神经元结构相互联结而成[199]。如图 6-69 所示，在该模型中，含有 p 个 x 的输入量，每个输入量通过不同的权值 ω 与下层进行连接，神经元输出量 y_k 可由式(6-15)表示。

$$y_k = f\left(\sum_{i=1}^{p}\omega_{ki}x_i + s_k\right) \tag{6-15}$$

式中，y_k 为神经元的输出量；$f(x)$ 为神经元的激励函数；ω_{ki} 为第 i 个输入量的对应的权值；s_k 为神经元的阈值。

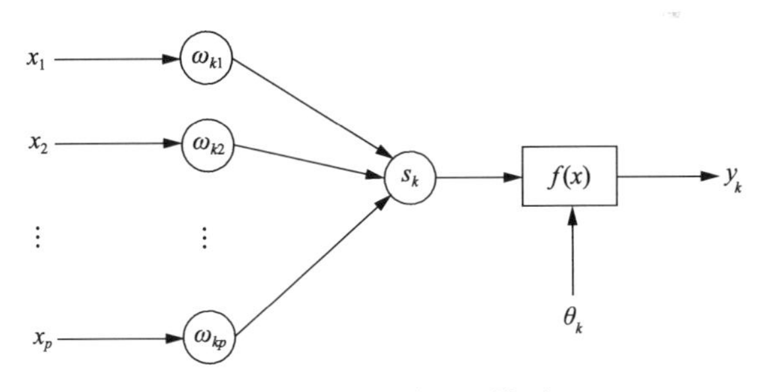

图 6-69　BP 神经元模型

在式(6-15)中，神经元的激励函数 f 一般采用 sigmoid 函数，也称为 S 型函数。但在一些情况，输出量含有负值，此时，将激励函数分为 log-sigmoid 函数及 tan-sigmoid 函数，图 6-70 为该激励函数的图像。

log-sigmoid 函数表达式为

$$f = \frac{1}{1+\mathrm{e}^{-x}} \tag{6-16}$$

tan-sigmoid 函数表达式为

$$f = \frac{e^x - e^{-x}}{e^x + e^{-x}} \tag{6-17}$$

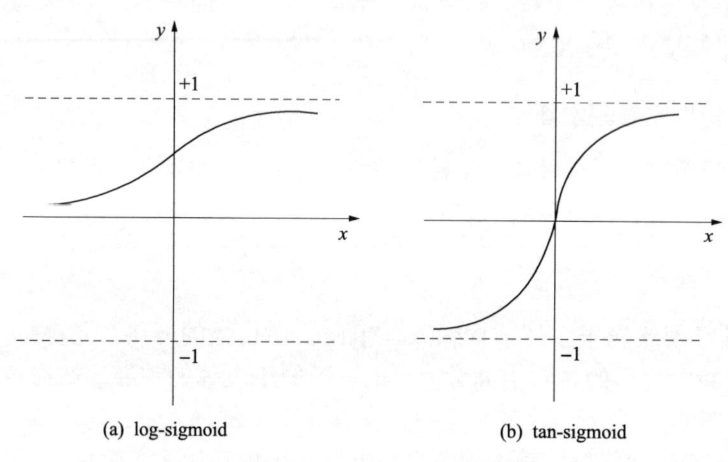

(a) log-sigmoid (b) tan-sigmoid

图 6-70 sigmoid 激励函数图像

2. BP 神经网络的原理

如图 6-71 所示，为 BP 神经网络的模型结构图。在该模型中，它包含一层输入层、一层输出层及一层或多层隐含层，且同层节点间没有任何耦合关系。设输入层含有 P 个神经元，其输入向量 $X=(X_1, X_2, X_3, \cdots, X_P)^{\mathrm{T}}$。隐含层含有 Q 个神经元，其输出向量 $O=(O_1, O_2, O_3, \cdots, O_Q)^{\mathrm{T}}$，阈值为 A_Q，激励函数为 $f(x)$。输入层有 N 个神经元，其实际输出向量 $Y=(Y_1, Y_2, Y_3, \cdots, Y_N)^{\mathrm{T}}$，阈值为 B_N，激励函数为 $F(x)$，期望输出向量为 $Z=(Z_1, Z_2, Z_3, \cdots, Z_N)^{\mathrm{T}}$；输入神经元与隐含神经元间权值为 ω_{PQ}，输出神经元与隐含神经元间权值为 V_{QN}。

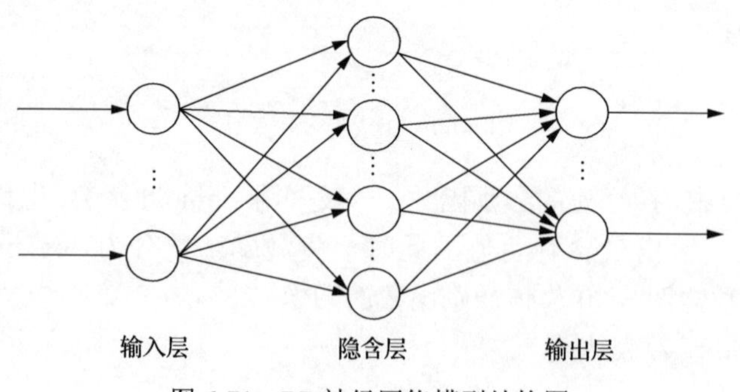

图 6-71 BP 神经网络模型结构图

在 BP 神经网络中，当输入信号为正向传播时，其计算公式如下。

1) 隐含层神经元

$$O_N = f\left(\sum_{i=1}^{P} \omega_{PQ} X_P - A_Q\right) \tag{6-18}$$

2) 输出层神经元

$$Y_N = F\left(\sum_{i=1}^{N} \omega_{QN} O_N - B_N\right) \tag{6-19}$$

3) 输出神经元的误差 E

$$E = \frac{1}{2}\sum_{i=1}^{N}(Z_N - Y_N)^2 = \frac{1}{2}\sum_{i=1}^{N} E_N^2 \tag{6-20}$$

4) 权值的修正

当输出层得到输出向量时，此时停止信号传播，并评价此次神经网络训练的效果，即通过对比输出层的输出值与期望值的差值，得出学习误差 E，当该误差满足学习要求时，此时的输出向量为最终的训练值，反之，进行误差反向传播，误差从输出层最终传播至输入层。在此过程中，会对神经元间的连接权值进行调整修正，由于权值的修正量与学习误差 E 对权值的偏微分成正比例的关系，可得

$$\Delta\omega_{QN} \propto \frac{\partial E}{\partial \omega_{QN}} \tag{6-21}$$

结合相关偏微分知识可得

$$\frac{\partial E}{\partial \omega_{QN}} = \frac{\partial E}{\partial Y_N} \times \frac{\partial Y_N}{\partial \omega_{QN}} \tag{6-22}$$

$$\frac{\partial E}{\partial Y_N} = -E_N \tag{6-23}$$

$$\frac{\partial Y_N}{\partial \omega_{QN}} = O_N \times F'\left(\sum_{i=1}^{N} \omega_{QN} O_N - B_N\right) \tag{6-24}$$

联立式(6-22)～式(6-24)可得

$$\frac{\partial E}{\partial \omega_{QN}} = -E_N \times F'\left(\sum_{i=1}^{N} \omega_{QN} O_N - B_N\right) \times O_N \tag{6-25}$$

设输出层节点误差为

$$\delta_N = -E_N \times F'\left(\sum_{i=1}^{N} \omega_{QN} O_N - B_N\right) \tag{6-26}$$

根据 BP 神经网络的学习法则及式(6-25)、式(6-26)即可得出权值修正量为

$$\Delta\omega_{QN} = \eta \delta_N O_N \tag{6-27}$$

式中，η 为输出层神经元的学习步长。

则隐含层节点与输出层节点修正后的权值为

$$\omega_{QN}(k+1) = \eta \delta_N O_N + \omega_{QN}(k) \tag{6-28}$$

同理可得隐含层节点误差为

$$\delta_Q' = f'\left(\sum_{i=1}^{P} \omega_{PQ} X_P - A_Q\right) \times \sum_{i=1}^{N} \delta_N \omega_{QN} \tag{6-29}$$

则输入层节点与隐含层节点修正后的权值为

$$\omega_{PQ}(k+1) = \eta' \delta_Q' X_P + \omega_{PQ}(k) \tag{6-30}$$

式中，η' 为隐含层神经元的学习步长。

5) 阈值的修正

误差在进行逆向传播时，在对权值修正的同时，也会对阈值进行修正，其修正原理同上。则可以得到输出神经元节点修正阈值为

$$B_N(k+1) = \eta \delta_N + B_N(k+1) \tag{6-31}$$

隐含层神经元节点修正阈值为

$$A_Q(k+1) = \eta' \delta_Q' + A_Q(k) \tag{6-32}$$

通常，我们把上述完成一次信号正向传递、误差反向传播的过程，称为 BP 神经网络的一次学习过程。在实际应用时，为了达到设定的误差，BP 神经网络需要进行反复的学习，直至达到工程所要求的学习效果，如图 6-72 所示，为 BP 神经网络的运算原理图。

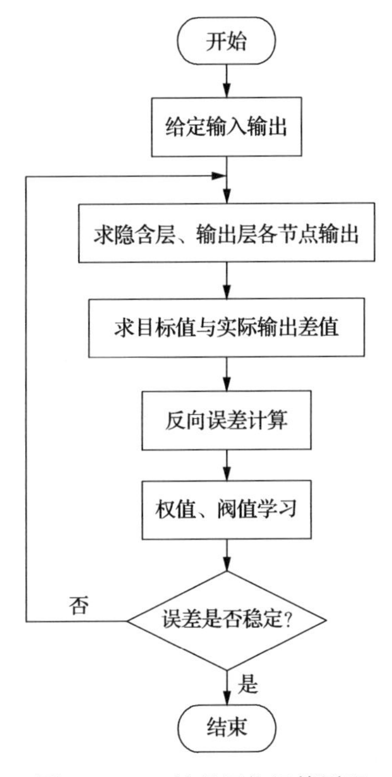

图 6-72　BP 神经网络运算原理

3. BP 神经网络的特点

1) 非线性映射的能力

非线性映射能力是指在未了解事物本身数学关系的前提下，对于多维输入、输出空间的非线性映射的学习、训练及获得能力，该能力使得 BP 神经网络算法可适用于求解内部机制复杂问题。

2) 预测能力

在 BP 神经网络中，当输入量为该网络的非样本数据时，该网络可通过训练时所学习的映射关系，得出所需的输出量，即具有预测能力。

3) 容错能力

输入样本中带有较大的误差甚至个别错误时，对网络的输入输出规律影响较小。

6.5.3　基于 BP 神经网络的顶梁姿态决策模型

在 BP 神经网络构建时，需将模型各类参数提前设置，建立符合决策对象特点的决策，以达到最好的控制效果。本节将从以下几个方面进行设计。

1)决策模型输入层及输出层的设计

根据 6.5.1 节所述的顶梁姿态决策指标体系，从顶板因素、液压支架工作阻力、液压支架结构参数三个方面，列举与顶梁姿态有密切关系的指标。决策模型的输入层共有 17 个神经元。由于液压支架顶梁在恒阻阶段，倾角变化较小，且在此阶段内顶梁姿态改变对液压支架支护效果有重要影响，将恒阻阶段的顶梁倾角作为输出量，输出层共有 1 个神经元。本节将输出层和输入层的相关指标量用字母进行表示，见表 6-22。

表 6-22　输出层及输入层指标参数

标记	指标量	标记	指标量
X_1	降架卸压前，直接顶离层量	X_{10}	循环末平衡千斤泵站压力
X_2	降架卸压前，基本顶离层量	X_{11}	一个循环内，立柱平均泵站压力
X_3	降架卸压前，直接顶离层速率	X_{12}	一个循环内，平衡千斤顶平均泵站压力
X_4	降架卸压前，基本顶离层速率	X_{13}	升架后与降架前的时间段内，底座的倾角变化量
X_5	一个循环内，直接顶平均离层速率	X_{14}	升架后与降架前的时间段内，前连杆的倾角变化量
X_6	一个循环内，基本顶平均离层速率	X_{15}	降架卸压前，底座的倾角
X_7	初撑力所对应的立柱泵站压力	X_{16}	降架卸压前，前连杆的倾角
X_8	初撑力所对应的平衡千斤顶泵站压力	X_{17}	升架接触顶板时，顶梁的倾角
X_9	循环末立柱泵站压力		

2)决策模型隐含层的设计

三层 BP 神经网络(单隐含层)可对任意的 N 维到 M 维完成映射。因此，为了提高运算速度，减少运算量，选择单隐层的决策模型[200]。BP 神经网络在进行运算时，其运算速度、运算时间受到组成元素的影响。其中，隐含层神经元的个数影响最为直接，当设置过多时，导致训练时的运算量增加，训练不一定能够达到最佳，反之，较少时，误差精度较低，达不到现场决策的要求。因此，选择最佳的隐含层神经元个数极为重要。本节采用试凑法确定该模型的隐含层神经元个数。

(1)根据经验公式确定隐含层神经元个数可选取的范围：

$$Q = \sqrt{P \times N} \tag{6-33}$$

式中，Q 为隐含层的神经元的个数；P 为输入层神经元的个数；N 为输出层神经元的个数。

$$Q = \sqrt{P + N} + a \tag{6-34}$$

式中，a 为经验值，通常在 1～10 取值。

通过式(6-33)和式(6-34)可得到隐含层神经元个数可取的最小值 $Q_{\min}$ 为 4，可取的最大值 $Q_{\max}$ 为 15。

(2)隐含层神经元个数的确定。

结合试凑法的原则，选择隆德煤矿 101 工作面推进过程中工况正常的支架的监测数据作为样本数据，通过改变隐含层神经元的个数，分别对隐含层神经元个数为 4～15 的模型用该样本进行训练，通过对学习误差进行比较，最终可得到隐含层神经元个数。

(3)初始值、学习速率及期望误差的确定。

对于 BP 神经网络而言，其阈值和权值的设定在理论上可以是任意的，但是为了使误差尽可能减小，避免收敛时间过长，本节将二者设置为–1～1。BP 神经网络在进行训练时，学习速率往往对每次迭代过程中权值的变化量有较大的影响。一般情况下，学习速率均在 0.01～0.8。通过对不同学习速率下的误差曲线进行分析，确定该模型的学习速率为 0.5。根据姿态监测精度要求，本节将该模型的期望误差设置为 0.00001。

3)顶梁姿态决策模型的实现

MATLAB 具有良好的移植性、开放性且操作便利，可轻易将形成的程序模块嵌入其他系统中，所以，基于 BP 神经网络的智能支架顶梁姿态决策模型可在该软件中实现。在 MATLAB 工具箱中，包含许多关于 BP 神网络分析和设计的工具函数，通常把 BP 神经网络各个流程转换为代码语言即可保证该网络模型的运行，图 6-73 为该模型决策流程图。在此过程中，首先对训练样本利用 premnmx 函数进行“归一化”整理，选取 logsig 函数及 purelin 函数分别作为隐含层和输出层的激励函数，其次，进行初始设置，利用 newff 函数建立 BP 神经网络。然后，通过调用工具箱中的训练函数对其进行学习训练，使其具有决策能力。最后，将需决策样本放入该模型中即可实现决策功能。

6.5.4　液压支架顶梁姿态决策仿真分析

对隆德煤矿 101 回采工作面推进 100m 范围内所采集的姿态信息进行整理与分析，选取 81#液压支架(工作面中部支架)的姿态数据作为决策模型的学习或测试样本。其中，把推进 80m 范围内符合决策模型要求的姿态数据作为学习样本，共计 100 组，80～100m 范围内符合决策模型要求的姿态数据作为测试样本，共计 25 组。

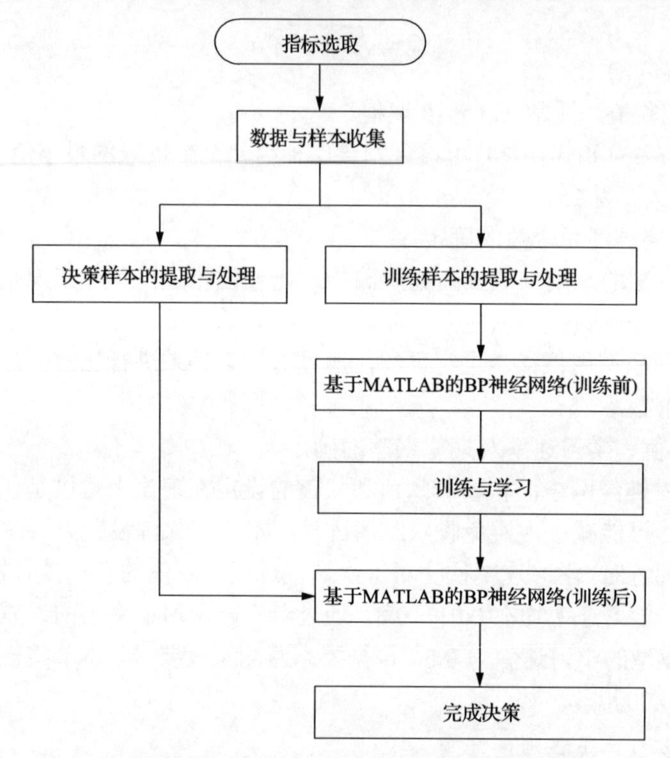

图 6-73　基于 MATLAB 的 BP 神经网络决策流程图

在 MATLAB 平台建立 BP 神经网络顶梁姿态决策模型，对该模型进行学习与测试，分析结果，确定模型的最优参数，验证模型的有效性。

1. 顶梁姿态决策模型最优参数的确定

1) 训练函数的确定

在 MATLAB BP 神经网络工具箱中，常用表 6-23 中所示的几种训练函数，选择不同训练函数时其所达到训练效果会有很大的不同。通过 BP 网络模型对不同的训练函数进行训练，得到训练误差曲线及训练回归曲线。通过分析可知，traingda 函数和 traingdm 函数对应的模型训练步数达到 100000 步时，收敛精度仅为 0.01，未达到预设的 0.0001，其拟合度较其他算法也相对较低。trainrp 函数、trainlm 函数、traincgb 函数对应的训练步长分别为 8163、27、263，其中，trainrp 函数训练步数较多，训练消耗时间较长，而 traincgb 函数相较于 trainlm 函数而言，二者虽然步长相差不大，但其计算均方差和拟合度远小于 trainlm 函数训练效果，故选取 trainlm 函数对顶梁姿态决策模型进行训练。

表 6-23　BP 神经网络工具箱中常见的训练函数

训练函数名称	训练方法	特点
traingda	自适应学习速率的梯度下降反向传播算法	可根据神经网络需要选择学习速率，弥补标准 BP 算法中的步长选择不当问题
traingdm	动量批梯度下降算法	收敛速度快，有效避免局部最小问题
trainrp	弹性梯度下降法	训练速度较快，占用内存小
trainlm	Levenberg-Marquardt 算法	具有较快的计算速率，可减少模型的计算量
traincgb	Plwell-Beale 算法	占用内存较小

2) 隐含层神经元个数最优值的确定

合理的隐含层神经元个数不仅有利于提高运算精度，还可提高网络模型运算速度。为了保证顶梁姿态决策模型隐含层神经元个数达到最优值，按照前面所确定的最优值范围，逐一对不同隐含层神经元个数的模型进行训练，通过对比不同条件下的均方差(mean squared error，MSE)及训练步数，最终确定其最优值。

对隐含层神经元个数分别从 4～15 个进行训练，得到不同情况下的 BP 网络模型及训练误差曲线。对应的训练均方差分别为：9.8894×10^{-5}、9.6144×10^{-5}、9.6827×10^{-5}、8.8533×10^{-5}、9.9957×10^{-5}、7.3451×10^{-5}、4.4512×10^{-5}、8.5555×10^{-5}、7.3261×10^{5}、9.9976×10^{-5}、8.6096×10^{-5}、8.5708×10^{-5}。经比较可知，当神经网络隐含层个数为 9～12 个时，训练均方差较小。其中，神经元个数为 10 时取得了最小值，并且迭代 27 步即可。因此，最终确定液压支架顶梁决策模型的隐含层神经元个数最优值为 10 个。

2. 顶梁姿态决策模型的仿真结果分析

1) 顶梁姿态决策模型训练效果分析

在确定最优的参数后，利用工作面推进 80m 范围内的 100 组样本数据作为训练数据，然后调用 trian 函数对网络模型进行训练，即采用以下格式：

$$[\text{net},\text{tr}]=\text{train}(\text{NET},A_n,B_n,P_i,T_i) \tag{6-35}$$

式中，net 为已经训练完毕的 BP 神经网络的模型；tr 为 BP 神经网络的模型训练过程的记录；NET 为未训练的 BP 神经网络的模型；A_n 为输入层所对应的训练样本数据矩阵；B_n 为输出层所对应的训练样本数据矩阵；P_i 为输入层初始化条件；T_i 为输出层初始化条件。

一般而言，只需对 train 函数的前三个参数进行设定，后两个参数均采用系统默认值。模型训练后，得到顶梁姿态决策模型 BP 神经网络训练效果，如图 6-74 所示。在图中，实线代表决策模型所产生的顶梁倾角预测值，虚线代表顶梁倾角的实测值。由图可知，虚线几乎和实线重合，这表明该顶梁姿态模型训练效果良好，仿真效果出色，可用于顶梁姿态决策。

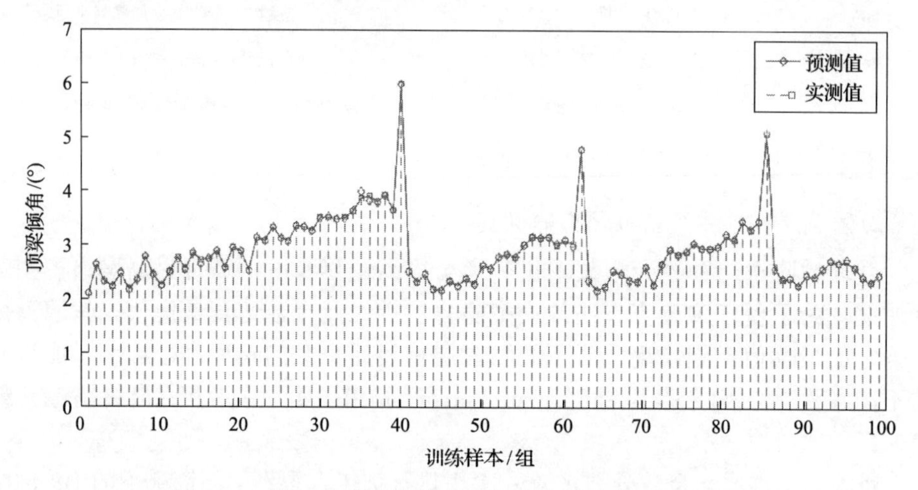

图 6-74　基于 BP 神经网络的顶梁姿态决策模型训练效果

2) 顶梁姿态决策模型预测效果分析

为了验证顶梁姿态决策模型的预测效果，分析网络模型的泛化能力，选取工作面推进 80～100m 内的数据作为测试样本，利用训练完毕的 BP 神经网络决策模型对顶梁的倾角进行预测，然后将预测值与实测值相比较，得出最终的预测效果。

在 MATLAB 平台中，通过 BP 神经网络模型进行预测时，需调用 sim 函数：

$$y = \mathrm{sim}(\mathrm{net}, x) \tag{6-36}$$

式中，x 为需预测样本数矩阵；y 为模型预测的所得到的数据矩阵。

将 25 组测试样本利用上述函数进行仿真预测，得到基于 BP 神经网络的顶梁姿态决策模型预测效果，如图 6-75 所示。由图可知，在 25 组预测样本中，绝大多数预测值与实测值重合度较好，也存在小部分样本的预测值与实测值存在一定的差距，这并不能准确说明该模型的预测效果。为了对顶梁姿态决策模型做进一步的评价，本节选择预测值与实测值之间的绝对误差(absolute error，AE)、平均绝对误差(mean absolute error，MAE)、相对误差(relative error，RE)及平均相对误差(mean relative error，MRE)进行分析。

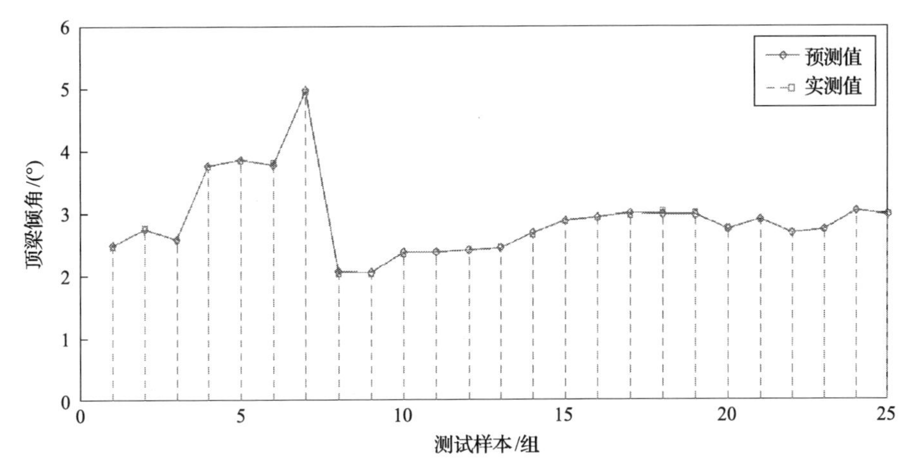

图 6-75　顶梁姿态决策模型预测值与实测值对比

绝对误差计算公式如下：

$$AE = \left| Y_j - y_j \right| \tag{6-37}$$

平均绝对误差计算公式如下：

$$MAE = \frac{1}{N}\sum_{j=1}^{N}\left| Y_j - y_j \right| \tag{6-38}$$

相对误差计算公式如下：

$$RE = \frac{\left| Y_j - y_j \right|}{\left| Y_j \right|} \times 100\% \tag{6-39}$$

平均相对误差计算公式如下：

$$MRE = \frac{1}{N}\sum_{j=1}^{N}\frac{\left| Y_j - y_j \right|}{\left| Y_j \right|} \times 100\% \tag{6-40}$$

式中，Y_j 为 BP 神经网络模型预测值；y_j 为传感器实测值；N 为样本个数。

(1) 绝对误差与相对误差的分析。

将 25 组样本中的顶梁倾角的实测值与网络模型的预测值分别代入式(6-37)和式(6-39)，得到图 6-76 所示的绝对误差曲线及图 6-77 所示的相对误差曲线。

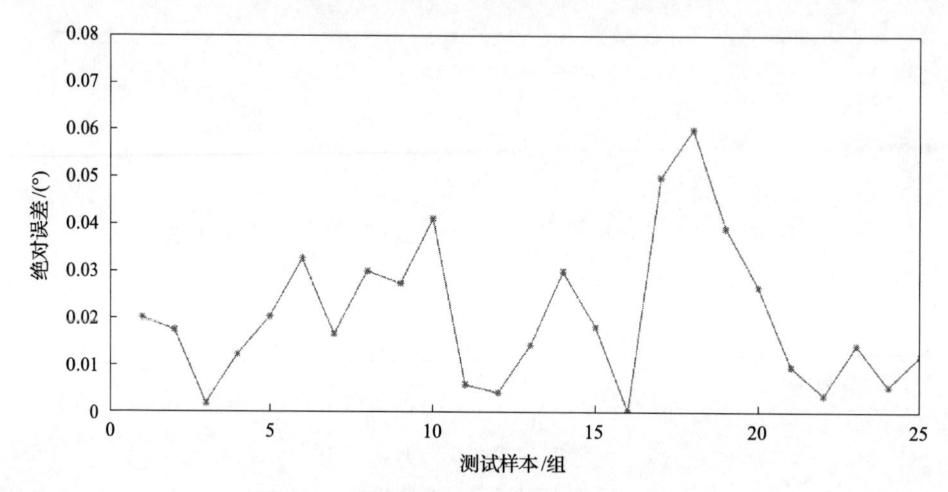

图 6-76　顶梁姿态决策模型绝对误差曲线图

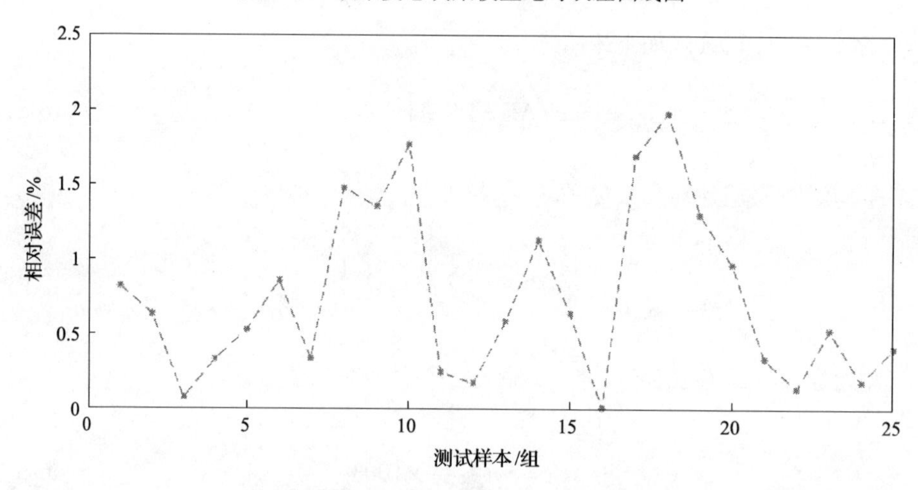

图 6-77　顶梁姿态决策模型相对误差曲线图

由图 6-76 可知，25 个测试样本所产生的最大绝对误差约为 0.06°，最小绝对误差约为 0°，大多数样本预测值与实测值相差的绝对误差范围为 0.02°～0.04°。在现场进行支架姿态调节时，由于产生的绝对误差较小，对支架的工况状态、支护效果造成的影响可忽略不计，因此，该模型所产生的绝对误差符合支架姿态决策时的精度要求。

由图 6-77 可知，BP 网络模型预测产生的相对误差范围在 0%～2.0%，最大相对误差约为 1.97%，最小相对误差约为 0.1%，且其波动性较小，因此，这不仅说明了预测精度高，还在一定程度上表明该模型的稳定性较强。

(2) 平均绝对误差与平均相对误差的分析。

将测试样本中的顶梁倾角的实测值与网络模型的预测值分别代入式(6-38)和

式(6-40)中。经计算可得，平均绝对误差为 0.021°，平均相对误差为 0.70%，这进一步说明了网络模型的预测效果好，准确性高。

综上所述，顶梁姿态决策模型所产生的预测误差均在允许范围之内，符合顶梁姿态调节的要求，该模型可用于智能支架决策。

3. 顶梁姿态决策输出值的实践意义

顶梁姿态决策的输出值对应的是当前采煤机割煤点已趋于稳定时的液压支架顶梁的倾角。事实上，在工作面顶板周期性破断前后，作用于液压支架顶梁的支撑压力存在一个储能、释放的过程，使液压支架顶梁的姿态发生突变。通过对工作面周期来压趋势与 BP 神经网络预测液压支架顶梁姿态的变化趋势进行对比可知，所进行决策的顶梁倾角与顶板来压具有相关性，在工作面顶板周期性破断和来压的过程中，顶梁姿态存在一个释放压力与抬头恢复的动作，而且在工作面顶板来压不断积累的过程中，顶梁姿态呈单调分布。

顶梁姿态与工作阻力相关且相互补充的特性，为采用液压支架顶梁姿态预测顶板的初次破断和周期性破断提供了途径，基于 BP 神经网络的顶梁姿态决策的意义就在于此。通过研究液压支架的当前姿态，预测液压支架前推的顶梁姿态演变趋势和工作面顶板的周期性运移规律，可为工作面安全生产及灾害风险预防预警提供技术指导。

第7章　综采工作面采煤机运行姿态智能感知关键技术及工程应用

7.1　采煤机空间运动学模型

7.1.1　采煤机工作空间

采煤机在工作面的主要任务就是落煤及装煤，即通过滚筒截割煤层并将煤装入刮板输送机，最后经过巷道区域的转载机运送出工作面，如图 7-1 所示。采煤机完成斜切进刀之后，沿工作面方向割煤，液压支架及时支护顶板并推移刮板输送机。

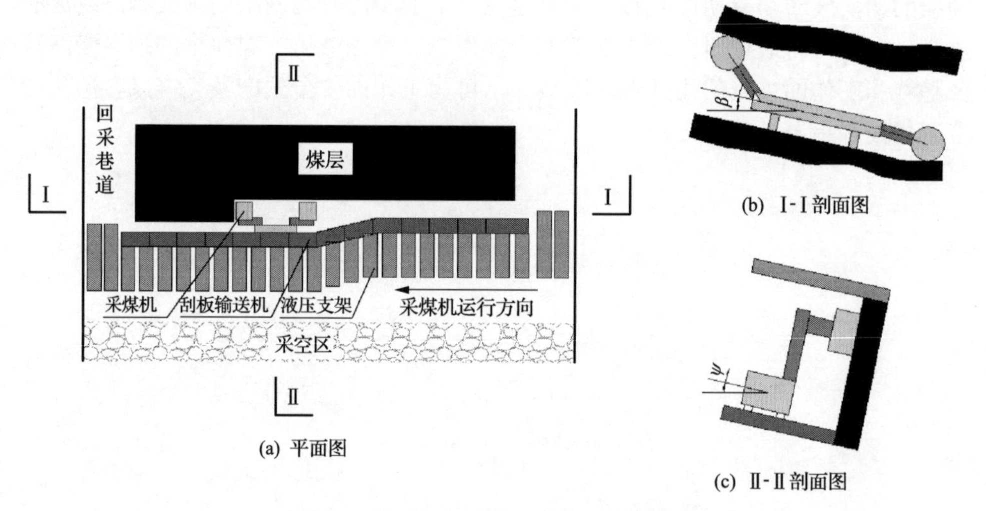

图 7-1　井下综采工作面工作空间示意图

采煤机具有左、右两个牵引部，采用链轮链轨型无链牵引方式，如图 7-2 所示。采煤机通过机身牵引电机驱动链轮以一定角速度转动，通过链轮与链轨耦合，将链轮回转运动转换成采煤机机身直线运动，使得采煤机进行直线割煤操作。

采煤机工作时常采用两种进刀方式，即端部斜切进刀和中部斜切进刀。本节以端部斜切进刀割三角煤为例进行研究，如图 7-3 所示。当采煤机工作于第 n 个截割循环时，以截深 B 沿左端部进行切入，直到采煤机运行至刮板输送机直线处，

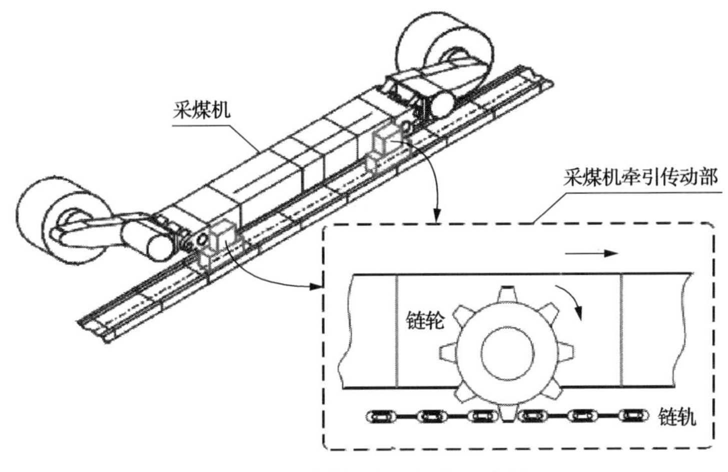

图 7-2　采煤机牵引机构示意图

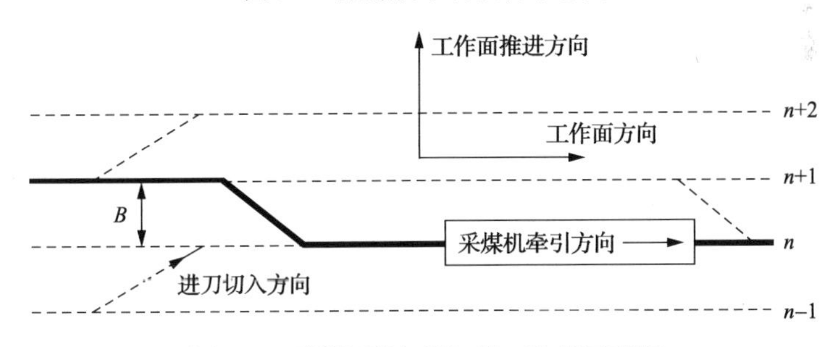

图 7-3　采煤机端部斜切进刀路线示意图

然后回割三角煤，再沿采煤机牵引方向进行正常割煤，当第 n 个截割循环结束后，以同样方法进入第 n+1 个截割循环。此过程中，采煤机存在两个方向的运动，分别是牵引方向和工作面推进方向，由于工作面存在倾斜角度，采煤机高度也随之发生变化，故机身在工作时产生了三个方向上的位置和姿态的变化。

7.1.2　采煤机姿态表达

采煤机姿态不仅能够反映工作面所处地形条件，同时对采煤机滚筒自动调高有直接影响。如图 7-4 所示，采煤机与水平面的夹角为 β，也称为俯仰角。调高摇臂与水平面的夹角为 γ，摇臂的长度为 L_D，采煤机机身高度为 H_1，其中采煤机的滚筒高度 H_d 为

$$H_d = H_1 + L_D \times \sin(\gamma - \beta) \tag{7-1}$$

采煤机除了具有沿工作面方向的倾斜角度，还具有沿工作面推进方向的倾斜角度，如图 7-5 所示。采煤机沿工作面推进方向的倾斜角度为 φ，也称为横滚角。采煤机滚筒与采煤机底座的中心距为 L_1，那么可以得到采煤机滚筒的高度差 ΔH 为

$$\Delta H = L_1 \times \tan\varphi \tag{7-2}$$

综合式(7-1)、式(7-2)可以得到采煤机滚筒高度 H' 计算公式为

$$H' = H_d - \Delta H \tag{7-3}$$

$$H' = H_1 + L_D \times \sin(\gamma - \beta) - L_1 \times \tan\varphi \tag{7-4}$$

由式(7-4)可知，采煤机滚筒高度与采煤机姿态角有直接联系，所以开展采煤机姿态研究，不仅有助于掌握采煤机地理位置信息，同时对采煤机滚筒自动调高具有重要意义。

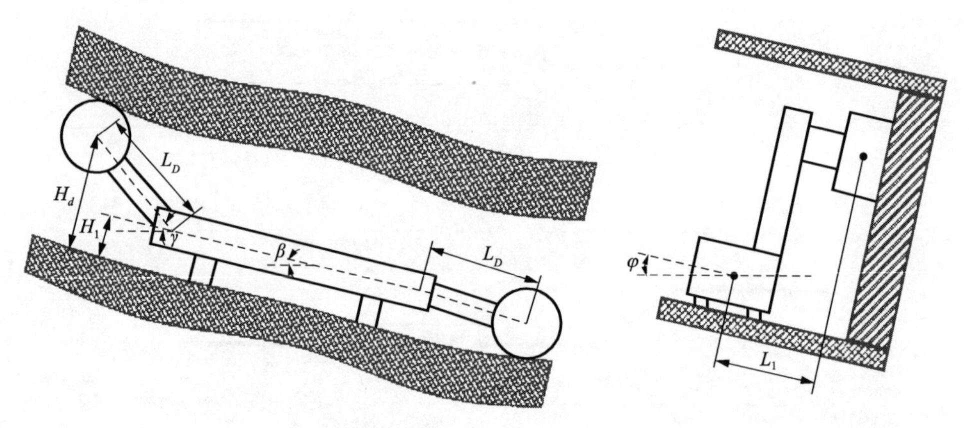

图 7-4　采煤机主视图　　　　图 7-5　采煤机侧视图

7.1.3　采煤机位置表达

采煤机在工作面上进行回采工作时，机身在刮板输送机上的移动主要由自身牵引系统完成，而且需要对截割滚筒高度进行位置调节。

1) 采煤机工作面移动位置表达

在工作面牵引移动时，采煤机主要是以沿工作面方向煤层为位置基准，在斜切进刀时，存在运动变向，如图 7-6 所示。将煤层开采区域以直角坐标系表达，采煤机以 (x_2, y_2) 为斜切进刀起点，以 (x_3, y_3) 为斜切进刀终点。对采煤机运动过程进行分析，将采煤机看作包含两个驱动链轮的一个刚体，当其运动时忽略其内部关联与自由度。在平面上，采煤机底盘总维数是 3 个，其中 2 个为平面位置参量，1 个是沿 X 轴方向的角参量。

如图 7-7 所示，建立了采煤机全局参考框架 $\{x, y\}$ 及局部参考框架 $\{x_R, y_R\}$，为了确定采煤机的位置，选择机身上一个点 P 作为其位置参考点。在全局参考框架上，P 的位置由坐标 x 和 y 确定，全局与局部参考框架之间的角度差由 θ 给定，将采煤机位置描述为具有这 3 个元素的向量 ζ 。

$$\zeta=\begin{pmatrix} x \\ y \\ \theta \end{pmatrix} \tag{7-5}$$

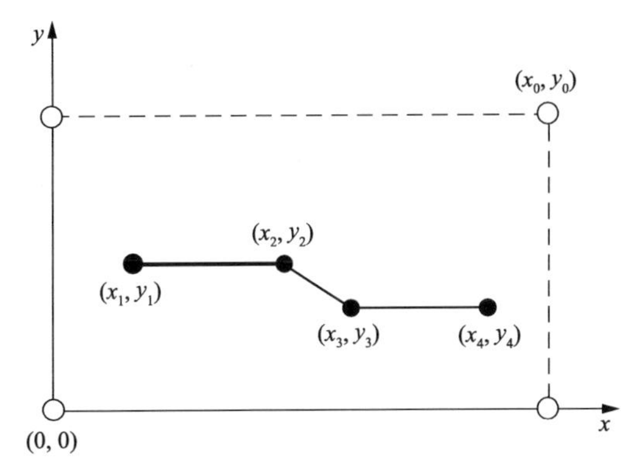

图 7-6　采煤机工作面单个截割循环运动轨迹示意图

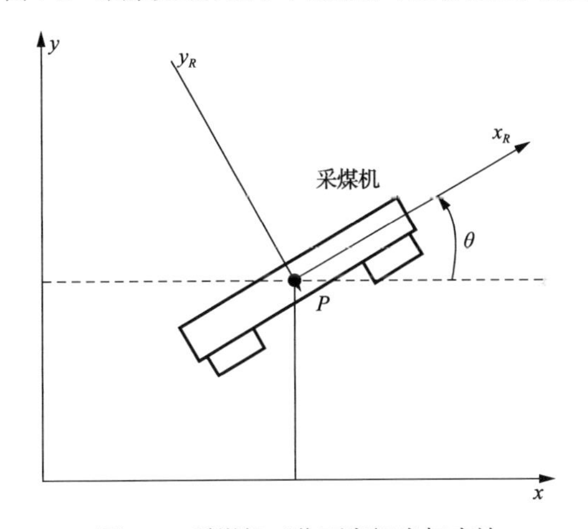

图 7-7　采煤机工作面空间坐标表达

为了根据分量的变化来表达采煤机的运动过程，就需要将全局参考框架的运动映射成采煤机局部参考框架的运动，该映射可通过正交旋转矩阵实现：

$$R=\begin{vmatrix} \cos\theta & \sin\theta & 0 \\ -\sin\theta & \cos\theta & 0 \\ 0 & 0 & 1 \end{vmatrix} \tag{7-6}$$

得到

$$\zeta_R = R\times\zeta \tag{7-7}$$

2)采煤机截割滚筒位置表达

采煤机截割滚筒位置是由采煤机调高机构协同运动决定的，调高机构采用的是动态性能良好的液压伺服系统。如图 7-8 所示，通过电液伺服系统控制液压油缸的伸缩量，以使摇臂进行调高操作。采煤机调高机构是由一系列连杆结构和相应的运动副组合而成的平面开式链，为实现调高操作，需要详细描述连杆之间的相对运动关系。在进行运动分析之前首先假设所有构件均为刚体，忽略构件的弹性变形和所有机构间的间隙。

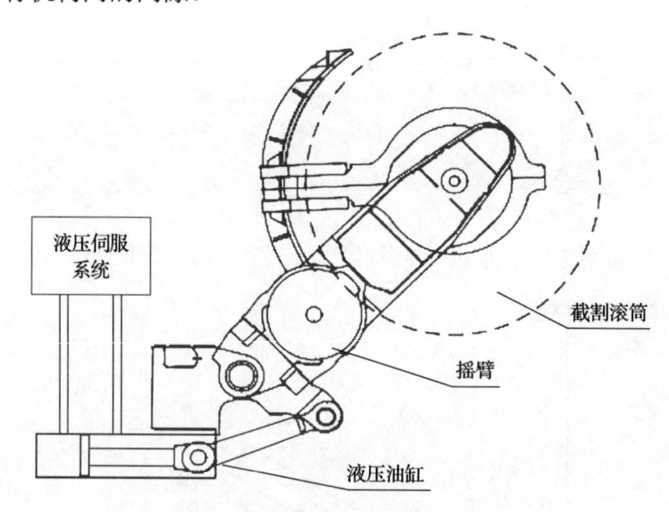

图 7-8 采煤机调高机构示意图

如图 7-9 所示，H 为采煤机的采高，H' 为终点位置时采煤机滚筒中心与摇臂支点的垂直高度，R_{ai} 为滚筒上第 i 个截齿的侧向阻力，R_{bi} 为滚筒上第 i 个截齿的推进阻力，R_{ci} 为滚筒上第 i 个截齿的截割阻力，ψ 为滚筒转动的角度，L_A 为采煤机调高油缸的初始位置，L_B 为采煤机调高油缸的终点位置。已知摇臂长臂的长度为 L_D，短臂的长度为 L_R，调高油缸和摇臂的连接杆长度为 L_G，调高油缸和摇臂支点距离为 D_4，摇臂的长臂和短臂之间的夹角为 θ_0，可以得到

$$H = L_D \sin\theta_1 \tag{7-8}$$

$$L_B = L_A + \Delta x \tag{7-9}$$

调高油缸的位移 Δx 为

$$\Delta x = L_B - L_A \tag{7-10}$$

$$\Delta x = \sqrt{L_G^2 - D_1^2} - (\sqrt{L_G^2 - D_2^2} - D_3) \tag{7-11}$$

式中，D_1 为初始位置调高油缸与连接杆支点的垂直高度；D_2 为终点位置时调高油

缸与连接杆支点的垂直高度；D_3 为初始和终点位置时连接杆支点的水平距离。

$$D_1 = D_4 - L_R \sin(\theta_0 - \theta_1) \tag{7-12}$$

$$D_2 = D_4 - L_R \sin(\theta_0 - \theta_1 - \beta) \tag{7-13}$$

式中，θ_1 为初始位置时摇臂长臂与水平方向的夹角。

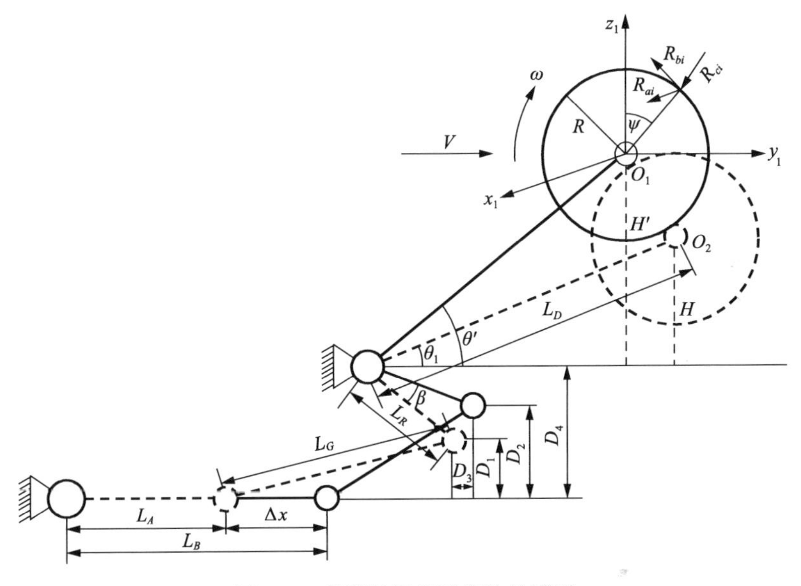

图 7-9　采煤机调高系统数学模型

$$D_3 = 2L_R \sin\frac{\beta}{2}\sin\left(\theta_1 - \theta_2 - \frac{\beta}{2}\right) \tag{7-14}$$

故得到

$$\begin{aligned}\Delta x = &\sqrt{L_G^2 - (D_4 - L_R \sin(\theta_0 - \theta_1))^2} - \left(\sqrt{L_G^2 - L_R \sin(\theta_0 - \theta_1 - \beta)^2}\right. \\ &\left. - 2L_R \sin\frac{\beta}{2}\sin\left(\theta_1 - \theta_0 - \frac{\beta}{2}\right)\right)\end{aligned} \tag{7-15}$$

又已知 $\beta=\theta' - \theta_1$，即可将 Δx 写成关于摇臂调高夹角变化的表达式：

$$\begin{aligned}\Delta x = &\sqrt{L_G^2 - (D_4 - L_R \sin(\theta_0 - \theta_1))^2} - \sqrt{L_G^2 - (D_4 - L_R \sin(\theta_0 - \theta'))^2} \\ &+ 2L_R \sin\frac{\theta_1 - \theta'}{2}\sin\left(\frac{3\theta_1 - \theta'}{2} - \theta_0\right)\end{aligned} \tag{7-16}$$

根据式(7-16)可知，可以通过控制采煤机调高油缸位移来调整采煤机摇臂夹角，从而实现采煤机滚筒位置调整。

7.1.4 采煤机空间运动方程

1. 建立坐标系

1) 基准坐标系 Ox_by_b

如图 7-10 所示，以采煤机初始工作点 o 为原点，x_b 轴水平向右为正，z_b 轴指向地心方向向下，y_b 轴与 Ox_by_b 平面垂直，和 x_b 轴、z_b 轴共同构成右手坐标系。

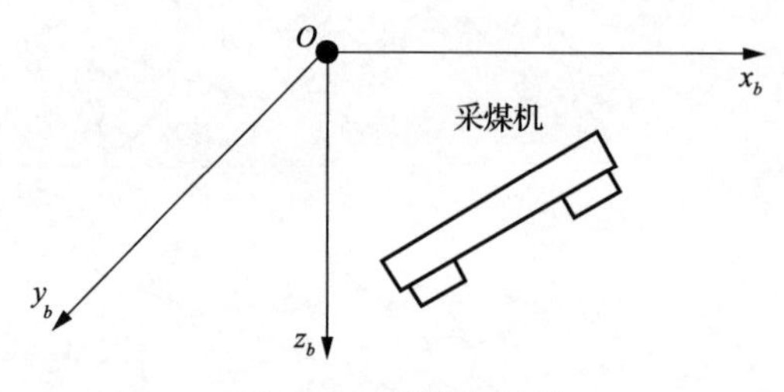

图 7-10　基准坐标系

2) 载体坐标系 $rx_0y_0z_0$

如图 7-11 所示，以采煤机质心 R 定义采煤机机身坐标系，驱动链轮坐标系分别为 A_1 和 A_2，采煤机截割滚筒坐标系分别为 B_1 和 B_2，其中 x_0 轴为采煤机运行方向，y_0 轴为垂直工作面方向，z_0 轴为机身向上方向。

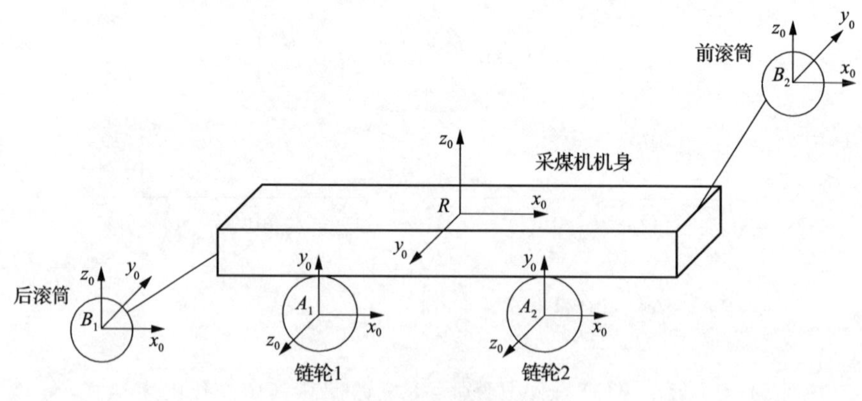

图 7-11　载体坐标系

3) 惯性坐标系 $ox_iy_iz_i$

如图 7-12 所示，取采煤机初始工作点 O 为原点，建立惯性坐标系，x_i 轴水平向右为正，y_i 轴为背向地心方向向上，z_i 轴与 Ox_ny_n 平面垂直，方向同样按右手坐标系法则确定。

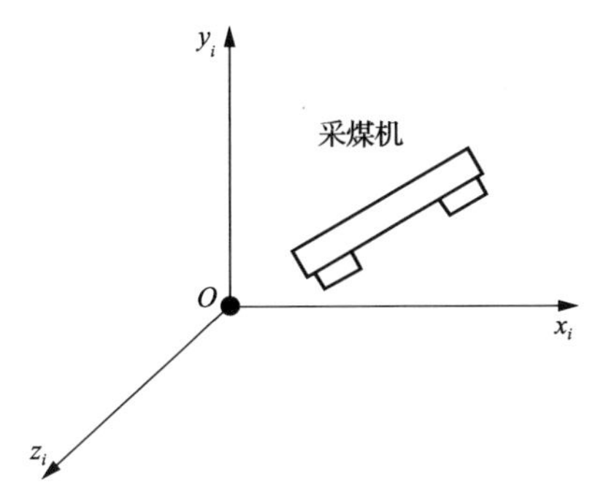

图 7-12　惯性坐标系

4) 速度坐标系 $Rx_1y_1z_1$

如图 7-13 所示，以采煤机速度方向为 x_1 轴，y_1 轴为采煤机运行平面内垂直 x_1 轴的方向，以向右为正，z_1 轴与 Rx_1y_1 平面垂直，方向按右手坐标系法则确定。

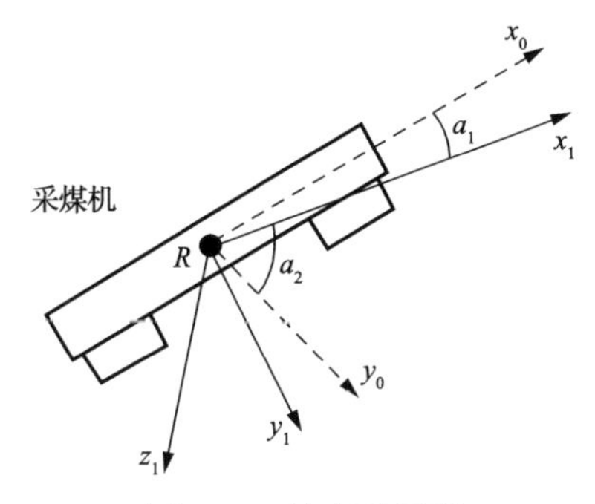

图 7-13　速度坐标系

2. 坐标转换关系

1) 采煤机基准坐标系 $Ox_by_bz_b$ 与惯性坐标系 $Ox_iy_iz_i$ 的转换关系

由图 7-10 与图 7-12 可知，基准坐标系与惯性坐标系的转换关系为

$$\begin{pmatrix} x_b \\ y_b \\ z_b \end{pmatrix} = \begin{pmatrix} 1 & 0 & 0 \\ 0 & 0 & 1 \\ 0 & -1 & 0 \end{pmatrix} \begin{pmatrix} x_i \\ y_i \\ z_i \end{pmatrix} \tag{7-17}$$

式中，x_b、y_b、z_b、x_i、y_i 与 z_i 分别为基准坐标系和惯性坐标系上相应各坐标轴的单位矢量。

2) 采煤机载体坐标系 $Rx_0y_0z_0$ 及机身各部分坐标系的转换关系

根据定义的采煤机截割滚筒坐标系、链轮坐标系及载体坐标系，建立相邻两个坐标系之间的转换矩阵，并最终建立采煤机链轮坐标系相对于截割滚筒坐标系

的转换矩阵。定义相邻两个坐标系 A 与 B 之间的转换矩阵为 $\mathrm{tran}(A, B)$，并有

$$A = \mathrm{tran}(A, B) \times B \tag{7-18}$$

对于采煤机载体坐标系，链轮坐标系相对于截割滚筒坐标系的转换矩阵为

$$\mathrm{tran}(A_1, B_1) = \mathrm{tran}(A_1, R) \times \mathrm{tran}(R, B_1) \tag{7-19}$$

$$\mathrm{tran}(A_1, R) = \begin{pmatrix} 1 & 0 & 0 \\ 0 & 0 & 1 \\ 0 & 1 & 0 \end{pmatrix} \tag{7-20}$$

$$\mathrm{tran}(R, B_1) = \begin{pmatrix} 1 & 0 & 0 \\ 0 & -1 & 0 \\ 0 & 0 & 1 \end{pmatrix} \tag{7-21}$$

可以得到

$$\mathrm{tran}(A_1, B_1) = \begin{pmatrix} 1 & 0 & 0 \\ 0 & 0 & 1 \\ 0 & -1 & 0 \end{pmatrix} \tag{7-22}$$

3) 采煤机载体坐标系 $Rx_0y_0z_0$ 与惯性坐标系 $Ox_iy_iz_i$ 的转换关系

采煤机载体坐标系相对于惯性坐标系存在 3 个姿态角，即前述的俯仰角 β、横滚角 φ 及偏航角 θ，各角度正向都以惯性坐标轴为起点并根据右手定则确定。惯性坐标系经过三次旋转变换可与载体坐标系重合，具体变换过程如下。

首先将惯性坐标系绕 z_i 轴旋转 θ 角，有旋转矩阵 C_3：

$$\begin{pmatrix} x' \\ y' \\ z_i \end{pmatrix} = \begin{pmatrix} \cos\theta & \sin\theta & 0 \\ -\sin\theta & \cos\theta & 0 \\ 0 & 0 & 1 \end{pmatrix} \begin{pmatrix} x_i \\ y_i \\ z_i \end{pmatrix} = C_3 \begin{pmatrix} x_i \\ y_i \\ z_i \end{pmatrix} \tag{7-23}$$

然后将惯性坐标系绕 y_i 轴旋转 β 角，有旋转矩阵 C_2：

$$\begin{pmatrix} x_0 \\ y' \\ z' \end{pmatrix} = \begin{pmatrix} \cos\beta & 0 & -\sin\beta \\ 0 & 1 & 0 \\ \sin\beta & 0 & \cos\beta \end{pmatrix} \begin{pmatrix} x' \\ y' \\ z_i \end{pmatrix} = C_2 \begin{pmatrix} x' \\ y' \\ z_i \end{pmatrix} \tag{7-24}$$

最后将惯性坐标系绕 x_i 轴旋转 φ 角，有旋转矩阵 C_1：

$$\begin{pmatrix} x_0 \\ y_0 \\ z_0 \end{pmatrix} = \begin{pmatrix} 1 & 0 & 0 \\ 0 & \cos\varphi & \sin\varphi \\ 0 & -\sin\varphi & \cos\varphi \end{pmatrix} \begin{pmatrix} x_0 \\ y' \\ z' \end{pmatrix} = C_1 \begin{pmatrix} x_0 \\ y' \\ z' \end{pmatrix} \tag{7-25}$$

经三次旋转变换之后，两坐标系重合：

$$\begin{pmatrix} x_0 \\ y_0 \\ z_0 \end{pmatrix} = C_3 C_2 C_1 \begin{pmatrix} x_i \\ y_i \\ z_i \end{pmatrix} \tag{7-26}$$

4) 采煤机载体坐标系 $Rx_0y_0z_0$ 与速度坐标系 $Rx_1y_1z_1$ 的转换关系

由于采煤机载体坐标系 $Rx_0y_0z_0$ 与速度坐标系 $Rx_1y_1z_1$ 原点重合，如图 7-13 所示，设定采煤机速度坐标系 x_1 与载体坐标系中 x_0 轴方向及 y_0 轴方向的夹角分别为 α_1 与 α_2。要使得两坐标重合，首先将采煤机速度坐标系绕 y_1 轴旋转 α_1，然后再绕 z_1 轴旋转 α_2，从而得到 $Rx_0y_0z_0$。两个坐标系的转换关系为

$$\begin{pmatrix} x_0 \\ y_0 \\ z_0 \end{pmatrix} = \begin{pmatrix} \cos\alpha_2 & \sin\alpha_2 & 0 \\ -\sin\alpha_2 & \cos\alpha_2 & 0 \\ 0 & 0 & 1 \end{pmatrix} \begin{pmatrix} \cos\alpha_1 & 0 & -\sin\alpha_1 \\ 0 & 1 & 0 \\ \sin\alpha_1 & 0 & \cos\alpha_1 \end{pmatrix} \begin{pmatrix} x_1 \\ y_1 \\ z_1 \end{pmatrix} \tag{7-27}$$

即

$$\begin{pmatrix} x_0 \\ y_0 \\ z_0 \end{pmatrix} = \begin{pmatrix} \cos\alpha_1\cos\alpha_2 & \sin\alpha_2 & -\sin\alpha_1\cos\alpha_2 \\ -\cos\alpha_1\sin\alpha_2 & \cos\alpha_2 & \sin\alpha_1\sin\alpha_2 \\ \sin\alpha_1 & 0 & \cos\alpha_1 \end{pmatrix} \begin{pmatrix} x_1 \\ y_1 \\ z_1 \end{pmatrix} = C_4 \begin{pmatrix} x_1 \\ y_1 \\ z_1 \end{pmatrix} \tag{7-28}$$

3. 惯性坐标系上采煤机空间运动方程

采煤机在井下工作面的运动，可以认为由两部分运动叠加而成，一部分是随采煤机载体坐标系原点 R 的平动，另一部分是绕原点 R 的转动，如图 7-14 所示。设 V 为采煤机相对于地球的速度，V 在 $Rx_0y_0z_0$ 坐标系上的投影分别为 p(纵向速度分量)、q(横向速度分量)、r(垂向速度分量)，可表示为

$$V = px_0 + qy_0 + rz_0 \tag{7-29}$$

根据前述定义的 α_1 与 α_2，采煤机速度 V 在载体坐标系上的投影为

$$\begin{cases} p = V\cos\alpha_1\cos\alpha_2 \\ q = -V\sin\alpha_2 \\ r = V\cos\alpha_2\sin\alpha_1 \end{cases} \tag{7-30}$$

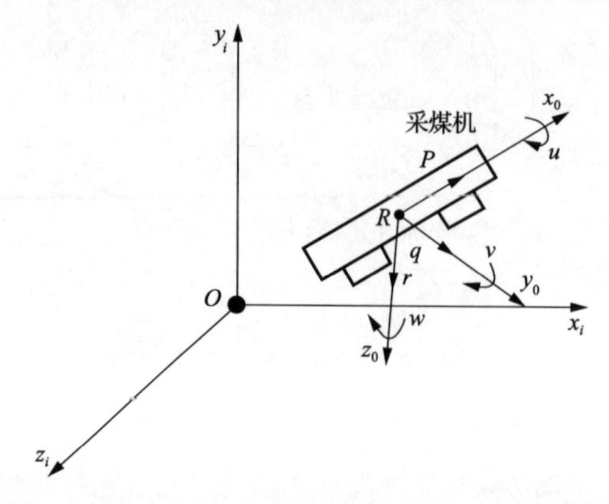

图 7-14　惯性坐标系下采煤机运动模型

采煤机绕 R 点发生的转动角速度以 ω 表示，ω 在 $Rx_0y_0z_0$ 坐标系上的投影分别为 u(横滚角速度分量)、v(俯仰角速度分量)、w(偏航角速度分量)，可表示为

$$\omega = ux_0 + vy_0 + wz_0 \tag{7-31}$$

采煤机的空间位置取决于载体坐标系原点 R 在惯性坐标系中的 3 个坐标分量(x_i、y_i 和 z_i)及载体坐标系相对于惯性坐标系的 3 个姿态角(俯仰角 β、横滚角 φ 和偏航角 θ)。

根据角速度合成定理可知:

$$\omega = \dot{\varphi} + \dot{\beta} + \dot{\theta} = \dot{\varphi}x_0 + \dot{\beta}y' + \dot{\theta}z_i \tag{7-32}$$

由式(7-25)可得到

$$\begin{cases} y'\cos\varphi + z'\sin\varphi = y_0 \\ -y'\sin\varphi + z'\cos\varphi = z_0 \end{cases} \tag{7-33}$$

即可得到

$$y' = y_0\cos\varphi - z_0\sin\varphi \tag{7-34}$$

由式(7-24)及式(7-25)联立得到

$$\begin{cases} x'\sin\beta + z_i\cos\beta = z' \\ x'\cos\beta - z_i\sin\beta = x_0 \\ -y'\sin\varphi + z'\cos\varphi = z_0 \end{cases} \tag{7-35}$$

即

$$z_i = y_0 \cos\beta \sin\varphi + z_0 \cos\beta cos\varphi - x_0 \sin\beta \tag{7-36}$$

根据式(7-34)和式(7-36)求解式(7-32)得到

$$\omega = x_0(\dot{\varphi} - \dot{\theta}\sin\beta) + y_0(\dot{\theta}\cos\beta\sin\varphi + \dot{\beta}\cos\varphi) + z_0(\dot{\theta}\cos\beta\cos\varphi - \dot{\beta}\sin\varphi) \tag{7-37}$$

联立式(7-31)与式(7-37)得到

$$\begin{pmatrix} \dot{\varphi} \\ \dot{\beta} \\ \dot{\theta} \end{pmatrix} = \begin{pmatrix} 1 & \sin\varphi\tan\beta & \cos\varphi\tan\beta \\ 0 & \cos\varphi & -\sin\varphi \\ 0 & \sin\varphi/\cos\beta & \cos\varphi/\cos\beta \end{pmatrix} \begin{pmatrix} u \\ v \\ w \end{pmatrix} \tag{7-38}$$

同时根据式(7-26)和式(7-28)可以得到

$$\begin{pmatrix} V_{xi} \\ V_{yi} \\ V_{zi} \end{pmatrix} = C^{\mathrm{T}} C_2^{\mathrm{T}} C_3^{\mathrm{T}} \begin{pmatrix} p \\ q \\ r \end{pmatrix} = C^{\mathrm{T}} C_2^{\mathrm{T}} C_3^{\mathrm{T}} C_4 \begin{pmatrix} V_{x1} \\ V_{y1} \\ V_{z1} \end{pmatrix} \tag{7-39}$$

通过式(7-38)可求出采煤机空间姿态角，而在式(7-39)的基础上可通过积分计算得到采煤机位置坐标在载体坐标系中的分量，同时通过坐标转换，可以确定采煤机在惯性坐标系及基准坐标系中的空间位置，从而能够完整地描述采煤机空间运动。

7.1.5　采煤机运行姿态智能感知原理

采煤机工作面自主定位系统主要依靠惯性导航系统来获取基本的信息，然后通过导航减误技术和系统误差补偿模型来提高定位精度，从而达到使用或实验要求。捷联惯性导航系统是将惯性器件直接固定在运动载体上，运行载体的角速度和加速度分别由惯导传感器(陀螺仪和加速度计)测量，结合运行载体的初始惯性信息，经过计算获得速度、位置、航向和姿态等导航信息。捷联惯性导航系统是在平台式惯性导航系统的基础上发展而来的，由于采用数学平台代替物理平台，没有复杂的框架结构和伺服系统，相对传统的导航系统，具有感知精度高、可靠性强、实时性好、不依赖外部信息、体积小、重量轻的优点。此外，由于激光陀螺、光纤陀螺等惯性器件的出现、计算机技术的迅速发展及计算理论的日益完善，捷联惯性导航系统的优势日渐明显。

将捷联惯性导航系统应用在采煤机上，对采煤机运行姿态进行感知，实际上是应用惯性组件测出采煤机相对于惯性空间的角速度和加速度，然后通过迭代计算得出采煤机的运行姿态信息。由于采煤机的位置和姿态是三维的，采煤机运动参数的测量装置并不是单一的陀螺仪或者加速度计，而是由三轴陀螺仪与三轴加速度计组成的惯性测量单元(inertial measurement unit，IMU)。通过陀螺仪测得的角速度可实时更新姿态矩阵，对姿态矩阵进行解算可以得到采煤机姿态角的信息，加速度计测得的加速度也要利用姿态矩阵从采煤机载体坐标系转换到导航坐标系，再进行速度和位置的解算，基于捷联惯性导航系统的采煤机运行姿态感知技术原理如图 7-15 所示。

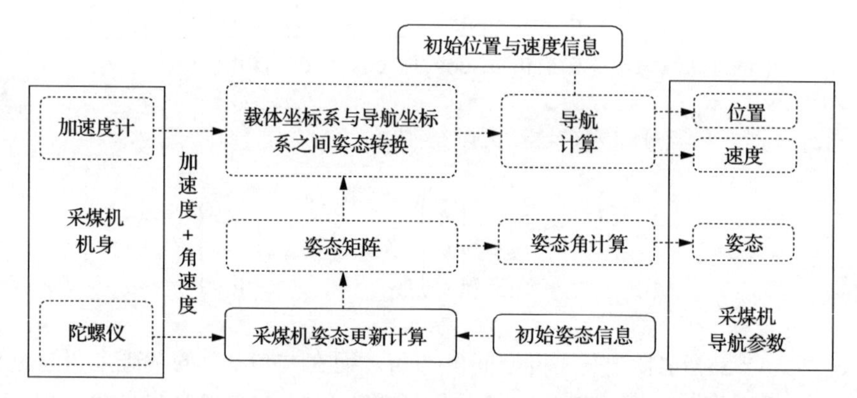

图 7-15 基于捷联惯性导航系统的采煤机运行姿态感知技术原理

7.2 基于捷联惯性导航系统的采煤机姿态解算策略

7.2.1 采煤机姿态更新算法

姿态更新就是根据捷联惯性导航系统的输出值实时计算载体坐标系到导航坐标系的姿态矩阵，它是处理捷联惯性导航系统数据过程中最重要的一部分，直接影响到采煤机姿态信息感知的精度。姿态更新算法必须要考虑传感器本身的测量误差、计算精度及程序运行效率，当前在工程实践领域一般多采用四元数法和旋转矢量法，接下来讨论两者的区别。

1) 四元数法

顾名思义，四元数包含 4 个元，其数学表达式为

$$Q(q_0,q_1,q_2,q_3)=q_0+q_1 i+q_2 j+q_3 k \tag{7-40}$$

写成矢量的表达方式为

$$Q = q_0 + q = \cos\frac{\beta}{2} + \mu\sin\frac{\beta}{2} \tag{7-41}$$

式中，μ 为旋转轴方向的一个单位矢量；β 为刚体绕旋转轴旋转的角度。

因此，载体坐标系至导航坐标系的坐标变换关系用四元数乘法可以表示为 $r^n = Q \otimes r^b \otimes Q^*$，展开后得到用四元数表述的姿态变换矩阵如下：

$$C_b^n = \begin{pmatrix} q_0^2 + q_1^2 - q_2^2 - q_3^2 & 2(q_1q_2 - q_0q_3) & 2(q_1q_3 + q_0q_2) \\ 2(q_1q_2 + q_0q_3) & q_0^2 - q_1^2 + q_2^2 - q_3^2 & 2(q_2q_3 - q_0q_1) \\ 2(q_1q_3 - q_0q_2) & 2(q_2q_3 + q_0q_1) & q_0^2 - q_1^2 - q_2^2 + q_3^2 \end{pmatrix} = \begin{pmatrix} c_{11} & c_{12} & c_{13} \\ c_{21} & c_{22} & c_{23} \\ c_{31} & c_{32} & c_{33} \end{pmatrix} \tag{7-42}$$

四元数 Q 包含了运载体所有的姿态信息，捷联惯性导航系统中对采煤机姿态信息的更新过程实际上就是对其的计算更新。已知四元数 Q 的微分方程为

$$\dot{Q} = \frac{1}{2}\Omega Q \tag{7-43}$$

式中，Ω 为 ω_{nb}^b 的反对称矩阵。

ω_{nb}^b 是载体坐标系相对于导航坐标系的角速度，写成矩阵的形式有

$$\begin{pmatrix} \dot{q}_0 \\ \dot{q}_1 \\ \dot{q}_2 \\ \dot{q}_3 \end{pmatrix} = \frac{1}{2}\begin{pmatrix} 0 & -\omega_{nbx}^b & -\omega_{nby}^b & -\omega_{nbz}^b \\ \omega_{nbx}^b & 0 & \omega_{nbz}^b & -\omega_{nby}^b \\ \omega_{nby}^b & -\omega_{nbz}^b & 0 & -\omega_{nbx}^b \\ \omega_{nbz}^b & \omega_{nby}^b & -\omega_{nbx}^b & 0 \end{pmatrix}\begin{pmatrix} q_0 \\ q_1 \\ q_2 \\ q_3 \end{pmatrix} = \frac{1}{2}M\left[\omega_{nb}^b(t)\right]q(t) \tag{7-44}$$

式中，$M[\bullet]$ 表示求取反对称矩阵。

根据式(7-44)可以实现四元数的更新，为了避免捷联惯性导航系统中陀螺仪的输出角度增量在采样间隔内噪声信号的微分被放大，在给定四元数初值 $Q(0)$ 的基础上，令 $P_1 = \Omega\Delta t$，根据毕卡微分求解法得到

$$Q(t+\Delta t) = \left(\cos\frac{\Delta\theta}{2}I + \frac{\sin\left(\frac{\Delta\theta}{2}\right)}{\Delta\theta}P_1\right)Q(t) \tag{7-45}$$

式中，$\Delta\theta$ 是由陀螺仪输出的角速度积分得到的角度增量。

通过捷联惯性导航系统初始对准过程确定四元数初值后，结合式(7-45)和

式(7-42)中四元数与姿态变换矩阵间的关系，可求解当前时刻四元数的值 q_0、q_1、q_2、q_3：

$$\begin{cases} |q_0| = \frac{1}{2}\sqrt{1 + C_{11} + C_{22} + C_{33}} \\ |q_1| = \frac{1}{2}\sqrt{1 + C_{11} - C_{22} - C_{33}} \\ |q_2| = \frac{1}{2}\sqrt{1 - C_{11} + C_{22} - C_{33}} \\ |q_3| = \frac{1}{2}\sqrt{1 - C_{11} - C_{22} + C_{33}} \end{cases} \tag{7-46}$$

由于四元数在更新计算过程中会受到计算误差等因素的影响而逐渐失去规范化特性，即它的模值 $\|Q\| \neq 1$，因此必须要进行归一化处理：

$$q_i = \frac{q_i}{\sqrt{q_0^2 + q_1^2 + q_2^2 + q_2^3}} \tag{7-47}$$

2) 等效旋转矢量法

等效旋转矢量法也是建立在刚体绕矢量旋转思想基础上的，与四元数的不同在于，在姿态更新周期内，四元数法根据陀螺仪输出的角速度信息直接计算姿态四元数，而等效旋转矢量法则分两步来完成：一是旋转矢量的计算，用于描述载体本身姿态的变化；二是四元数的更新，最终描述载体相对导航坐标系的实时方位。

已知等效旋转矢量的波尔兹微分方程为

$$\dot{\Phi} = \omega + \frac{1}{2}\Phi \times \omega + \frac{1}{\Phi^2}\left[1 - \frac{\Phi \sin \Phi}{2(1 - \cos \Phi)}\right]\Phi \times (\Phi \times \omega) \tag{7-48}$$

Φ 为等效旋转矢量，一般载体姿态的更新周期都非常短，Φ 很小，等式中 Φ 的三次及以上的高次项可以忽略不计，由此得到在工程实践中常用的近似微分方程为

$$\dot{\Phi} = \omega_{nb}^b + \frac{1}{2}\Phi \times \omega_{nb}^b + \frac{1}{12}\Phi(\Phi \times \omega_{nb}^b) \tag{7-49}$$

可见，等效旋转矢量的导数包括机体角速度 ω_{nb}^b 和角速度修正项(刚体多次旋转产生的不可交换误差)两部分，相比于四元数姿态更新算法，等效旋转矢量法多了对不可交换误差的补偿过程。事实上，根据等效旋转矢量计算中对运载体角速度 ω_{nb}^b 拟合假设的不同，可以分为单子样算法(用常数拟合角速度)、双子样算法

(用直线拟合角速度)、三子样算法(用抛物线拟合角速度)等。根据实际情况可以选用不同精度的角速度近似拟合算法，而且算法子样个数越多，拟合结果就越准确，但是计算量会随之增大。

结合前述坐标转换过程，可以用矩阵表示 $r^n = C_{b(k)}^n r^{b(k)}$，等价于四元数表示方法，即

$$\begin{cases} r^n = Q(t_k) \otimes r^{b(k)} \otimes Q^*(t_k) \\ r^n = C_{b(k-1)}^n C_{b(k)}^{b(k-1)} r^{b(k)} \end{cases} \tag{7-50}$$

可以得到

$$Q(t_k) = Q(t_{k-1}) \otimes q(h)$$

即

$$Q(t+h) = Q(t) \otimes q(h) \tag{7-51}$$

式中，$q(h) = \cos\dfrac{\phi}{2} + \dfrac{\varPhi}{\phi}\sin\dfrac{\phi}{2}$，为姿态更新四元数，$\varPhi$ 为 $b(k\text{–}1)$ 系至 $b(k)$ 系的等效旋转矢量，且 $\phi=\|\varPhi\|$；$Q(t+h)$ 和 $Q(t)$ 分别为载体在 $t+h$ 时刻和 t 时刻的姿态四元数。

7.2.2　采煤机姿态更新误差分析

由于姿态更新中计算方法的近似及计算机有效字长的限制，在建立捷联惯性导航系统“数学平台”时存在量化误差、舍入误差等计算误差。同时，在解算原理上还存在着刚体转动不可交换误差，以及不可交换误差表现最为恶劣的情况——圆锥误差。

在力学中，刚体依次绕 x、y 轴旋转 90°和依次绕 y、x 轴旋转 90°所得到的结果是不同的，这就是刚体有限转动的不可交换性，这也决定了刚体的转动不是矢量。在四元数法中对角度增量 $\Delta\theta$ 的计算用到了角速度矢量 ω_{nb}^b 的积分，当刚体并非作定轴转动时，角速度矢量的方向不是固定不变的，而是随时间发生变化的，因而将该矢量当作定值进行积分时会产生计算误差，称作转动不可交换误差。特别是对于高动态环境下的载体，其转动不可交换误差就会表现得十分明显。

从前面的分析可以得出，四元数姿态更新算法简单、计算量小，因而使用广泛，但是不可避免地引入了不可交换性误差。等效旋转矢量法在一定程度上弥补了四元数法的不足，但是其计算过程相对复杂，计算量较四元数法增加了约 30%，但随着半导体技术、计算机技术的发展，这一劣势已逐渐淡化。

由于受到惯性器件随机漂移和测量误差的影响，以及数据处理速度的限制，捷联惯性导航系统的数学平台不能完全隔离采煤机的角振动，如电机的振动影响、截割煤壁时的扰动影响都会引起采煤机各轴向的角振动。当机身相互垂直的两个轴上存在同频不同相的角振动时，则会在第三轴上引入诱导漂移角速度，两轴上的角振动间相位差越接近 90°，第三轴所受的诱导漂移就越大，最终导致数学平台的漂移。

假设采煤机纵轴和横轴分别作用有同频不同相的角振动，即

$$\begin{cases}\theta(t)=\theta_m\sin\omega t\\ \gamma(t)=\gamma_m\cos\omega t\\ \psi(t)=0\end{cases}\tag{7-52}$$

对微幅振动有

$$\begin{cases}\omega_x=\dot{\theta}\cos\gamma\approx\theta_m\omega\cos\omega t\\ \omega_y=\dot{\gamma}\omega\approx-\gamma_m\omega\sin t\\ \omega_z=\dot{\theta}\sin\gamma\approx\theta_m\gamma_m\omega\cos\omega t\cos\omega t=\dfrac{1}{2}\theta_m\gamma_m\omega(\cos 2\omega t+1)\end{cases}\tag{7-53}$$

式(7-53)说明，当采煤机侧倾轴和俯仰轴产生同频不同相的角振动时，在偏航轴(z 轴)上会整流出直流分量，即产生圆锥误差。减小圆锥误差的主要方法是提高传感器采样频率或姿态更新计算的频率，这必然会导致运算量增大，降低计算机的实时性，目前解决该矛盾最有效的方法就是改进姿态更新的计算方法。

7.2.3 采煤机姿态解算策略

考虑到姿态解算的精度及实时性，采用等效旋转矢量的圆锥补偿算法对动态环境下的采煤机进行姿态更新。首先在更新周期内对捷联惯性导航系统输出的采煤机角速度进行抛物线拟合，即

$$\omega_{nb}^b(t_k+\tau)=a+2b\tau+3c\tau^2,\quad 0\leqslant\tau\leqslant h\tag{7-54}$$

记 $\varPhi(t_k+h)$ 为机身在更新周期 $(h=t_{k+1}-t_k)$ 内的等效旋转矢量，在 $t=t_k$ 点处作泰勒展开得

$$\varPhi(t_k+h)=\varPhi(t_k)+h\dot{\varPhi}(t_k)+\frac{h^2}{2!}\bar{\varPhi}(t_k)+\cdots\tag{7-55}$$

式中，$\varPhi(t_k)$ 为 $[t_k,t_k]$ 时间内的等效旋转矢量，由于两时间差为 0，故 $\varPhi(t_k)=0$。

记 $[t_k,t_k+\tau]$ 时间内的载体角度增量为

$$\Delta\theta(t_k+\tau)=\int_0^{\tau}\omega_{nb}^b(t_k+\tau)\mathrm{d}t \tag{7-56}$$

更新周期 h 通常不超过几十毫秒，$\Phi(t_k+\tau)$ 可视为小阶量，所以忽略式(7-49)中的二阶小量，再用 $\Delta\theta(t_k+\tau)$ 替换 $\Phi(t_k+\tau)$，式(7-49)可表示为

$$\dot{\Phi}(t_k+\tau)=\omega_{nb}^b(t_k+\tau)+\frac{1}{2}\Delta\theta(t_k+\tau)\times\omega_{nb}^b(t_k+\tau) \tag{7-57}$$

对式(7-57)在 $t=t_k$ 点处求各阶导数并代入式(7-56)，得

$$\begin{aligned}\Phi(t_k+h)&=\Phi(t_k)+\dot{\Phi}(t_k)h+\frac{h^2}{2}\ddot{\Phi}(t_k)+\frac{h^3}{6}\dddot{\Phi}(t_k)+\frac{h^4}{24}\Phi^{(4)}(t_k)+\frac{h^5}{120}\Phi^{(5)}(t_k)\\&=ah+bh^2+ch^3+\frac{1}{6}abh^3+\frac{1}{4}ach^4+\frac{1}{10}bch^5\end{aligned} \tag{7-58}$$

记 $\left[t_k+\frac{i-1}{3}h,t_k+\frac{i}{3}h\right]$ 时间内的角度增量 $\Delta\theta_i=\int_{\frac{i-1}{3}h}^{\frac{i}{3}h}\omega_{nb}^b(t_k+\tau)\mathrm{d}\tau$，$i$=1、2、3，结合式(7-56)，得

$$\begin{cases}\Delta\theta_1=\dfrac{1}{3}ah+\dfrac{1}{9}bh^2+\dfrac{1}{27}ch^3\\\Delta\theta_2=\dfrac{1}{3}ah+\dfrac{1}{3}bh^2+\dfrac{7}{27}ch^3\\\Delta\theta_3=\dfrac{1}{3}ah+\dfrac{5}{9}bh^2+\dfrac{9}{27}ch^3\end{cases} \tag{7-59}$$

根据式(7-58)、式(7-59)得到三子样等效旋转矢量算法的公式为

$$\Phi(t_k+h)=\Delta\theta+k_1\Delta\theta_1\times\Delta\theta_2+k_2\Delta\theta_1\times\Delta\theta_3+k_3\Delta\theta_2\times\Delta\theta_3 \tag{7-60}$$

式中，$\Delta\theta=\Delta\theta_1+\Delta\theta_2+\Delta\theta_3$；$k_1=k_3=\frac{57}{80}$；$k_2=\frac{33}{80}$。

从式(7-60)可以看出，当考虑到不可交换误差的补偿，对采煤机运动角速度用抛物线拟合时，需要在姿态更新周期采样 3 次。根据前面分析可知，采煤机工作过程中存在圆锥运动，在对其姿态解算时引入了圆锥误差，因此对等效旋转矢量的三子样算法进行优化后得到

$$\Phi=\Delta\theta+\frac{9}{20}(\Delta\theta_1\times\Delta\theta_3)+\frac{27}{40}\Delta\theta_2\times(\Delta\theta_3-\Delta\theta_1) \tag{7-61}$$

然后，利用从式(7-61)得到的优化的旋转矢量$\Phi=\left[\Phi_x,\Phi_y,\Phi_z\right]$构造一个变换四元数：

$$q(h)=\left[\cos\frac{\Phi_0}{2}\quad \frac{\Phi_x}{\Phi_0}\sin\frac{\Phi_0}{2}\quad \frac{\Phi_y}{\Phi_0}\sin\frac{\Phi_0}{2}\quad \frac{\Phi_y}{\Phi_0}\sin\frac{\Phi_0}{2}\right]^{\mathrm{T}} \tag{7-62}$$

式中，$\Phi_0=\sqrt{\Phi_x^2+\Phi_y^2+\Phi_z^2}$。

然后按式(7-51)实时解算姿态矩阵，求出采煤机的3个姿态角。

如图7-16所示，其中，$\omega_{nb}^b=\omega_{ib}^b-\omega_{in}^b=\omega_{ib}^b-C_{n(k-1)}^b(\omega_{ie}^n+\omega_{en}^n)$，$\omega_{ib}^b$为陀螺仪输出角速度，$\omega_{ie}^n$为地球自转角速度，$\omega_{en}^n$为采煤机的运行角速度，因此在进行姿态解算的时候需根据厂家所给出的传感器相关参数建立陀螺仪误差模型，再对其输出角速度信息进行补偿处理。

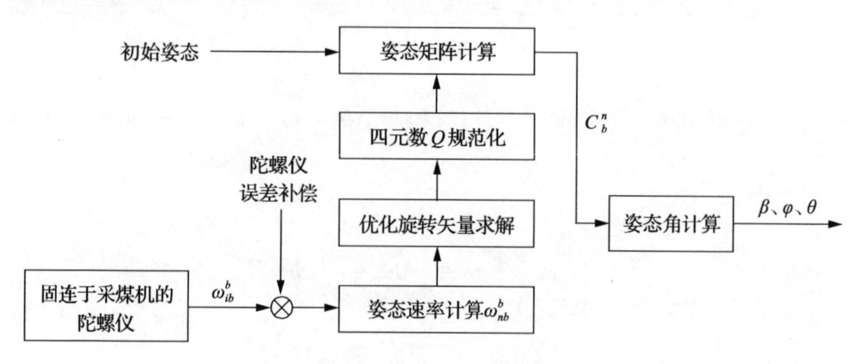

图7-16　采煤机姿态解算框图

7.2.4　采煤机初始姿态确定

进行捷联惯性导航系统定位解算之前，首先要确定采煤机初始姿态，即确定初始姿态四元数$Q(0)=\left[q_0(0)\ \ q_1(0)\ \ q_2(0)\ \ q_3(0)\right]^{\mathrm{T}}$，也就是要对其进行初始对准操作。

首先，利用线加速度计输出的各轴向比力信息确定采煤机的俯仰角β。当采煤机处于静止状态时，根据前面定义的导航坐标系可知，x_n、y_n轴向上重力加速度的分量为0，线加速度计只在z_n轴上监测所有的重力加速度，即

$$\begin{pmatrix} f_x^b \\ f_y^b \\ f_z^b \end{pmatrix}=C_n^b\begin{pmatrix} 0 \\ 0 \\ -g \end{pmatrix} \tag{7-63}$$

$$\begin{cases} f_x^b = g\sin\varphi\cos\beta \\ f_y^b = -g\sin\beta \\ f_z^b = -g\cos\varphi\cos\beta \end{cases} \tag{7-64}$$

式中，f_x^b、f_y^b、f_z^b 为加速度计的输出值。

由式(7-64)可解得 $\tan\varphi = -f_x^b / f_z^b$，$\varphi$ 的值域为 $[-180°, +180°]$，存在多值现象，所以令 $\gamma_\varphi = \arctan(-f_x^b / f_z^b)$。

又根据式(7-64)可得，$(f_x^b)^2 + (f_z^b)^2 = g^2\cos^2\beta$，由 $(f_x^b)^2 + (f_y^b)^2 + (f_z^b)^2 = g^2$ 可得

$$\begin{cases} f_y^b = \pm g\sin\beta \\ \sqrt{(f_x^b)^2 + (f_z^b)^2} = \pm g\cos\beta \end{cases} \tag{7-65}$$

由式(7-65)可得，$\beta = \pm\arctan\dfrac{f_y^b}{\sqrt{(f_x^b)^2 + (f_z^b)^2}}$，由于俯仰角 $\beta \in [-90°, +90°]$，可得

$$\beta = \arctan\frac{f_y^b}{\sqrt{(f_x^b)^2 + (f_z^b)^2}} \tag{7-66}$$

通过式(7-66)可以求得采煤机在静态环境下粗对准的初始姿态角。

7.3　采煤机自主定位系统误差模型及处理技术

7.3.1　采煤机动力学模型

采煤机动力学模型是采煤机自主定位系统误差模型的一部分，也是建立误差模型的基础。采煤机工作环境复杂，采煤线路及煤岩性质的变化将引起载荷变化，从而对采煤机的运动造成各种扰动，改变其运行状态和运动轨迹，因此某一时刻采煤机的速度、加速度、位置等运动状态参数的确定非常复杂。

1)采煤机牵引割煤期间的动力学模型

采煤机在工作面的运动路线为直线，机身整体受力及滚筒受力情况分别如图 7-17(a)和 7-17(b)所示。

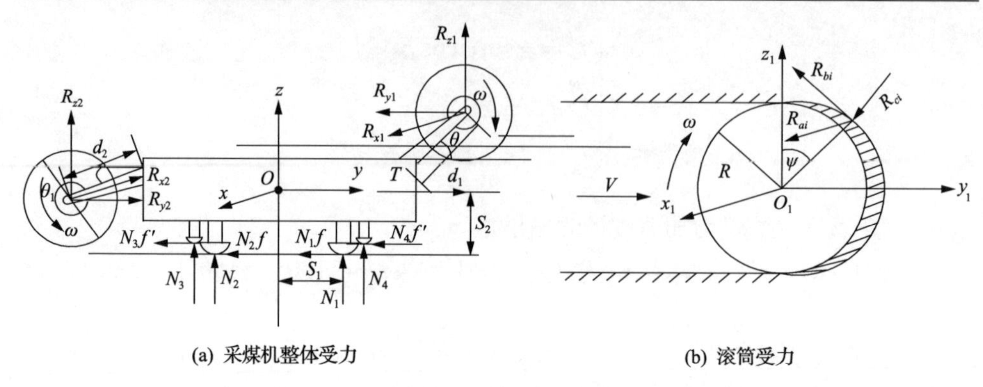

(a) 采煤机整体受力　　　　(b) 滚筒受力

图 7-17　采煤机受力图

由于采煤机前后滚筒在运动的过程中不对称，以某滚筒为例分析采煤机滚筒受力状况。R_{ai}、R_{bi}、R_{ci}分别为滚筒上第 i 个截齿的侧向阻力、推进阻力和截割阻力，R_z、R_x和R_y分别表示滚筒所有受力的截齿沿 x、y、z 轴的分力之和，则有

$$\begin{cases} R_z = \sum_{i=1}^{N}(-R_{ci}\cos\psi_i + R_{bi}\sin\psi_i) \\ R_y = \sum_{i=1}^{N}(-R_{ci}\sin\psi_i - R_{bi}\cos\psi_i) \\ R_x = \sum_{i=1}^{N} R_{ai} \end{cases} \tag{7-67}$$

图 7-17(a)中，N_i、$N_i f$(i=1、2、3、4)分别为滑靴、导向套的支承反力和对应的摩擦力，其中 f 为滑靴对应的摩擦系数(图中的 f'表示导向套对应的摩擦系数)，R_{zi}、R_{yi}、R_{xi} (i=1、2)分别为滚筒的推进阻力、截割阻力、侧向阻力在三个坐标轴上的分力，G 为采煤机的重量，T 为采煤机的牵引力。设采煤机在 t 时刻的位移分别为 $y(t)$、$x(t)$、$z(t)$，采煤机的质量为 m，由牛顿第二定理和沿 x、y、z 轴三个方向的力学平衡关系可知

$$\begin{cases} my''(t) = T + N_1 f + N_2 f + N_3 f' + N_4 f' + R_{y_1} + R_{y_2} \\ mz''(t) = N_1 + N_2 + N_3 + N_4 + R_{z_1} + R_{z_2} \\ mx''(t) = R_{x_1} + R_{x_2} \end{cases} \tag{7-68}$$

将采煤机上所有的力简化到机身上，每个不过质心的力的作用等于经过质心的同样大小的力和一个力偶，力偶的大小为力和力到作用点距离的乘积。

在图 7-17(a)中，θ_1 和 θ 为 t 时刻采煤机摇臂与机身的夹角，牵引力 t 经过质心，S_i(i=1、2)为支承力和摩擦力的力臂，根据力的简化结果可得，过质心三个轴的力矩为

$$\begin{cases} m_x = N_1S_1 + N_2S_1 + N_3S_1 + N_4S_1 + R_{y1}\left(\dfrac{L_3}{2} + d_1\sin\theta\right) + (N_1f + N_2f + N_3f' \\ \quad + N_4f')S_2 + R_{x2}\left(\dfrac{L_3}{2} + d_2\sin\theta_1\right) + R_{z1}\left(\dfrac{L_1}{2} + d_1\cos\theta\right) + R_{z2}\left(\dfrac{L_1}{2} + d_1\cos\theta_1\right) \\ m_y = N_1\dfrac{L_2}{2} + N_2\dfrac{L_2}{2} + N_3\dfrac{L_2}{2} + N_4\dfrac{L_2}{2} + R_{x1}\left(\dfrac{L_3}{2} + d_1\sin\theta\right) + R_{x2}\left(\dfrac{L_3}{2} + d_2\sin\theta_1\right) \\ \quad + (R_{z1} + R_{z2})\left(\dfrac{L_2}{2} + \dfrac{D}{2}\right) \\ m_z = (N_1f + N_2f + N_3f' + N_4f') + (R_{y1} + R_{y2})\left(\dfrac{L_2}{2} + \dfrac{D}{2}\right)\dfrac{L_2}{2} + R_{x1}\left(\dfrac{L_1}{2} + d_1\cos\theta\right) \\ \quad + R_{x2}\left(\dfrac{L_1}{2} + d_2\cos\theta_1\right) \end{cases} \tag{7-69}$$

式中，L_1、L_2、L_3 分别为采煤机机身的长、宽、高。

设在某时刻 t，采煤机绕三个轴转动的角度分别为 ψ_x、ψ_y、ψ_z，由刚体的定轴转动定理可得

$$\begin{cases} J_x\dfrac{\mathrm{d}^2\psi_x}{\mathrm{d}t^2} = m_x \\ J_y\dfrac{\mathrm{d}^2\psi_y}{\mathrm{d}t^2} = m_y \\ J_z\dfrac{\mathrm{d}^2\psi_z}{\mathrm{d}t^2} = m_z \end{cases} \tag{7-70}$$

式(7-70)是简化后的采煤机动力学模型，实际上，在采煤机工作过程中，由于煤岩的非匀质性及井下煤层应力和地质构造的变化，滚筒截齿受到的推进阻力、截割阻力、侧向阻力是非线性的，是一个随时间变化的函数，分别用 $R_z(t)$、$R_y(t)$、$R_x(t)$ 来代替，另外滚筒上截齿分布的不均匀性决定了截齿的安装角在运动过程中是变化的，所以用 $\psi(t)$ 代替 ψ，这些因素导致采煤机整体在三个方向上的运动状态是随时间不断改变的，则有

$$\begin{cases} R_z(t) = \sum\limits_{i=1}^{N}\left[-R_{c_{i1}}(t)\cos\psi_{i1}(t) + R_{bi1}(t)\sin\psi_{i1}(t)\right] \\ R_y(t) = \sum\limits_{i=1}^{N}\left[-R_{c_{i1}}(t)\sin\psi_{i1}(t) - R_{bi1}(t)\cos\psi_{i1}(t)\right] \\ R_x(t) = \sum\limits_{i=1}^{N}R_{ai}(t) \end{cases} \tag{7-71}$$

将三个坐标轴不随时间变化的力的合力和合力矩分别用 F_x、F_y、F_z 和 m_{xo}、m_{yo} 和 m_{zo} 表示，则采煤机随时间变化的运动微分方程可表示为

$$\begin{cases} J_x \dfrac{\mathrm{d}^2\psi_x}{\mathrm{d}t^2} = m_{xo} + R_{y1}(t)\left(\dfrac{L_3}{2} + d_1\sin\theta\right) + R_{x2}(t)\left(\dfrac{L_3}{2} + d_2\sin\theta_1\right) \\ \qquad + R_{z1}(t)\left(\dfrac{L_1}{2} + d_1\cos\theta\right) + R_{z2}(t)\left(\dfrac{L_1}{2} + d_1\cos\theta_1\right) \\ J_y \dfrac{\mathrm{d}^2\psi_y}{\mathrm{d}t^2} = m_{yo} + R_{x1}(t)\left(\dfrac{L_3}{2} + d_1\sin\theta\right) + R_{x2}(t)\left(\dfrac{L_3}{2} + d_2\sin\theta_1\right) \\ \qquad + \left[\left(R_{z1}(t) + R_{z2}(t)\dfrac{L_2}{2} + \dfrac{D}{2}\right)\right] \\ J_z \dfrac{\mathrm{d}^2\psi_z}{\mathrm{d}t^2} = m_{zo} + \left[R_{y1}(t) + R_{y2}(t)\right]\left(\dfrac{L_2}{2} + \dfrac{D}{2}\right) + R_{x1}\left(\dfrac{L_1}{2} + d_1\cos\theta\right) \\ \qquad + R_{x2}\left(\dfrac{L_1}{2} + d_2\cos\theta_1\right) \\ mz''(t) = F_z + R_{z1}(t) + R_{z2}(t) \\ my''(t) = F_y + R_{y1}(t)\cos\theta + R_{y2}(t)\cos\theta \\ mx''(t) = R_{x1}(t)\sin\theta + R_{x2}(t)\sin\theta \end{cases} \tag{7-72}$$

2) 采煤机调整采高时的动力学模型

此时采煤机停止运动，即牵引速度 0，摇臂以角速度 ω_2 绕着摇臂支点 O 做旋转，实现采高的调整，滚筒以角速度 ω_1 绕中心做转动，经过时间 t，摇臂旋转了 a 角度，滚筒旋转了 ψ +a 角度，以滚筒上一点(截齿)为研究对象，其运动方程为

$$\begin{cases} x(t) = L\cos\omega_2 t + R\cos(\omega_1 + \omega_2)t \\ y(t) = L\sin\omega_2 t + R\sin(\omega_1 + \omega_2)t \end{cases} \tag{7-73}$$

以上滚筒为研究对象，把滚筒简化为质心，则滚筒运动简化为点 O_1 绕点 O_2 作圆周运动，半径为 L，角速度为 ω_2，这样可以得到采煤机滚筒的运动方程为

$$\begin{cases} x(t) = L\cos\sin\omega_2 t \\ y(t) = L\sin\omega_2 t \end{cases} \tag{7-74}$$

7.3.2 自主定位系统误差模型

1) 对准误差

如果对准过程没有进行有效的误差消除，到导航开始时，各种对准误差的典

型数值将会叠加到真实的姿态、速度和位置中，从而影响到导航系统的估计值。同时，对准过程本身形成的初始误差和敏感器误差间也会存在着相互作用和互相影响。

2) 惯性仪表误差

惯性仪表误差也是惯性敏感器误差，在捷联惯性导航系统中主要包括陀螺仪和加速度计的误差。其中，由一组敏感轴相互正交的陀螺仪提供的角速率测量误差(δ_{ω_x}，δ_{ω_y}，δ_{ω_z})可表示为以下的数学形式：

$$\begin{pmatrix} \delta_{\omega_x} \\ \delta_{\omega_y} \\ \delta_{\omega_z} \end{pmatrix} = B_G + B_g \begin{pmatrix} \alpha_x \\ \alpha_y \\ \alpha_z \end{pmatrix} + B_{ac} \begin{pmatrix} \alpha_y\alpha_z \\ \alpha_x\alpha_z \\ \alpha_y\alpha_x \end{pmatrix} + B_{ai} \begin{pmatrix} \omega_y\omega_z \\ \omega_x\omega_z \\ \omega_x\omega_y \end{pmatrix} + S_G \begin{pmatrix} \omega_x \\ \omega_y \\ \omega_z \end{pmatrix} + M_G \begin{pmatrix} \omega_x \\ \omega_y \\ \omega_z \end{pmatrix} + W_G \tag{7-75}$$

式中，B_G是一个代表残余常值偏值的含3个元素的矢量；B_g代表与重力加速度g有关的偏值系数的3×3矩阵；B_{ai}代表不等惯性系数的3×3矩阵；S_G代表陀螺仪标度因数误差的对角阵；M_G代表陀螺仪安装不对准和交叉耦合的3×3的斜对称矩阵；W_G代表陀螺仪运行时随机偏值的含3个元素的矢量；

式(7-75)中这些误差在常规陀螺仪、速率传感器和震动装置中或多或少都会出现。

由加速度计造成的沿三个方向上的比力测量误差，可表示为

$$\begin{pmatrix} \delta_{f_x} \\ \delta_{f_y} \\ \delta_{f_z} \end{pmatrix} = B_A + B_U \begin{pmatrix} \alpha_y\alpha_z \\ \alpha_x\alpha_z \\ \alpha_y\alpha_x \end{pmatrix} + S_A \begin{pmatrix} \alpha_x \\ \alpha_y \\ \alpha_z \end{pmatrix} + M_A \begin{pmatrix} \alpha_x \\ \alpha_y \\ \alpha_z \end{pmatrix} + W_A \tag{7-76}$$

式中，B_A为常值偏值的一个含有3个元素矢量；B_U为振摆误差系数的3×3矩阵；S_A为加速度计标度因数误差的对角阵；M_A为加速度计安装不对准与交叉耦合的3×3斜对称矩阵；W_A为加速度计运行时随机偏值误差的一个含有3个元素的矢量。

3) 安装误差

安装误差包括安装偏差角误差及杆臂效应误差。在采煤机捷联惯导系统中，安装偏差角误差是指惯导组件敏感轴应该平行于采煤机机体坐标轴，但由于安装工艺、采煤机的工作状态等导致惯导组件敏感轴与采煤机机体坐标轴存在夹角，导致惯性敏感器输出并不是采煤机的真实导航参数；杆臂效益误差是指惯导组件质心与采煤机机体质心不重合，产生干扰加速度，影响加速度计的输出，从而影

响采煤机定位精度。

4)计算误差

包括解算算法近似误差、计算机算法误差、处理器计算误差等。捷联惯导系统运行姿态解算算法并不是只有一种，算法的选取会依据研究对象不同而不同，但捷联惯导解算算法中一般会忽略一些对系统精度影响不大的因素，例如在研究采煤机捷联惯导系统的过程中，地球形状以及重力场等模型的选择对于采煤机的影响就可以忽略不计；另外由于计算机算法自身误差的存在，导致计算机的求解会引起导航结果的误差。当然随着计算机算法的发展，这些误差的影响将会越来越小；计算机处理器的性能也会决定计算结果的准确性。

通过长期的理论研究与大量的实践证明，影响捷联惯导系统精度的误差主要是惯性敏感器误差、初始对准误差及安装误差，计算误差基本可以忽略不计。

下面首先介绍惯性敏感器误差补偿技术。

7.3.3 陀螺仪零偏补偿技术

1. 陀螺仪零偏补偿算法

在设计采煤机自主定位系统中，陀螺仪是主要的测量传感器之一，由于其输出信号常常受到自身特性和环境的影响，漂移量很大，大大影响了陀螺仪的输出特性，直接决定了定位系统的定位精度。因此，如何过滤掉陀螺仪和加速度计的噪声，减小漂移量并提高信号的零漂性能，是定位数据处理过程中的关键。

在理想的情况下，静基座实验中 z 轴方向的陀螺仪在静止情况下的输出应为零，并且为一条平直的直线，不随时间而变化。然而，陀螺仪的实际情况并非如此，各种内外因素导致输出与实际情况有一定的偏差。图 7-18 为某次实验中陀螺仪在静止情况下的输出曲线，测量时间为 150s，共采集数据 18000 个。

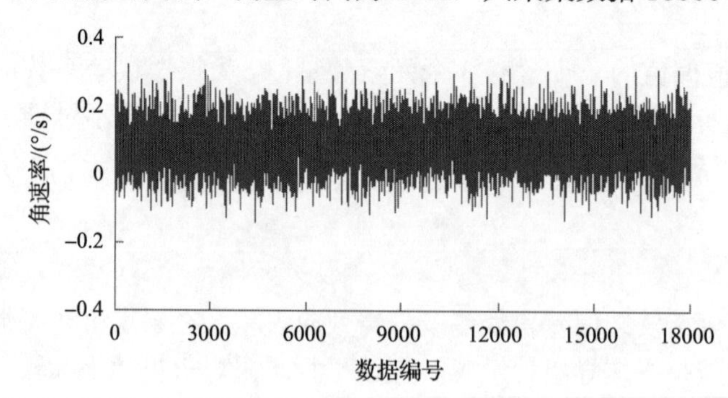

图 7-18　静止情况下陀螺仪的输出曲线

从图 7-18 中可以看出，虽然陀螺仪的漂移是一个随机序列，但在静止情况下其大小在–0.01～0.03 波动，这是因为存在常值漂移量。通过多次采样和计算，发现每一次重新启动陀螺仪时，其常值漂移量并不完全相等，且在同一次启动中，其常值漂移量也会产生缓慢变化，但是偏移量的绝对值一般不大于 0.1，该值的变化与陀螺仪的性能有关。

通过对自主定位系统的误差模型的建立，可以发现陀螺仪的误差主要包括相对固定的零值漂移和随机的非线性误差。同时，根据文献，实际测量的陀螺信号输出可用式(7-77)表示：

$$\omega(t) = \omega_N \cos K + \varepsilon(t) \tag{7-77}$$

式中，$\omega(t)$ 为陀螺输出的角速率信号；$\omega_N = \omega_E \cos\varphi$，为地球自转角速度 ω_E 在北方向的分量，φ 为地理纬度；K 为陀螺仪测量轴与地理上北方向之间的夹角；$\varepsilon(t)$ 为脱落的漂移量。

陀螺的漂移信号主要由常值分量、周期分量和白噪声组成，可归纳为如下公式：$\varepsilon(t) = \varepsilon_d + \Omega_d \sin(2\pi f_d + \theta_0) + W(t)$，其中 ε_d 为零偏，短时间内可以视为一个常数，Ω_d 为周期分量的赋值，f_d 为周期分量的频率，θ_0 为初始相位，$W(t)$ 为零均值的高斯白噪声。

陀螺仪的零偏相对于其他误差具有一定的稳定性，其波动幅度和范围有限，不会出现正负波动，可认为是常值误差。在陀螺仪测量过程中，如果零偏的常值误差未能消除，零偏值每次均被积分计算，累积误差会不断加大，若运行时间较长，将引起很大的系统误差。在陀螺仪零偏重复性较差的情况下，该项误差是系统的主要误差源，因此必须对零偏进行补偿。

根据实验数据对陀螺仪的零偏补偿方法展开研究，某次实验中测量的 800 个角速率数据的变化曲线如图 7-19 所示。

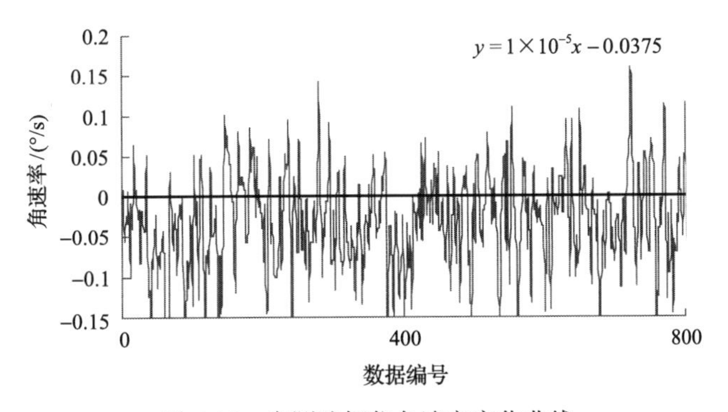

图 7-19　实测陀螺仪角速率变化曲线

由图 7-19 可以看出，x 前的系数很小，意味着每采集 10^5 个数据产生 1°的角度误差，所以可将其忽略。对零偏的补偿量若采用趋势线方程的常数项，即 0.0375，则该值与理论误差极为相近，补偿后的陀螺仪静止输出曲线如图 7-20 所示。

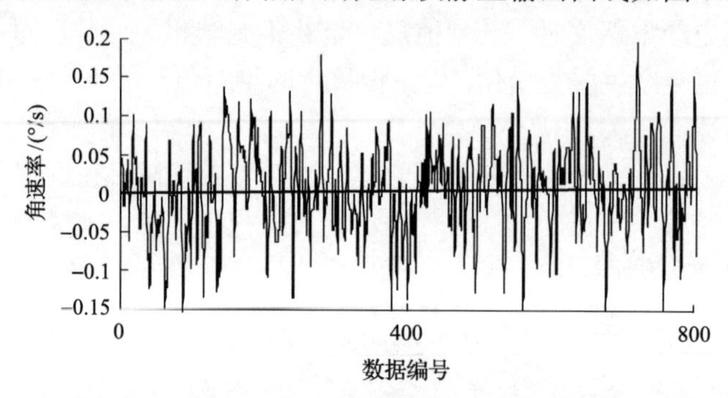

图 7-20 陀螺仪零偏补偿静止输出曲线

该补偿过程实际是对陀螺仪输出信号进行了一次整体平移，平移量约等于静止状态下输出值的平均值。通过补偿，800 个数据产生的总的角度误差大幅度减小。采用补偿的方法减小陀螺仪零偏的计算过程简单，却能起到很好的补偿效果。但是，在多次实验过程中，每次开机过程中零偏补偿值均会发生变化，这主要与仪表的温度有关，因此针对仪表输出温度特性的研究，对零偏补偿值大小的确定至关重要，以下对补偿值的确定方法展开叙述。

2. 陀螺仪零偏补偿值的确定

组成陀螺仪的核心部件对温度变化很敏感，所以其输出精度受环境温度变化影响较大。温度变化对陀螺性能的影响主要体现在两个方面：噪声和漂移。噪声决定了陀螺仪的最小可检测相移，即最终测量精度；漂移决定了陀螺仪输出的长期变化趋势。一般来说，环境温度变化引起的噪声是由陀螺仪内部的器件性能决定的，通过改进器件的性能才能降低对温度变化的敏感程度，而陀螺仪的漂移则可以在某种程度上进行补偿。因此，只有从以上两个方面同时对陀螺仪采取改善措施，才能提高其输出精度。针对陀螺仪的温度影响采取实验研究，具体如下所述。

1) 实验设计

陀螺仪温度是一个缓慢变化的过程，为了能够正确掌握陀螺仪的静态温度特性，需要合理设计温度漂移实验。实验测试主要包括两个部分：一是测量陀螺仪静止状态时不同温度下的输出；二是进行多次开关机操作，测量陀螺仪在相同温度下的输出变化。这两个测试部分的实验过程如下。

(1) 将陀螺仪放置于实验室稳定的平台上，整体暴露在空气中，IMU 内部设置有温度传感器，记录的数据包括陀螺仪的角速率和温度等信息，采样频率设置为 40Hz，即每秒采集 40 组数据。

(2) 测量静止状态时不同温度的输出。IMU 开机后，马上记录其输出数据，记录的范围为整数温度附近，如 24.8～25.2℃，把该范围内的数据特征作为温度为 25℃时的输出特征来分析，经过长时间实验后，当仪表温度不再增加或增加缓慢时，停止记录。

(3) 测量相同温度下多次开机时陀螺仪的输出。设定测试温度为 32℃，测量 IMU 在该温度附近(31.8～32.2℃)的输出，测完一组数据后关机，待其自然冷却温度降至 30℃左右，重新开机测量下一组数据，如此循环共测量 10 组数据。

2) 实验数据分析

(1) 不同温度下的陀螺仪误差。

在实验的过程中，IMU 进行了一次完整的开机过程，惯性仪表内部传感器记录的温度初值为 21.47℃，达到的最高温度为 40.17℃，此后温度基本不再增加，实验总时间为 5 小时，每个整数温度点采集的数据不少于 1000 个。

由于陀螺仪在实验时处于相对静止状态，理想情况下其三轴的输出值均为零。以每个整数温度范围(0.2℃)内数据的平均值来表示该温度下陀螺仪的漂移量，在此基础上绘制的陀螺仪输出温度影响变化曲线如图 7-21 所示。

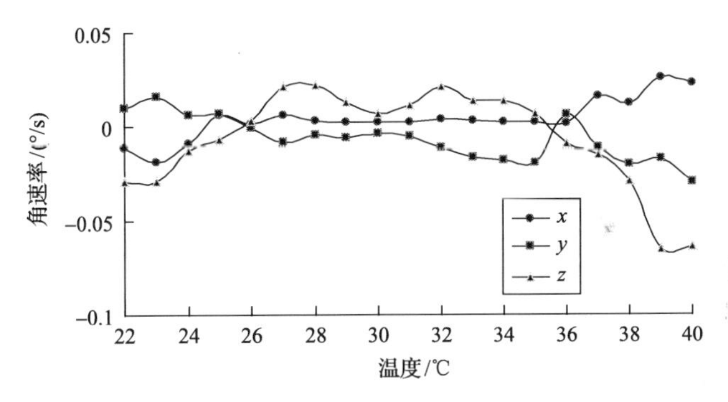

图 7-21　温度对陀螺仪输出的影响

从图 7-21 中可以看出，三个方向的陀螺仪输出数据均在零值附近波动，但均不为零，说明仪器的测量误差是无法避免的，曲线的变化趋势没有非常明显的规律，不符合常用的函数关系，因此无法用简单的方程对其进行补偿，但也存在一定的规律，例如，温度较高时，陀螺仪三个方向的误差绝对值均变得较大，测量数据也变得不稳定。随着时间和温度的增加，读取的漂移值与开机时的漂移值之差不断增大，若以开机时的温度特征对数据进行补偿，在后期将产生极大的误差。开机初期温度较低和后期温度较高的时候，陀螺仪输出值的波动相对较大，在 25～36℃的波动比较平缓，说明仪表在该范围内运行较为稳定。

(2) 相同温度多次开机的陀螺仪误差。

在该实验中，IMU 开机后温度缓慢上升，待上升至预定温度范围(31.8～32.2℃)时，用软件记录输出数据，每次采集的数据均少于 1000 个。每测一组数据后关机，等待陀螺仪温度下降后再开机，进行下一组数据的测量。

根据这 10 次实验绘制的陀螺仪输出曲线如图 7-22 所示。

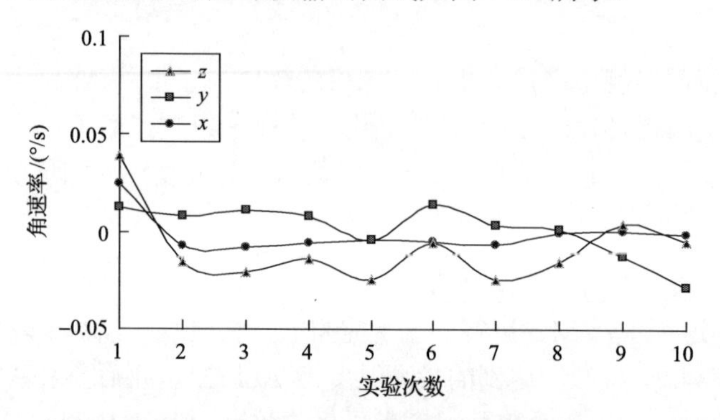

图 7-22　在相同温度下陀螺仪的输出曲线

从图 7-22 中可以看出，陀螺仪在多次开机相同温度条件下的漂移量也不相同，三个方向的输出值均存在波动，但波动幅度较不同温度下的测试数据要小，曲线变化趋势也比较平缓，这意味着误差的差异性变小，因此可采用常值补偿等方法对陀螺仪输出数据进行初步的补偿，在一定程度上减小系统误差。

3) 实验结论

导致陀螺仪温度不稳定的原因有很多，主要是因为其内部元件的物理参数受温度场的影响而发生变化，通过以上两种方案的测试可知，陀螺仪的漂移量不仅与温度有关，即使在相同温度下，漂移量也不确定，这主要是其内部的物理结构所导致的，无法避免，只能通过恰当的手段降低温度的影响。通过测试，发现实验用的陀螺仪在 25～36℃内运行相对稳定，且温度不变的情况下波动平缓，因此在实际的应用中，应尽量减少仪表自身的温度变化，可将陀螺仪安装于恒温箱内来减少零偏补偿值大小的变化。另外，应采用内置温度测量单元的测量仪表，在仪表温度发生变化时，可通过实时监测的温度信息对零偏补偿值进行调整，补偿值大小可通过仪表的温度特性曲线进行选择。

7.3.4　加速度计零偏补偿技术

1. 加速度计零偏补偿算法

加速度计是另一个重要的测量仪表，用于监测采煤机在运动方向上的加速度变化信息，在已知初始速度及起始坐标的基础上，通过一次积分运算获得采煤机的瞬时速度，通过二次积分实现采煤机行驶里程的检测。

加速度计和陀螺仪类似，其测量数据并非完全理想，每个测量输出值与理论值间均存在差异，以 x 轴为例，在理想的情况下，静态实验中 x 轴方向的加速度计输出应为零，并且为一条直线，不随时间变化。然而，加速度计的实际输出也并非如此。图 7-23 为某次实验中加速度计在静止情况下的输出曲线，测量时间为 150s，共采集数据 18000 个。

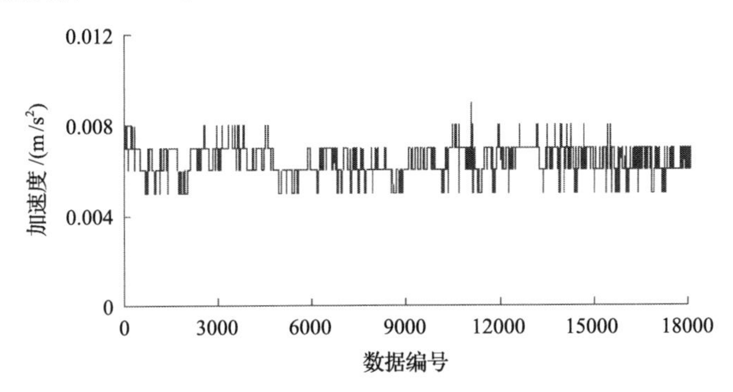

图 7-23 静止情况下加速度计的输出曲线

从图 7-23 中可以看出，加速度计共输出 5 个不同的值，且在 0.005～0.009 内随机出现，根据各值出现的频率不同，可大概判断零偏量最可能在 0.006～0.007。根据前面分析可知，若仅考虑一个方向的加速度计输出，则输出结果 A_x 可用外加加速度和传感器测量误差系数表示：

$$A_x = (1+S_x)a_x + M_y a_y + M_z a_z + B_f + B_v a_x a_y + n_x$$

式中，a_x、a_y 和 a_z 分别为作用在相应轴方向上的加速度大小；S_x 为标度因数误差，常用包括非线性部分的多项式形式表示；M_y、M_z 为交叉耦合因数；B_f 为测量偏值；B_v 为振动误差系数；n_x 为随机偏值。

通常，固定偏值、交叉耦合误差和标度因数误差可测量，这些误差的可重复性部分可采用卡尔曼滤波等方法进行补偿，而随机偏值和与振动有关的误差不能精确补偿。若忽略随机偏值等误差项，对加速度信号进行零偏补偿后积分，可以获得测试数据估计的速度和位移变化曲线，分别如图 7-24 和 7-25 所示。

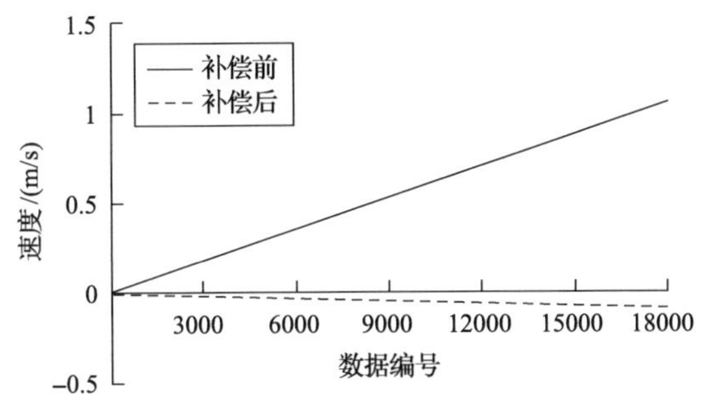

图 7-24 补偿前后速度曲线

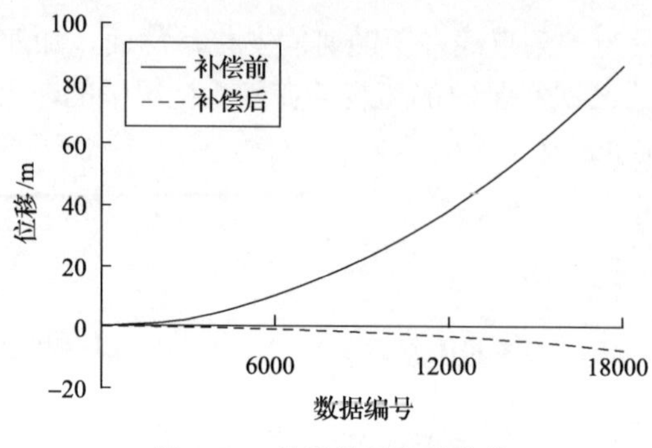

图 7-25　补偿前后位移曲线

从图 7-24 中可以看出，加速度计信号未进行零偏补偿时，速度不断增加，这主要是由于零偏量在积分运算过程中不断积累，误差随着运行时间的增加而不断加大。对加速度计进行零偏补偿后，该时间段内的速度误差的绝对值由 1.154m/s 降至 0.092m/s，速度误差明显降低。加速度计数据经过两次积分获得位移信息，这使得零偏误差对位移的影响更加明显。从图 7-25 中可以看出，加速度计信号未进行零偏补偿时，位移不断增加，在较短的时间内产生极大的误差，完全不能反映仪表的静止状态。对加速度计进行零偏补偿后，该时间段内的位移误差明显降低。

2. 加速度计零偏补偿值的确定

在卡尔曼滤波过程中，计算所用的期望估计值与加速度计零偏补偿值的大小有关，因此零偏补偿值大小的确定对卡尔曼滤波效果有着直接的影响。温度对偏置和标度因素的影响很大，但准确建模常常是非常困难的，甚至无法实现，因为在传感器中的温度梯度会改变其中许多元器件的性能，所以在高精度惯性系统中常常要很精确地控制传感器的温度，这样确实能减少温度补偿的复杂性和难度，但系统需要很长的预热时间，会对煤矿井下工作面生产造成一定的影响。同时，在不同开机条件下，加速度计零偏大小也有明显的差别，因此，在实际的应用中，加速度计的零偏补偿值应采用实测方法，即通过对采煤机静止时刻加速度计的输出数据进行采集，分析信号分布范围，估计最佳的补偿值。该过程可在采煤机开机运行前及中途静止过程中多次进行，对补偿值进行及时更新。

7.3.5　传感数据预处理技术

通过采煤机动力学模型可知，作用于采煤机机身和滚筒的作用力数量多，而且作用大小和方向变化快，导致采煤机运动状态瞬息万变。为了保证自主定位系统能够及时、准确反映采煤机运行状态的改变，仪表的采样周期越短越好，这就要求陀螺仪和加速度计必须工作在较高的频率下。随着惯性技术的发展，现有的中低精度的惯性仪表也能达到很高的采样频率，完全能够满足采煤机定位的带宽要求。

然而，在惯性仪表对采煤机进行高频率的采样定位过程中，会输出大量的测量数据，每个数据经过零偏补偿后均需要进行卡尔曼滤波。然而，卡尔曼滤波作为最优估计的滤波方法，存在运算量大的缺点，当采样周期较短时，定位系统计算的数据量越大，对导航计算机的要求也越高。本节对传感器数据的预处理方法展开对比研究，力求在能够满足实时性要求的基础上减少定位系统运算量，提高定位效率。加权平均滤波和多点平滑方法是最早采用的滤波技术，具有算法简单的优点，对这两种方法进行对比研究，根据惯性仪表输出特性选择合理的传感器数据预处理方法。

1) 加权平均滤波

在前面已经提到，陀螺仪的输出漂移信号主要由常值分量、周期分量和白噪声组成，由于其中的周期分量会出现正负周期变化，若对其进行加权平均处理，在一定程度上可达到信号漂移正负互补偿的效果。加权平均滤波方法是最简单和最原始的一种信号处理方法，其算法原理是：已知等距采样点 $x_0, x_1, \cdots, x_{n-2}, x_{n-1}$ 上的采集数据分别为 $y_0, y_1, \cdots, y_{n-2}, y_{n-1}$，在通常情况下，取权系数为 1，即求多个采样值的平均值，为实现白噪声的正负互补偿，常取偶数个数据进行计算，即 n 为偶数，计算公式则为

$$\overline{y_i} = \frac{y_{i-n/2} + y_{i-n/2+1} + \ldots + y_{i+n/2-1} + y_{i+n/2}}{n} \tag{7-78}$$

式中，$\overline{y_i}$ 表示 y_i 平滑后的值。

2) 五点平滑滤波

五点平滑公式也是对等距点上的采样数据进行信号处理的一种方法，该算法的具体做法是：已知 n 个等距的采样点 $x_0, x_1, \cdots, x_{n-2}, x_{n-1}$ 上的观察数据为 $y_0, y_1, \cdots, y_{n-2}, y_{n-1}$，可以在每个采样数据点的前后各取两个相邻的点，用三次多项式对其进行逼近：

$$y = a_0 + a_1 x + a_2 x^2 + a_3 x^3 \tag{7-79}$$

根据最小二乘法原理确定系数 a_0、a_1、a_2、a_3，最后可得五点平滑公式为

$$
\begin{cases}
\overline{y}_{i-2}=\dfrac{1}{70}(69y_{i-2}+4y_{i-1}-6y_i+4y_{i+1}-y_{i+2})\\
\overline{y}_{i-1}=\dfrac{1}{35}(2y_{i-2}+27y_{i-1}+12y_i-8y_{i+1}+2y_{i+2})\\
\overline{y}_{i}=\dfrac{1}{35}(-3y_{i-2}+12y_{i-1}+17y_i+12y_{i+1}-3y_{i+2})\\
\overline{y}_{i+1}=\dfrac{1}{35}(2y_{i-2}-8y_{i-1}+12y_i+27y_{i+1}+2y_{i+2})\\
\overline{y}_{i+2}=\dfrac{1}{70}(-y_{i-2}+4y_{i-1}-6y_i+4y_{i+1}+69y_{i+2})
\end{cases}
\tag{7-80}
$$

根据这两种滤波方法，对采集的同一组数据进行了不同算法的滤波处理，采样数据为 2400 个，处理效果如图 7-26～图 7-29 所示，其中，图 7-26 为原始信号波形，图 7-27 为每 4 个采样数据进行平均的结果，图 7-28 为每 8 个数据进行平均的结果，图 7-29 为五点平滑滤波方法处理后的波形。

对比图 7-26 和图 7-27 中的波形可知，经过四点平均滤波后的陀螺仪输出毛刺减少，波形中的极大值和极小值都变小，即陀螺仪的随机漂移量经正负补偿后幅度变小，但整体仍能显示原始波形的变化趋势，只是细节变少。对比图 7-26 与

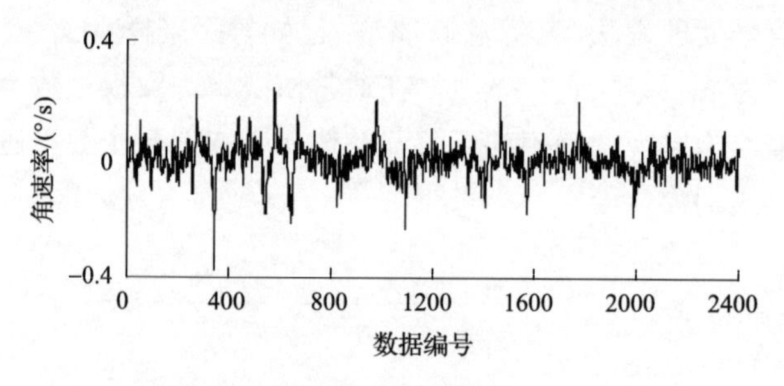

图 7-26　原始数据

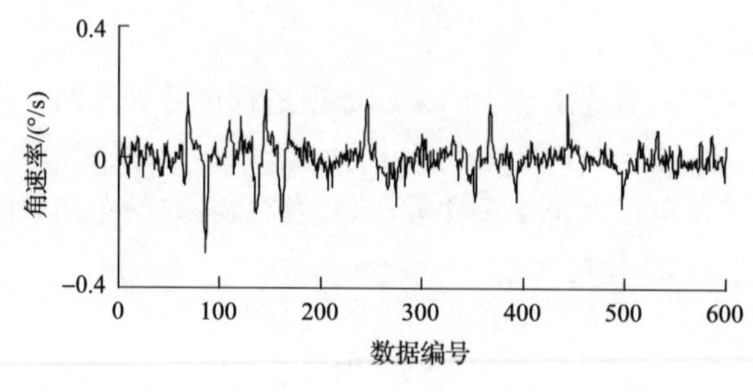

图 7-27　四点平均滤波

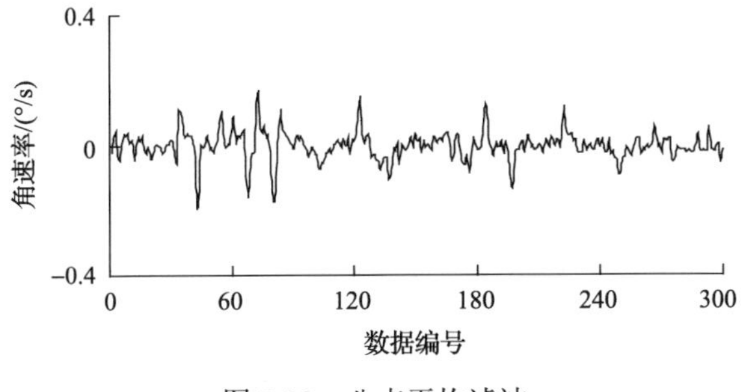

图 7-28　八点平均滤波

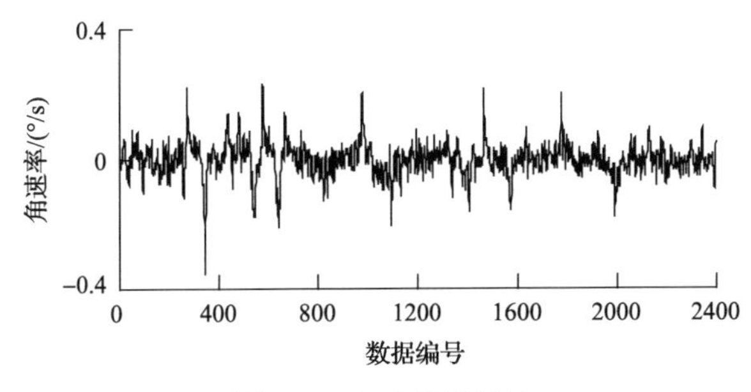

图 7-29　五点平滑滤波

图 7-28 中的波形可知，经过八点平均滤波后的陀螺仪输出毛刺进一步减少，波形中的极大值和极小值也进一步变小，原始波形的变化趋势在滤波后也能较好地表现，但波形中的细节也进一步减少。对比图 7-26 与图 7-29 中的原始波形可知，五点平滑滤波后的波形未产生明显的变化，波形中的极大值和极小值有小幅度的变小，但波形细节基本仍能很好地保留，这也意味着滤波效果有限，五点平滑滤波方法实际上是对原始波形做小幅度平滑的过程。通过这三种滤波方法处理后的滤波效果对比见表 7-1。

表 7-1　滤波效果对比

滤波方法	计算角度/(°)	实际角度/(°)	误差角度/(°)
未滤波	−6.793	0	−6.793
四点平均滤波	−1.698	0	−1.698
八点平均滤波	−0.035	0	−0.035
五点平滑滤波	−6.794	0	−6.794

由表 7-1 可知，在该实验中，五点平滑滤波的角度误差与原始数据相当，该滤波方法只是对原始波形进行了一定程度的平滑，滤波效果不佳。四点平均和八点平均滤波后的误差角度绝对值均比原始数据计算值小，其中，八点平均滤波后误差角度的绝对值仅为 0.035°，达到了很好的滤波效果。

在该项实验中，八点平均滤波效果较四点平均滤波要好，但并不是做加权平均运算的数据个数越多越好，即 n 值并非越大越好。n 值取值越大，陀螺仪测量数据的精确性越差，忽略的波形细节也越多，因此要合理确定 n 值的大小。为能及时表征井下采煤机的转动情况，应保证计算数据时间间隔在 0.1s 内，也就是每秒对采煤机转动角速率的检测应不少于 10 次，同时根据陀螺仪采样频率(取最大值 210Hz 时)，计算时 n 值应取不大于 10，并且 n 取偶数。

7.4　采煤机捷联惯性导航系统误差校准及补偿技术

7.4.1　捷联惯性导航系统安装偏差角校准方法

首先，定义封装捷联惯导系统的防爆箱的坐标系为 f 系，其三个坐标轴满足右手定则。根据捷联惯性导航系统的工作原理可知，为了使系统因安装偏差角导致的输出误差值降至最小，则必须保证捷联惯性导航系统载体坐标系(b 系)与防爆箱的坐标系(f 系)完全重合，但是由于载体空间及现有的安装技术有限，在实际操作中会存在安装偏差角，在后续复杂解算过程中，很小的安装偏差角会对捷联惯性导航系统的精度产生巨大的影响。

当捷联惯性导航系统通过连接装置固定在安装支架上时，由于载体空间及安装技术有限，捷联惯性导航系统载体坐标系与防爆箱坐标系的对应坐标轴存在一定角度偏差，导致其测得的姿态角：φ(定位系统实际测量的横滚角)、θ(定位系统实际测量的偏航角)、β(定位装置实际测量的俯仰角)与采煤机真实姿态角 φ_{re}(定位系统真实横滚角)、θ_{re}(定位系统真实偏航角)、β_{re}(定位系统真实俯仰角)不一致，捷联惯性导航系统坐标系、防爆箱坐标系及安装偏差角 $\Delta\varphi$(横滚角偏差)、$\Delta\theta$(偏航角偏差)、$\Delta\beta$(俯仰角偏差)之间的关系如 7-30 所示。捷联惯性导航系统载体坐标系到防爆箱坐标系的转换关系，可通过三个旋转矩阵来表述，很容易得出三次旋转的角度就是安装偏差角。旋转的顺序为捷联惯性导航系统坐标系 $Ox_by_bz_b$ 绕 x_b 轴旋转$\Delta\gamma$ 得到 $Ox_1y_1z_1$ 坐标系，其次 $Ox_1y_1z_1$ 坐标系绕 y_1 轴旋转$\Delta\theta$ 得到 $Ox_2y_2z_2$ 坐标系，最后 $Ox_2y_2z_2$ 坐标系绕 z_2 轴旋转 $\Delta\psi$ 得到 $Ox_fy_fz_f$ 坐标系。

捷联惯性导航系统的坐标系为载体坐标系(b 系)，如图 7-31 所示，图中三个圆柱体为加速度计，黑点分别为各自的测量点，a_x、a_y、a_z 分别为捷联惯性导航系统的三个敏感轴。为了使系统因安装偏差导致的系统输出误差最小，捷联惯性导航系统应该安装在防爆箱的三个坐标轴的交点上，并且三个测量轴与防爆箱的三个轴应当重叠。

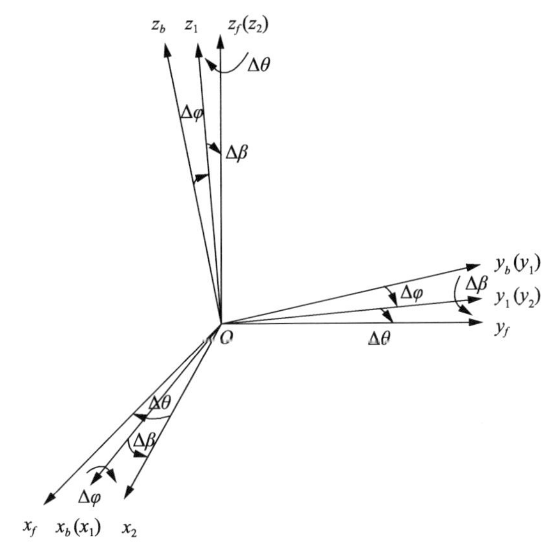

图 7-30　采煤机捷联惯性导航系统安装偏差角

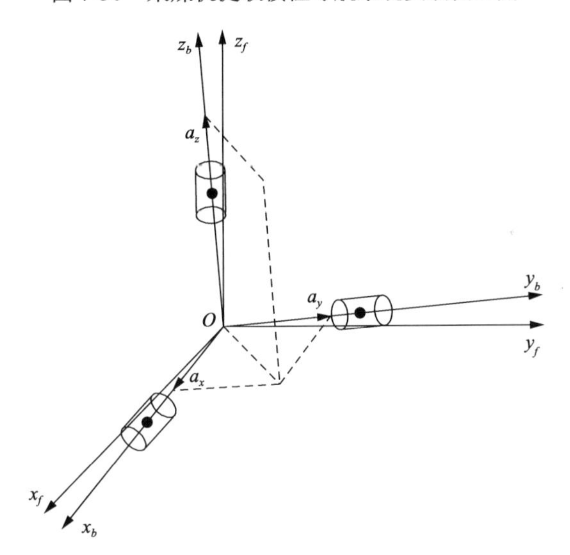

图 7-31　采煤机捷联惯性导航系统安装偏差关系示意图

考虑到载体坐标系是正交坐标系，在三维空间坐标系中，三个加速度敏感轴测量的加速度 a_x、a_y、a_z 矢量合成为当地的重力加速度 g，即 $a_x{}^2 + a_y{}^2 + a^2{}_z = g$。当捷联惯性导航系统坐标系 $Ox_by_bz_b$ 绕 x_b 轴旋转 $\Delta\varphi$ 得到 $Ox_1y_1z_1$ 坐标系时，旋转之后的 Oz_1 轴所在的平面垂直于水平面，但 Oz_1 轴与水平面有一定的夹角，如图 7-32 所示。由几何知识可以得到，$\tan\Delta\varphi = a_y / a_z$。

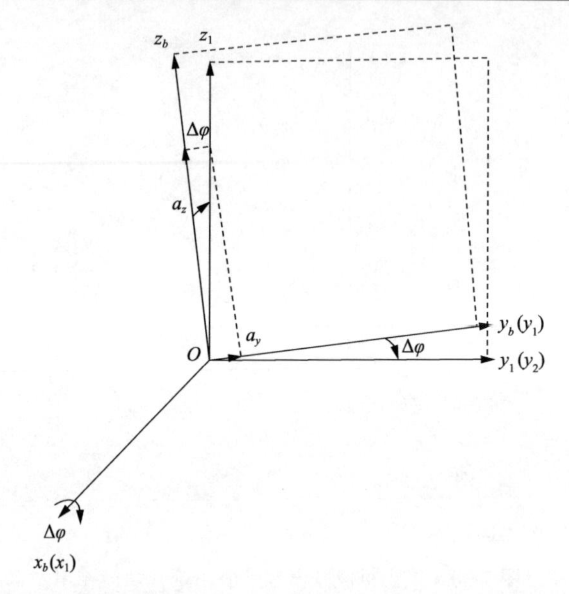

图 7-32　采煤机捷联惯性导航系统横滚偏差角静态校准模型

当 $Ox_1y_1z_1$ 坐标系绕 y_1 轴旋转 $\Delta\beta$ 得到 $Ox_2y_2z_2$ 坐标系后，此时平面 Ox_2y_2 正好与水平面完全重合，旋转之后的 Oz_2 轴正好垂直于水平面，俯仰角偏差 $\Delta\beta$ 的静态校准模型如图 7-33 所示。在三维空间中，三个加速度矢量合成当地加速度 g，在直角三角形 OAB 中，OA 边垂直于 AB 边，斜边 OB 的长度为矢量 g 的模，直角边 OA 的长度为加速度敏感轴 y 轴和 z 轴合成矢量 $\sqrt{a_y^2 + a_z^2}$ 的模，直角边 AB 的长度

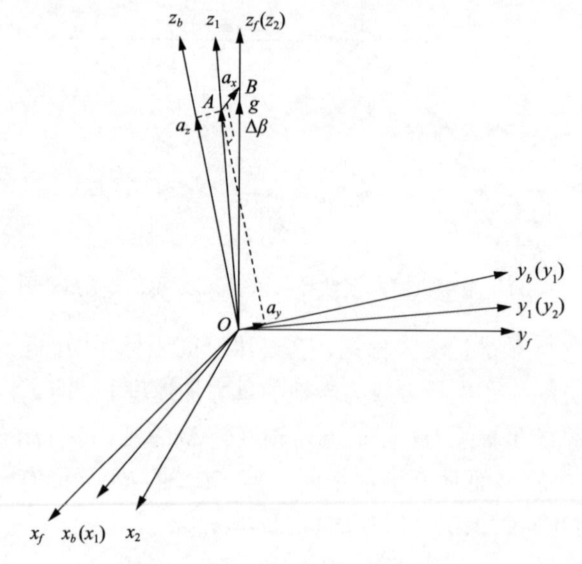

图 7-33　采煤机捷联惯性导航系统俯仰角偏差静态校准模型

为捷联惯性导航系统敏感轴 x 轴所测加速度 a_x 的模。由几何知识可以得到，$\tan\Delta\beta = a_x\Big/\sqrt{a_y^2+a_z^2}$。经过 $Ox_2y_2z_2$ 坐标系绕 z_2 轴旋转 $\Delta\psi$ 得到 $Ox_fy_fz_f$ 坐标系时，无法通过几何知识计算得到偏航角偏差 $\Delta\theta$，因此采煤机捷联惯性导航系统安装偏差角静态校准模型只能求出静态的横滚角偏差、俯仰角偏差，可在一定程度上能够改善系统的定位精度。

7.4.2　杆臂效应误差及补偿技术

1. 杆臂效应误差

杆臂效应有两种：第一种为内部杆臂效应，即三轴加速度计在安装时没有严格对应相应的测量轴，这是捷联惯性导航自身制造过程中不可避免的误差；第二种为安装偏差杆臂效应，即在惯性测量组件的安装位置和载体摇摆中心不重合的情况下，当载体受到外界干扰或载体机体运动时，加速度计在输出过程中产生离心加速度和切向加速度，从而导致测量误差。杆臂效应的原理如图 7-34 所示。

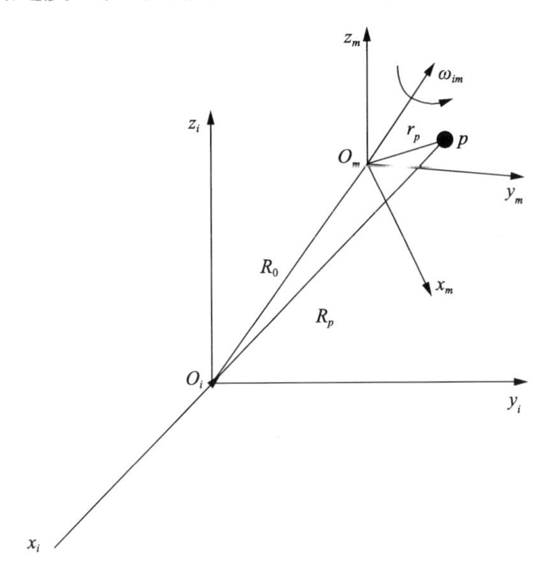

图 7-34　杆臂效应原理

为了详细地阐述捷联惯性导航系统中杆臂效应误差产生的原因，引入惯性坐标系 $O_ix_iy_iz_i$ 和采煤机机体坐标系 $O_mx_my_mz_m$，图 7-34 中 ω_{im} 为机体坐标系相对惯性空间的转动角速度。设定 O_m 为防爆箱的中心，也是整个定位系统的摇摆运动中心，捷联惯性导航系统安装在防爆箱坐标系的固定点 p 点，R_0 为防爆箱坐标系的原点位置矢量，R_p 为 p 点相对于惯性坐标系的位置矢量，r_p 为 p 点相对于采煤机机体坐标系原点的位置矢量，即杆臂长度。由矢量关系很容易得到

$$R_p = R_0 + r_p \tag{7-81}$$

将式(8-81)两边同时对时间求微分，可得

$$\left(\frac{\mathrm{d}R_p}{\mathrm{d}t}\right)_i = \left(\frac{\mathrm{d}R_0}{\mathrm{d}t}\right)_i + \left(\frac{\mathrm{d}r_p}{\mathrm{d}t}\right)_i \tag{7-82}$$

根据矢量的绝对导数和相对导数的关系，可得

$$\left(\frac{\mathrm{d}r_p}{\mathrm{d}t}\right) = \left(\frac{\mathrm{d}r_p}{\mathrm{d}t}\right)_m + \omega_{im} \times r_p \tag{7-83}$$

将式(7-83)代入式(7-82)可得

$$\left(\frac{\mathrm{d}R_p}{\mathrm{d}t}\right)_i = \left(\frac{\mathrm{d}R_0}{\mathrm{d}t}\right)_i + \left(\frac{\mathrm{d}r_p}{\mathrm{d}t}\right)_m + \omega_{im} \times r_p \tag{7-84}$$

式中，$\left(\frac{\mathrm{d}R_p}{\mathrm{d}t}\right)_i$ 为 p 点相对于惯性坐标系的运动线速度；$\left(\frac{\mathrm{d}R_0}{\mathrm{d}t}\right)_i$ 为矢量 R_0 相对于惯性坐标系的运动线速度，即采煤机机体坐标系的原点相对于惯性坐标系的运动线速度；$\left(\frac{\mathrm{d}r_p}{\mathrm{d}t}\right)_m$ 为 p 点相对于采煤机机体坐标系的运动线速度。

将对式(7-84)对时间进行求微分，可得

$$\left(\frac{\mathrm{d}^2 R_p}{\mathrm{d}t^2}\right)_i = \left(\frac{\mathrm{d}^2 R_0}{\mathrm{d}t^2}\right)_i + \frac{\mathrm{d}}{\mathrm{d}t}\left[\left(\frac{\mathrm{d}r_p}{\mathrm{d}t}\right)_m\right] + \frac{\mathrm{d}}{\mathrm{d}t}(\omega_{im} \times r_p)_i \tag{7-85}$$

根据矢量的绝对导数和相对导数的关系，同理可得

$$\frac{\mathrm{d}}{\mathrm{d}t}\left[\left(\frac{\mathrm{d}r_p}{\mathrm{d}t}\right)_m\right]_i = \left(\frac{\mathrm{d}^2 r_p}{\mathrm{d}t^2}\right)_m + \omega_{im} \times \left(\frac{\mathrm{d}r_p}{\mathrm{d}t}\right)_m \tag{7-86}$$

$$\frac{\mathrm{d}}{\mathrm{d}t}(\omega_{im} \times r_p)_i = \dot{\omega}_{im} \times r_p + \omega_{im} \times \left(\frac{\mathrm{d}r_p}{\mathrm{d}t}\right)_m + \omega_{im} \times (\omega_{im} \times r_p) \tag{7-87}$$

将式(7-87)和式(7-86)代入式(7-85)，整理可得 p 点相对于惯性坐标系的运动线加速度为

$$\left(\frac{\mathrm{d}^2 R_p}{\mathrm{d}t^2}\right)_i = \left(\frac{\mathrm{d}^2 R_0}{\mathrm{d}t^2}\right)_i + \left(\frac{\mathrm{d}^2 r_p}{\mathrm{d}t^2}\right)_m + \dot{\omega}_{im} \times (\omega_{im} \times r_p) \tag{7-88}$$

考虑到防爆箱为刚体，又由于惯性测量组件安装点在防爆箱中固定，$\left(\frac{\mathrm{d}^2 r_p}{\mathrm{d}t^2}\right)_m = 0$，$\left(\frac{\mathrm{d}r_p}{\mathrm{d}t}\right)_m = 0$，对式(7-88)进行化简可得

$$\left(\frac{\mathrm{d}^2 R_p}{\mathrm{d}t^2}\right)_i = \left(\frac{\mathrm{d}^2 R_0}{\mathrm{d}t^2}\right)_i + \dot{\omega}_{im} \times r_p + \omega_{im} \times (\omega_{im} \times r_p) \tag{7-89}$$

在理想的情况下，惯性测量组件安装点 p 点位于采煤机机体坐标系的原点 O_m 上，这时加速度计敏感到的比力为$\left(\frac{\mathrm{d}^2 R_0}{\mathrm{d}t^2}\right)$。而当惯性测量组件安装点 p 点偏离采煤机机体坐标系的原点 O_m 时，即 r_p 不为零，此时加速度计敏感到的比力为$\left(\frac{\mathrm{d}^2 R_p}{\mathrm{d}t^2}\right)_i$，因此由 r_p 引起的杆臂效应对应的误差 δ_f 可表示为

$$\begin{aligned} \delta_f &= \left(\frac{\mathrm{d}^2 R_p}{\mathrm{d}t^2}\right)_i - \left(\frac{\mathrm{d}^2 R_0}{\mathrm{d}t^2}\right)_i = \dot{\omega}_{im} \times r_p + \omega_{im} \times (\omega_{im} \times r_p) \\ &= \{[\dot{\omega}_{im} \times] + [\omega_{im} \times][\omega_{im} \times]\} r_p \end{aligned} \tag{7-90}$$

式中，$[\dot{\omega}_{im} \times]$和$[\omega_{im} \times]$分别表示 $\dot{\omega}_{im}$ 和 ω_{im} 的反对称矩阵。

令

$$M = \{[\dot{\omega}_{im} \times] + [\omega_{im} \times][\omega_{im} \times]\} = \begin{bmatrix} -(\omega_{imy}^2 + \omega_{imz}^2) & \omega_{imx}\omega_{imy} - \dot{\omega}_z & \omega_{imx}\omega_{imz} + \dot{\omega}_y \\ \omega_{imx}\omega_{imy} + \dot{\omega}_z & -(\omega_{imx}^2 + \omega_{imz}^2) & \omega_{imy}\omega_{imz} - \dot{\omega}_x \\ \omega_{imx}\omega_{imz} - \dot{\omega}_y & \omega_{imy}\omega_{imz} + \dot{\omega}_x & -(\omega_{imx}^2 + \omega_{imy}^2) \end{bmatrix}$$

则式(7-90)可变为

$$\delta_f = M r_p \tag{7-91}$$

由式(7-91)可以看出，杆臂效应误差的大小与 r_p 成正比。

2. 误差补偿技术

动力学补偿法的基本思想是根据动力学原理计算出干扰加速度，并从加速度计的输出信号中将干扰加速度分量补偿掉。当已知杆臂长度 r_p 、角速度 ω_{im} 和角加速度 $\dot{\omega}_{im}$ 时，就可以计算出杆臂效应的加速度。其中，角速度 ω_{im} 和角加速度 $\dot{\omega}_{im}$ 可由陀螺仪直接或者间接测出，因此确定杆臂效应干扰加速度的一个关键问题就是如何精确地测量出杆臂长度值 r_p 。

当采煤机捷联惯性导航系统在工作状态时，加速度计敏感的比力是当地重力加速度和杆臂效应引起干扰加速度的矢量合，可表示为

$$f^b = C_n^b g^n + \delta f^b \tag{7-92}$$

式中，f^b 表示捷联惯性导航系统输出的加速度信息；C_n^b 表示姿态转换矩阵；g^n 表示重力加速度。

在确定杆臂长度的极短时间内，忽略地球自转的影响，重力加速度的大小和方向是不变的。由数学平台确定的导航坐标系相对于惯性坐标系保持方向不变，即重力加速度在数学平台的分量是不变的。因此，在两个不同时刻 t_1 和 t_2 各测一组加速度计的数值 f_1^b 和 f_2^b ，并将其转换到导航坐标系中，其中重力加速度分量 g_1^n 和 g_2^n 相同。在先后两次测量中，防爆箱相对导航坐标系产生微小转动时，杆臂效应的加速度也将发生变化。由此可得

$$f_1^n = C_{b1}^n f_1^b = C_{b1}^n \left(C_n^b g_1^n + \delta f_1^b \right) = g_1^n + C_{b1}^n \delta f_1^b \tag{7-93}$$

$$f_2^n = C_{b2}^n f_2^b = C_{b2}^n \left(C_n^b g_2^n + \delta f_2^b \right) = g_2^n + C_{b2}^n \delta f_2^b \tag{7-94}$$

$$C_{b1}^n f_1^b - C_{b2}^n f_2^b = C_{b1}^n \delta f_1^b - C_{b2}^n \delta f_2^b \tag{7-95}$$

将式(7-92)代入式(7-95)，可得

$$C_{b1}^n f_1^b - C_{b2}^n f_2^b = (C_{b1}^n M_1 - C_{b2}^n M_2) r_p \tag{7-96}$$

由此可得

$$r_p = (C_{b1}^n M_1 - C_{b2}^n M_2)^{-1} (C_{b1}^n f_1^b - C_{b2}^n f_2^b) \tag{7-97}$$

从而计算得到杆臂长度，然后代入式(7-91)对杆臂效应干扰加速度进行补偿。

7.4.3　模糊自适应卡尔曼滤波技术

卡尔曼滤波算法是一种线性、无偏、以最小误差方差为估计准则的最优估计算法。在卡尔曼滤波算法执行过程中，每次运算只需求解系统前一时刻估计数据及当前时刻的量测数据，在线解算速度很快，并对数据存储要求较低。另外卡尔曼滤波算法采用系统状态方程描述状态转移过程，因此根据状态方程转移特性，就可描述各时刻之间的状态相关函数，以达到解决非平稳随机估计的目的。卡尔曼滤波最优准则和线性最小方差估计相同，即保证每一时刻的随机估计都得到最小均方误差。由于系统干扰与量测噪声无法预先确定，卡尔曼滤波算法采用预测加修正的思路，将状态方程与量测方程相互结合，推导出一套能够求解系统状态最优估计的方程组。

针对离散系统动态方程，卡尔曼滤波递推方程组如下。

1) 系统状态估计方程

$$\hat{X}_k = \hat{X}_{k|k-1} + K_k \left[Z_k - H_k \hat{X}_{k-1} \right]$$

2) 系统状态预测方程

$$\hat{X}_{k|k-1} = \Phi_{k,k-1} \hat{X}_{k-1}$$

3) 预测误差方差矩阵方程

$$P_{k|k-1} = \Phi_{k,k-1} P_{k-1} \Phi_{k,k-1}^{\mathrm{T}} + \Gamma_{k-1} Q_{k-1} \Gamma_{k-1}^{\mathrm{T}}$$

4) 卡尔曼增益方程

$$K_k = P_{k|k-1} H_k^{\mathrm{T}} \left(H_k P_{k|k-1} H_k^{\mathrm{T}} + R_k \right)^{-1}$$

5) 估计误差方差矩阵方程

$$P_k = \left[I - K_k H_k \right] P_{k|k-1} \left[I - K_k H_k \right]^{\mathrm{T}} + K_k R_k K_k^{\mathrm{T}}$$

上述方程组中，$\hat{X}_k$ 为最优估计状态向量，是由 k 时刻的量测值经滤波后得到的同一时刻的最优滤波值；$\hat{X}_{k|k-1}$ 是由 $\hat{X}_{k-1}$ 根据状态方程推算出的 k 时刻的预测量；$\Phi_{k,k-1}$ 为系统从 $k-1$ 时刻转移到 k 时刻的状态转移矩阵；Z_k 为 k 时刻量测向量；H_k 为量测矩阵，在动态系统方程中推导得到；Γ_{k-1} 为系统干扰矩阵，同样在动态系统方程中推导得到；Q_{k-1} 为系统干扰方差矩阵；R_k 为噪声方差矩阵；I 为单

位矩阵。

当捷联惯性导航系统方程已知时，同时在系统噪声及量测噪声统计特性已知的情况下，采用线性卡尔曼滤波算法能够实现最优估计。但工作面采煤机动态定位系统具有时变特性，量测噪声统计特性状态未知，如果直接使用传统线性卡尔曼滤波算法，会造成滤波精度快速下降，甚至发散。为了解决这一问题，采用一种模糊自适应卡尔曼滤波策略，在滤波过程中不用考虑准确的量测噪声先验数据，而是根据实时获取的量测信息实际方程与理论方程比值，利用模糊推理系统对量测噪声矩阵进行实时调控，这对具有时变特性的系统量测噪声也能够进行精确估计。在卡尔曼滤波递推方程组的基础上添加量测噪声方差矩阵调整方程：

$$\hat{R}_k = c_k^d \hat{R}_{k-1} \tag{7-98}$$

式中，$\hat{R}_k$ 为第 k 步量测噪声估计值；c_k^d 为量测噪声调整系数。

其中，d 值对量测噪声调整系数的影响很大，当 d=0 时，此时表明不对量测噪声进行调整；当 d<1 时，调整幅度较小，周期较长，但过程稳定；当 d>1 时，调整幅度较大，周期较短，但过程容易出现振荡。c_k^d 的取值由模糊推理系统得到，其中模糊推理系统的输入参考为捷联惯性导航系统量测模型每一步执行过程中的残差实测方差与估计方差的差值。

7.5 工程应用

7.5.1 矿井及工作面概况

华晋焦煤有限责任公司沙曲二号煤矿是改扩建矿井，井田位于河东煤田中段、离柳矿区西南部，行政区划属于山西省吕梁市柳林县，东距离石区 34km，距省会太原市 221km，西距陕西省吴堡县 20km。地理坐标：东经 110°47′51″～110°56′36″，北纬 37°18′53″～37°25′12″。井田内地形总的趋势为东高西低，南高北低，三川河谷是区内最低地带。标高一般为 800～1000m，相对高差一般为 100～200m，最大高差为 409.39m。矿井以两个水平开拓全井田：一水平开拓山西组 2、3、4、5 号煤层，水平标高为+400m；二水平开拓太原组 6、8、9、10 号煤层，水平标高为+280m。

3402 工作面为四采区 3 号煤工作面，东面为四采区集中巷道，南面、西面为未开掘区，北面为 4401 工作面。地面标高 857～950m，工作面标高 380～450m，工作面倾向长 200m，走向长 800m。该工作面 3 号煤层厚度为 0.82～0.95m，平均为 0.87m，煤层倾角平均为 4°，倾向南西，局部含有少量夹矸，多为炭质泥岩，煤种为焦煤。

煤层顶底板情况：基本顶岩层为粉砂岩，厚度为 3.27m，灰黑色粉砂岩，节理发育，局部含砂质泥岩及植物化石；直接顶岩层为细粒砂岩，厚度为 3.48m，灰褐色细粒长石砂岩，节理发育，含有炭化的叶片化石，具有水平、波状层理；直接底岩层为中粒砂岩，厚度为 2.1m，顶部含泥质包体，中部夹有泥质条纹，下部含有少量的植物根茎化石；老底砂质泥岩厚度为 3.6m，灰黑色砂质泥岩，节理发育，含有丰富的植物茎化石。

地质构造情况：3402、3403 工作面整体为一单斜构造，工作面沿倾向布置，煤层倾角为 3°～6°，平均为 4°。根据相邻工作面实际揭露情况，工作面内暂无地质构造及陷落柱，但不排除存在隐伏构造。

水文地质情况：该工作面水文地质条件中等，3 号煤底板标高 380～450m，太灰水静水位标高 780m，根据相邻工作面施工情况可知，本区域内太灰岩岩溶发育不均匀，富水性弱，出露范围小，单位涌水量为 0.00064～0.014L/(s·m)，太灰水对工作面影响不大。奥灰水静水位标高 800m，最大带压 4.20MPa，奥灰水突水系数为 0.016～0.023，小于临界值 0.06，属相对安全区。正常涌水量为 3～5L/h，最大涌水量为 45L/h。

7.5.2　智能工作面建设目标

为适应现代化矿井要求，根据沙曲二号煤矿 3402 工作面地质条件，改造并实现矿井工作面智能化开采，实现在巷道监控中心对综采工作面采煤机、液压支架、刮板输送机、转载机、破碎机、皮带运输机、泵站系统、供配电系统工作状态的远程监测监控、故障告警、故障记录；实现运输系统设备、泵站系统设备的一键启停；实现采煤机记忆截割采煤；实现工作面液压支架自动跟机；实现工作面采煤机、液压支架、运输系统、供配电系统、泵站系统的联动闭锁控制；采用自动截割与人工干预相结合远程操作的模式，通过采煤机记忆割煤、液压支架自动跟机等手段降低作业人员劳动强度，减少工作面作业人员，提高工作面安全程度。

7.5.3　智能工作面配套系统

1. 系统组成及工作模式

在 3402 工作面智能化改造过程中，配套了相应的监测、监控与管理系统，见表 7-2。

表 7-2 智能工作面配套系统

序号	名称	功能
1	巷道集控系统	所有设备的监测控制中心
2	采煤机监控系统	记忆割煤，监测采煤机实时姿态并进行远程控制
3	液压支架电液控制系统	监测液压支架实时姿态，实时控制液压支架动作
4	工作面三机、胶带运输机、泵站及组合开关数据集成及集中控制系统	对工作面三机、胶带运输机、泵站及组合开关进行监测与控制
5	工作介质管理系统	对供液介质的监测与控制
6	视频照明监控系统	直观反映设备运行情况，辅助远程控制
7	地面监控系统	在地面实时监测综采系统的状态，并具备一定的数据分析和网络发布能力

该系统的工作模式分为本地模式、远程控制模式、自动模式。

1) 本地模式

(1) 本地模式是为了满足现场操作控制，并确保现场操作人员的安全，该模式下设备不接受远程控制和自动控制。

(2) 各子系统均能分别单独设置本地模式。

(3) 总系统处于本地模式时，无论分系统处于哪种模式，各设备均不能接受远程控制和自动控制。

2) 远程控制模式

(1) 能对各子系统分别单独设置远程控制模式。

(2) 分系统处于远程控制模式且总系统处于远程控制模式或自动模式时，可以远程控制相应的设备。

(3) 在控制指令发出前，系统自动判断其是否符合控制逻辑，对不符合逻辑的给予提示。

(4) 如果某设备处于闭锁或者急停状态，系统不能远程控制该设备。

3) 自动模式

(1) 能对分系统分别单独设置自动模式。

(2) 分系统和总系统处于该模式时，可以远程控制相应的设备，以及对该分系统的设备进行一键启停，进行控制和一键启停前，需要判断是否符合控制逻辑。

(3) 该模式下整个系统具备一键启停功能。

该模式下系统自动完成设备层面的启动条件判断、启动逻辑控制、停止条件判定、停止逻辑控制。①工作面顺序启动。通过操作通信控制计算机，向通信控制子系统发出工作面启动命令，实现工作面的顺序启动。其启动顺序如下：胶带运输机→破碎机→转载机→刮板输送机→采煤机。②工作面顺序停机。停机顺序如下：采煤机→刮板输送机→转载机→破碎机→皮带运输机。③工作面设备闭锁逻辑。工作面内单台设备闭锁时，根据煤流方向，自动实现逻辑闭锁。该项功能由通信控制子系统和电液控制子系统在自动监控主机的协调下自动完成，其闭锁逻辑见表 7-3。

表 7-3　工作面设备闭锁逻辑

	采煤机	刮板输送机	转载机	破碎机	皮带运输机
采煤机					
刮板输送机	▼				
转载机	▼	▼			
破碎机	▼	▼	▼		
皮带运输机	▼	▼	▼	▼	

2. 巷道集控子系统

1) 系统功能

巷道集控中心是整个智能综采的核心及主要的人机交互界面，实现对各子系统的集中监测和控制，其中各设备的管理、控制结构如图 7-35 和图 7-36 所示。

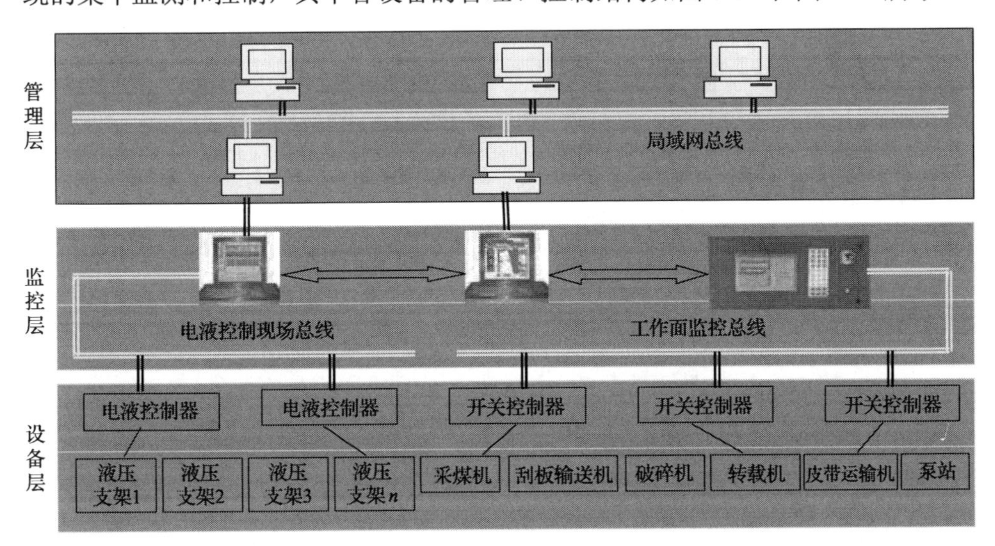

图 7-35　工作面数据传输、控制结构图

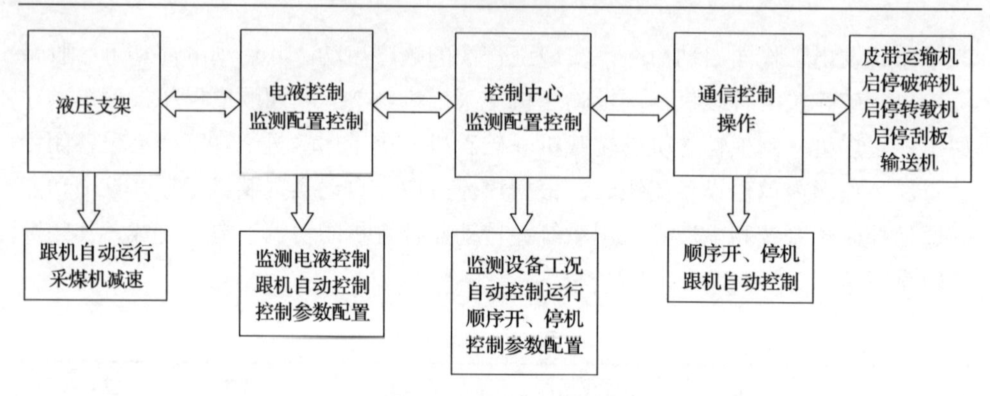

图 7-36　巷道集控结构

(1)系统具备对综采设备一键启停、单设备启停及对各设备进行远程控制和干预的功能，并可以实现对工作面及巷道设备运行状态的监控：①具有对采煤机工况监测及远程自动控制功能；②具有对液压支架工况监测及远程自动控制功能；③具有对运输设备状态监测及集中自动化控制功能；④具有对泵站系统状态监测及集中自动化控制功能；⑤具有对综采设备数据集成、处理、故障诊断、管理等功能。

(2)具有对液压支架视频、采煤机视频、固定点视频的显示、自动切换、存储、上传功能。

(3)具有往井上传输数据功能，包括设备监控信息和视频信息等。

(4)实现综采工作面配套设备的集中自动控制，实现各设备、系统间的协调配合。

(5)设置集控中心操作人员防瞌睡和开机离岗功能装置。

(6)通信系统采用国内、国际通用的通信规约，不制造技术壁垒。

(7)系统实时监测各子系统通信状态(周期小于 500ms)，当子系统掉线、系统断线时，系统退出自动模式。

2) 系统配置

工作面巷道集控中心是整个自动化工作面的核心，包括集控台、视频主机、数据处理主机、交换机等系统，任务是完成对各设备的监控、控制及故障诊断。

巷道集控中心配套明细见表 7-4，系统主要组成说明如下。

(1)系统配置一套本安型液压支架控制操作键盘、一套本安型采煤机控制操作键盘、一套集控中心操作人员防瞌睡和开机离岗功能装置、一键启停按钮、单设备启停按钮、系统工作模式转换按钮等。

(2)系统配置 1 台数据采集服务器，用于采集综采数据。

(3)系统配置 1 台视频服务器，用于采集和处理视频。

(4)系统配置 6 台终端显示系统，其中 3 台显示视频，1 台显示综合信息，1

台显示液压支架信息，1 台显示采煤机信息。

表 7-4　巷道集控中心配套明细

序号	名称	型号	序号	名称	型号
1	巷道监控柜	ZKZX-AZG	15	矿用通信光纤	MGTSV-12A
2	数据采集服务器	KJD127-D-(A)	16	组态软件	力控 7.1
3	数据处理服务器	KJD127-D-(A)	17	上位机操作系统(服务器)	Windows sever 2012
4	视频服务器	KJD127-D-(D)	18	上位机操作系统(客户端)	Windows sever 2012
5	视频监视客户端主机	KJD127-D-(E)	19	服务器数据库	SQL sever 2014
6	采煤机监控客户端一体机	KJD127-D-(C)	20	数据采集服务器软件	ZKZX-RJ-(A)
7	液压支架监控客户端一体机	KJD127-D-(B)	21	数据处理主机软件	ZKZX-RJ-(B)
8	矿用交换机	KJJ127-(A)	22	视频服务器软件	ZKZX-RJ-(C)
9	矿用交换机	KJJ127	23	采煤机监控客户端软件	ZKZX-RJ-(E)
10	本安型液压支架控制操作键盘	FHJ41	24	液压支架监控客户端软件	ZKZX-RJ-(F)
11	本安型采煤机控制操作键盘	FHJ53	25	视频监测客户端软件	ZKZX-RJ-(G)
12	隔爆不间断电源	DXBL1327/127J	26	三机监测系统客户端软件	ZKZX-RJ-(H)
13	矿用本安型键盘	—	27	矿用本安型闭锁-扩音电话	KTK18
14	矿用双绞屏蔽通信电缆	MHYV	28	开关电源	KDW127 18B

3. 采煤机监控子系统

1) 系统功能

系统本身需具备记忆割煤、割三角煤和斜切进刀工艺，采煤机系统应配有机载瓦检仪，当瓦斯监测浓度达到设定值时，采煤机具备减速和停机的功能。采煤机巷道计算机接入综合自动化平台，实现采煤机状态实时显示、远程控制、综采设备联动、记忆割煤、状态数据分析和评估等智能化控制。

(1) 远程控制功能。

自动化平台可以通过人为按键方式或者系统内部程序方式向采煤机发送控制指令进行远程控制，控制功能包括截割控制、牵引控制、摇臂升降控制等，为保证控制指令及时有效，控制延时时间不得超过 200ms。

(2) 数据监测功能。

集控中心需要对采煤机的运行状态、姿态等数据进行采集、监测、分析，对异常信息进行提示预警、保护。采煤机运行状态包括各电机电流、温度、牵引速度，瓦斯浓度、油箱油温、油位等，采煤机姿态信息包括采高、卧底、工作面位置、机身倾角、俯仰角等。

(3) 记忆截割功能。

集控中心监测到三机设备、泵站设备、供电设备、液压支架设备、采煤机设备一切正常后，可以进行一键启动自动化采煤，这时采煤机将进行记忆自动割煤，集控中心也可以通过远程控制采煤机记忆自动割煤。记忆截割功能应可以实现牵引速度与采高控制自适应调节，实现高精度自动记忆截割。

(4)载荷联动功能。

采煤机与刮板运输系统具备载荷联动功能，集控中心实时监测刮板输送机工作电流状况，当负荷较大时，集控系统将自动减慢采煤机的牵引速度，以减少采煤量。

(5)能实现采煤机发生异常情况后的自我保护性停机及系统停机。

(6)集控中心满足相似工作面的采煤工艺要求，实现自动截割三角煤功能，相应参数可以根据现场要求进行修改、配置。

(7)系统能满足相似工作面采煤工艺要求，工艺参数应以界面填空的方式修改并配置。

(8)在采煤机上安装捷联惯性导航系统监测刮板输送机曲直度，并结合集控中心和液压支架电液控制系统、推拉精细控制系统完成“三直(煤壁直、刮板输送机直、液压支架直)”的自主管理。

(9)系统能根据各参数情况来预诊断可能出现的故障，能给出报警信号。

(10)以机载瓦检仪数据为依据，实现采煤机与系统的联动。

2)系统配置

采煤机监控系统配套见表 7-5。

表 7-5 采煤机监控系统配套

序号	名称	型号
1	采煤机巷道集控系统软件	CJJK-RJ
2	综合接入器	ZDYZ-ZC
3	采煤机捷联惯性导航系统	—
4	隔爆型配电主机	KDJ127-E1M
5	采煤机无线接入点	WX-MJAP
6	以太网转控制器局域网络(controller area network，CAN)模块	TCP-CAN
7	工作面无线接入点	WX-AP
8	矿用网线(带屏蔽)	MHYV

4. 液压支架电液控制系统

3402 工作面中间采用 ZY3600/07/16.5D 型两柱掩护式液压支架和 ZYG3600/07/16.5D 型两柱掩护式端头支架，这两种液压支架均可配合电液控制系统实现自动控制。

1）电液控制系统组成

电液控制系统由多个组成部分构成，各个部分分别具备一种功能，通过分析该系统组成结构可知，其主要组成部分包括液压支架电液控制装置控制器、本安型信号转换器、液压支架人机操作界面、矿用压力传感器、行程传感器、感应磁环、红外线发送器、红外线接收器、矿用隔爆兼本安型稳压电源、隔爆耦合器、监控主机、网络终端器和电缆组件及其附件。

2）电液控制系统功能

根据3402工作面的开采条件和要求，采用电液控制系统主要是为了完成对3402工作面液压支架的自动控制，从而减少支架工人，最终达到减少整个工作面内工人数量的目的。因此，按照以上要求及目的，电液控制系统需要实现的功能如下：①以采煤机位置为依据的液压支架自动控制；②支柱在工作中发生卸载时的自动补压功能；③闭锁及紧急停机功能；④信息功能（人机操作界面）；⑤要求电液控制系统能够向其他系统（如地面调度室、监控中心等）传输信息，也能够从其他系统接收数据，并进行数据处理。

3）电液控制系统相关配置和连接

针对3402工作面的开采条件，工作面内粉尘和噪声的干扰较严重，严重影响了电液控制系统的工作，但是按照无人工作面的要求，要求工作面尽量实现以采煤机位置为依据的自动控制。因此，结合电液控制系统的常用连接方式，必须对其配置和连接进行分析、研究，可以采用先配置、连接单台液压支架，然后通过中间连接设备组建整个工作面液压支架控制体系的方式。

4）采煤机位置红外线检测装置

由于3402工作面需要采用电液控制系统的高级功能，即以采煤机位置为依据的液压支架自动控制，这种控制是以采煤机位置红外检测为基础的。采煤机红外位置检测装置可以可靠、快速、准确地检测采煤机位置，在3402工作面中每台液压支架上都安装一台红外线接收传感器，在采煤机上安装一台红外线发射传感器（图7-37）。要求接收传感器（图7-38）正对采煤机上的发射传感器，且与发射传感器处在同一高度，为了确保红外线能被准确探测到，发射传感器和接收传感器之间的距离设置在0～5m。

5）电液控制系统主控计算机

主控计算机是电液控制系统的重要组成部分，它是在全工作面液压支架控制器互联的基础上建立起来的。在3402工作面液压支架电液控制系统中，在机轨合一巷道集控中心内设立一台井下主控计算机，并与工作面液压支架控制器网络连接，通过主机收集并存入来自工作面液压支架控制器采集并传来的数据，能够随时显示数据参数并监视液压支架的工况、动作状态。

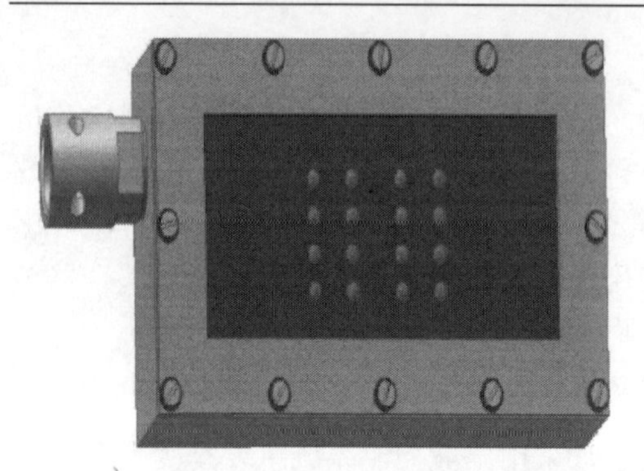

图 7-37 红外线发射传感器

图 7-38 红外线接收传感器

6)系统配置

根据薄煤层综采工作面控制系统构成，并结合沙曲矿 3 号薄煤层现场实际情况，3402 工作面自控制系统配置见表 7-6 所示。

表 7-6 3402 工作面自控制系统配置

序号	名称	型号	序号	名称	型号
1	液压支架控制器	ZDYZ-ZA	17	侧护位移传感器电缆	LCYV4A/
2	12 功能电液换向阀组	FHD200(80)/31.5-12	18	平衡压力传感器	GYD60
3	隔爆兼本安型直流稳压电源	KDW0.6/127-C	19	平衡压力电缆	LCYV4A/
4	液压支架电液控制装置隔离器	ZDYZ-JA	20	精确推溜阀组	FHD40/31.5-JT
5	液压支架电液控制装置隔离器	ZDYZ-JB	21	精确推溜阀组电缆	LCYV4A/
6	红外线发射传感器	FYF5	22	测距传感器	GJJ10
7	红外线发射传感器电缆	LCYV4A/	23	测距传感器电缆	LCYV4A/
8	红外线接收传感器	FYS5	24	架间电缆	LCYVB4/
9	红外线接收传感器电缆	LCYV4A/	25	电源-电源适配器电缆	LCYV4C/
10	电磁阀驱动器(含电磁小线)	ZDY28	26	电源适配器-本架控制器电缆	LCYVB4/
11	控制器-驱动器电缆	LCYV4A/	27	电源适配器-邻架控制器电缆	LCYVB4/
12	行程传感器电缆转接头	ZJ-GUD	28	通信适配器-本架控制器电缆	LCYVB4/
13	位移传感器电缆	LCYV4A/	29	通信适配器-邻架控制器电缆	LCYVB4/
14	立柱压力传感器	GYD60	30	遥控无线模块	FYF20
15	立柱压力传感器电缆	LCYV4A/	31	遥控无线模块-控制器电缆	FYF20-1
16	侧护位移传感器	GUD600	32	液压支架遥控器	LCYV4A/

5. 视频监控系统

1) 系统功能

(1) 将液压支架视频数据传至集控中心，根据远程干预进行实时自动切换。

(2) 在集控中心实时监测巷道机头、机尾视频，以及刮板输送机与转载机、转载机与皮带运输机、皮带运输机与溜煤眼等的搭接处视频。

(3) 可以方便切换任意视频。

(4) 井下集控中心可以通过网络任意调取1个月内的视频进行回放、分析与处理。

(5) 对采煤机附近的视频进行视频拼接，更方便观测采煤机的运行情况。

2) 系统配置

视频监控系统由采面视频(含照明)、巷道视频、照明及视频传输网络(由以太网构成)组成，具体配置见表7-7。

表7-7　视频监控系统配置

序号	名称	型号
1	摄像仪	KBA12
2	摄像仪-电源电缆	LCYVB4
3	摄像仪-摄像仪电缆	LCYVB4
4	矿用隔爆兼本安型稳压电源	KDW0.6/127-C
5	巷道视频	DGC16/127/L(A)
6	矿用以太网电缆	MHYV
7	矿用光纤	MGTSV-12A
8	摄像仪-综合接入器电缆	MHYV4*2*0.5
9	交换机(综合接入器)	KJJ127

(1) 每2台皮带运输机液压支架安装一个正对煤壁的视频(含照明)设备。

(2) 每6台皮带运输机液压支架安装一个沿溜子的视频(含照明)设备。

(3) 在工作面安装3个综合接入器(网络交换机)进行组网。

(4) 工作面视频系统及网络系统均采用1000兆网络。

(5) 固定点视频：在两巷的超前支架、转载点、泵站、皮带运输机机尾等处布置7台矿用隔爆兼本安型摄像仪，可供集控中心操作人员远程观看设备运行状态。

6. 工作面割煤工序

3402工作面开采时，采高较低、工作面较为平直，适合采用不留三角煤端部斜切进刀、双向割煤方式。液压支架采取及时支护顶板、跟机移架的方式。具体步骤为：双滚筒采煤机割煤、装煤→可弯曲刮板输送机运煤→自移式液压支架支护顶板→推移运输机→清扫浮煤。

在 3402 工作面采用 MG2×160/730-WD 型电牵引双滚筒采煤机，端部斜切割三角煤进刀，双向割煤(前滚筒割顶煤、后滚筒割底煤)，往返一次进两刀，其具体过程如下。

(1)割煤至端部后，前滚筒下降，后滚筒上升，反向沿刮板输送机弯曲段割入煤壁，直至进入直线段，以采煤机前滚筒为准，端部斜切进刀距离不少于 30～35m，如图 7-39(a)所示。

(2)采煤机机身全部进入直线段且两个滚筒的截深全部达到 0.6m 后停止牵引，如图 7-39(b)所示。

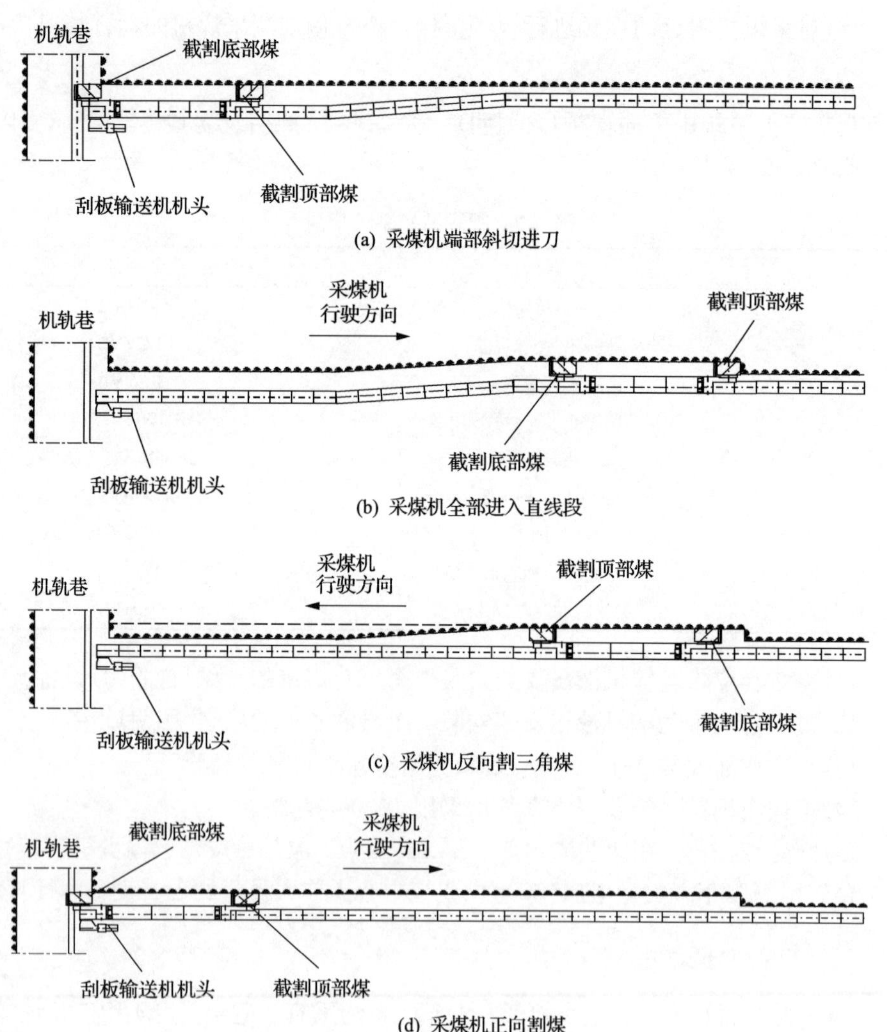

图 7-39　采煤机割煤工序

(3) 采煤机停止运行，等进刀段推直刮板输送机后，调换滚筒位置，反向割三角煤至端部，如图 7-39(c) 所示。

(4) 再调换滚筒位置，清理进刀段浮煤，向机尾(机头)割煤，进入下一个循环的割煤，如图 7-39(d) 所示。

7.5.4　智能工作面应用效果评价

3402 综采工作面平均采高为 0.87m，属于薄煤层。通过采用工作面自动化和采煤智能化技术可以很好地解决薄煤层开采操作的不方便性和不安全性。工作面开采期间，液压支架电液控制系统的应用减少了操作过程中的人员投入，实现了工作面连续安全高效生产，经济效益和社会效益显著。采煤机记忆截割模式的应用，有助于提高矿山的安全性，降低生产成本和工人的劳动强度，提高开采效率。采煤过程中的数据通过信号传输系统传至集控中心和地面调度室，这些数据可以清楚地反映工作面现场所有设备的工作状态，工作人员可以通过对数据的分析来判断操作，发现有安全隐患和不符合规定的操作时，集控中心会自动发出警报，提醒操作人员安全作业。总之，薄煤层自动化、智能化工作面的创成可以有效地降低人力投入，减少作业人员在采煤过程中进入工作面的次数，极大地提高了生产效率和安全系数。

第 8 章　综采工作面刮板输送机直线度智能感知方法

8.1　刮板输送机弯曲形态表征

综采工作面是煤炭生产过程中的重要场所，随着我国大型煤矿的不断建设，工作面的长度也在逐渐加长，刮板输送机作为综采工作面煤炭的主要输送设备，现阶段的输送距离最长已达 450m。虽然刮板输送机由机头、机身和机尾等结构组成，但综采工作面的刮板输送机主要由机身部分构成，因此刮板输送机的形态主要是指刮板输送机机身的形态。若干节中部槽通过哑铃销结构进行连接，进而构成刮板输送机的机身主体结构。中部槽是一种形状规则、几何尺寸固定的结构，并且具有一定的对称性，故可以选择中部槽两端几何中心点的连线作为该节中部槽的形态描述元素，将刮板输送机机身全部中部槽的形态描述元素依次进行连接即可得到刮板输送机机身的形态表征曲线，如图 8-1 所示。

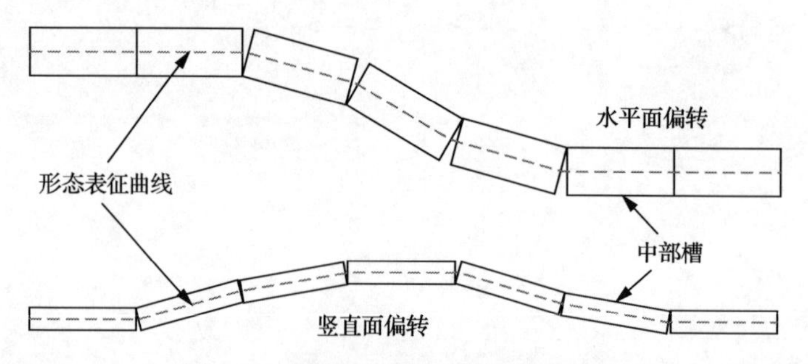

图 8-1　刮板输送机机身形态表征曲线

刮板输送机在竖直工作面与水平工作面的形态持续保持在稳定范围内是综采工作面保持安全高效生产的必要条件。刮板输送机在竖直面的形态受工作面底板起伏的影响很大，在水平面由于受到液压支架推移油缸的作用而产生位移，其水平面形态也在不断发生变化，长时间的工作误差会不断累积，液压支架的直线性不能保证，推移后的刮板输送机水平面形态难以与煤壁平行。刮板输送机形态只有保持一定的直线度才能使采煤机正常截割煤壁，弯曲角度过大会使链条过度张紧，增加刮板链与中部槽的磨损，进而会导致驱动刮板链的电机功率增加，所以应当准确监测刮板输送机形态，控制刮板输送机的弯曲角度在合理范围内，避免中部槽弯曲角度过大而造成刮板输送机溜槽、刮板链的损坏与电机的过载运行。

8.2 刮板输送机直线度光纤光栅智能感知机理

8.2.1 光纤光栅曲率智能感知机理

在不考虑光纤光栅应变-温度的耦合效应，即应变与温度对光纤光栅反射中心波长的作用相互独立且都为线性关系时，应变与温度作用下的光纤光栅反射中心波长漂移量计算如下：

$$\Delta\lambda_B / \lambda_B = (1 - p_e)\varepsilon_z + (\varsigma + \alpha)\Delta T \tag{8-1}$$

在温度保持不变的情况下，有

$$\Delta\lambda_B / \lambda_B = (1 - p_e)\varepsilon_z \tag{8-2}$$

所选用的光纤光栅三维曲率传感器自身设计截面为圆形，所以假设传感器在纯弯曲条件下，圆截面弹性梁的轴向应变与传感器弯曲处曲率之间存在的关系如下：

$$\varepsilon_z = r / \rho = rK \tag{8-3}$$

式中，r 为光纤光栅粘贴的固定位置与中性面之间的距离；ρ 为传感器弯曲处曲率半径；K 为该监测点所对应的曲率。

根据式(8-1)可知，当传感器在轴向方向发生变化时，其轴向应变和光纤光栅反射中心中心波长漂移量之间呈线性关系，所以曲率 K 也与中心波长漂移量呈线性相关，根据式(8-1)、式(8-2)可得

$$K = \frac{\Delta\lambda_B}{(1 - p_e)\lambda_B r} = \frac{\Delta\lambda_B}{M_c} \tag{8-4}$$

定义 M_c 为光纤光栅的曲率灵敏度系数，它是一个与 r 线性相关的定值，由式(8-4)得

$$\Delta\lambda_B = \frac{M_c}{\rho} \tag{8-5}$$

根据式(8-5)可以得到光纤光栅反射中心波长漂移量与传感器弯曲处曲率半径的关系。

8.2.2 光纤光栅三维曲率智能感知机理

曲率作为一个矢量，不仅具有大小还带有方向，矢量方向主要代表了曲线平面弯曲的方向，矢量大小主要表示曲线平面弯曲段的弯曲程度。因此，如果要准

确确定三维空间曲线上某一点处的曲率矢量，则需要监测出该点两个正交方向上曲率矢量的大小值，从而进行曲率合成，最终求得曲率矢量的大小值和方向。但是单独一根光栅只能监测出某一弯曲点处一个方向的曲率大小值，因此，为了测出某点处的三维空间曲率，可以将两根光纤光栅串呈 90°正交布置在沿环形截面型基材的轴向表面，进行两个方向曲率的有效合成，如图 8-2 所示。

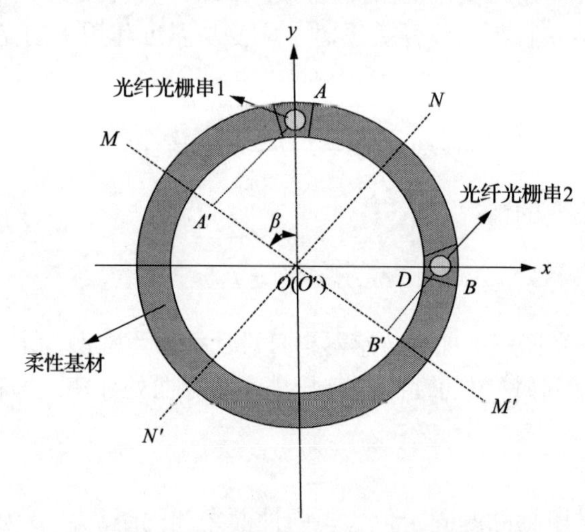

图 8-2　柔性基材表面布置光纤光栅串截面

根据图 8-2，当传感器基材绕 MM'轴在 ZNN'平面内发生曲率半径大小为 ρ 的平面弯曲时，图中 MM' 轴就是传感器的中性轴，则 x 轴方向传感器表面光纤光栅串与中性面的间隔为 $D_x=r\cos\beta$，y 轴方向的传感器表面光纤光栅串与中性面的间隔为 $D_y=r\sin\beta$。根据式(8-3)，x 轴和 y 轴两个方向传感器内置光纤光栅串的应变量分别为

$$\varepsilon_x = \frac{r\cos\beta}{\rho} \tag{8-6}$$

$$\varepsilon_y = \frac{r\sin\beta}{\rho} \tag{8-7}$$

分别将式(8-6)和式(8-7)代入式(8-2)，就能够求出 x 轴和 y 轴两个方向的光纤光栅反射中心波长漂移量 $\Delta\lambda_x$、$\Delta\lambda_y$：

$$\Delta\lambda_x = (1-p_e)\lambda_{Bx}\frac{r\cos\beta}{\rho} \tag{8-8}$$

$$\Delta\lambda_y = (1-p_e)\lambda_{By}\frac{r\sin\beta}{\rho} \tag{8-9}$$

式中，λ_{Bx}、λ_{By} 分别为两根光纤光栅的初始波长。

由式(8-8)和式(8-9)，合成曲率与 y 轴的夹角 β 为

$$\beta=\arctan\left(\frac{\Delta\lambda_y\lambda_{Bx}}{\Delta\lambda_x\lambda_{By}}\right) \tag{8-10}$$

在式(8-10)中，λ_{Bx}、λ_{By} 是定值，且 $\Delta\lambda_x$、$\Delta\lambda_y$ 的值在传感器发生弯曲时不断发生变化，并且能够通过光纤光栅解调仪获得，于是可以求得合成曲率与 y 轴的夹角 β。然后将 $\Delta\lambda_x$、$\Delta\lambda_y$ 的值分别代入式(8-11)，可以求得此时空间曲率半径的大小为

$$\rho=\frac{r(1-p_e)\lambda_{Bx}}{\Delta\lambda_x}\cos\left(\arctan\left(\frac{\Delta\lambda_y\lambda_{Bx}}{\Delta\lambda_x\lambda_{By}}\right)\right) \tag{8-11}$$

由式(8-10)和式(8-11)能够得出，当在圆形基材表面截面呈 90°布置光纤光栅串时，通过光纤光栅串感知监测点处两个正交方向的曲率大小，并进一步合成求得空间曲率。同理，将多组光纤光栅串封装在柔性基材表面感知空间曲率是可行的。

8.3　刮板输送机直线度光纤光栅三维曲率传感器

8.3.1　光纤光栅三维曲率传感器设计

1. 传感器设计原则

光纤光栅三维曲率传感器由柔性基材、光纤光栅串和刻槽(硅胶材料)等组成，如图 8-3 所示。光纤光栅三维曲率传感器应用于煤矿复杂恶劣环境中，所以在进行传感器柔性基材的选择时，应该选择变形恢复能力较强的材料，同时应该保障刮板输送机柔性基材能够在细小尺寸上承受往复大变形，因此，选择传感器柔性基材及封装工艺时应优先考虑以下因素。

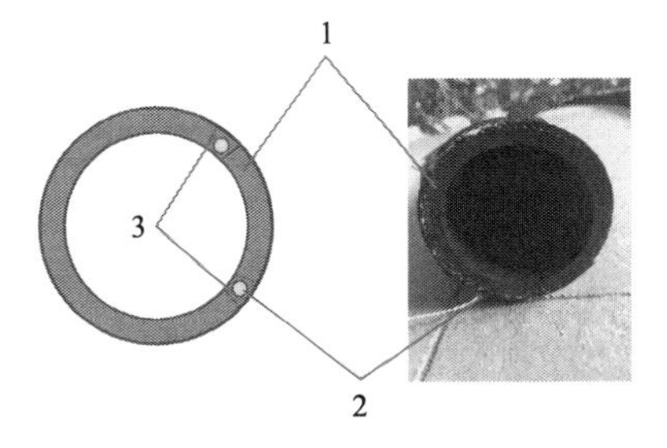

图 8-3　光纤光栅三维曲率传感器
1. 柔性基材；2. 光纤光栅串；3. 刻槽

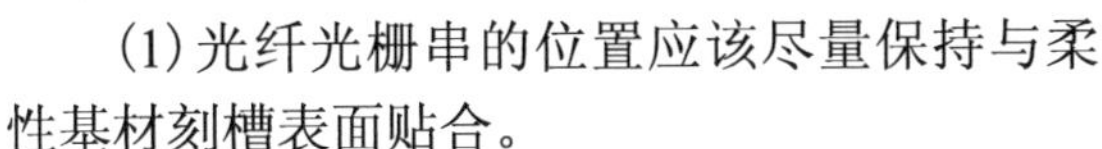
(1) 光纤光栅串的位置应该尽量保持与柔性基材刻槽表面贴合。

(2) 柔性基材应该选用变形恢复能力较强的材料。

(3) 光纤光栅串与基材的黏结尽量做到简单合理，且具备较强的实用性和操作的方便性。

2. 传感器基材选择

基材必须保证能够将线应变较好地传递给光纤光栅串，同时必须具有足够的弹性，以保证经受变形后能够迅速完全恢复。根据工作面刮板输送机的工作情况，刮板输送机的实际弯曲半径为 20～1000m，为了保证光纤光栅三维曲率传感器能够在有效弯曲范围内正常工作，可选择基材的最小的弯曲半径为 20m。再根据式(8-3)，可以得到传感器的有效封装半径应至少为 3cm，所以选择本安型且具有较好弹性及变形恢复能力的橡胶材料。

3. 传感器填充材料选择

光纤光栅三维曲率传感器填充材料的选择直接影响光纤光栅串与柔性基材的应变传递效率，进而影响曲率检测的精确性和稳定性，因此选择一种适合的填充材料也是至关重要的。在刮板输送机三维弯曲形状检测中，光纤光栅三维曲率传感器会承受反复弯曲，则要求填充材料具有较高的强度和柔韧性。通过对常用黏结材料性能进行对比分析，选用韧性和强度较好的硅胶材料作为填充材料。

4. 传感器研制

作为一种新型的具有准分布式感知特点的刮板输送机弯曲形态感知传感器，由于是首次应用于实际工程，需对该传感器的感知性能进行模拟测试和标定，得到感知精度、感知曲率范围等主要参数指标，现将其设计与封装步骤概括如下。

1) 管身刻槽

首先在橡胶管材外壁正交方向上标记两条直线，使直线在橡胶管截面呈正交形状，然后用切割机沿两条直线开凹槽，用于布设光纤光栅串，如图 8-4 所示。

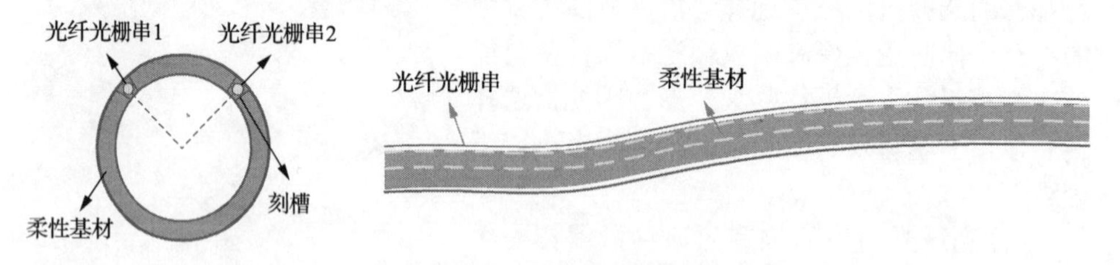

(a) 柔性基材布设光纤光栅串截面图　(b) 柔性基材布设光纤光栅串平面示意图

图 8-4　柔性基材截面光纤光栅串布设

2) 光纤粘贴与保护

在橡胶管两个正交方向上凹槽内铺设光纤光栅串，用 502 胶水粘贴，并用硅胶填充 24h 以保护光纤，最后沿导槽将高强胶带粘贴在橡胶管材外壁上，完成光纤光栅三维曲率传感器的封装。

8.3.2 光纤光栅三维曲率传感器数值模拟研究

1. 数值模拟软件选择

本节针对光纤光栅三维曲率传感器在不同弯曲状态下的适用情况进行数值模拟研究分析，建模过程采用 Solidworks 软件完成，之后将建好的模型导入 ANSYS 软件进行求解分析。

2. 数值模拟方案

根据刮板输送机的实际弯曲曲率，模拟光纤光栅三维曲率传感器及正交方向埋设的光纤光栅串在不同弯曲情况下的应力-应变特征，模拟曲率半径为 100m、200m、300m、400m、500m 时的五种情况，探究光纤光栅三维曲率传感器弯曲处曲率与光纤光栅串应变之间是否呈线性关系。

3. 数值模拟结果分析

1)模型的建立

针对光纤光栅三维曲率传感器的结构进行详细分析，建立相应的模型，依次对柔性基材内径、外径、光纤光栅串进行建模，所建立的光纤光栅三维曲率传感器模型如图 8-5 所示。然后通过定义材料属性、划分网格、施加约束与载荷、求解等步骤对所建立的模型进行求解，得到不同弯曲曲率状态下光纤光栅串 1 和光纤光栅串 2 的应变云图，如图 8-6 所示(以曲率半径为 100m 为例)。

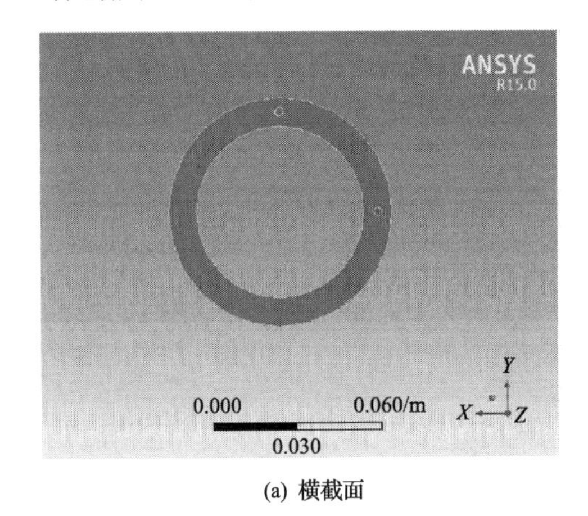

(a) 横截面

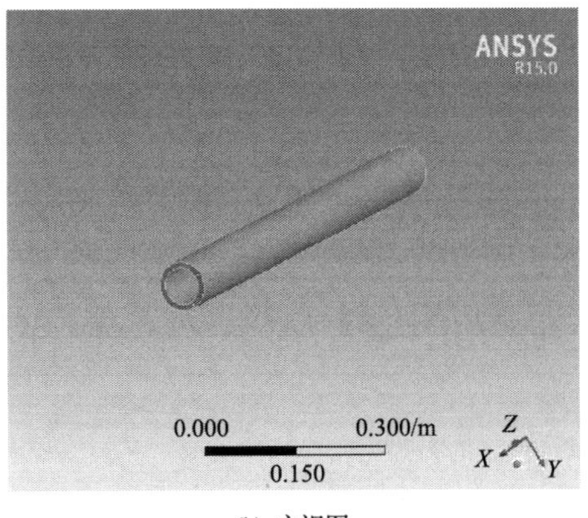

(b) 主视图

图 8-5　光纤光栅三维曲率传感器模型

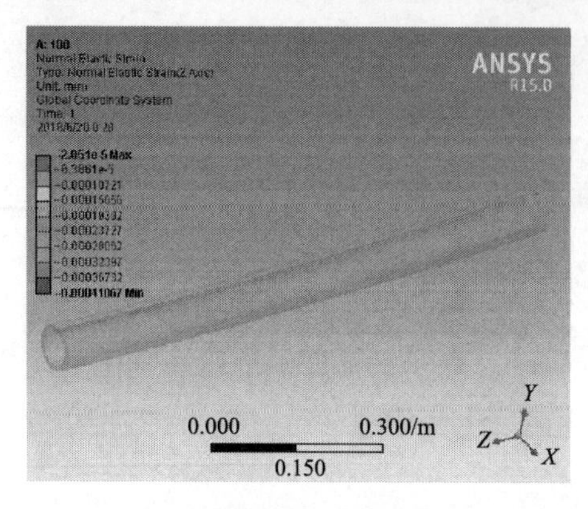

(a) 光纤光栅串1应变云图

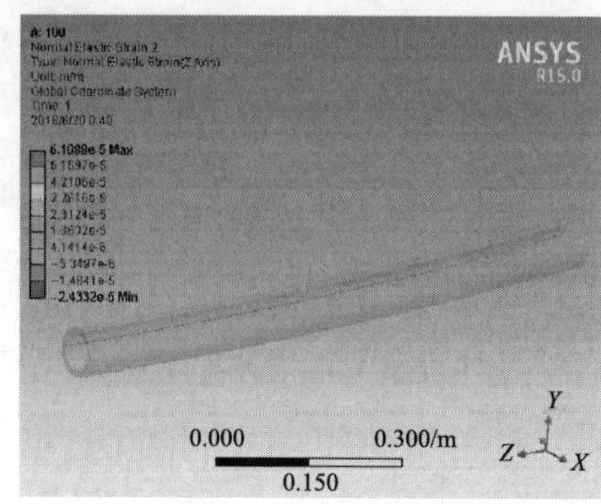

(b) 光纤光栅串2应变云图

图 8-6　曲率半径为 100m 状态下光纤光栅串 1、2 应变云图

2)模拟结果分析

(1)由于模拟的是小曲率条件下传感器内置光纤光栅串的应变特征，分别将光纤光栅串布置在理论中性轴与承压轴上，进行不同曲率状态下光纤光栅串应变特征模拟，结果显示承压轴上的光纤光栅串应变比理论中性轴上的光纤光栅串应变大一个数量级，充分说明该传感器的设计满足圆截面梁中性轴理论。

(2)光纤光栅串的弯曲方向与传感器柔性基材的弯曲方向一致(图 8-7)，充分说明传感器内置光纤光栅串的变形能够与传感器基材保持一致，证明了传感器基材及填充材料选择的合理性。

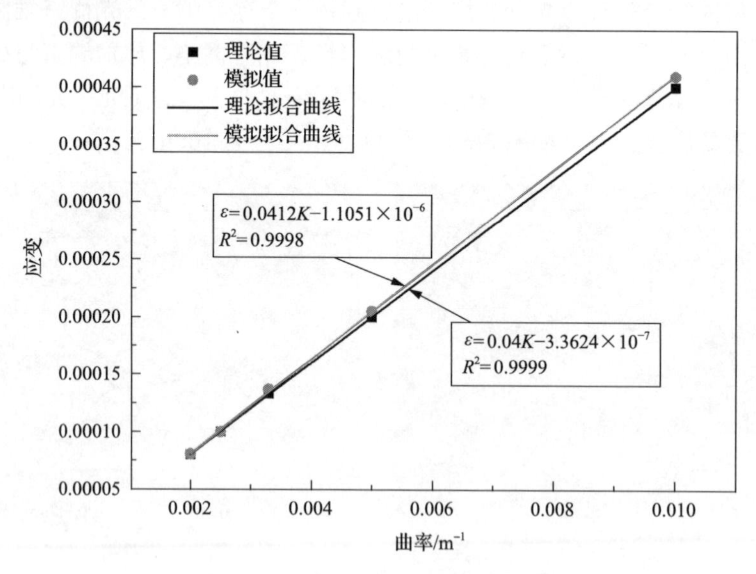

图 8-7　传感器曲率-应变关系曲线图

(3)承压轴上的光纤光栅串在不同曲率状态下的最大应变与理论计算结果基

本保持一致，证明了传感器研制原理的正确性，理论与模拟所得传感器曲率与应变之间的关系见表 8-1。

表 8-1　理论与模拟所得传感器曲率与应变关系

曲率半径/m	100	200	300	400	500
曲率/m^{-1}	0.010	0.005	0.00333	0.0025	0.002
理论应变	0.0004	0.0002	0.000133	0.0001	0.00008
模拟应变	0.00041	0.000205	0.000137	0.0001	0.0000807

8.4　刮板输送机直线度感知实验

8.4.1　光纤光栅三维曲率传感器标定测试

由于光纤光栅三维曲率传感器表面凹槽中埋入的光纤光栅串可能存在预应力的情况，为克服预应力对光纤光栅波长漂移量和实验结果的影响，需要对封装后的光纤光栅三维曲率传感器进行标定。本次标定实验主要测试光纤光栅三维曲率传感器在直线状态下的光纤光栅串初始波长信息，具体步骤如下。

(1) 实验准备。需要准备光纤光栅解调仪、光纤光栅三维曲率传感器、光纤跳线、计算机、网线等。

(2) 传感器铺设。光纤光栅三维曲率传感器平铺在地面上，保持其在直线状态下进行测试。

(3) 线路连接。首先，用光纤跳线通过法兰盘接头与传感器 FC/APC 接头连接。其次，依次将光纤跳线按照顺序与光纤光栅解调仪通道连接。然后，将光纤光栅解调仪通过网线与计算机连接。最后，将光纤光栅解调仪和计算机与电源连接。

(4) 实验数据获取。在线路连接完成后，完成软件系统的相关配置后，读取光纤光栅三维曲率传感器内置光纤光栅串的初始波长标定量，测试过程中光纤光栅串的初始波长光谱如图 8-8 所示。

8.4.2　刮板输送机直线度测试实验

对光纤光栅三维曲率传感器的传感性能进行校验，主要是进行平面直线状态与弯曲状态下的测试，具体的实验方法是保持光纤光栅三维曲率传感器的一端固定，使另一端产生各种不同的变形，通过普通卷尺或者千分尺测量光纤光栅三维曲率传感器在弯曲状态下的实际位移量，同一种弯曲状态下，需重复多次测量，根据实测的位移量信息完成弯曲状态下的实际轨迹重建，并与经感知信息重建获得的感知轨迹对比，在此基础上确定光纤光栅三维曲率传感器的精度。

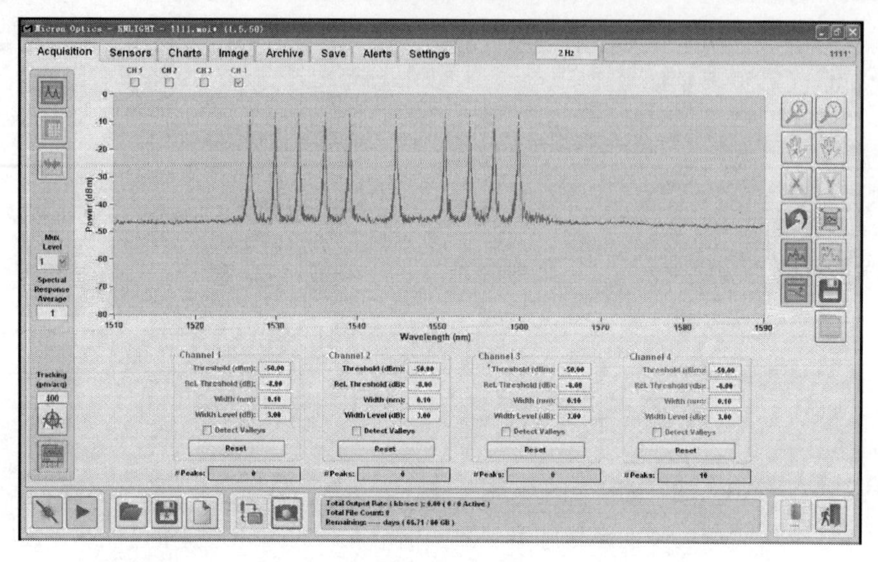

图 8-8　光纤光栅串初始波长光谱

1. 平面弯曲实验

保持光纤光栅三维曲率传感器处于平面弯曲状态，具体分为平面直线状态、平面弯曲状态一和平面弯曲状态二，布置情况如图 8-9～图 8-11 所示。

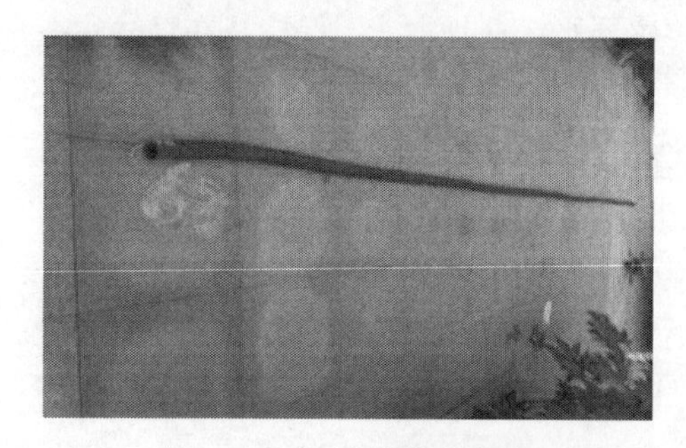

图 8-9　平面直线状态实验

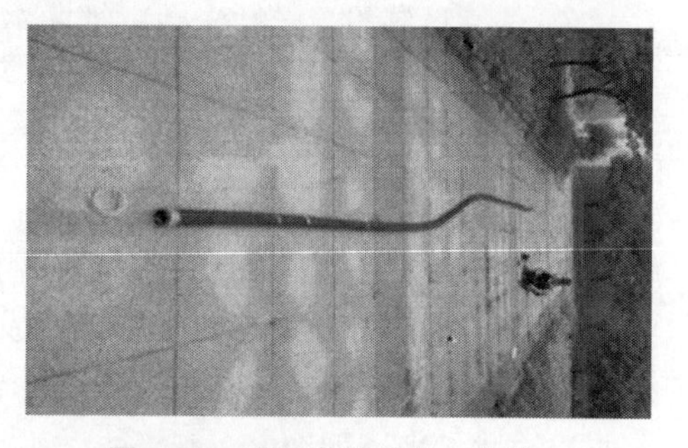

图 8-10　平面弯曲状态一实验

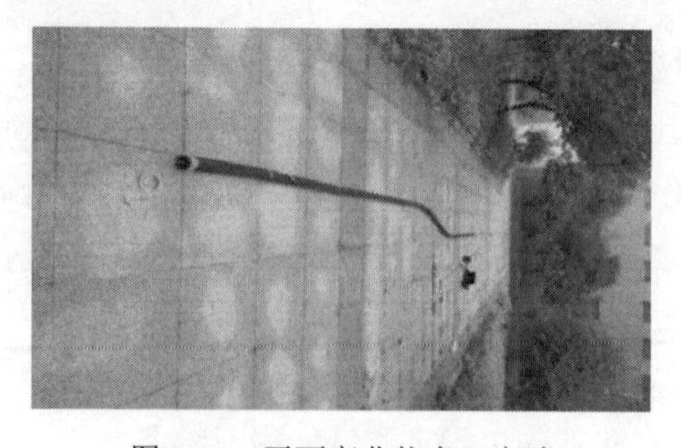

图 8-11　平面弯曲状态二实验

工作面刮板输送机弯曲形态拟合实验采用光纤光栅串作为传感元件，通过普通卷尺分别测量各个光栅点处相对于固定端起始点的 x 轴方向与 y 轴方向的坐标偏移量，并转化为对应的坐标值，通过光纤光栅解调仪获得各个光栅点处的波长漂移量，根据公式转换为相应的曲率，然后根据离散点曲率信息的平面曲线拟合重建原理获得各个光栅点处的坐标值。

2. 空间弯曲实验

保持光纤光栅三维曲率传感器处于三维弯曲状态，具体分为三维直线状态、三维弯曲状态一和三维弯曲状态二，布置情况如图 8-12～图 8-14 所示。通过相关采集设备获取光纤光栅数据，根据离散点曲率信息的三维曲线拟合重建原理获得各个光栅点处的坐标值。

图 8-12　三维直线状态实验

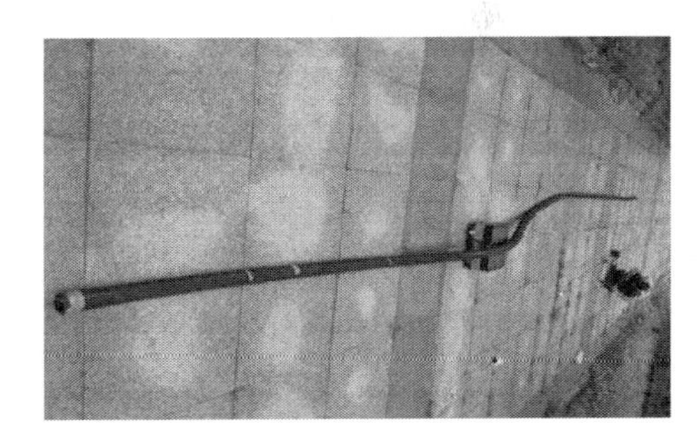

图 8-13　三维弯曲状态一实验

图 8-14　三维弯曲状态二实验

3. 实验数据分析

测得光纤光栅三维曲率传感器处于平面直线状态与三维弯曲状态下的感知数据 3 组，实测数据 1 组，并经相关算法运算，采用 Matlab 进行编程拟合，获得不同状态下的实测曲线与感知曲线，如图 8-15 所示(以三维直线状态下实验数据为例)。

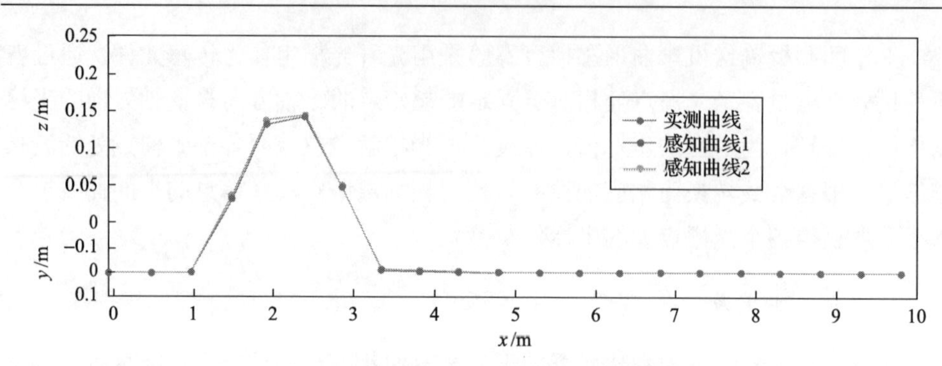

图 8-15 三维直线状态下实测曲线与感知曲线对比

通过上述实测数据与感知数据对比分析，可以得到以下结论。

(1)光纤光栅三维曲率传感器精度较高。在光纤光栅三维曲率传感器沿工作面推进方向平面内弯曲变形量小于 650mm(采煤机截深)的情况下，光纤光栅三维曲率传感器在平面弯曲感知状态下的各坐标轴方向误差一般不大于±5mm，在三维弯曲感知状态下的各坐标轴方向误差一般不大于±15mm，光纤光栅三维曲率传感器感知值与实测值之间的误差在平面状态下不超过最大弯曲变形量的 0.77%，在三维弯曲状态下不超过最大弯曲变形量的 2.31%;

(2)通过对煤矿实际生产过程中刮板输送机的不同弯曲形态进行试验研究，结果表明，光纤光栅三维曲率传感器能够适应煤矿生产过程中刮板输送机不同的弯曲形态，且能够保持较好的重复性。

8.4.3 刮板输送机直线度误差分析

工作面刮板输送机直线度智能感知系统的误差主要包括空间曲率测量误差和刮板输送机三维弯曲形状重建算法误差两个方面。其中，空间曲率测量误差主要是指通过智能感知系统测得的曲率与被测点处的实际曲率之间的误差，刮板输送机三维弯曲形状重建算法误差主要是算法重建过程中造成的重建曲线与实测曲线之间的误差。

1. 测量误差分析

工作面刮板输送机直线度智能感知系统的测量误差主要包括光纤光栅自身特性造成的误差、光纤光栅串的封装误差及光纤光栅解调仪在解调测量过程中存在的误差等。

1) 光纤光栅串的封装误差

光纤本身比较细小，由于柔性基材材料的不同、柔性基材的切割表面不平整及正交方向光纤光栅串的封装不准确等因素，光纤光栅串在传感器柔性基材表面正交方向母线位置进行表面封装时，难免会引起封装误差，这些误差会影响到传感器标定系数，甚至影响到曲率合成的角度，进而对整个系统的精度造成影响。

2) 传感器的标定误差

在进行光纤光栅三维曲率传感器标定测试时，标定测试所选用的实验设备精度、标定方法、标定人员的操作及周围环境变化等因素都会对光纤光栅三维曲率传感器的曲率灵敏度系数造成影响。这部分影响将直接增大空间曲率向量的合成误差，会对系统误差产生不容忽视的影响。但是这部分误差可以看成随机误差，可以通过多次实验来减小标定测试带来的影响。

3) 封装材料性能变化造成的误差

在光纤光栅三维曲率传感器封装过程中，传感器表面凹槽填充采用的黏结剂性能及封装材料的性能等都会随着时间的推移逐渐地发生变化，同时也会不可避免地影响曲率/温度灵敏度系数及光纤光栅串在传感器中保持直线状态下的初始波长，甚至会影响应变传递效率。这项误差的大小取决于封装材料的性能和封装工艺，解决的办法是在光纤光栅三维曲率传感器使用一段时间后进行重新标定，对智能感知系统中的相关参数进行更新。

4) 光纤光栅应变-温度交叉影响造成的误差

根据光纤光栅传感器的应变-温度交叉敏感特性，当所设计的光纤光栅传感器产生应变，以及环境温度场发生改变后，光纤光栅的波长也会发生相应的变化，这是温度和应变共同作用的结果，所以在光纤光栅三维曲率传感器进行使用时要考虑温度补偿，消除温度对光纤光栅应变感知的影响。

5) 其他微小误差

其他微小误差主要为光纤光栅解调仪解调精度对测量误差的影响。光纤光栅三维曲率传感器在使用过程中保持一端自由、一端固定，所以在检测过程中光纤光栅三维曲率传感器的轴向拉伸或压缩应变可以忽略不计。同时，在感知系统的解调过程中，光纤光栅解调仪的解调精度应足够高。

2. 三维弯曲形状重建算法误差分析

由于在传感器感知曲率的过程中，传感器所感知获得的离散点曲率值是有限的，离散点曲率之间的曲率值需进行线性插值获得，在插值过程中，线性插值曲率值与实际曲率值之间不可避免地存在误差，这个误差将直接影响曲线的拟合精度。为了克服此类误差的产生，在进行曲线拟合时应注意以下两点。

(1)在曲率变化量不大的情况下，需尽量在合理范围内增加感知系统的监测点数，同时尽量减少监测点之间的距离，提高离散点曲率之间的插值精度。

(2)采用高阶函数进行曲率插值，提高算法的插值精度。

8.5　工程应用可行性分析

8.5.1　工作面概况

隆德煤矿 102 工作面位于 1-1 煤辅助运输大巷西侧，南部为 103 工作面，北部为 101 采空区，切眼靠近井田边界，所在煤层为 1-1 煤，为中厚煤层，煤层厚度为 1.7～2.51m，平均为 2.04m，工作面采高 1.8～2.4m，平均采高 2.0m，两端头过渡段采高 2.4m。工作面长度为 305.8m，可采长度为 2770.6m，工作面标高为 1048.3～1077.6m，平均埋深在 150m 左右，煤层西北部厚而东南部薄，煤层厚度变化较小，煤层倾角＜1°。产状：走向为 4°～184°，倾向为 274°，煤层在靠近切眼处较厚，回撤处较薄，属稳定煤层，煤层结构简单，局部区域顶部含夹矸 1 层。102 工作面布置平面图如图 8-16 所示。

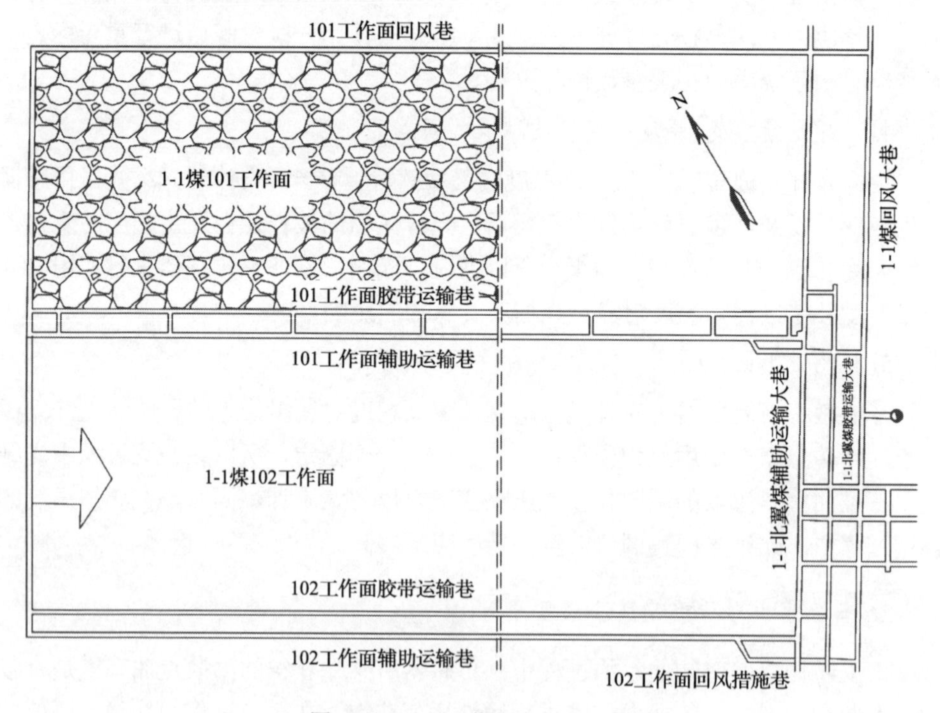

图 8-16　102 工作面布置平面图

102 工作面采用长壁后退式一次采全高综合机械化采煤工艺，采用全部垮落法管理煤层顶板。采用三八工作制，正规循环作业方式，即割煤、移架、推溜为一个正规循环。日割煤 12 刀，截深 0.8m，日进 9.6m。采煤机前滚筒割顶煤，后滚筒割底煤，每割一刀煤，推移一个步距 0.8m，往返一次割两刀煤。原煤经破碎机、中双链刮板转载机、巷道胶带运输机卸载至 1-1 煤胶带运输大巷，再经主斜井胶带运输机、上仓胶带运输机运输至地面原煤仓。

8.5.2 工作面设备配置

(1) 工作面选用二柱掩护式液压支架 179 台，其中 ZY10000/13/26D 型中间架 171 台，ZYG10000/14/28D 型过渡架 2 架，ZYT10000/16/32D 型端头架在机头、机尾各配置 3 架。

(2) 工作面选用 SGZ960/2×855 型刮板输送机及与之配套的 SZZ960/250 转载机、PLM2200 型破碎机、DY1200 型皮带运输机自移机尾设备 1 套。

(3) 选用 SL300-6950 型采煤机 1 部。

(4) 泵站选用 BRW400/31.5 型乳化液泵和 BPW500/16 型喷雾泵，乳化液泵为 3 泵 2 箱，喷雾泵为 2 泵 1 箱。

(5) 变压器 4 台，其中 KBSGZY-3150/10/3.3 型变压器 1 台，KBSGZY-1250/10/1.2 型变压器 1 台，KBSGZY-2000/10/1.2 型变压器 1 台，KBSGZY-1600/10/3.3 型变压器 1 台。

(6) 选用 QJGZ9215-3300-8 型合开关 1 台，KJZ-1140（14 回路）型组合开关 1 台。

(7) KBZ-400/1140 型馈电开关 2 台，QBZ80N 型真空磁力起动器 3 台，QJZ30 型智能真空起动器 25 台，ZBZ-4.0 型照明综保 4 台，风动锚杆钻机 1 台。

(8) 通信控制系统 1 套。

(9) 变频器选用 BPJV-1250/3.3 型矿用隔爆兼本安型高压变频器 2 套、BPJ-400/1140 型矿用隔爆兼本安型低压交流变频器 2 套。

8.5.3 刮板输送机直线度智能感知系统构建

1. 系统构建原则

刮板输送机直线度智能感知系统通过集成多种平台，使数据的“感知处理决策调控”成为一个整体，其主要通过设计一种智能工作面刮板输送机三维弯曲感知系统来实现刮板输送机三维弯曲曲率信息的感知，结合 Matlab 数据处理软件对三维弯曲曲率信息进行处理，实现对刮板输送机三维弯曲形态的重建，系统的构建原则如下。

1) 可靠性原则

为确保刮板输送机直线度智能感知系统软、硬件的正常运作，首先必须要保证感知系统工作的可靠性，尤其在煤矿井下复杂的环境中，以及在刮板输送机实际工作过程中，都要确保刮板输送机直线度智能感知系统软、硬件的正常工作，尤其是要保障光纤光栅三维曲率传感器在实际现场使用的工作稳定性及工作可靠性，确保传输光缆、连接跳线等连接元件连通正常，以及软件和硬件系统之间工作相互协调。

2) 安全性原则

安全高效是煤矿开采的第一要务，同样地，对于刮板输送机直线度智能感知系统而言，安全也是首要的，这就需要结合现场情况进行考虑，尤其在煤矿复杂的地质条件环境中，需综合考虑设备漏电、传感器局部过热、瓦斯浓度高及煤岩动力灾害等情况。

3) 先进性原则

刮板输送机直线度智能感知系统在确保安全可靠使用的前提下，应尽可能跟踪国内外先进、实用的传感技术，以及软、硬件开发技术，保障其在设备选型、开发和设计过程中最大限度地适应新技术的变化发展需求，以确保整个系统的先进性，增加系统的生命周期。

4) 经济性原则

在确保刮板输送机直线度智能感知系统正常运行的情况下，需综合考虑系统功能的实现是否经济合理，在确保可以准确获得感知数据的同时保障造价合理且具有较高的性价比，这就需要对系统进行优化设计，即对光纤光栅三维曲率传感器的光纤光栅串的栅区间隔、波长范围、传感器布置方式及整体铺设连接线路等进行合理的选择与规划，通过对线缆等连接设备的合理选型和铺设使用，实现软、硬件系统的合理对接等，使光纤作为传感介质的传输速率快且经济可靠的特点得到充分发挥。

5) 实用性原则

鉴于刮板输送机实际工作条件的复杂性，需要充分考虑刮板输送机直线度智能感知系统的可实施性，特别是硬件系统的现场安设情况及光纤光栅三维曲率传感器的安装便捷性等，在确保系统保持正常稳定运行的前提下，尽量保障系统操作简单，而且还必须要考虑系统维护的便利性。同时，所设计与开发的软件系统应能够实现全界面显示硬件系统工作状态，确保软、硬件系统操作使用方便，显示直观具体，而且可以设置 *XYZ* 三维曲线图、*XY* 平面投影图、*XZ* 方向投影图等显示方式。

2. 系统整体结构

如图 8-17 所示的刮板输送机直线度智能感知系统结构，主要包含井下数据感知子系统、井下数据传输子系统及地面数据处理子系统。

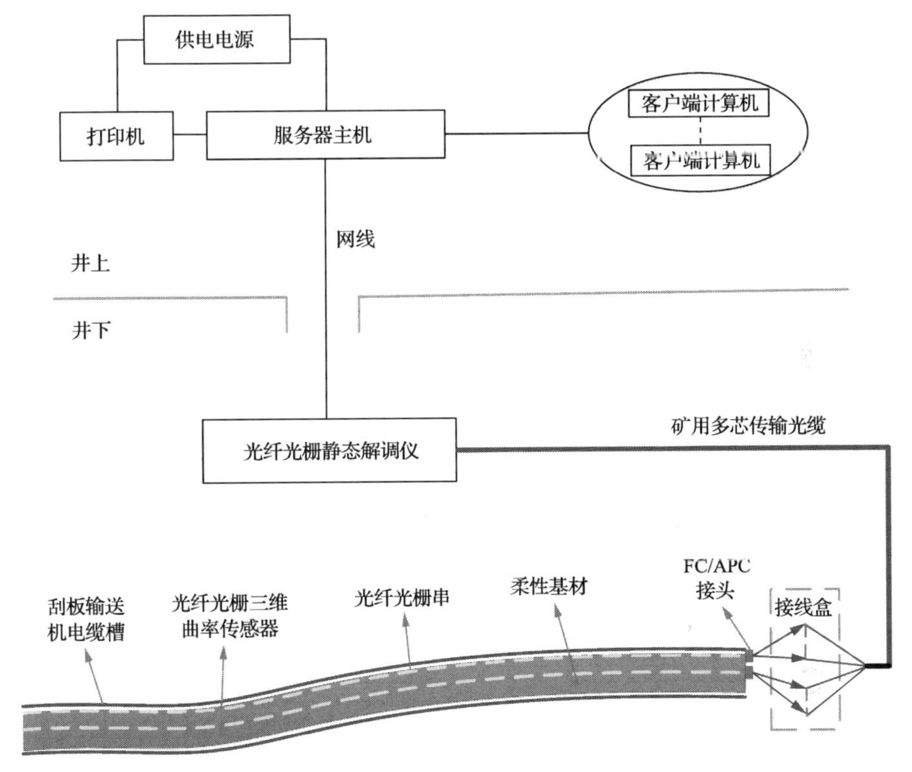

图 8-17　刮板输送机直线度智能感知系统结构

1) 井下数据感知子系统

井下数据感知子系统主要由安装在刮板输送机电缆槽中的光纤光栅三维曲率传感器、FC/APC 接头和接线盒等组成。其中，光纤光栅三维曲率传感器主要用于感知刮板输送机三维弯曲曲率信息，FC/APC 接头主要用于在光纤光栅接线盒中完成与巷道控制站中的光纤光栅静态解调仪的连接，并将光纤光栅三维曲率传感器感知获得的曲率信息传输至井下数据传输子系统。

2) 井下数据传输子系统

井下数据传输子系统主要由矿用多芯传输光缆和光纤光栅静态解调仪组成。其中，矿用多芯传输光缆一端在光纤光栅接线盒中与光纤光栅三维曲率传感器端头的 FC/APC 接头连接，另一端与控制中心的光纤光栅解调仪连接。光纤光栅静态解调仪将光纤光栅三维曲率传感器传感获得的曲率信息进行存储，并对外提供数据调用函数接头，结合矿井网络实现井下数据传输子系统与地面数据处理子系统之间的数据传输。

3）地面数据处理子系统

地面数据处理子系统主要由服务器主机、客户端计算机、打印机及供电电源等组成。光纤光栅解调仪通过法兰盘接头与服务器主机连接，打印机为服务器主机提供图像输出打印功能。服务器主机中安装有 Matlab 数据处理与拟合软件及刮板输送机可视化模型输出软件。

3. 系统硬件结构

刮板输送机直线度智能感知系统的硬件系统主要包括光纤光栅三维曲率传感器、FC/APC 接头、矿用多芯传输光缆、光纤光栅静态解调仪等，首先将光纤光栅三维曲率传感器安装在工作面刮板输送机电缆槽中，使机头端按照光纤光栅串的布置方式保持光纤光栅三维曲率传感器正交固定，光纤光栅三维曲率传感器尾端保持自由状态，然后通过接线盒将光纤光栅三维曲率传感器的 FC/APC 接头与矿用多芯传输光缆连接，最后将矿用多芯光缆与工作面运输顺槽中的光纤光栅解调仪按标号对应连接，至此，工作面硬件系统的构建基本完成，其结构设计图如图 8-18 所示。

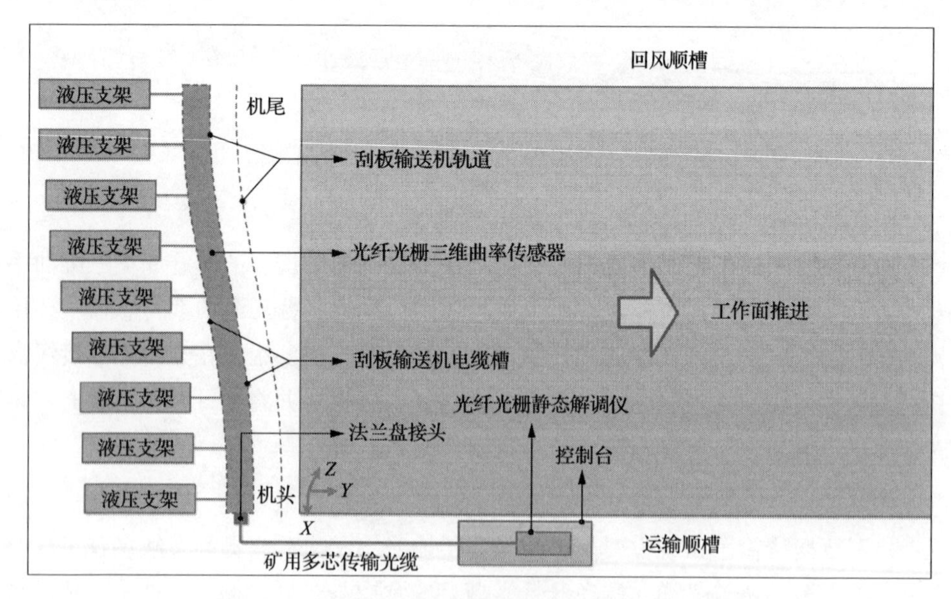

图 8-18　刮板输送机直线度感知系统硬件结构设计图

4. 系统软件结构

1) 软件系统需求分析

刮板输送机直线度智能感知系统的软件系统采用 C#编程语言进行编程，以 C/S(客户端/服务器)模式为设计思路，充分利用两端所具备的硬件设备优势实现对多模块的设计与集成，具体包括数据读取、数据存储、数据分析及数据显示模块(图 8-19)，且每一个模块都有其特定的功能，其主要功能需求如下。

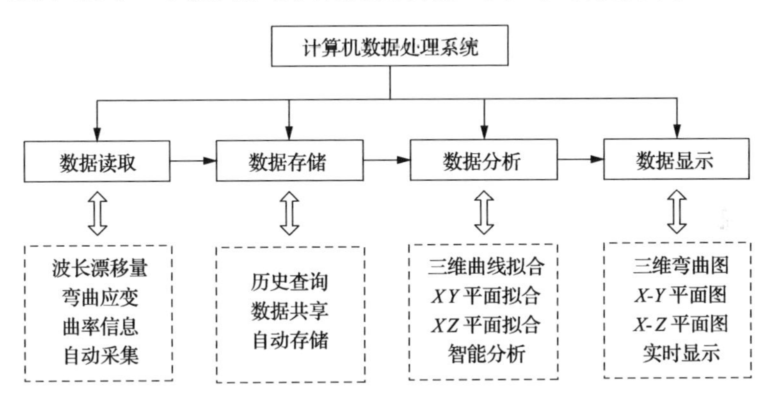

图 8-19　刮板输送机直线度智能感知系统软件结构设计图

(1) 数据读取模块主要是指将光纤光栅解调仪解调的光纤光栅三维曲率传感器正交方向的曲率信息读取到软件系统中，实现实时数据的自动采集。

(2) 数据存储模块主要是指软件系统将读取到的光纤光栅解调仪信息进行自动存储和管理，提供必要的历史数据查询和数据共享功能。

(3) 数据分析模块主要是软件系统完成对光纤光栅解调仪解调获得的光纤光栅三维曲率传感器正交方向曲率信息的三维曲线拟合重建分析，以及 *XY* 平面、*XZ* 平面的挠度分析。

(4) 数据显示模块主要是软件系统集成 Matlab 数据处理软件，对分析结果进行三维曲线的生成与显示，同时生成 *XY* 平面与 *XZ* 平面的平面投影曲线。

该软件系统的结构设计能够有效保证软件系统和硬件系统之间进行正常对接，从而组成完整的刮板输送机直线变智能感知系统，实现系统安全、可靠运行。软件数据分析流程如图 8-20 所示。

2) 软件系统界面开发

刮板输送机直线度智能感知系统主要用于处理光纤光栅三维曲率传感器获得的正交方向曲率信息，结合微分几何思想，经线性插值与向量推导实现刮板输送机三维弯曲形态的实时动态显示，同时提供刮板输送机在工作面推进方向上及工作面竖直方向上必要的挠度信息，为智能工作面调直及工作面地表平整度检测提供必要的数据支撑，同时还可以实现现场数据共享和历史数据查询等。基于上述功能，现将设计软件的主要界面功能介绍如下。

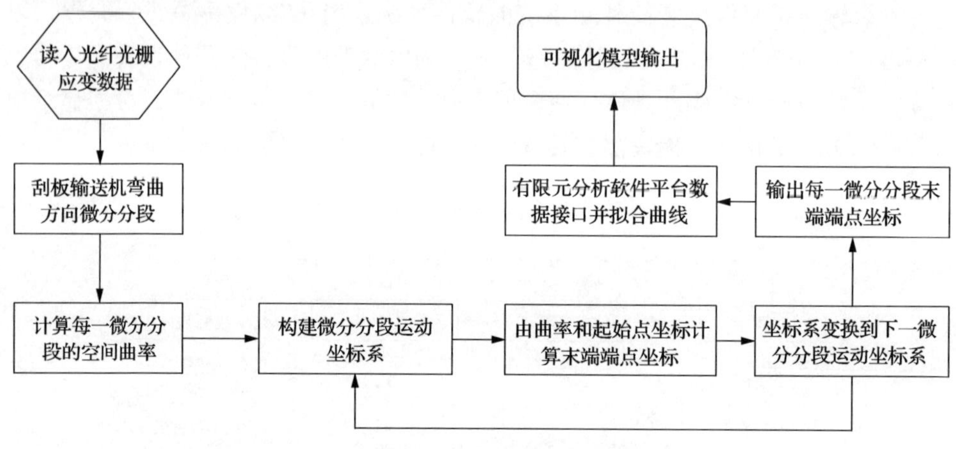

图 8-20　软件数据分析流程图

(1) 光纤光栅解调仪数据读取界面。

光纤光栅解调仪数据读取界面主要指系统软件自动采集光纤光栅解调仪解调获得的波长信息、波长漂移量信息、弯曲应变信息及曲率信息，实现光纤光栅解调仪解调数据与软件系统之间的信息传输功能与实时读取功能，其界面如图 8-21 所示。

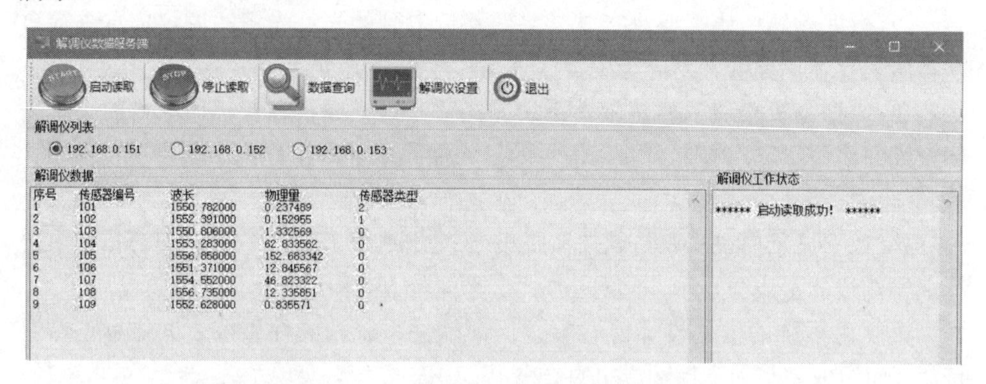

图 8-21　光纤光栅解调仪数据读取界面

(2) 历史数据查询界面。

历史数据查询界面主要提供必要的历史光纤光栅波长信息、弯曲应变信息、曲率信息及三维曲线信息的查询。单击图 8-21 中所示的解调仪数据服务端工具栏上的“数据查询”按钮，出现的历史数据查询界面如图 8-22 所示。

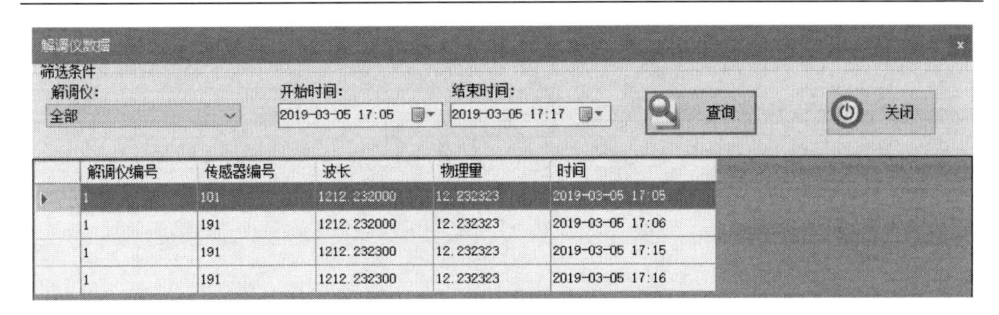

图 8-22　历史数据查询界面

(3) 三维图形显示界面。

三维图形显示界面主要实现实时动态展示工作面刮板输送机三维弯曲形态的功能。该界面提供了刮板输送机三维弯曲形态的 *XYZ* 三维视角、*X-Y* 平面视角、*X-Z* 平面视角，其中 *XYZ* 三维视角为刮板输送机三维弯曲形态展示视角，*X-Y* 平面视角为工作面液压支架推移信息视角，*X-Z* 平面视角为工作面地表平整度展示视角，分别如图 8-23～图 8-25 所示。

3) 系统功能特点

(1) 刮板输送机直线度智能感知系统采用光纤光栅作为传感元件，提升了刮板输送机三维弯曲形态感知的可靠性，能够有效克服传统电磁式传感器适应能力差、感知精度低、抗电磁干扰能力差的缺点，提高感知精度。

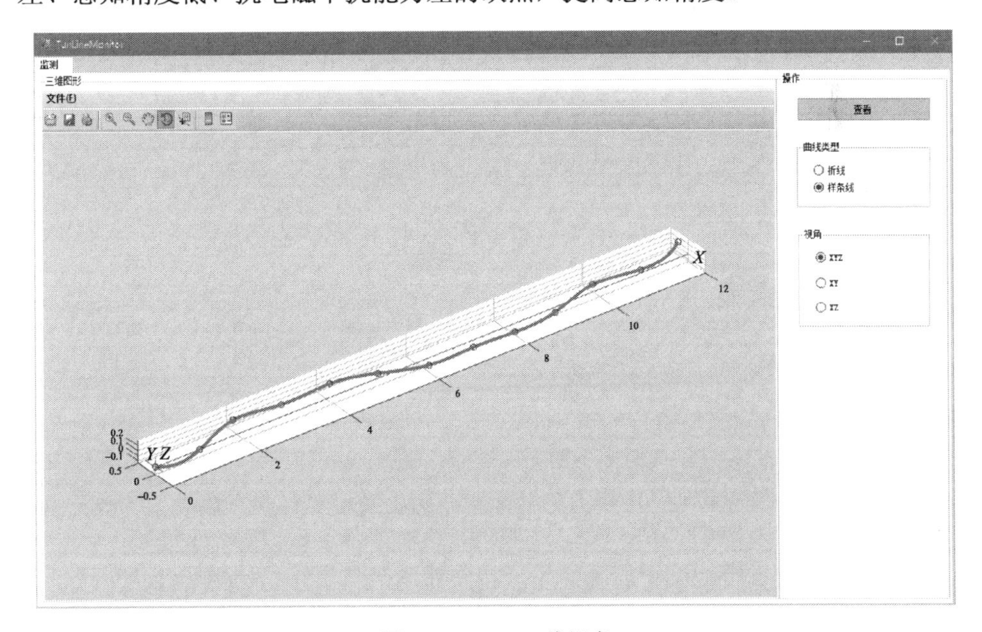

图 8-23　*XYZ* 三维视角

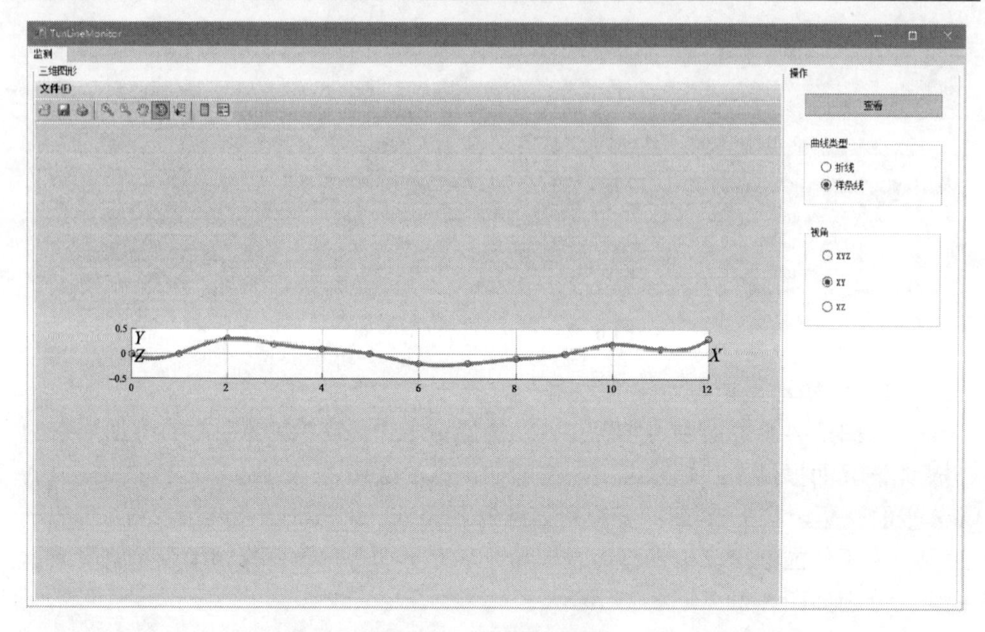

图 8-24　*X*-*Y* 平面视角

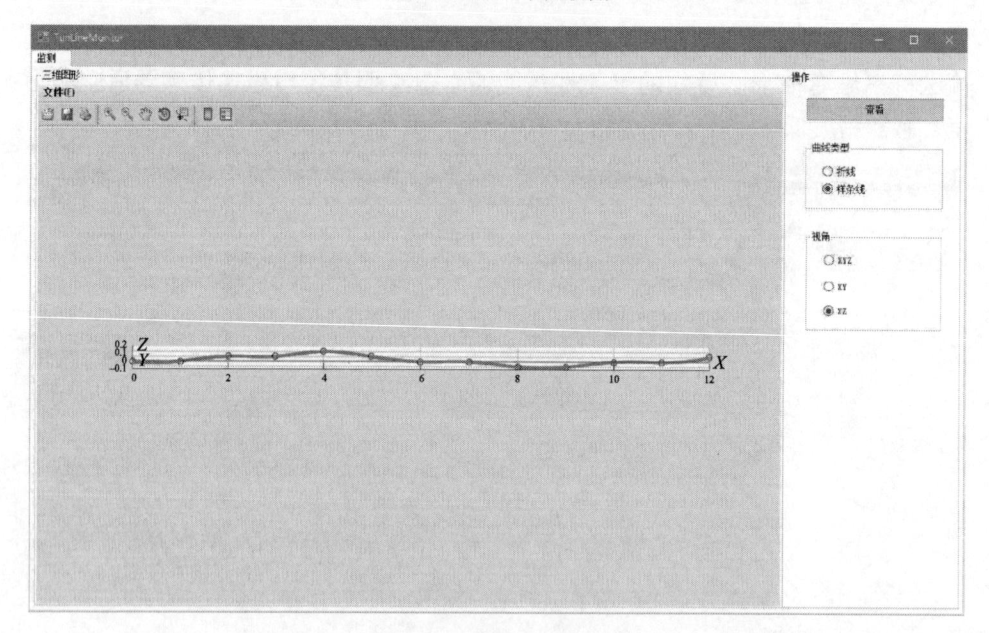

图 8-25　*X*-*Z* 平面视角

(2)刮板输送机直线度智能感知系统将硬件系统与软件系统相结合，实现了刮板输送机三维弯曲形态的实时显示和现实效果实时动态更新。另外，通过分析 *X*-*Y* 平面图与 *X*-*Z* 平面图，能够提供刮板输送机调直所需要的液压支架推移信息，以及工作面平整度检测信息。

(3) 刮板输送机直线度智能感知系统能够实现大容量存储，能够有效保证刮板输送机三维弯曲形态信息长时间的自动保存，有效避免了历史数据自动覆盖的问题。

(4) 相比较国外 LASC 技术，刮板输送机直线度智能感知系统成本大幅下降，在解决智能工作面刮板输送机直线度智能感知技术难题的同时，能够有效打破国外技术垄断。

参考文献

[1] 钱鸣高, 石平五, 许家林. 矿山压力与岩层控制[M]. 徐州: 中国矿业大学出版社, 2003.

[2] 国家统计局. 2018 年国民经济和社会发展统计公报[EB/OL].(2019-2-28)[2019-11-13]. http://www.stats.gov.cn/tjsj/zxfb/201902/t20190228_1651265.html.

[3] BP世界能源统计年鉴2019版[EB/OL].(2019-7-30)[2019-11-13]. https://www.ndrc.gov.cn/fggz/fzzlgh/gjjzxgh/201706/t20170605_1196782.html.

[4] 中国人民共和国国家发展和改革委员会. 煤炭工业发展“十三五”规划[EB/OL].(2017-6-5)[2019-11-13]. https://www.bp.com/zh_ch/China/home/news/reports/statistical_review_2019.html.

[5] 王国法, 范京道, 徐亚军, 等. 煤炭智能化开采关键技术创新进展与展望[J]. 工矿自动化, 2018, 44(2): 5-12.

[6] 中国人民共和国国家发展和改革委员会. 能源技术革命创新行动计划(2016—2030年)[EB/OL].(2017-6-7)[2019-11-23]. https://www.ndrc.gov.cn/fggz/fzzlgh/gjjzxgh/201706/t20170607_1196784.html.

[7] 黄陵矿业集团有限责任公司. 全国煤矿自动化开采技术现场会在公司成功召开[EB/OL].(2015-5-19)[2019-12-23]. http://www.hlkyjt.com.cn/info/1017/10772.htm.

[8] 王国法, 杜毅博. 煤矿智能化标准体系框架与建设思路[J]. 煤炭科学技术, 2020, 48(1): 1-9.

[9] 王国法, 刘峰, 孟祥军, 等. 煤矿智能化(初级阶段)研究与实践[J]. 煤炭科学技术, 2019, 47(8): 1-36.

[10] 袁亮. 煤炭精准开采科学构想[J]. 煤炭学报, 2017, 42(1): 1-7.

[11] 葛世荣. 智能化采煤装备的关键技术[J]. 煤炭科学技术, 2014, 42(9): 7-11.

[12] 王国法, 张德生. 煤炭智能化综采技术创新实践与发展展望[J]. 中国矿业大学学报, 2018, 47(3): 459-467.

[13] 王国法. 煤炭综合机械化开采技术与装备发展[J]. 煤炭科学技术, 2013, 41(9): 44-48.

[14] Belleville C, Duplain G. White-light interferometric multimode fiber-optic strain sensor[J]. Optics Letters, 1993, 18(1): 78-80.

[15] Zhao C L, Demokan M S, Jin W, et al. A cheap and practical FBG temperature sensor utilizing a long-period grating in a photonic crystal fiber[J]. Optics Communications, 2007, 276(2): 242-245.

[16] Liu L, Hao Z, Zhao Q, et al. Temperature-independent FBG pressure sensor with high sensitivity[J]. Optical Fiber Technology, 2007, 13(1): 78-80.

[17] Wada A, Tanaka S, Takahashi N. Optical fiber vibration sensor using FBG fabry–perot interferometer with wavelength scanning and fourier analysis[J]. IEEE Sensors Journal, 2012, 12(1): 225-229.

[18] Bao H, Dong X, Zhao C, et al. Temperature-insensitive FBG tilt sensor with a large measurement range[J]. Optics Communications, 2009, 283(6): 968-970.

[19] Liang R, Jia Z G, Li H N, et al. Design and experimental study on FBG hoop-strain sensor in pipeline monitoring[J]. Optical Fiber Technology, 2014, 20(1): 15-23.

[20] Voigt D, Van Geel J L W A, Kerkhof O. Spatio-temporal noise and drift in fiber optic distributed temperature sensing[J]. Measurement Science and Technology, 2011, 22(8): 085203.

[21] 梁敏富, 方新秋, 薛广哲, 等. FBG 锚杆测力计研制及现场试验[J]. 采矿与安全工程学报, 2017, 34(3): 549-555.

[22] 詹亚歌, 吴华, 裴金诚, 等. 高精度准分布式光纤光栅传感系统的研究[J]. 光电子·激光, 2008, 19(6): 758-762.

[23] Queensland center for advanced technologies. Qcat industry and research report[R]. Brisbane: CSIRO, 2013.

[24] Czwalina J, Kubic J, Bigby D N, et al. New mechanisation and automation of longwall and drivage equipment[R]. Luxembourg: Research Fund for Coal and Steel, 2011.

[25] Kelly M, Hainsworth D, Reid D, et al. Longwall automation: A new approach [C]//3th International Symposium High Performance Mine Production, Aachen, 2003: 5-16.

[26] 宋兆贵. LASC 技术在煤矿综采工作面自动化开采中的应用[J]. 神华科技, 2018, 16(10): 26-29.

[27] Nalbantov G I, Smirnov E, Nalbantov D, et al. Image mining for intelligent autonomous coal mining[C]//10 th Industrial Conference Advances in Data Mining, Berlin, 2010.

[28] Joy Global Inc. Joy advanced hearer automation[J]. Coal International, 2013, 261(1): 61-64.

[29] Nabusli S, Rodríguez á, Plum D, et al. Advanced drivage and road-heading intelligent systems[R]. Luxembourg: Research Fund for Coal and Steel, 2012.

[30] Reid D C, Hainsworth D W, Ralston J C, et al. Inertial navigation: enabling technology for longwall mining automation[R]. Calgary: Computer Application in Minerals Industries, 2003.

[31] Mavroudis F, Pierburg L. Smart mining creates new openings in the global commodities market[J]. Mining Report, 2017, 153(1): 59-68.

[32] 胡省三, 刘修源, 成玉琪. 采煤史上的技术革命——我国综采发展 40 年[J]. 煤炭学报, 2010, 35(11): 1769-1771.

[33] 方新秋, 张雪峰. 无人工作面开采关键技术: 煤炭开采新理论与新技术—中国煤炭学会开采专业委员会 2006 年学术年会论文集[C]. 徐州: 中国矿业大学出版社, 2006.

[34] 方新秋, 何杰, 张斌, 等. 无人工作面采煤机自主定位系统[J]. 西安科技大学学报, 2008, 28(2): 349-353.

[35] 方新秋, 何杰, 郭敏江, 等. 煤矿无人工作面开采技术研究[J]. 科技导报, 2008, 26(9): 56-61.

[36] 张斌, 方新秋, 邹永洺, 等. 基于陀螺仪和里程计的无人工作面采煤机自主定位系统[J]. 矿山机械, 2010, 38(9): 10-13.

[37] Fang X, Zhao J, Hu Y. Tests and error analysis of a self-positioning shearer operating at a manless working face[J]. Mining Science and Technology (China), 2010, 20(1): 53-58.

[38] 王巨光. 薄煤层综采数字化无人工作面技术研究与应用[J]. 煤炭科学技术, 2012, 40(7): 72-75, 80.

[39] 王刚, 方新秋, 谢小平, 等. 薄煤层无人工作面自动化开采技术应用[J]. 工矿自动化, 2013, 39(8): 9-13.

[40] 王国法. 综采自动化智能化无人化成套技术与装备发展方向[J]. 煤炭科学技术, 2014, 42(9): 30-34, 39.

[41] 牛剑峰. 无人工作面智能本安型摄像仪研究[J]. 煤炭科学技术, 2015, 43(1): 77-80, 85.

[42] 黄曾华. 可视远程干预无人化开采技术研究[J]. 煤炭科学技术, 2016, 44(10): 131-135, 187.

[43] 金静飞. 液压支架电液控制系统测试平台关键技术研究[D]. 徐州: 中国矿业大学, 2015.

[44] 张良, 李首滨, 黄曾华, 等. 煤矿综采工作面无人化开采的内涵与实现[J]. 煤炭科学技术, 2014, 42(9): 26-29, 51.

[45] 王金华, 黄乐亭, 李首滨, 等. 综采工作面智能化技术与装备的发展[J]. 煤炭学报, 2014, 39(8): 1418-1423.

[46] 王虹. 综采工作面智能化关键技术研究现状与发展方向[J]. 煤炭科学技术, 2014, 42(1): 60-64.

[47] 黄曾华. 煤矿综采工作面视频系统的应用研究[J]. 煤矿机电, 2013(4): 1-5.

[48] 张博渊. 采煤机动态精准定位方法研究[D]. 徐州: 中国矿业大学, 2017.

[49] 苏秀平. 采煤机自动调高控制及其关键技术研究[D]. 徐州: 中国矿业大学, 2013.

[50] 田丰. 煤矿探测机器人导航关键技术研究[D]. 徐州: 中国矿业大学, 2014.

[51] 司垒, 王忠宾, 刘新华, 等. 基于煤层分布预测的采煤机截割路径规划[J]. 中国矿业大学学报, 2014, 43(3): 464-471.

[52] 王国法, 范京道, 徐亚军, 等. 煤炭智能化开采关键技术创新进展与展望[J]. 工矿自动化, 2018, 44(2): 5-12.

[53] 王国法. 工作面支护与液压支架技术理论体系[J]. 煤炭学报, 2014, 39(8): 1593-1601.

[54] 徐亚军, 王国法. 液压支架群组支护原理与承载特性[J]. 岩石力学与工程学报, 2017, 36(z1): 3367-3373.

[55] 王国法, 张金虎. 煤矿高效开采技术与装备的最新发展[J]. 煤矿开采, 2018, 23(1): 1-4, 12.

[56] 任怀伟, 王国法, 李首滨, 等. 7 m 大采高综采智能化工作面成套装备研制[J]. 煤炭科学技术, 2015, 43(11): 116-121.

[57] 王国法. 煤矿高效开采工作面成套装备技术创新与发展[J]. 煤炭科学技术, 2010, 38(1): 63-68, 106.

[58] 王国法, 赵国瑞, 任怀伟. 智慧煤矿与智能化开采关键核心技术分析[J]. 煤炭学报, 2019, 44(1): 34-41.

[59] 王国法, 王虹, 任怀伟, 等. 智慧煤矿 2025 情景目标和发展路径[J]. 煤炭学报, 2018, 43(2): 295-305.

[60] 宋振骐. 安全高效智能化开采技术现状与展望[J]. 煤炭与化工, 2014, 37(1): 1-4.

[61] 袁亮. 开展基于人工智能的煤炭精准开采研究, 为深地开发提供科技支撑[J]. 科技导报, 2017, 35(14): 1.

[62] 张昊, 葛世荣. 无人驾驶采煤机关键技术探讨[J]. 工矿自动化, 2016, 42(2): 31-33.

[63] 葛世荣, 苏忠水, 李昂, 等. 基于地理信息系统(GIS)的采煤机定位定姿技术研究[J]. 煤炭学报, 2015, 40(11): 2503-2508.

[64] 葛世荣. 智能化采煤装备的关键技术[J]. 煤炭科学技术, 2014, 42(9): 7-11.

[65] 葛世荣, 王忠宾, 王世博. 互联网+采煤机智能化关键技术研究[J]. 煤炭科学技术, 2016, 44(7): 1-9.

[66] 康红普, 王国法, 姜鹏飞, 等. 煤矿千米深井围岩控制及智能开采技术构想[J]. 煤炭学报, 2018, 43(7): 1789-1800.

[67] 于斌, 徐刚, 黄志增, 等. 特厚煤层智能化综放开采理论与关键技术架构[J]. 煤炭学报, 2019, 44(1): 42-53.

[68] 人民网. 我国建成 200 余个智能化采煤工作面[EB/OL].（2020-1-12）[2020-1-20]. http://paper.people.com.cn/rmrb/html/2020-01/12/nw.D110000renmrb-20200112-7-02.htm.

[69] 乔永军, 孙国栋, 孙丽霞. 浅谈美国久益 JNA 顺槽系统的电气原理[J]. 科技与企业, 2014(11): 144.

[70] 刘旭南, 赵丽娟, 盖东民, 等. 基于采煤机可靠性的智能牵引调速系统研究[J]. 系统仿真学报, 2016, 28(7): 1601-1608.

[71] 应葆华, 李威, 罗成名, 等. 一种采煤机组合定位系统及实验研究[J]. 传感技术学报, 2015. 28(2): 260-264.

[72] 杨海, 李威, 罗成名, 等. 基于捷联惯导的采煤机定位定姿技术实验研究[J]. 煤炭学报, 2014, 39(12): 2550-2556.

[73] Jonathon R, David R, Chad H, et al. Sensing for advancing mining automation capability: A review of underground automation technology development[J]. International Journal of Mining Science and Technology, 2014, 24: 305-310.

[74] Hoflinger F, Muller J, Zhang R, et al. A wireless micro inertial measurement unit（IMU）[J]. IEEE Transactions on Instrumentation and Measurement, 2013, 62(9): 2583-2595.

[75] Sammarco J J. A guidance sensor for continuous mine haulage[C]// 1996 IEEE Industry Applications Conference Thirty-First IAS Annual Meeting, San Diego, 1996: 2465-2472.

[76] Reid D C, Hainsworth D W, Ralston J C, et al. Shearer guidance: a major advance in longwall mining[J]. Field and Service Robotics, 2006, 4(24): 469-476.

[77] Schnakenberg G H. Progress toward a reduced exposure mining system[J]. Mining Engineering, 1997, 49(2): 73-77.

[78] 田成金. 薄煤层自动化工作面关键技术现状与展望[J]. 煤炭科学技术, 2011, 39(8): 83-86.

[79] 安美珍. 采煤机运行姿态及位置检测的研究[D]. 北京: 煤炭科学研究总院, 2009.

[80] 徐志鹏. 采煤机自适应截割关键技术研究[D]. 徐州: 中国矿业大学, 2011.

[81] Hao S, Wang S, Malekian R, et al. A geometry surveying model and instrument of a scraper conveyor in unmanned longwall mining faces[J]. IEEE Access, 2017(5): 4095-4103.

[82] 李昂, 郝尚清, 王世博, 等. 基于SINS/轴编码器组合的采煤机定位方法与试验研究[J]. 煤炭科学技术, 2016, 44(4): 95-100.

[83] Fan Q, Li W, Hui J, et al. Integrated positioning for coal mining machinery in enclosed underground mine based on SINS/WSN[J]. The Scientific World Journal, 2014: 460415.

[84] Henriques V, Malekian R. Mine safety system using wireless sensor network[J]. IEEE Access, 2016(4): 3511-3521.

[85] Ralston J C. Automated longwall shearer horizon control using thermal infrared-based seam tracking[C]//IEEE International Conference on Automation Science and Engineering, Seoul, 2012: 20-25.

[86] 郝尚清. 采煤机的煤层构造导航及自适应截割技术研究[D]. 徐州: 中国矿业大学, 2017.

[87] 刘春生. 滚筒式采煤机记忆截割的数学原理[J]. 黑龙江科技大学学报, 2010, 20(2): 85-90.

[88] 尹力, 梁坚毅, 朱真才, 等. 沿工作面方向底板起伏状态仿真分析[J]. 煤矿机械, 2010, 31(10): 75-77.

[89] 索永录. 分层综采工作面底板起伏变化机理及控制[J]. 西安科技大学学报, 1999, 19(2): 101-104.

[90] 张瑞皋, 司德文. 浅析可转角和偏斜角对刮板输送机性能的影响[J]. 中州煤炭, 2005(1): 12-13.

[91] 刘春生, 陈金国. 基于单示范刀采煤机记忆截割的数学模型[J]. 煤炭科学技术, 2011, 39(3): 71-73.

[92] 苏小立, 廉自生, 张春雨. 采煤机双刀示范记忆截割数学模型的研究[J]. 煤矿机械, 2014, 35(3): 55-57.

[93] 葛兆亮. 基于采煤机绝对位姿的自适应控制技术研究[D]. 徐州: 中国矿业大学, 2015.

[94] 冯帅. 采煤机-液压支架相对位置融合校正系统关键技术研究[D]. 徐州: 中国矿业大学, 2015.

[95] Barczak T M. An overview of standing roof support practices and developments in the United States[C]//Proceedings of the Third South African Rock Engineering Symposium, Johannesburg, 2005: 301-334.

[96] Verma A K, Deb D. Numerical analysis of an interaction between hydraulic-powered support and surrounding rock strata[J]. International Journal of Geomechanics, 2013, 13(2): 181-192.

[97] 白亚腾, 孙彦景, 孙建光, 等. 基于无线传感器网络的液压支架压力监测系统设计[J]. 煤炭科学技术, 2014, 40(12): 84-88.

[98] 蔡亮, 王晓荣, 诸葛云, 等. 基于STM32W的液压支架压力监测系统[J]. 仪表技术与传感器, 2014(6): 96-98.

[99] Toraño J, Diego I, Menéndez M, et al. A finite element method (FEM)–Fuzzy logic (Soft Computing)–virtual reality model approach in a coalface longwall mining simulation[J]. Automation in Construction, 2008, 17(4): 413-424.

[100] Juárez-Ferreras R, González-Nicieza C, Menéndez-Díaz A, et al. Forensic analysis of hydraulic props in longwall workings[J]. Engineering Failure Analysis, 2009, 16(7): 2357-2370.

[101] Juárez-Ferreras R, González-Nicieza C, Menéndez-Díaz A, et al. Measurement and analysis of the roof pressure on hydraulic props in longwall[J]. International Journal of Coal Geology, 2008, 75(1): 49-62.

[102] Reid P B, Dunn M T, Reid D C, et al. Real-world automation: new capabilities for underground longwall mining[C]//Hustralasian Conference on Robotics and Automation, Brisbane, 2010: 1-8.

[103] Barczak T M, Engineer M. A retrospective assessment of longwall roof support with a focus on challenging accepted roof support concepts and design premises[C]//25th International Conference on Ground Control in Mining, Morgantown, 2006.

[104] Vaze J , Jenkins B R , Teng J , et al. Soils fieldwork, analysis, and interpretation to support hydraulic and hydrodynamic modelling in the Murray flood plains[J]. Soil Research, 2010, 48(4): 295-308.

[105] 路佳, 张树齐. 基于组态软件的液压支架压力远程监测系统[J]. 工矿自动化, 2007, 33(4): 51-52.

[106] 林福严, 苗长青. 支撑掩护式液压支架运动位姿解算[J]. 煤炭科学技术, 2011, 39(4): 97-100.

[107] 文治国, 侯刚, 王彪谋, 等. 两柱掩护式液压支架姿态监测技术研究[J]. 煤矿开采, 2015, 20(4): 49-51.

[108] 王亚飞, 王学文, 谢嘉成, 等. 基于灰色理论的液压支架记忆姿态监测方法[J]. 工矿自动化, 2017, 43(8): 11-14.

[109] 张坤, 廉自生, 谢嘉成, 等. 基于多传感器数据融合的液压支架高度测量方法[J]. 工矿自动化, 2017, 43(9): 65-69.

[110] 朱殿瑞, 廉自生, 贺志凯. 掩护式液压支架姿态分析[J]. 矿山机械, 2012, 40(3): 16-19.

[111] 李威, 周广新, 杨雪锋, 等. 综采面刮板输送机机身自动调直装置及其控制方法: CN201110053204.8[P]. 2011-03-07.

[112] 卫军. 刮板输送机调直装置设计[J]. 煤炭与化工, 2017, 40(7): 142-144.

[113] 牛剑锋, 魏文艳, 赵文生. 一种采煤机工作面直线度控制方法: CN201210142362.5[P]. 2012-05-10.

[114] 牛剑锋, 李俊士. 一种煤矿工作面液压支架调直系统和调直方法: CN201310492654.6[P]. 2013-10-21.

[115] 余佳鑫, 马鹏宇, 郭伟文, 等. 综采工作面液压支架和刮板输送机自动调直方法及系统: CN201310058049.8[P]. 2013-02-22.

[116] 张守祥, 冯银辉, 李重重, 等. 一种使用光纤的工作面液压支架组直线度控制方法: CN201410103904.7[P]. 2014-03-19.

[117] 李伟, 张行, 朱真才, 等. 综采工作面刮板输送机机身自动调直装置及方法: CN201510370025.1[P]. 2015-07-01.

[118] Ralston J C, Reid D C, Dunn M T, et al. Longwall automation: Delivering enabling technology to achieve safer and more productive underground mining[J]. International Journal of Mining Science and Technology, 2015, 25(6): 865-876.

[119] 张纯, 张纯宪, 陈立民. 综放工作面自动矫直系统的研究[J]. 煤矿开采, 2009, 14(4): 31-32.

[120] 王世博, 张智喆, 葛世荣, 等. 基于采煤机绝对运动轨迹的刮板输送机动态校直方法: CN201410246517.9[P]. 2014-06-05.

[121] 张智喆, 王世博, 张博渊. 基于采煤机运动轨迹的刮板输送机布置形态检测研究[J]. 煤炭学报, 2015, 40(11): 2514-2521.

[122] 张智喆, 王世博. 基于采煤机运动轨迹的刮板输送机姿态检测与校直研究[D]. 徐州: 中国矿业大学, 2016: 13-22.

[123] 王世博, 何亚, 王世佳, 等. 刮板输送机调直方法与试验研究[J]. 煤炭学报, 2017, 42(11): 3044-3050.

[124] 黄尚廉, 梁大巍, 骆飞. 分布式光纤传感器现状与动向[J]. 光电工程, 1990, 17(3): 57-62.

[125] 黄尚廉, 梁大巍, 刘龚. 分布式光纤温度传感器系统的研究[J]. 仪器仪表学报, 1991, 12(4): 361-364.

[126] 黄尚廉. 智能结构-工程学科萌生的一场革命[J]. 压电与声光, 1993, 15(1): 13-15.

[127] 黄尚廉. 高双折射光纤双折射参数的精密干涉测量法[J]. 光电工程, 1993, 20(5): 23-26.

[128] 黄尚廉, 涂亚庆. 光纤机敏土建结构的岩土工程应用研究[J]. 光电工程, 1995, 22(7): 1-4.

[129] 欧进萍. 土木工程结构智能感知材料、传感器与健康监测系统[J]. 功能材料, 2004, 35(z1): 32-43.

[130] 欧进萍, 周智, 王勃. FRP-OFBG 智能复合筋及其在加筋混凝土梁中的应用[J]. 高技术通讯, 2005, 15(4): 23-28.

[131] Heasley K A, Dubaniewicz T H, DiMartino M D. Development of a fiber optic stress sensor[J]. International Journal of Rock Mechanics and Mining Sciences, 1997, 34(3-4): 66.

[132] Schmidt-Hattenberger C, Naumann M, Borm G. Fiber bragg grating strain measurements in comparison with additional techniques for rock mechanical testing[J]. IEEE Sensors Journal, 2003, 3(1): 50-55.

[133] Yang Y W, Bhalla S, Wang C, et al. Monitoring of rocks using smart sensors[J]. Tunnelling & Underground Space Technology Incorporating Trenchless Technology Research, 2007, 22(2): 206-221.

[134] 魏世明, 柴敬. 岩石单轴压缩光纤光栅传感检测方法研究[J]. 岩土力学, 2008, 29(11): 3174-3177.

[135] 柴敬, 魏世明. 岩石变形破坏过程的光纤光栅传感检测方法研究[J]. 河南理工大学学报(自然科学版), 2010, 29(2): 233-238.

[136] 魏世明, 柴敬. 岩石变形光栅检测的表面粘贴法及应变传递分析[J]. 岩土工程学报, 2011, 33(4): 587.

[137] 范成凯, 孙艳坤, 李琦, 等. 页岩单轴压缩破坏试验的光纤布拉格光栅测试技术研究[J]. 岩土力学, 2017, 38(8): 2456-2464.

[138] Sun Y, Li Q, Yang D, et al. Investigation of the dynamic strain responses of sandstone using multichannel fiberoptic sensor arrays[J]. Engineering Geology, 2016, 213: 1-10.

[139] Sun Y, Li Q, Fan C, et al. Fiber-optic monitoring of evaporation-induced axial strain of sandstone under ambient laboratory conditions[J]. Environmental Earth Sciences, 2017, 76(10): 379.

[140] 柴敬. 岩体变形与破坏光纤传感测试基础研究[D]. 西安: 西安科技大学, 2003.

[141] 柴敬, 王帅, 袁强, 等. 采场覆岩离层演化的光纤光栅检测实验研究[J]. 西安科技大学学报, 2015, 35(2): 144-151.

[142] 柴敬, 赵文华, 李毅, 等. 采场上覆岩层沉降变形的光纤检测实验[J]. 煤炭学报, 2013, 38(1): 55-60.

[143] 魏世明. 岩体变形光纤光栅传感检测的理论与方法研究[D]. 西安: 西安科技大学, 2008.

[144] Dong X, Wu C. Study on the application of FBG monitoring on roof falling of mine based on model experiment[C]// International Conference on Management & Service Science, IEEE, Wuhan, 2010.

[145] Liu B, Li S C, Wang J, et al. Multiplexed FBG monitoring system for forecasting coalmine water inrush disaster[J]. Advances in Optoelectronics, 2012, (8): 1-10.

[146] 冯现大, 李树忱, 李术才, 等. 矿井突水模型试验中光纤传感器的研制及其应用[J]. 煤炭学报, 2010(2): 283-287.

[147] 王正方, 王静, 隋青美, 等. 高精度 FBG 位移传感器的研制及其在模型试验中的应用研究[C]//第九届全国工程地质大会, 青岛, 2012.

[148] 王静, 王正方, 隋青美, 等. FBG 应变传感系统在巷道涌水模型试验中的研究[J]. 光电子 · 激光, 2010, 21(12): 1768-1772.

[149] 蒋善超, 王静, 隋青美, 等. 微型 FBG 位移传感器研制及其在模型试验中的应用[J]. 防灾减灾工程学报, 2013, 33(3): 348-353.

[150] 魏世明, 马智勇, 李宝富, 等. 围岩三维应力光栅监测方法及相似模拟实验研究[J]. 采矿与安全工程学报, 2015, 32(1): 138-143.

[151] 王太元, 王侃. 光纤光栅技术在井壁融化期间变形监测中的应用[J]. 煤矿安全, 2016, 47(11): 162-164, 168.

[152] 刘显威. 鲍店煤矿松散层沉降变形光纤光栅监测研究[D]. 西安: 西安科技大学, 2014.

[153] 王涛. FBG 传感网络在煤矿巷道监测分析系统中的研究[D]. 昆明: 昆明理工大学, 2014.

[154] 谭玖. 基于 FBG 的煤矿采空区温度场监测技术的研究与应用[D]. 武汉: 武汉理工大学, 2015.

[155] 汤树成, 张杰, 张恒, 等. 光纤光栅传感技术在煤矿安全监测系统中的应用[J]. 工矿自动化, 2014, 40(7): 41-44.

[156] 梁敏富, 方新秋, 柏桦林, 等. 温补型光纤 Bragg 光栅压力传感器在锚杆支护质量监测中的应用[J]. 煤炭学报, 2017, 42(11): 49-56.

[157] Zhao Z G, Zhang Y J, Li C, et al. Monitoring of coal mine roadway roof separation based on fiber Bragg grating displacement sensors[J]. International Journal of Rock Mechanics and Mining Sciences, 2015, 74: 128-132.

[158] Tang B, Cheng H, Tang Y, et al. Application of a FBG-based instrumented rock bolt in a TBM-excavated coal mine roadway[J]. Journal of Sensors, 2018, 2018: 1-10.

[159] 邢晓鹏. 基于光纤光栅钻孔应力计的巷道围岩采动应力监测系统开发与应用[D]. 徐州: 中国矿业大学, 2017.
[160] 胡秀坤. 基于光纤光栅传感器的巷道矿压在线监测系统构建及应用[D]. 徐州: 中国矿业大学, 2017.
[161] 马盟. 基于光纤传感技术的液压支架姿态监测研究[D]. 徐州: 中国矿业大学, 2018.
[162] Liang M, Fang X, Li S, et al. A fiber Bragg grating tilt sensor for posture monitoring of hydraulic supports in coal mine working face[J]. Measurement, 2019, 138: 305-313.
[163] 方新秋, 梁敏富, 邢晓鹏, 等. 光纤光栅支架压力表的研制及性能测试[J]. 采矿与安全工程学报, 2018, 35(5): 945-952.
[164] 方新秋, 梁敏富, 刘晓宁. 基于光纤光栅传感器的煤矿井下安全综合监测系统: CN103362553B[P]. 2015-06-10.
[165] 方新秋, 梁敏富, 刘晓宁, 等. 基于光纤光栅的巷道顶板离层动态监测系统及预警方法: CN103510986B[P]. 2015-05-20.
[166] 方新秋, 梁敏富, 刘晓宁. 一种煤矿巷道分布式光纤光栅锚杆群应力监测系统: CN103362552B[P]. 2015-06-10.
[167] 方新秋, 梁敏富, 邢晓鹏, 等. 一种基于光纤光栅传感的巷道围岩应力监测装置: CN103454021B[P]. 2015-06-24.
[168] 方新秋, 梁敏富, 刘晓宁. 一种煤矿采煤工作面采空区光纤光栅感温监测系统及方法: CN103364104B[P]. 2015-04-01.
[169] 方新秋, 刘晓宁, 梁敏富, 等. 一种基于光纤光栅传感的煤矿膏体充填在线监测系统: CN103528731B[P]. 2014-01-22.
[170] 梁敏富. 煤矿开采多参量光纤光栅智能感知理论及关键技术[D]. 徐州: 中国矿业大学, 2019.
[171] 方新秋, 刘兴国, 严黄宝, 等. 基于光纤光栅传感的支架运行姿态在线监测方法: CN107356243A[P]. 2017-11-17.
[172] 方新秋, 梁敏富, 王刚, 等. 一种基于光纤光栅的采煤机摇臂位姿监测装置及方法: CN107131878A[P]. 2017-09-05.
[173] 方新秋, 梁敏富, 李爽, 等. 智能工作面多参量精准感知与安全决策关键技术[J]. 煤炭学报, 2020, 45(1): 493-508.
[174] 陈根祥. 光波技术基础[M]. 北京: 中国铁道出版社, 2000.
[175] Yariv A. Coupled-mode theory for guided-wave optics[J]. IEEE Journal of Quantum Electronics, 1973, 9(9): 919-933.
[176] Mizrahi V, Sipe J E. Optical properties of photosensitive fiber phase gratings[J]. Journal of Lightwave Technology, 1993, 11(10): 1513-1517.
[177] Erdogan T. Cladding-mode resonances in short- and long-period fiber grating filters[J]. Journal of the Optical Society of America A, 1997, 14(8): 1760-1773.
[178] 杨爽. 基于等截面矩形悬臂梁光纤光栅传感器性能分析与研究[D]. 合肥: 中国科学技术大学, 2018.
[179] 孟凡勇, 卢建中, 闫光, 等. 长啁啾光纤光栅分布式双参量传感特性研究[J]. 仪器仪表学报, 2017, 38(9): 2210-2216.
[180] 裴丽, 吴良英, 王建帅, 等. 啁啾相移光纤光栅分布式应变与应变点精确定位传感研究[J]. 物理学报, 2017, 66(7): 19-27.
[181] Yamada M, Sakuda K. Analysis of almost-periodic distributed feedback slap waveguides via fundamental matrix approach[J]. Applied Optics, 1987, 26(16): 3474-3478.
[182] Peters K, Prabhugoud M. Modified transfer matrix formulation for Bragg grating strain sensors[J]. Journal of Lightwave Technology, 2004, 22(10): 2302-2309.

[183] 恽斌峰，吕昌贵，王著元，等. 非均匀应变场中光纤布拉格光栅的数值分析[J]. 光电子·激光，2006(2)：151-154.
[184] 黄权，秦子雄，曾庆科，等. 光纤光栅制作技术的最新进展[J]. 光通信技术，2006, 30(6)：19-21.
[185] 张伟刚，涂勤昌，孙磊，等. 光纤光栅传感器的理论、设计及应用的最新进展[J]. 物理学进展，2004, 24(4)：398-423.
[186] 贾宏志. 光纤光栅传感器的理论与技术研究[D]. 西安：中国科学院西安光学精密机械研究所，2000.
[187] 孙丽. 光纤光栅传感技术与工程应用研究[D]. 大连：大连理工大学，2006.
[188] Wan K T, Leung C K Y, Olson N G. Investigation of the strain transfer forsurface-attached optical fiber strain sensors[J]. Smart Materials and Structures, 2008, 17(3)：035037.
[189] 范志忠，毛德兵，齐庆新. 两柱掩护式支架采场顶板灾害预警指标研究[J]. 采矿与安全工程学报，2017, 34(1)：91-95.
[190] 钱鸣高，石平五. 矿山压力与岩层控制[M]. 徐州：中国矿业大学出版社，2003.
[191] 宋振骐，蒋金泉. 煤矿岩层控制的研究重点与方向[J]. 岩石力学与工程学报，1996, (2)：33-39.
[192] 王国法. 工作面支护与液压支架技术理论体系[J]. 煤炭学报，2014, 39(8)：1593-1601.
[193] 史元伟. 综放工作面围岩动态及液压支架载荷力学模型[J]. 煤炭学报，1997(3)：31-36.
[194] 姚志昌，方新秋，何富连，等. 高架顶梁俯仰角的监测与控制[J]. 采矿与安全工程学报，2000(2)：41-43.
[195] 徐亚军，王国法，任怀伟. 液压支架与围岩刚度耦合理论与应用[J]. 煤炭学报，2015, 40(11)：2528-2533.
[196] 方新秋. 综放采场支架-围岩稳定性及控制研究[J]. 岩石力学与工程学报，2003, 22(4)：163.
[197] Sun J, Zou F, Fan S. A token-ring-like real-time response algorithm of Modbus/TCP message based on μC/OS-II[J]. AEUE - International Journal of Electronics and Communications, 2016, 70(2)：179-185.
[198] Darwish N. COPS: cooperative problem solving using DCOM[J]. Journal of Systems and Software, 2002, 63(2)：79-90.
[199] 李传杰. 基于模糊数学及神经网络的心理评估模型[D]. 济南：山东大学，2008.
[200] 何正风. MATLAB R2015b 神经网络技术[M]. 北京：清华大学出版社，2016.